计算机技能型人才培养“十三五”规划教材

大学计算机基础

主　编　何　冰　陈建莉　燕　飞
副主编　赖　特　段炼红　杨骏玮
主　审　王益亮

西南交通大学出版社
·成　都·

内容简介

本书详细地介绍了计算机应用基础中各方面的知识。全书共 7 章，主要内容包括：计算机基础知识、Windows 7 操作系统、计算机网络、Word 2010 文字处理、Excel 2010 电子表格、PowerPoint 2010 演示文稿和 Access 2010 数据库（选修）。所有知识点以案例进行讲解，内容通俗易懂，循序渐进，每章后的练习题结合全国计算机等级考试一级（计算机基础及 MS Office 应用），难度适中，同时配有实训指导教材，以便边讲边练，讲练结合，让读者更好地掌握相关知识及操作技能。

本书实例丰富，可操作性强，对提高读者的操作水平有较大帮助，可作为各高职院校和办学水平较高的中专学校计算机应用基础课程教材，也可作为参加全国计算机等级考试一级（计算机基础及 MS Office 应用）和各类培训班的参考教材。

图书在版编目（CIP）数据

大学计算机基础/ 何冰，陈建莉，燕飞主编. 一成都：西南交通大学出版社，2016.8
计算机技能型人才培养“十三五”规划教材
ISBN 978-7-5643-4811-3

Ⅰ. ①大… Ⅱ. ①何… ②陈… ③燕… Ⅲ. ①电子计算机 - 教材 Ⅳ. ①TP3

中国版本图书馆 CIP 数据核字（2016）第 169000 号

计算机技能型人才培养“十三五”规划教材

大学计算机基础

主编 何 冰 陈建莉 燕 飞

责任编辑 罗在伟
封面设计 何东琳设计工作室
出版发行 西南交通大学出版社（四川省成都市二环路北一段 111 号 西南交通大学创新大厦 21 楼）
发行部电话 028-87600564 028-87600533
邮政编码 610031
网 址 http: //www.xnjdcbs.com
印 刷 四川森林印务有限责任公司
成品尺寸 185 mm × 260 mm
印 张 21.25
字 数 531 千
版 次 2016 年 8 月第 1 版
印 次 2016 年 8 月第 1 次
书 号 ISBN 978-7-5643-4811-3
定 价 46.00 元

课件咨询电话：028-87600533
图书如有印装质量问题 本社负责退换

前　言

随着计算机的迅速普及和计算机技术日新月异的发展，计算机应用和计算机文化已经渗透到人类生活的各个方面，正在改变着人们的工作、学习和生活方式，提高计算机应用能力已经成为培养高素质技能人才的重要组成部分。为了适应社会改革发展的需要，为了满足高职院校计算机应用教学的要求，我们组织了一批具有丰富教学经验的教师编写本书，并开发出配套的教学资源。

在编写过程中，本书注重必要的理论知识与实际操作能力相结合。编者融合了“全国计算机等级考试一级（计算机基础及 MS Office 应用）”考纲，力求语言精炼、内容实用、操作步骤详细，并配备大量图片，以方便教学和激发学生的学习兴趣。本书内容按照培养计算机技能型人才的主导思想进行编排，既考虑培养学生实践动手能力，同时又要巩固学生可持续应用能力的基础知识。全书共分为 7 章，每章在知识点中都精心融入了一些针对性、实用性较强的实例，前 3 章主要介绍计算机基础知识、Windows 7 操作系统和计算机网络；后 4 章主要介绍 Microsoft Office 2010 办公软件系列中的 Word 2010 文字处理、Excel 2010 电子表格、PowerPoint 2010 演示文稿、Access 2010 数据库（选修），教给学生怎样把理论与实践相结合。

本书由四川电力职业技术学院何冰、陈建莉、燕飞老师担任主编，四川电力职业技术学院赖特、段炼红、杨骏玮老师担任副主编，四川电力职业技术学院王益亮老师担任主审。其中：第 1、5 章由燕飞编写，第 2、6、7 章由何冰编写，第 3 章 3.1 ~ 3.2 由杨骏玮编写、3.3 ~ 3.4 由段炼红编写、3.5 ~ 3.6 由赖特编写，第 4 章由陈建莉编写，全书由何冰老师负责统稿。本书在编写过程中，张正洪和马强老师对本书部分内容提出了宝贵意见，在此表示感谢！

由于编者的水平有限，书中难免有不当之处，敬请读者批评指正。

编　者

2016 年 6 月

教学资源

目　录

第 1 章　计算机基础知识

本章要点

✧掌握计算机的基础知识。
✧掌握数制的概念及转换。
✧熟悉计算机中信息的表示与存储。
✧熟悉计算机系统的组成及其工作过程。

1.1　概　述

计算机（Computer），又称电子计算机、电脑，是一种利用电子学原理，根据一系列指令来对数据进行处理的工具。它按照人们事先编写的程序对输入的数据进行加工处理、存储及传输，以获得预期的输出效果。

自 1946 年世界上第一台电子计算机诞生以来，计算机的发展日新月异，特别是随着现代化网络和通信技术的发展，计算机已成为当今社会各个行业中不可或缺的办公设备，人与计算机的关系变得越来越密切。使用计算机已经成为人们工作和生活中必不可少的技能。

1.1.1　计算机发展简史

1946 年，人类第一台通用电子计算机 ENIAC（Electronic Numerical Integrator And Computer，电子数字积分计算机，中文名：埃尼阿克）在美国宾夕法尼亚大学问世。ENIAC 采用十进制运算，电路结构十分复杂，使用了近 18 000 只电子管、7 200 个晶体二极管、1500 个继电器、10 000 个电容器，还有大约 500 万个手工焊接头；体积庞大，占地面积约 170 平方米，重约 30 吨；耗电量达 150 千瓦；造价近 50 万美元。它只能存储 750 条指令，每秒钟只能进行 5 000 次简单加法操作或 400 次乘法操作，它的计算速度比机电机器提高了 1 000 倍。用今天的眼光来看，这台计算机既耗费大功能又不完善，但它却是科学史上一次划时代的创新，它的诞生揭开了计算机时代的序幕。自这台计算机问世以来，从使用器件的角度来说，计算机的发展大致经历了五代的变化。

1. 第一代计算机

第一代计算机（1946—1957 年）：电子管计算机。采用电子管作为基本元件，计算机运算速度为每秒几千次至几万次，体积庞大，成本很高，可靠性较低。在此期间，形成了计算机的基本体系，确定了程序设计的基本方法，数据处理机开始得到应用。

2. 第二代计算机

第二代计算机（1958—1964 年）：晶体管计算机。采用晶体管作为基本元件，运算速度提高到每秒几万次至几十万次，体积缩小，成本降低，可靠性提高。在此期间，工业控制机开始得到应用。

3. 第三代计算机

第三代计算机（1965—1971 年）：中小规模集成电路计算机。采用小规模集成电路（SSI——Small Scale Integration，集成元件 100 个以下）和中规模集成电路（MSI——Medium Scale Integration，集成元件 101～1 000 个）作为基本元件，运算速度提高到每秒几十万次至几百万次，体积进一步缩小，成本进一步降低，可靠性进一步提高。在此期间，小型计算机开始出现。

4. 第四代计算机

第四代计算机（1972—1990 年）：大规模和超大规模集成电路计算机。采用大规模集成电路（LSI——Large Scale Integration，集成元件 1001～10 000 个）和超大规模集成电路（VLSI——Very Large Scale Integration，集成元件 1 万～10 万个）作为基本元件，速度提高到每秒 1 000 万次至 1 亿次。由几片大规模集成电路组成的微型计算机开始出现。

5. 第五代计算机

第五代计算机（1991 年至今）：巨大规模集成电路计算机。采用巨大规模集成电路（ULSI——Ultra Large Scale Integration，集成元件 10 万～100 万个，GLSI——Giga Scale Integration，集成元件 100 万个以上）作为基本元件，速度提高到每秒 10 亿次以上。由一片巨大规模集成电路实现的单片计算机开始出现。

总之，自 1946 年计算机诞生以来，大约每隔 5 年运行速度提高 10 倍，可靠性提高 10 倍，成本降低 10 倍，体积缩小 10 倍。

提示：从第三代计算机之后，人们没有达成定义新一代计算机的一致意见。其中另有一说法为：

第四代计算机（1972 年至今）：大规模、超大规模集成电路计算机。

第五代计算机（未来）：人工智能计算机。

1.1.2 计算机的特点

计算机之所以能成为现代化信息处理的重要工具，主要是因为它具有如下一些突出特点。

1. 运算速度快

运算速度是计算机的一个重要性能指标。计算机的运算速度通常用每秒钟执行定点加法的次数或平均每秒钟执行指令的条数来衡量。运算速度快是计算机的一个突出特点。计算机的运算速度已由早期的每秒几千次发展到现在的最高可达每秒几千亿次乃至万亿次。

2. 计算精度高

在科学研究和工程设计中，对计算的结果精度有很高的要求。一般的计算工具只能达到几位有效数字，而计算机对数据的结果精度可达到十几位、几十位有效数字，根据需要甚至可达到任意的精度。

3. 存储容量大

计算机的存储器可以存储大量数据，这使计算机具有了“记忆”功能。目前计算机的存储容量越来越大，已高达千吉数量级的容量。计算机具有“记忆”功能，是与传统计算工具的一个重要区别。

4. 具有逻辑判断功能

计算机的运算器除了能够完成基本的算术运算外，还具有进行比较、判断等逻辑运算的功能。这种能力是计算机处理逻辑推理问题的前提。

5. 自动化程度高，通用性强

由于计算机的工作方式是将程序和数据先存放在机内，工作时按程序规定的操作，一步一步地自动完成，一般无需人工干预，因而自动化程度高。这一特点是一般计算工具所不具备的。

计算机通用性的特点表现在几乎能求解自然科学和社会科学中一切类型的问题，能广泛地应用于各个领域。

1.1.3 计算机的分类

根据不同的分类标准，计算机有不同的分类方法。

1. 按照处理的信息类别分类

按照处理信息方式可将计算机分为模拟计算机、数字计算机和数字模拟混合计算机。模拟计算机主要用于处理连续变化的模拟信息，数字计算机主要用于处理非连续变化的离散信息，数字模拟混合计算机则既可以处理数字信息又可以处理模拟信息。

模拟计算机由于精度和解题能力有限，所以应用范围较小。目前广泛使用的计算机都是数字计算机，它在处理模拟信息前先使用 ADC（Analog-to-Digital Converter，模拟数字转换器）将模拟信息转换成数字信息供计算机使用，计算机处理完数字信息要输出模拟信息时再使用 DAC（Digital-to-Analog Converter，数字模拟转换器）将数字信息转换成模拟信息输出。

2. 按照用途分类

按照使用用途可以将计算机分为专用计算机和通用计算机。专用计算机是最有效、最经济和最快速的计算机，但它的适用性很差，只能用于解决某个特定方面的问题。而通用计算机的适应性则很大，它适合解决各个方面的问题，使用领域广泛，但它牺牲了效率、速度和经济性。

3. **按照计算机规模分类**

计算机按其运算速度快慢、存储数据量的大小、功能的强弱，以及软硬件的配套规模等不同又分为巨型机、大中型机、小型机、微型机、工作站与服务器等。

（1）巨型机。巨型机又称超级计算机，是指运算速度超过每秒 1 亿次的高性能计算机，它是目前功能最强、速度最快、软硬件配套齐备、价格最贵的计算机，主要用于解决诸如气象、太空、能源、医药等尖端科学研究和战略武器研制中的复杂计算。

（2）大中型计算机。这种计算机也有很高的运算速度和很大的存储量并允许相当多的用户同时使用。当然在量级上都不及巨型计算机，结构上也较巨型机简单些，价格相对巨型机来说要便宜，因此使用的范围较巨型机普遍，是事务处理、商业处理、信息管理、大型数据库和数据通信的主要支柱。

（3）小型机。小型机具有体积小、价格低、性能价格比高、易于操作和维护等优点，可广泛应用于工业控制、数据采集、分析计算、企业管理以及大学和研究所的科学计算中，也可用作巨型机或大型机系统的辅助机。

（4）微型计算机。微型计算机简称微机，是当今使用最普及、产量最大的一类计算机，体积小、功耗低、成本少、灵活性大，性能价格比明显地优于其他类型计算机，因而得到了广泛应用。微型计算机可以按结构和性能划分为单片机、单板机、个人计算机等几种类型。

（5）工作站。工作站是介于个人计算机和小型机之间的高档微型计算机，通常配备有大屏幕显示器和大容量存储器，具有较高的运算速度和较强的网络通信能力，有大型机或小型机的多任务和多用户功能，同时兼有微型计算机操作便利和人机界面友好的特点。工作站的独到之处是具有很强的图形交互能力，因此在工程设计领域得到广泛使用。

（6）服务器。随着计算机网络的普及和发展，一种可供网络用户共享的高性能计算机应运而生，这就是服务器。服务器一般具有大容量的存储设备和丰富的外部接口，运行网络操作系统，要求较高的运行速度，为此很多服务器都配置多 CPU。服务器常用于存放各类资源，为网络用户提供丰富的资源共享服务。常见的资源服务器有 DNS（域名解析）服务器、E-mail（电子邮件）服务器、Web（网页）服务器等。

1.1.4 计算机的应用

自 ENIAC 问世至今，计算机已从最初的大学和研究机构实验室走出来并渗透到社会的各个领域，乃至走进普通百姓家中。尤其是近几年来计算机技术和通信技术相互融合，出现了沟通全球的 Internet，使计算机的应用范围渗透到社会的各个领域。概括起来，主要有如下几个方面：

1. **科学计算和数据处理**

科学计算一直是计算机的重要应用领域之一，其特点是计算量大和数值变化范围大。在天文学、量子化学、空气动力学和核物理学等领域都要依靠计算机进行复杂的运算。数据处理也是计算机的重要应用领域之一，早在上世纪五六十年代人们就把大批复杂的事务交给了计算机处理，如政府机关公文、报表和档案，大银行、大公司的财务、人事等数据信息。

2. **工业控制和实时控制**

通过各种传感器获得的各种物理信号经转换为可测可控的数字信号后，再经计算机运算，根据偏差，驱动执行机构来调整，便可达到控制的目的。这种应用已被广泛用于冶金、机械、纺织、化工、电力、造纸等行业中。

3. 网络技术的应用

促使计算机网络诞生的最早动机在于实现计算机硬件资源的共享，如今随着 Internet 的发展，网络技术的应用涉及方方面面，最常见的如电子商务和网络教育。

4. 虚拟现实

虚拟现实是利用计算机生成的一种模拟环境，通过多种传感设备使用户“投入”到该环境中，达到用户与环境直接交互的目的。现已广泛使用的有如虚拟演播室、飞行员和汽车驾驶员的仿真训练系统。

5. 办公自动化

办公自动化是利用计算机及自动化的办公设备来替代“笔、墨、纸、砚”及办公人员的部分脑力、体力劳动，从而提高了办公的质量和效率。如利用计算机来起草文件；利用计算机来安排日常的各类公务活动，包括会议、会客、外出购票等。

6. 计算机辅助系统

用于帮助工程技术人员进行各种工程设计工作，以提高设计质量、缩短设计周期、提高自动化水平。计算机辅助系统主要包括计算机辅助设计（Computer Aided Design, CAD）、计算机辅助教学（Computer Aided Instruction, CAI）、计算机辅助制造（Computer Aided Manufacturing, CAM）、计算机辅助测试（Computer Aided Testing, CAT）等。

7. 多媒体技术

多媒体技术是计算机技术和视频、音频及通信等技术相结合的产物。它是用来实现人和计算机交互地对各种媒体（如文字、图形、影像、音频、视频、动画等）进行采集、传输、转换、编辑、存储、管理，并由计算机综合处理为文字、图形、动画、音响、影像等视听信息而有机合成的新媒体。如在虚拟现实中的虚拟演播室、飞行员和汽车驾驶员的仿真训练系统中都离不开多媒体技术。

8. 人工智能

人工智能是专门研究如何使计算机来模拟人的智能的技术。尽管经过了半个多世纪的努力，被人们称为“电脑”的计算机与人脑相比，仍无法相提并论。要使“电脑”真正模拟人脑，特别是要使电脑具有人的经验知识以及通过联想、比拟、推断来做出决策的功能，至少从目前来看还有相当大距离。近年来在模式识别、语音识别、语言翻译和机器人制作方面都取得了很大的成就。

9. 云计算

云计算（Cloud Computing）是一种基于互联网的计算方式，通过这种方式，共享的软硬件资源和信息可以按需求提供给计算机和其他设备。云计算是分布式计算（Distributed Computing）、并行计算（Parallel Computing）、网格计算（Grid Computing）、网络存储及虚拟化计算机和网络技术发展融合的产物，或者说是这些计算机科学概念的商业实现。

云计算的核心思想是对大量用网络连接的计算机资源进行统一管理和调度，构成一个计算资源池向用户提供按需服务。提供资源的网络被称为“云”。云计算将传统的以桌面为核心的任务处理转变为以网络为核心的任务处理，利用互联网实现一切处理任务，使网络成为传递服务、计算和信息的综合媒介，真正实现按需计算、网络协作。

云计算的三种服务模式：软件即服务（SaaS）、平台即服务（PaaS）、基础设施即服务（IaaS）。软件即服务（SaaS）：消费者使用应用程序，但并不掌控操作系统、硬件或运作的网络基础架构。是一种服务观念的基础，软件服务供应商，以租赁的概念提供客户服务，而非购买，比较常见的模式是提供一组账号密码。例如：Microsoft CRM 与 Salesforce.com。平台即服务（PaaS）：消费者使用主机操作应用程序。消费者掌控运作应用程序的环境（也拥有主机部分掌控权），但并不掌控操作系统、硬件或运作的网络基础架构。平台通常是应用程序基础架构。例如：Google App Engine。基础设施即服务（IaaS）：消费者使用“基础计算资源”，如处理能力、存储空间、网络组件或中间件。消费者能掌控操作系统、存储空间、已部署的应用程序及网络组件（如防火墙、负载平衡器等），但并不掌控云基础架构。例如：Amazon AWS、Rackspace。

云计算的四种部署模型：公用云（Public Cloud）、私有云（Private Cloud）、社区云（Community Cloud）、混合云（Hybrid Cloud）。公用云服务可通过网络及第三方服务供应者，开放给客户使用，“公用”一词并不一定代表“免费”，但也可能代表免费或相当廉价，公用云并不表示用户数据可供任何人查看，公用云供应者通常会对用户实施使用访问控制机制，公用云作为解决方案，既有弹性，又具备成本效益。私有云具备许多公用云环境的优点，例如弹性、适合提供服务，两者差别在于私有云服务中，数据与程序皆在组织内管理，且与公用云服务不同，不会受到网络带宽、安全疑虑、法规限制影响；此外，私有云服务让供应者及用户更能掌控云基础架构、改善安全与弹性，因为用户与网络都受到特殊限制。社区云由众多利益相仿的组织掌控及使用，例如特定安全要求、共同宗旨等。社区成员共同使用云数据及应用程序。混合云结合公用云及私有云，这个模式中，用户通常将非企业关键信息外包，并在公用云上处理，但同时掌控企业关键服务及数据。

1.2 计算机系统组成

完整的计算机系统是由硬件系统和软件系统两大部分组成。计算机的硬件是指组成一台计算机的各种物理装置，它们由各种实实在在的部件所组成；计算机的软件是指计算机系统中的程序及文档。程序是对计算任务的处理对象和处理规则的描述；文档是为了便于了解程序而提供的阐述性资料。

计算机系统的组成如图 1.1 所示。

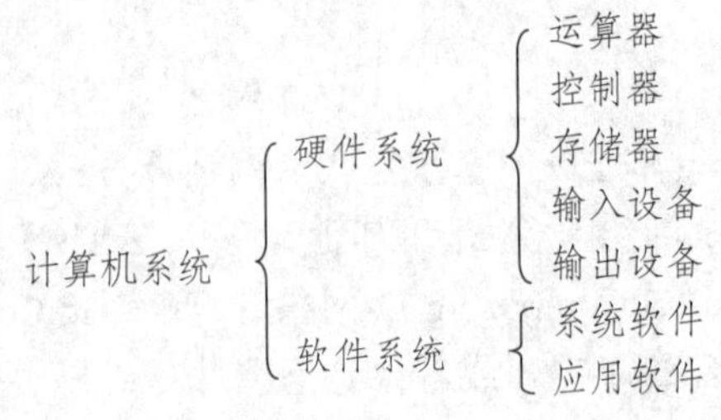

图 1.1 计算机系统的组成

1.2.1　硬件子系统

尽管计算机技术不断发展，出现了种类繁多、功能各异的计算机，但其基本结构和操作原理仍采用数学家冯·诺伊曼所归结的“存储程序式计算机”结构。该结构的特点是：

① 由运算器、控制器、存储器、输入设备和输出设备 5 个基本部分组成。

② 数据和程序以二进制代码形式存放在存储器中，存放位置由地址指定，地址码也是二进制。

计算机硬件系统的五大部件并不是孤立存在的，它们在处理信息的过程中需要相互连接和传输。计算机的结构反映了计算机各个组成部件之间的连接方式。现代计算机普遍采用总线结构。所谓总线（Bus），就是系统部件之间传送信息的公共通道，各部件由总线连接并通过它传递数据和控制信号。总线的分类有多种分类方式，按照总线传送信息的类别，可分为地址总线（Address Bus，AB）、数据总线（Data Bus，DB）和控制总线（Control Bus，CB）。地址总线用于传送存储器地址码或输入输出设备地址码；数据总线用于传送指令或数据；控制总线用来传送各种控制信号（如读/写信号）。

图 1.2 所示为具有这种结构特点的微型计算机硬件组成框图。

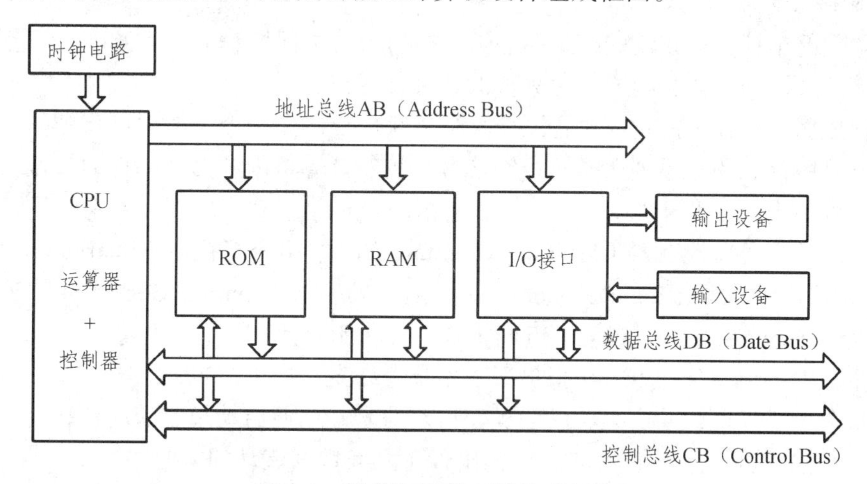

图 1.2　计算机硬件系统组成框图

1. 运算器

运算器（Arithmetic Unit，AU）是计算机中用于实现数据加工处理功能的部件，它接受控制器的命令，负责完成对操作数据的加工处理任务。

运算器由算术逻辑单元（Arithmetic Logic Unit，ALU）、累加寄存器（Accumulator，AC）、数据寄存器（Data Register，DR）和程序状态字寄存器（program status word，PSW）组成，其核心部件是算术逻辑单元（ALU）。

算术逻辑单元（ALU）的基本操作包括加、减、乘、除四则运算，与、或、非、异或等逻辑操作，以及移位、比较和传送等操作。

相对控制器而言，运算器接受控制器的命令而进行动作，即运算器所进行的全部操作都是由控制器发出的控制信号来指挥的，所以它是执行部件。它有两个主要功能：

① 执行所有的算术运算；

② 执行所有的逻辑运算，并进行逻辑测试。

计算机运行时，运算器的操作和操作种类由控制器决定。运算器的处理对象是数据，处理的数据来自存储器，处理后的结果数据通常送回存储器，或暂时寄存在运算器中。

运算器的性能指标是衡量整个计算机性能的重要因素之一，与运算器相关的性能指标包括计算机的字长和运算速度。

字长：是指计算机运算部件一次能同时处理的二进制数据的位数。目前普遍使用的 Intel 和 AMD 微处理器大多是 64 位的，意味着该类型的微处理器可以并行处理 64 位二进制数的算术运算和逻辑运算。

运算速度：现在的计算机运算速度普遍采用单位时间内执行指令的平均条数来衡量，并用 MIPS(Million Instruction Per Second，百万条指令每秒)作为计量单位。也可以用 CPI(Clock cycle Per Instruction，平均指令时钟周期数）即每执行一条指令平均需要的时钟周期数，或用 FLOPS（Floating Point Operation Per Second，每秒浮点运算次数）即每秒可执行的浮点运算次数来衡量计算机的运算速度。

2. 控制器

控制器是整个计算机系统的指挥中心。在控制器的指挥控制下，运算器、存储器和输入/输出设备等部件协同工作，构成一台完整的通用计算机。

控制器根据程序预定的指令执行顺序，从主存取出一条指令，按照该指令的功能，用硬件产生带有时序标志的一系列微操作控制信号，控制计算机内各功能部件的操作，协调和指挥整个计算机实现指令的功能。

控制器通常由程序计数器（Program Counter，PC）、指令寄存器（Instruction Register，IR）、指令译码器（Instruction Decoder，ID）、时序发生器（Timing Generator，TG）和操作控制器（Operation Controller，OC）组成。其主要功能包括：

①从主存中取出一条指令，并指出下一条指令在主存中的位置；

②对指令进行译码，并产生相应的操作控制信号，以便启动规定的动作；

③指挥并控制运算器、主存和输入/输出设备之间数据流动的方向。

——中央处理器（Central Processing Unit，CPU）

在 1970 年代以前，中央处理器由多个独立单元构成，后来发展出由集成电路制造的中央处理器，将运算器和控制器这两个计算机的核心部件集成在了一个集成电路上，称作中央处理器，在微型计算机中通常也称作微处理器（Micro Processing Unit，MPU）。随着集成电路技术的不断发展和进步，新型 CPU 纷纷集成了一些原先置于 CPU 之外的分立功能部件，如浮点处理器、高速缓存（Cache），甚至将图形处理器（Graphics Processing Unit，GPU）的部分功能也集成到了 CPU 中，在大大提高 CPU 性能指标的同时，也使得 CPU 的内部组成日益复杂化。

目前，计算机中所使用的 CPU 主要是由美国 Intel 公司和 AMD 公司生产的。

英特尔公司生产的 CPU 型号主要有 Core i7（酷睿 i7）、Core i5、Core i3、Pentium（奔腾）和 Celeron（赛扬）等系列。

AMD 公司生产的 CPU 型号主要有 AMD FX、AMD 速龙、AMD A 系列 APU、AMD 速

龙 APU、AMD 闪龙 APU 等系列。

APU 是指 AMD 公司将 Radeon 显卡和 CPU 技术集成在一块芯片上的处理器。Intel 公司酷睿系列的 CPU 也基本都集成了 GPU 功能。

CPU 的主要技术参数包括指令集、字长、主频、Cache 大小、核心数等。不同的 CPU 对应的接口也各不相同，在选择 CPU 和主板时二者的接口必须匹配，否则将无法安装。

（1）指令集

指令集是指 CPU 所能执行的机器命令。CPU 的指令集越丰富，也就意味着功能越强大。例如，英特尔 CPU 随着型号的不断更新，其指令集也从最初的 x86 指令集不断地得到扩展，Pentium（奔腾）CPU 中扩展了 MMX、SSE、SSE2、SSE3 指令集，最新的 Core（酷睿）CPU 中扩展了 SSE4 指令集。扩展的指令集使 CPU 具有更强的运算能力和多媒体数据处理能力。

（2）字　长

字长是指 CPU 中通用寄存器的数据宽度，即 CPU 一次能处理的二进制数的位数。字长越长，则计算机处理数据的能力越强。我们通常所说的 32 位 CPU、64 位 CPU 指的就是 CPU 的字长。

（3）主　频

主频是指 CPU 内核工作的时钟频率（CPU Clock Speed）。一般说来，一个时钟周期完成的指令数是固定的，所以主频越高，CPU 的速度也就越快。通常所说的某某 CPU 是多少 GHz（1 GHz=1 000 MHz）的，这个多少 GHz 就是“CPU 的主频”。

（4）高速缓存（Cache）

早期的内存和 CPU 的工作速度是匹配的，但是与内存速度相比，CPU 速度的提高要快得多，目前，内存的速度已与 CPU 速度相差一个数量级以上。为了解决内存不够快的问题，人们设计了 Cache 系统。

Cache 系统采用速度高很多的 SRAM（静态随机存储器）作为由 DRAM（动态随机存储器）组成的内存高速缓存。CPU 中的硬件自动将内存中经常使用的数据映射到 Cache 中，只要 CPU 所要的数据在 Cache 中，就不必到内存中去取数据，这大大加快了读取速度。由于程序运行具有局部性，所以在 Cache 中的命中率很高。目前，CPU 内部设计有三级 Cache，分别称为 L1 Cache、L2 Cache 和 L3 Cache。

（5）核心数

过去，CPU 处理能力的提高主要通过提高主频来实现，但主频的提高毕竟有物理限制。多核技术是近几年出现的提高 CPU 处理能力的一种新技术，其主要思路是在一个处理器上集成多个运算核心，从而提高计算能力。目前，CPU 的核心数分别为单核、双核、三核、四核、六核和八核。对于多核 CPU 的高速缓存（Cache），通常是每个运算核心有自己独立的 L1 Cache 和 L2 Cache，但共用一个 L3 Cache。

图 1.3 为 Intel Core i7-940 CPU 的正面和引脚面，以及计算机主板上用于该 CPU 的 LGA 2011 插座。

图 1.3 Intel Core i7（正面和引脚面）及 LGA 2011 插座

3. 存储器

（1）存储器分类

存储器是计算机系统中的记忆设备，用来存放程序和数据。当今存储器的种类繁多，从不同的角度对存储器可作不同的分类。

① 按存储介质分类

存储介质是指能寄存"0"和"1"两种代码并能区别两种状态的物质或元器件。目前使用的存储介质主要有半导体器件、磁存储介质（磁盘或磁带）和光存储介质（光盘）等。

② 按存取方式分类

按存取方式可把存储器分为随机存储器和顺序存储器。

如果存储器中任何存储单元的内容都能被随机存取，且存取时间和存储单元的物理位置无关，这种存储器称为随机存储器，半导体存储器是随机存储器。

如果存储器只能按某种顺序来存取，也就是说存取时间和存储单元的物理位置有关，这种存储器称为顺序存储器。如磁带存储器就是顺序存储器。磁盘存储器是半顺序存储器。

③ 按存储内容可变性分类

有些存储器存储的内容既能读出又能写入，这种存储器称为随机读写存储器，简称随机存储器（RAM）。有些存储器存储的内容是固定不变的，即只能读出而不能写入，这种称为只读存储器（ROM）。

a. 随机存储器（Random Access Memory, RAM）

RAM 是一种可读/写存储器，其特点是存储器的任何一个存储单元的内容都是可以随机存取，而且存取时间与存储单元的物理位置无关。但计算机电源掉电后存储器内的原存信息丢失。计算机系统中的主存都采用这种随机存储器。

由于存储信息的原理不同，RAM 又分为静态 RAM（Static RAM，SRAM）和动态 RAM（Dynamic RAM，DRAM）。

SRAM 存储的数据，数据读出后，只要计算机不掉电，数据始终存在，而 DRAM 存储的数据由于存储原理的原因即使计算机不掉电数据也只能维持 1 ~ 2 ms，为了保持数据不丢失必须在 2ms 内对所有存储单元恢复一次原状态（此过程称为刷新）。与 SRAM 相比，DRAM 集成度远高于 SRAM，功耗比 SRAM 小，价格比 SRAM 便宜，但 DRAM 需要配置刷新电路，速度比 SRAM 慢。因此，容量不大的高速缓存大多用 SRAM 实现（如 CPU 中的缓存），而计算机中的主存多用 DRAM 实现。

b. 只读存储器（Read Only Memory, ROM）

只读存储器是能对其存储的内容读出，而不能对其重新写入的存储器。

早期只读存储器的存储内容根据用户要求，厂家采用掩模工艺，将原始信息记录在芯片中，一旦制成后无法更改，称为掩模型只读存储器（Masked ROM，MROM）。随着半导体技术的发展和用户需求的变化，只读存储器先后派生出可编程只读存储器（Programmable ROM，PROM）、可擦除可编程只读存储器（Erasable Programmable ROM，EPROM）以及用电可擦除可编程只读存储器（Electrically Erasable Programmable ROM，EEPROM）。它们之间的区别为：

MROM——由存储器生产厂家将原始信息记录在芯片中，一旦制成后无法更改。

PROM——由用户自行使用编程器将原始信息记录在芯片中，制成后无法更改。

EPROM——由用户自行使用编程器将原始信息记录在芯片中，记录在芯片中的数据可以擦除后重复使用，但在重复使用之前必须先将原有数据擦除，通常使用紫外线擦除。

EEPROM（E^2PROM）——由用户自行使用编程器将原始信息记录在芯片中，记录在芯片中的数据可以擦除后重复使用，擦除也是使用编程器用电信号将原有数据先擦除后再重新写入新的数据。

近年来还出现了闪速存储器 Flash Memory，它具有 EEPROM 的特点，而速度比 EEPROM 快得多。

④ 按在计算机中的作用分类

按在计算机系统中的作用不同，存储器主要分为主存储器、辅助存储器、缓冲存储器。

主存储器（简称主存）的主要特点是它可以和 CPU 直接交换信息。辅助存储器（简称辅存）用来存放当前暂时不用的程序和数据，它不能与 CPU 直接交换信息。两者相比，主存速度快、容量小、价格高；辅存速度慢、容量大、价格低。缓冲存储器（简称缓存）是用在两个速度不同的部件之中，例如，CPU 与主存之间可设置一个快速缓存。

综上所述，存储器分类如图 1.4 所示。

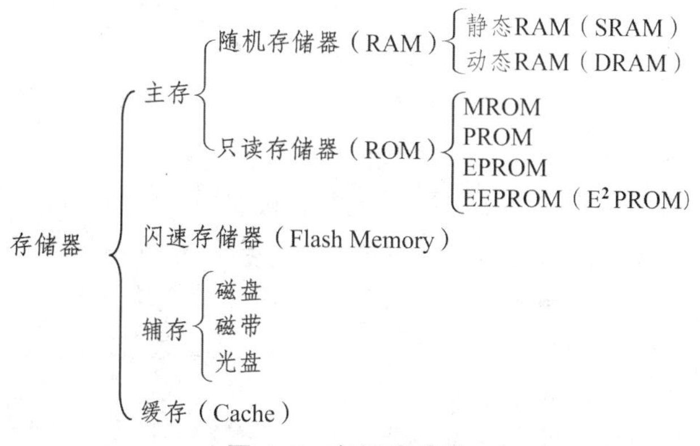

图 1.4　存储器分类

（2）内　存

内存是内部存储器的简称，也称主存，主要用来存储计算机运行时所需要的程序和数据，是 CPU 能直接寻址的存储空间。因此，内存的容量和存取速度极大地影响着计算机的运算速度。

计算机中所使用的内存条基本都是 DRAM，主要类型有 SDRAM（Synchronous DRAM，同步动态随机存储器）、DDR SDRAM（Dual Date Rate SDRAM，双倍速率同步动态随机存储器）、DDR2（第二代 DDR 存储器）、DDR3（第三代 DDR 存储器）和 DDR4（第四代 DDR 存储器）等类型。SDRAM、DDR、DDR2、DDR3 和 DDR4 类型的内存接口不同，不能互换使用。目前市面上能购买到的全新个人电脑内存均为 DDR3 和 DDR4 内存。

内存条的主要参数包括容量、频率和带宽。

① 容　量

容量的单位为字节（Byte）。容量越大，计算机能加载的程序和数据越多，程序运算的能力就越强。目前，计算机内存条的容量一般为 4 G、8 G 和 16 G。

提示：在 32 位的操作系统中，由于存储器的寻址空间只有 $2^{32}=4G$，除了内存条需要存储器地址外，系统的 BIOS 存储器、缓存、显存及其他硬件的内存均需要存储器地址，因此，系统能分配给内存条的地址不足 4G。故 4G 的内存条装在 32 位操作系统的计算机上，系统只能识别出 3G 左右的内存容量。

② 频　率

内存的频率通常是指内存的数据传输频率。通常内存条型号后面标的数字为数据传输频率。例如，DDR3 1600，表示该内存条的数据传输频率为 1 600 MHz。

③ 带　宽

内存带宽是指每秒可传送的数据量。Kingston DDR3 1600 4G 内存条如图 1.5 所示。

图 1.5　Kingston DDR3 1600 4G 内存条

Kingston 为品牌名，中文名为金士顿，DDR3 为内存的类型，1 600 为内存的数据传输频率，单位为 MHz，4G 为内存的容量，单位为 Byte。

（3）外　存

外存为外部存储器的简称，也叫辅助存储器（辅存），主要用来存储需要长久保存的程序和数据。常用的外存有硬盘、光盘、U 盘和软盘等。其中硬盘属于重要的外部存储设备，几乎所有的信息（操作系统、应用程序、数据等）都要存放在硬盘中，以便随时调用。光盘、U 盘和软盘属于移动存储设备，一般用于数据复制、备份和数据交换。

外存的主要参数包括容量和速度。硬盘容量从数百 GB 到 TB（1TB=1000GB），U 盘的容量为几 GB 到几百 GB，光盘的容量从几百 MB 到几十 GB（有被 U 盘取代的趋势），软盘容量为 1.44 MB（现已基本被淘汰）。

外存中最重要的是硬盘，硬盘的主要技术参数如下：

① 容　量

硬盘的容量较大，一般为几百 GB 到数 TB。

提示：与内存类似，在 32 位的操作系统中，系统能识别出的单个硬盘的最大容量是 3TB 左右，单个硬盘容量大于 3TB 的需要更换 64 位的操作系统才能识别出全部容量。

② 转　速

硬盘的转速是指硬盘盘片每分钟转过的圈数，单位为 r/min（转/分钟）。普通 PC 使用的硬盘转速一般为 5 400 r/min 和 7 200 r/min。有些用于服务器的 SCSI 接口的硬盘使用了液态轴承技术，转速可达 10 000 ~ 15 000 r/min。转速越大，硬盘存取数据的速度越快。

③ 缓　存

由于 CPU 与硬盘之间存在巨大的速度差异，为解决硬盘在读/写数据时 CPU 的等待问题，在硬盘上设置适当的高速缓存，可以解决两者之间速度不匹配的问题。硬盘缓存通常为 16 ~ 64 MB。

④ 平均寻道时间

平均寻道时间是指硬盘磁头移动到数据所在磁道需要的时间，这是衡量硬盘机械能力的重要指标，一般为 5 ~ 10 ms，值越小越好。平均寻道时间又分为平均读取时间和平均写入时间。

⑤ 接口标准

目前市面上的普通 PC 使用的硬盘接口均为串行 ATA 接口（简称 SATA），一些企业级服务器使用的硬盘接口为 SAS 接口（串行连接 SCSI 接口）。

以上介绍的硬盘为传统机械硬盘（Hard Disk Drive），其工作原理为将数据以磁信息的形式存储在硬盘磁盘中，硬盘工作时磁盘在高速旋转，再通过移动磁头，在磁盘上寻找需要的数据信息。

随着半导体的飞速发展，现在出现了一种新型 SSD 固态硬盘（Solid State Disk）。SSD 固态硬盘是用固态电子存储芯片阵列制成的硬盘，由控制单元和存储单元（FLASH 芯片、DRAM 芯片）组成。固态硬盘在接口的规范和定义、功能及使用方法上与传统机械硬盘（HDD）完全相同，在产品外形和尺寸上也完全与普通硬盘一致。与 HDD 相比，SSD 固态硬盘具有读写速度快、防震性能强、低功耗、无噪音、工作温度范围大、轻便等优点，但缺点是容量低、售价高，最为严重的是使用寿命有限（固态硬盘中使用的 Flash 芯片有擦写次数限制）。

鉴于以上两种情况，著名硬盘生产厂商 Seagate 公司（希捷公司）生产出一种 SSHD 固态混合硬盘，它是把磁性硬盘和闪存集成到一起的一种硬盘，其性能和价格介于传统机械硬盘（HHD）和固态硬盘（SSD）之间。

（4）存储器的分级结构

一个存储器的性能通常用速度、容量、价格三个主要指标来衡量。计算机对存储器的要求是容量大、速度快、成本低，需要尽可能地同时兼顾这三方面的要求。但是一般来讲，存储器速度越快，价格也越高，因而也越难满足大容量的要求。现代计算机系统通常采用高速缓冲存储器、主存储器和辅助存储器三级存储系统，如图 1.6 所示。

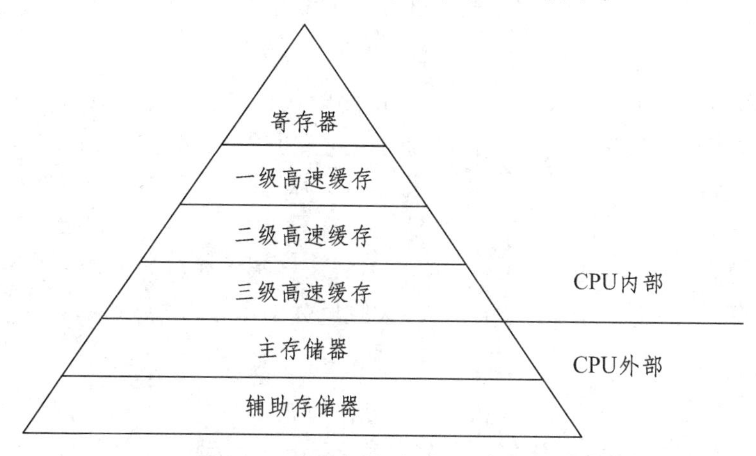

图 1.6　存储系统的分级结构

该系统分为“Cache——主存”层次和“主存——辅存”层次。前者主要解决CPU与主存速度不匹配问题，后者主要解决存储器系统容量问题。在存储系统中，CPU能直接访问内存储器，包括高速缓冲存储器和主存储器；CPU不能直接访问外存储器，外存的信息必须调入内存才能被CPU使用。

4. 输入设备

输入设备（Input Device）是向计算机输入数据和信息的设备，是用户和计算机系统之间进行信息交换的主要装置，其主要作用是将外部世界各种各样的信息形式转换为计算机所能处理的数字形式。

目前常见的输入设备有键盘（将文本和符号信息转换为数字信息）、鼠标（将位置信息转换为数字信息）、扫描仪（将图像信息转换为数字信息）等。有些设备没有被称为输入设备，但本质上都是将各种现实的信息形式转换为数字形式，如数码照相机和数码摄像机等，都是将图形和视频信息转换为数字信息。

（1）键　盘

键盘（Keyboard）是指经过系统安排操作一台机器或设备的一组键，是由打字机键盘发展而来。通过键盘可以输入字符，也可以控制电脑的运行。通常，电脑键盘由矩形或近似矩形的一组按钮（或者称为“键”）组成，键的上面印有字符。大部分情况下，按下一个键就打出对应的一个符号，如字母、数字或标点符号等。然而，有一些特殊的符号需要同时按下几个键或者按顺序按几个键才能打出。另外还有一些键不对应任何符号，但是影响到电脑的运行。

依照键盘上的按键数，最常用的有104键和107键两种，107键比104键多了Sleep（休眠）、Wake Up（唤醒）、Power（电源）3个键。图1.7所示为104键盘。

图1.7　104键盘

（2）鼠　标

鼠标（Mouse）是一种很常见及常用的电脑输入设备，它可以对当前屏幕上的光标进行定位，并通过按键和滚轮装置对光标所经过位置的屏幕元素进行操作，其目的是用鼠标来代替键盘那繁琐的指令，从而使计算机的操作更加简便，是多窗口环境下必不可少的输入设备。

目前常见的鼠标都是光电鼠标，又分为有线鼠标和无线鼠标。现在使用的有线鼠标基本都是USB接口，而无线鼠标则分为红外线无线鼠标和蓝牙无线鼠标。

5. 输出设备

输出设备（Output Device）是人与计算机交互的一种部件，用于数据的输出。它把各种计算结果数据或信息以数字、字符、图像、声音等形式表示出来。常见的输出设备有显示器、打印机、绘图仪、影像输出系统、语音输出系统等。

（1）显示器

显示器（Display）通常也被称为监视器。它是一种将一定的电子文件通过特定的传输设备显示到屏幕上再反射到人眼的显示工具。根据制造材料的不同，可分为：阴极射线管显示器（CRT）、等离子显示器（PDP）、液晶显示器 LCD 等。

目前常见的显示器均为液晶显示器，其主要参数包括：可视角度、亮度、对比度、信号响应时间、色彩度、分辨率、像素与点距、可视面积、接口类型等。

分辨率：是指显示器屏幕图像的精密度，是指显示器所能显示的像素的多少，通常用水平像素点与垂直像素点的乘积来表示，像素数越多，其分辨率就越高。与传统 CRT 显示器不同，LCD 显示器在制作过程中就已经将像素固定了，不可被更改，所以应用像素来表示液晶显示器的图像分辨能力。如通常说的 1 024 × 768 的分辨率是指在水平方向上有 1 024 个像素，在垂直方向上有 768 个像素。

液晶显示器的可视面积即为液晶面板对角线的尺寸，也即是液晶显示器的尺寸。通常以英寸为单位（CRT 显示器的尺寸指显像管的对角线尺寸。最大可视面积就是显示器可以显示图形的最大范围，通常显示面积都会小于显像管的面积）。

显示器的接口类型是指显示器与显卡（显示适配器）之间的接口类型，目前常见的接口有 VGA（也叫 D-sub）接口、DVI 接口和 HDMI 接口等。VGA 接口传输的是模拟信号，DVI 接口可传输数字和/或模拟信号，HDMI 接口是一种全数字化视频和声音发送接口，可以发送未压缩的音频及视频信号。

（2）显　卡

显卡，又称显示适配器（Display Adapter），是将计算机系统所需要的显示信息进行转换并驱动显示器正确显示的重要元件，是“人机对话”的重要设备之一。显卡作为电脑显示系统的一个重要组成部分，承担输出显示图形的任务，对于喜欢玩游戏和从事专业图形设计的用户来说显卡非常重要。

显卡的主要技术参数有接口类型、显存容量和带宽、图形处理器（Graphic Processing Unit，GPU）的 3D 处理能力等。

目前常见的显卡接口（显卡与主板的接口）为 PCI Express（简称 PCI-E），与早期的 AGP、PCI 显卡接口相比，PCI-E 接口能提供更大的功率及更快的传输速率。PCI-E × 16 接口显卡最高能提供 75W 的功率，Spec 2.0（2.0 规范）能提供最高 16GB/s 的数据传输速率，Spec 3.0（3.0 规范）能提供最高 32GB/s 的数据传输速率，而且 PCI-E 接口显卡还具有相当强大的发展潜力。

如同计算机的内存一样，显存是用来存储要处理的图形信息的部件。它的作用是用来存储显卡芯片（GPU）处理过或者即将提取的渲染数据。通常使用 DDR SDRAM 制作在显卡上的。

对于对图形处理有很高要求的用户，若一个 PCI-E × 16 的显卡还不能满足需要，则可使用支持 CrossFire 或 SLI 技术的显卡，将两个显卡级联使用，此时一个显卡为主显卡可以输出，另一个显卡为副显卡不能输出。若对图形处理无要求，为降低成本，则可使用主板集成显卡，显存则从内存中分出一部分使用。

（3）打印机

打印机（Printer）是一种电脑输出设备，可以将电脑内储存的资料按照文字或影像的方式永久的输出到纸张、透明胶片或其他平面媒介上。常用的打印机一般分为点阵式打印机、喷墨式打印机和激光打印机 3 种。

① 点阵式打印机

点阵式打印机又称针式打印机，它是依靠一组像素或点的矩阵组合而成更大的影像的打印机，点阵式打印机是运用了击打式打印机的原理，用一组小针来产生精确的点，不但可以打印文本，还可以打印图形。在喷墨打印机普及后，点阵式打印机只剩下发票等需使用复写纸打印的文件单据的使用。点阵式打印机的最大优点是耗材便宜、可以打印多联复写纸，缺点是打印速度慢、质量差、噪音大。

② 喷墨式打印机

喷墨打印机是用各种色彩的墨水混合印制的一种打印机。喷墨打印机可以把数量众多的微小墨滴（通常只有几皮升，10^{-12} 升）精确地喷射在要打印的媒介上，对于彩色打印机包括照片打印机来说，喷墨方式是主流。由于喷墨打印机不局限于四种颜色的墨水，现在已有六色甚至九色墨盒的喷墨打印机，其颜色范围早已超出了传统 CMYK 的局限，印出来的照片已经可以媲美传统冲洗的照片，甚至有防水特性的墨水上市。喷墨式打印机的优点是设备价格低廉、打印质量高于点阵式打印机且能彩色打印、无噪音，缺点是打印速度慢、耗材贵。

③ 激光式打印机

激光打印机是一种常见的在普通纸张上快速印制高质量文本与图形的打印机。与复印机一样，激光打印机也是采用静电复印的过程，但是与模拟的复印机不同的是其图像直接通过激光束在打印机光鼓上进行扫描生成。激光式打印机的优点是无噪音、打印速度快、打印质量高，缺点是设备和耗材都很贵。

6. 计算机的结构

计算机硬件系统的五大部件并不是孤立存在的，它们在处理信息的过程中需要相互连接和传输。最早的计算机基本上采用直接连接的方式，运算器、存储器、控制器和外部设备等组成部件相互之间都有单独的连接线路。这样的结构可以获得最高的连接速度，但不易扩展。

现代计算机普遍采用总线结构。总线即是系统各部件之间传送信息的公共通道，各部件由总线连接并通过它传递数据和控制信号。其特点是结构简单清晰、易于扩展，尤其是在 I/O 接口的扩展能力方面，由于采用了总线结构和 I/O 接口技术，用户几乎可以随心所欲地在计算机中加入新的 I/O 接口卡。外设必须通过 I/O 接口与 CPU 连接，而不能直接挂在总线上，其原因是 CPU 只能处理并行的数字信号，而外设有些信号是数字的、有些信号是模拟的，有些信号是并行的、有些信号是串行的，同时 CPU 的运行速度远高于外设，所以外设必须通过 I/O 接口实现信号的转换或速度的缓冲。

总线和 I/O 接口体现在硬件上就是计算机主板，它也是配置计算机时的主要硬件之一。

主板（Main Board）又称为系统板（System Board）或母板（Mother Board），它是连通各个部件的基本通道，控制着各个部件之间的指令流和数据流，是硬件系统的核心部件，直接影响运行速度与系统稳定性，其性能取决于主板上的芯片组。

主板是一块 4 层或 4 层以上的印制电路板，两外表面为信号通路，内层提供地线和电源线。主板上有 CPU 插座、内存插槽、软硬盘插口、总线扩展槽、键盘和鼠标接口等。

主板根据所安装 CPU 芯片类型的不同可分为 Intel 和 AMD 系列主板。其主流制造商有华硕、技嘉、微星、英特尔等。

华硕 P9X79 主板如图 1.8 所示。各接口包括：1 个 LGA2011 CPU 插槽（支持第二代 Core i7 处理器），8 个 DDR3 内存插槽，2 个 PCI-E 3.0×16（×16 模式）接口，1 个 PCI-E 3.0×16（×8 模式）接口，2 个 PCI-E×1 接口，1 个 PCI 接口，2 个 SATA 6Gb/s 接口，4 个 SATA 3Gb/s 接口。

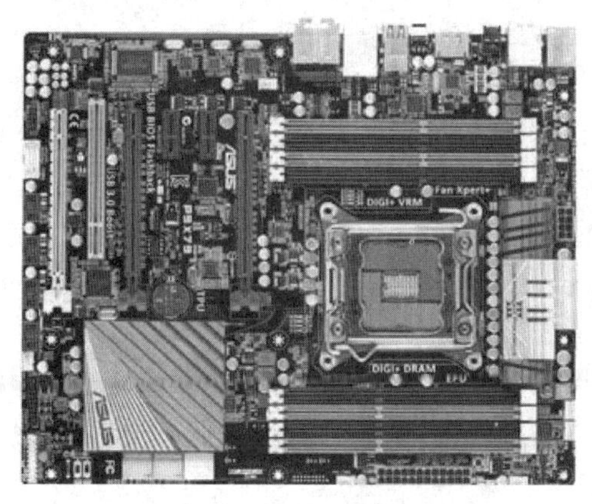

图 1.8　华硕 P9X79 主板

除了机箱内部接口外，主板还可以外接很多外设，华硕 P9X79 主板外设接口如图 1.9 所示。

图 1.9　华硕 P9X79 主板后置接口

华硕 P9X79 主板外设接口主要包括：1 个 PS/2 接口（可接 PS/2 接口的键盘或鼠标），4 个 USB3.0 接口（传输速率 5 Gbps，约 500 MB/s），6 个 USB2.0 接口（传输速率 480 Mbps，约 60 MB/s），1 个 1394a 接口，2 个 ESATA 接口（扩展 SATA 接口），6 个 3.5 mm 接口（7.1 声道音频输出），1 个 RJ45 接口（UTP 网线接口）等接口。

1.2.2　软件子系统

软件是一系列按照特定顺序组织的计算机数据和指令的集合。软件并不只是包括可以在计算机上运行的电脑程序，与这些电脑程序相关的文档一般也被认为是软件的一部分。简单地说软件就是程序加文档的集合体。软件系统就是为运行、管理和维护计算机而编制的各种程序、数据和文档的总称。

计算机系统由硬件系统和软件系统组成。硬件系统只能识别由 0 和 1 组成的机器代码，没有软件系统的计算机是无法工作的，因此没有软件系统的计算机也称裸机。

1.2.2.1　指令和程序的基本概念

1. 机器指令

机器指令是计算机硬件能够识别并直接执行操作的命令，一台计算机中所有指令的集合构成了该机的指令系统（也叫指令集）。按照指令系统分类，计算机大致可以分为两类：复杂指令系统计算机（Complex Instruction Set Computer，CISC）和精简指令系统计算机（Reduced Instruction Set Computer，RISC）。CISC 是 CPU 的传统设计模式，其指令系统的特点是指令数目多而复杂，每条指令的长度不尽相等；而 RISC 则是 CPU 的一种新型设计模式，其指令系统的主要特点是指令条数少且简单，指令长度固定。

机器指令通常由操作码和操作数（也称地址码）两部分组成。

操作码指明指令所要完成操作的特性与功能；操作数指明操作码执行时的操作对象，可以是数据本身，也可以是存放数据的内存单元地址或寄存器名称。

几乎所有的冯·诺伊曼型计算机的 CPU，其工作都可以分为 5 个阶段：取指令（Instruction Fetch，IF）、指令译码（Instruction Decode，ID）、执行指令（Execute，EX）、访存取数（Memory，MEM）、结果写回（Writeback，WB）。

在指令执行完毕、结果数据写回之后，若无意外事件（如结果溢出等）发生，计算机就接着从程序计数器（Program Counter，PC）中取得下一条指令地址，开始新一轮的循环，下一个指令周期将顺序取出下一条指令。

许多新型 CPU 可以同时取出、译码和执行多条指令，体现并行处理的特性。

计算机的指令系统表明微处理器的运算和处理能力，一般计算机有几十条到几百条不同的指令，这些指令可按其操作功能的不同分为下列 4 类：

（1）数据处理指令

数据处理指令能以某种方式对数据进行算术运算、逻辑运算、移位和比较，这些指令的操作功能一般由运算器的算术逻辑单元（ALU）来完成。

（2）数据传送指令

数据传送指令的功能是将数据从一个地方传送到另一个地方，而不改变数据的内容。

（3）程序控制指令

程序控制指令能改变程序计数器 PC 的内容，使程序改变正常的执行顺序。

（4）状态管理指令

这类指令一般数量较少，其功能只改变 CPU 的工作状态，而不影响其他指令和数据。并非所有计算机都具有上述全部种类的指令。指令系统完备可以使程序较短，且运行速度较快。但较大的指令系统必然会使指令变长，使机器结构复杂。实际上，当指令系统中缺少某些指令时，完全可以在程序设计中用其他指令的组合来完成同样的操作。

2. 程序设计语言

程序是按照一定顺序执行的、能够完成某一任务的指令集合。人们要利用计算机解决实际问题，一般要先编制程序。

程序设计语言就是用户编写程序的语言，它是人们与计算机之间交换信息的工具，实际上也是人们指挥计算机工作的工具。程序设计语言是软件系统的重要组成部分。一般可分为机器语言、汇编语言和高级语言 3 类。

（1）机器语言

机器语言指能直接被计算机接受并执行的机器指令的集合。用机器语言编写的程序，可以直接在计算机上运行。因此，它的执行速度比较快，能充分发挥计算机的速度性能。对不同的计算机硬件系统（主要是 CPU），其机器语言一般是不同的。因此，针对一种计算机编写的机器语言程序，一般不能在另一种类型的计算机上运行。由于机器语言是二进制的机器指令代码语言，因此，用机器语言编写程序难度较大，修改、调试也不方便，容易出错，程序的可读性比较差，且不易移植。

（2）汇编语言

汇编语言又称符号语言。在机器语言中，每一条指令都是由 0 和 1 组成的代码串，所以程序不易阅读、记忆。为此人们采用能帮助记忆的英文缩写符号（称为指令助记符）来代替机器语言指令代码中的操作码，用地址符号来代替地址码。用指令助记符及地址符号书写的指令称为汇编指令，用汇编指令编写的程序称为汇编语言源程序。

由于汇编语言采用了助记符，因此，它比机器语言直观，容易记忆和理解，用汇编语言编写的程序也比机器语言程序易读、易懂、易修改。汇编语言与机器语言是一一对应的，因此，对于不同的计算机，针对同一问题所编写的汇编语言源程序是互不通用的。用汇编语言编写的程序执行效率比较高，但通用性和移植性仍然比较差。

汇编语言比机器语言前进了一步。但是，计算机不能直接识别用汇编语言编写的程序，必须由一种专门的翻译程序将汇编语言程序翻译成机器语言程序，计算机才能执行。

（3）高级语言

机器语言和汇编语言都是面向机器的语言，一般称为低级语言。它们对计算机的依赖性很大，用它们开发出的程序通用性较差，而且要求程序的开发者必须熟悉和了解计算机硬件的每一个细节，因此，它们面对的用户一般是计算机专业人员，普通的计算机用户很难胜任这一工作。

随着计算机技术的发展及计算机应用领域的不断扩大，计算机用户的队伍不断扩大，而且这个队伍中绝大部分不是计算机的专业人员。为此，从 20 世纪 50 年代中期开始，逐步发展起了面向问题的程序设计语言，称为高级语言。高级语言与具体的计算机硬件无关，其表达方式接近于被描述的问题，接近于自然语言和数学语言，易于人们接受和掌握。用高级语言编写程序要比用低级语言容易得多，大大简化了程序的编制和调试过程，使编程效率大幅提高。

高级语言的显著特点是独立于具体的计算机硬件，通用性和可移植性好。目前，高级语言已有上百种，得到广泛应用的也有十几种，并且几乎每一种高级语言都有其适用的领域。

用任何高级语言编写的程序（习惯称为源程序）都必须通过编译程序翻译成机器语言程序后才能被计算机执行，或者通过解释程序边解释边执行。

3. 语言处理程序

对于用某种程序设计语言编写的程序，通常要经过编辑处理、语言处理、装配链接处理后，才能够在计算机上运行。

（1）编辑处理

所谓编辑处理是指计算机通过编辑程序将人们编写的源程序送入计算机。编辑程序可以使用户方便地修改源程序，包括添加、删除、修改等，直到用户满意为止。

（2）语言处理

所谓语言处理是将源程序转换成机器语言的形式，以便计算机能够运行。这一转换是由翻译程序来完成的，翻译程序除了要完成语言间的转换外，还要进行语法、语义等方面的检查。翻译程序统称为语言处理程序，共有 3 种：汇编程序、编译程序和解释程序。

① 汇编程序

汇编程序将用汇编语言编写的程序（源程序）翻译成机器语言程序，这一翻译过程称为汇编。

汇编程序在翻译源程序时总是从头到尾地对源程序中的符号一个一个地阅读分析，这个过程称为扫描，一般用两遍扫描来完成对源程序的加工转换工作。第一遍把源程序中出现的所有的名字进行造表，确定每个名字将占用内存的位置。第二遍扫描时，按所造出的表把每条原为符号化的语言转换成二进制数码形式的机器指令。汇编程序在翻译的同时，还对各种形式的错误进行检查和分析，如有错误，就以某种方式输出错误的类型及有关信息，以便用户修改。

② 编译程序

编译程序是将用高级语言编写的程序（源程序）翻译成机器语言程序。这个翻译过程称为编译。对汇编语言而言，通常是将一条汇编语言指令翻译成一条机器语言指令，但对编译而言，往往需要将一条高级语言的语句转换成若干条机器语言指令。高级语言的结构比汇编语言的结构复杂得多。编译程序工作时，是先分析再综合。所谓分析是指词法分析和语法分析；所谓综合是指代码优化、存储分配和代码生成。为了完成这些分析综合任务，编译程序采用对源程序进行多次扫描的方法，每次扫描集中完成一项或几项任务，也有一项任务分散到几次扫描完成的。源程序经过编译之后，若无错误便生成目标程序，再经过装配链接处理之后，便可以运行了。运行时与源程序及编译程序无关，若源程序作了某些修改，则必须再重新进行编译。

③ 解释程序

解释程序是边扫描边翻译边执行的翻译程序，解释过程不产生目标程序。解释程序将源程序一句一句读入，对每个语句进行分析和解释，有错误随时通知用户，无错误就按照解释结果执行所要求的操作。程序的每次运行都要求源程序与解释程序参加。

解释方式很灵活、方便，但因为是边解释边执行，所以程序执行速度相对较慢，并且解释方式在运行时离不开翻译程序。编译方式使程序的运行与翻译程序无关，因此运行速度要快得多，虽然编译过程本身比较复杂，但一旦形成目标文件，便可多次使用。

（3）装配链接处理

所谓装配链接处理是指经汇编或编译之后生成的目标程序是不能直接运行的，目标程序可能调用一系列内部函数、外部过程和库函数或其他程序模块，这时，就需要装配链接程序将全部的目标程序块、库过程和系统库链接起来，使其成为一个可调入内存运行的程序模块，这种程序称为可执行程序。

1.2.2.2 软件系统及其组成

计算机软件系统一般分为：系统软件和应用软件。

1. 系统软件

系统软件指控制和协调计算机及外部设备，支持应用软件开发和运行的软件。系统软件的主要功能是调度、监控和维护计算机系统；负责管理计算机系统中各独立硬件，使得它们协调工作。系统软件使得底层硬件对计算机用户是透明的，它使得计算机使用者和其他软件将计算机当作一个整体使用，而不需要考虑到底层每个硬件是如何工作的。

各种应用软件，虽然完成的工作各不相同，但它们都需要一些共同的基础操作，例如都要从输入设备取得数据，向输出设备送出数据，向外存写数据，从外存读数据，对数据的常规管理，等等。这些基础工作也要由一系列指令来完成。人们把这些指令集中组织在一起，形成专门的软件，用来支持应用软件的运行，这种软件称为系统软件。

系统软件在为应用软件提供上述基本功能的同时，也进行着对硬件的管理，使在一台计算机上同时或先后运行的不同应用软件有条不紊地合用硬件设备。例如，两个应用软件都要向硬盘存入和修改数据，如果没有一个协调管理机构来为它们划定区域的话，必然形成互相破坏对方数据的局面。

系统软件的主要特征是：与硬件有很强的交互性，能对资源共享进行调度管理，能解决并发操作处理中存在的协调问题，其中的数据结构复杂、外部接口多样化、便于用户反复使用。

系统软件用来简化程序设计，简化使用方法，提高计算机的使用效率，发挥和扩大计算机的功能及用途。有代表性的系统软件有：操作系统、语言处理系统、数据库管理系统和系统辅助处理程序等。

2. **应用软件**

应用软件是和系统软件相对应的，是用户可以使用的各种程序设计语言，以及用各种程序设计语言编制的应用程序的集合，分为应用软件包和用户程序。应用软件包是利用计算机解决某类问题而设计的程序的集合，供多用户使用。

应用软件是为满足用户不同领域、不同问题的应用需求而提供的那部分软件。它可以拓宽计算机系统的应用领域，放大硬件的功能。常用的应用软件有：办公软件、互联网软件、多媒体软件等。

1.3　计算机中信息的表示与存储

计算机是处理信息的工具，数字计算机处理的都是数字化的信息，日常生活中人们采用十进制计数方法，但是计算机内部却采用二进制进行计数和运算。因此，掌握计算机中数制的表示和数制间的转换是十分重要的。

1.3.1　数制的概念

数制，是使用一组数字符号来表示数的体系。进位计数制是按照进位的原则（逢 N 进一）来进行计数，数的符号在不同的位置上时所代表的数的值是不同的。人们日常生活中采用的十进制计数方法是按照“逢十进一”的原则来进行计数的，而计算机内部却是采用的二进制进行计数和运算，即采用的是“逢二进一”的原则进行计数的。

进位计数制是由基码、基数和位权 3 个要素组成。

基码——也称数码，是数制中表示基本数值大小的不同数字符号。例如，二进制有 2 个数码：0 和 1。十进制有 10 个基码：0、1、2、3、4、5、6、7、8、9。

基数——数制所使用数码的个数。例如，二进制的基数为 2；十进制的基数为 10。

位权——数制中每一固定位置对应的单位值称为位权。对于多位数，处在某一位上的“1”所表示的数值的大小，称为该位的位权。例如十进制第 2 位的位权为 10，第 3 位的位权为 100。对于 N 进制数，整数部分第 i 位的位权为 $N^{(i-1)}$，而小数部分第 j 位的位权为 N^{-j}。

进位制中任何一个数的大小等于其位上数字与其对应位权值的乘积之和，如：

$$a_3a_2a_1a_0 = a_3 \times b^3 + a_2 \times b^2 + a_1 \times b^1 + a_0 \times b^0$$

1. 十进制

十进制的基码是 0、1、2、…、9 这 10 个不同的数字，在运算时采用的是“逢十进一、借一当十”的规则。

十进制的基数为 10。

十进制的数位有个位、十位、百位、千位等，对应的位权值分别是 10^0，10^1，10^2，10^3 等。

例如：$156.24 = 1\times10^2 + 5\times10^1 + 6\times10^0 + 2\times10^{-1} + 4\times10^{-2}$

2. 二进制

二进制的基码是 0 和 1 这 2 个数字，在运算时采用的是“逢二进一、借一当二”的规则。

二进制的基数为 2。

二进制的位权是以 2 为底的幂，即 2^0，2^1，2^2，2^3 等。

3. 八进制

八进制的基码是 0、1、2、…、7 这 8 个不同的数字，在运算时采用的是“逢八进一、借一当八”的规则。

八进制的基数为 8。

八进制的位权是以 8 为底的幂，即 8^0，8^1，8^2，8^3 等。

4. 十六进制

十六进制的基码是 0、1、2、…、9 这 10 个数字和 A、B、C、D、E、F 这 6 个字母，这 6 个字母分别对应十进制中的 10、11、12、13、14、15，在运算时采用的是“逢十六进一、借一当十六”的规则。

十六进制的基数为 16。

十六进制的位权是以 16 为底的幂，即 16^0，16^1，16^2，16^3 等。

各种进制数可用下标来区别，如 $(1001)_2$ 表示二进制数，$(245)_8$ 表示八进制数，$(6D)_{16}$ 表示十六进制数。也可以在数字后面跟上数制标识来区别，如 1001B 表示二进制数，245O 表示八进制数，6DH 表示十六进制数。不同进制数的读法：除了十进制数可以把位权值读出来外，其他进制数的读法都直接读数字即可。如：101，若是十进制数念“一百零一”，而作为二进制数（或其他非十进制数）只能念“一零一”。

几种数制的表示如表 1.1 所示。

表 1.1 几种数制的表示

数制	进位规则	基数	基码	位权	数制标识
二进制	逢二进一	2	0，1	2^i（i 为整数）	B
八进制	逢八进一	8	0～7	8^i（i 为整数）	O
十进制	逢十进一	10	0～9	10^i（i 为整数）	D
十六进制	逢十六进一	16	0～9 和 A～F	16^i（i 为整数）	H

几种数制的对应关系如表 1.2 所示。

表 1.2 几种数制的对应关系

十进制	二进制	八进制	十六进制
0	0	0	0
1	1	1	1
2	10	2	2
3	11	3	3
4	100	4	4
5	101	5	5
6	110	6	6
7	111	7	7
8	1000	10	8
9	1001	11	9
10	1010	12	A
11	1011	13	B
12	1100	14	C
13	1101	15	D
14	1110	16	E
15	1111	17	F
16	10000	20	10

1.3.2 各数制间的转换

为了满足不同问题的需要，不同进制之间经常需要进行相互转换。

1. 任意进制数转换为十进制数

二进制、八进制、十六进制以及任意进制的数转换为十进制数的方法都是一样的，即将其各位上数字与其对应位权值的乘积相加，所得之和即为对应的十进制数。

【例 1.1】 分别将二进制数 $(1011.01)_2$ 和十六进制数 $(C64E)_{16}$ 转换为十进制数。

$$(1011.01)_2 = 1\times2^3 + 0\times2^2 + 1\times2^1 + 1\times2^0 + 0\times2^{-1} + 1\times2^{-2} = 11.25$$

$$(C64E)_{16} = 12\times16^3 + 6\times16^2 + 4\times16^1 + 14\times16^0 = 50\ 766$$

2. 十进制数转换为二进制、八进制、十六进制数

十进制数转换为二进制、八进制和十六进制数的方法是相同的，但在转换过程中整数部分和小数部分的转换规则是不同的，转换规则如下：

（1）整数转换采用“除以基数取余逆排”法。

（2）小数转换采用“乘以基数取整顺排”法。

（3）含整数和小数的混合数，将整数部分和小数部分分别转换完后再合并。

【例 1.2】 把十进制数 47 转换为二进制数。

根据规则（1），采用“除以 2 取余逆排”法，如图 1.10 所示。

2 47 1
2 23 1
2 11 1
2 5 1
2 2 0
2 1 1
0

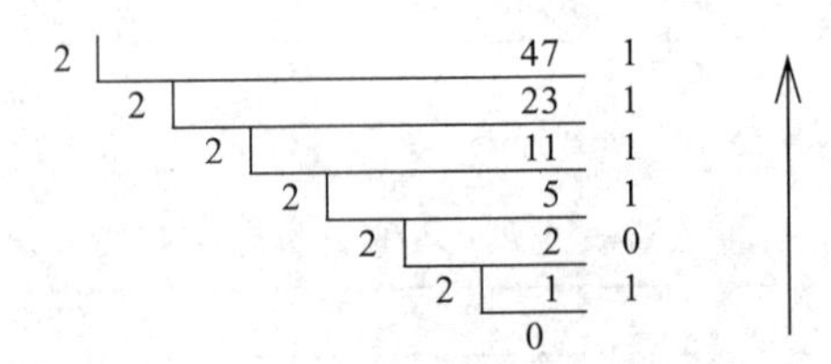

图 1.10 十进制整数转换为二进制数

所以，$(47)_{10}=(101111)_2$。

【例 1.3】 把十进制数 0.125 转换为二进制数。

根据规则（2），采用“乘以 2 取整顺排”法，如图 1.11 所示。

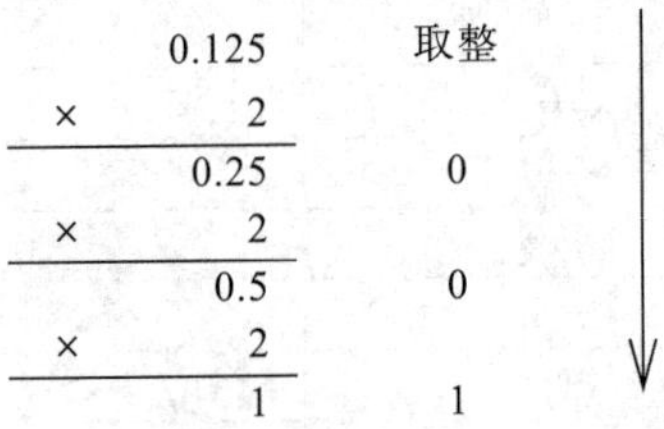

0.125
取整
× 2
0.25
0
× 2
0.5
0
× 2
1
1

图 1.11 十进制小数转换为二进制数

所以，$(0.125)_{10}=(0.001)_2$。

【例 1.4】 把十进制数 47.125 转换为二进制数。

根据规则（3）及【例 1.2】和【例 1.3】的结果可知，$(47.125)_{10}=(101111.001)_2$。

【例 1.5】 把十进制数 3380.365 转换为八进制数。

根据规则（1）和规则（2），分别把整数部分和小数部分转换为八进制数，如图 1.12 和图 1.13 所示。

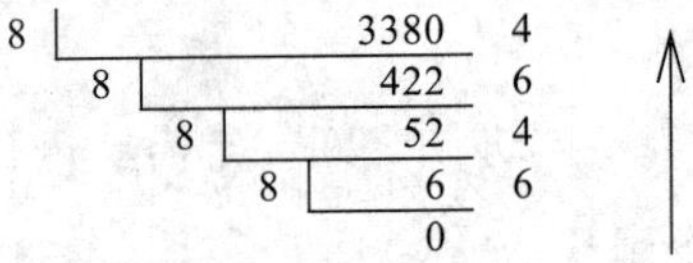

8 3380 4
8 422 6
8 52 4
8 6 6
0

图 1.12 整数部分转换为八进制数

所以，$(3380)_{10}=(6464)_8$。

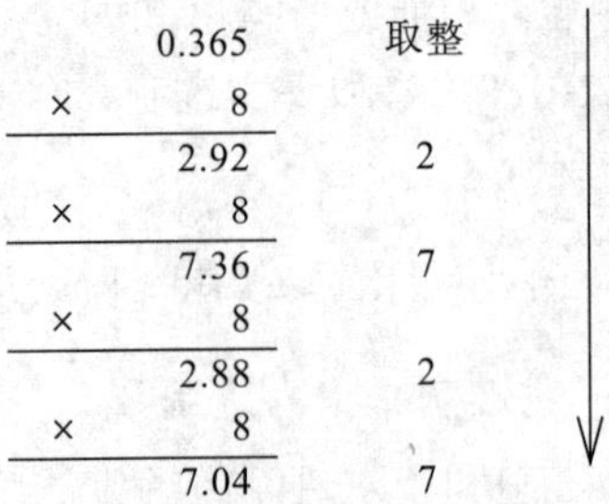

0.365
取整
× 8
2.92
2
× 8
7.36
7
× 8
2.88
2
× 8
7.04
7

图 1.13 小数部分转换为八进制数

所以，$(0.365)_{10} = (0.2727)_8$（保留 4 位小数）。

根据规则（3），所以 $(3380.365)_{10} = (6464.2727)_8$。

3. 二进制数转换为八进制、十六进制数

由于 1 位八进制数可以用 3 位二进制数来表示（见表 1.3），所以二进制数转换为八进制数只需要以小数点为起点，整数部分向左每 3 位二进制数为一组，不足 3 位时在高位补 0，小数部分向右每 3 位二进制数为一组，不足 3 位时在低位补 0，再用 1 位八进制数表示这 3 位二进制数即可。

表 1.3 八进制数与二进制数的对应关系

八进制数	0	1	2	3	4	5	6	7
二进制数	000	001	010	011	100	101	110	111

【例 1.6】 将二进制数 11001101.11011 转换为八进制数。

二进制数：	011	001	101	.	110	110
八进制数：	3	1	5	.	6	6

所以，$(11001101.11011)_2 = (315.66)_8$。

同理，由于 1 位十六进制数可以用 4 位二进制数来表示，所以二进制数转换为十六进制数只需要以小数点为起点，整数部分向左每 4 位二进制数为一组，不足 4 位时高位补 0，小数部分向右每 4 位二进制数为一组，不足 4 位时低位补 0，再用 1 位十六进制数表示这 4 位二进制数即可。

【例 1.7】 将二进制数 11001101.11011 转换为十六进制数。

二进制数：	1100	1101	.	1101	1000
十六进制数：	C	D	.	D	8

所以，$(11001101.11011)_2 = (CD.D8)_{16}$。

4. 八进制数、十六进制数转换为二进制数

八进制数、十六进制数转换为二进制数是二进制数转换为八进制数、十六进制数的逆运算。只需将八进制数的每一位数转换为对应的 3 位二进制数或者将十六进制数的每一位数转换为对应的 4 位二进制数，就能完成八进制数和十六进制数转换为二进制数。

【例 1.8】 将十六进制数 8DA2.95 转换为二进制数。

十六进制数：	8	D	A	2	.	9	5
二进制数：	1000	1101	1010	0010	.	1001	0101

所以，$(8DA2.95)_{16} = (1000110110100010.10010101)_2$。

5. 二～十进制相互转换的“8421”法

根据二进制“逢二进一”的原则，我们把 2 的 n 次方分别列出如下：

$2^7 = 128$、$2^6 = 64$、$2^5 = 32$、$2^4 = 16$、$2^3 = 8$、$2^2 = 4$、$2^1 = 2$、$2^0 = 1$

“8421”法的原理是一种凑数法，按 2 的 n 次方值列出，根据不同的情况进行“凑数”。

【例 1.9】 将二进制数 1010 转换成十进制数。

2 的 n 次方值：	……	16	8	4	2	1
二进制数：			1	0	1	0

将二进制数为 1 对应的 2 的 n 次方值相加即为所得的十进制数，此题为 8+2=10。所以，$(1010)_2=(10)_{10}$

【例 1.10】 将十进制数 28 转换为二进制数。

将十进制数凑成“2 的 n 次方值”的和，从高位开始凑。凑到的数对应的值为 1，未凑到的数对应的值为 0。如：$28=16+8+4=2^4+2^3+2^2$，故

2 的 n 次方值：	……	16	8	4	2	1
二进制数：		1	1	1	0	0

所以，$(28)_{10}=(11100)_2$。

1.3.3 计算机信息的存储单位

计算机可以存储大量的数据，并且对其进行运算。目前所用的计算机都是采用二进制数进行运算、控制和存储的。根据存储数据的大小，计算机存储容量的单位有很多类别。下面介绍一些常用的存储单位。

1. 位

位（bit）：也称比特位，它是二进制数存储的最小单位，存放 1 位二进制数（0 或 1）。通常用 b 表示。

2. 字 节

字节（Byte）：由 8 位二进制数组成一个字节，通常用 B 表示，它是计算机存储容量的基本单位。即：1 Byte=8 bit。

通常说的存储器的容量或文件的大小的单位就是字节。如：一个容量为 500 G 的硬盘，即是指一个容量为 500G 字节的硬盘。

3. 字

字（Word）：由若干个字节组成一个字，字的长度称为字长。字长是指 CPU 能够直接处理的二进制数据位数，字长越长，占的位数越多，处理的信息量就越多，计算的精度和速度也就越高。计算机的字长通常是字节的整数倍，如 8 位、16 位、32 位，发展到今天微型机的字长基本都是 64 位，大型机已达 128 位。

4. 其他倍数单位

随着电子器件的飞速发展，现在的存储容量越来越大，再用字节作为存储容量的单位直接使用将非常不便，于是在基本单位的基础上出现了倍数单位。常用的倍数单位有 KB、MB、GB、TB 等。由于计算机使用二进制数，因此倍数单位的倍数必须是 2 的倍数，而 $2^{10}=1024$，接近于 1 000，因此定义 2^{10}=1 K，于是各存储单位之间的关系如下：

1 Byte = 8 bit

1 KB = 2^{10}Byte = 1 024 Byte

1 MB = 2^{10}KB = 1 024 KB

1 GB = 2^{10}MB = 1 024 MB

1 TB = 2^{10}GB = 1 024 GB

由此可见，二进制中的倍数单位 1 K(=2^{10}=1 024)与十进制中的倍数单位 1 K(=10^3=1 000) 的倍数并不相同，这就是很多存储器接上计算机后显示的容量比标识容量要少的原因。

提示：存储器生产厂家使用的倍数单位是采用的十进制的倍数单位，即 1 K=10^3=1 000。

1.3.4　计算机信息的表示

由于计算机只能识别二进制数，因此，输入的信息，如数字、字母、符号等都要转化成特定的二进制代码来表示。

1. 西文字符的编码

西文字符（字母、数字、各种符号）在计算机内是按特定的规则用二进制编码表示的。这些编码有各种不同的方式。目前在微机、通信设备和仪器仪表中广泛使用的代码是 ASCII 码（American Standard Code for Information Interchange，美国信息交换标准码），后被国际标准化组织指定为国际标准。它包括 10 个十进制数码，26 个英文字母和一定数量的专用符号，总共 128 个元素，因此 ASCII 码的二进制编码需要 7 位。

计算机内部用一个字节（8 个二进制位）存放一个 7 位的 ASCII 码，最高一位为 0，余下的 7 位可以给出 128 个编码，表示 128 个不同的字符。其中 95 个编码对应着计算机终端能敲入并且可以显示的 95 个字符，打印机设备也能打印这 95 个字符。另外的 33 个字符，其编码值为 0 ~ 31 和 127，则不对应任何一个可以显示或打印的实际字符，它们被用作控制码。

7 位 ASCII 码通常由左 3 位（高位）和右 4 位（低位）一组两部分组成。其排列次序为 $b_6b_5b_4b_3b_2b_1b_0$，b_6 为最高位，b_0 为最低位。表 1.4 列出了 7 位 ASCII 码字符编码表。

表 1.4　ASCII 码字符编码表

低位 $b_3b_2b_1b_0$ \ 高位 $b_6b_5b_4$		0 000	1 001	2 010	3 011	4 100	5 101	6 110	7 111
0	0000	NUL	DLE	SP	0	@	P	`	p
1	0001	SOH	DC1	!	1	A	Q	a	q
2	0010	STX	DC2	″	2	B	R	b	r
3	0011	ETX	DC3	#	3	C	S	c	s
4	0100	EOT	DC4	$	4	D	T	d	t
5	0101	ENQ	NAK	%	5	E	U	e	u
6	0110	ACK	SYN	&	6	F	V	f	v
7	0111	BEL	ETB	′	7	G	W	g	w
8	1000	BS	CAN	(	8	H	X	h	x

续表

高位 $b_6b_5b_4$ / 低位 $b_3b_2b_1b_0$		0 000	1 001	2 010	3 011	4 100	5 101	6 110	7 111
9	1001	HT	EM	)	9	I	Y	i	y
A	1010	LF	SUB	*	:	J	Z	j	z
B	1011	VT	ESC	+	;	K	[	k	{
C	1100	FF	FS	,	<	L	\	l	|
D	1101	CR	GS	-	=	M	]	m	}
E	1110	SO	RS	.	>	N	^	n	~
F	1111	SI	US	/	?	O	_	o	DEL

要确定某数字、字母或控制操作的 ASCII 代码，在表 1.4 中可查到对应的那一项。然后根据该项的位置从相应的列和行中找出高 3 位和低 4 位的码，这就是所需的 ASCII 码。例如：字母 A 的 ASCII 码是 1000001（即 41H，对应十进制数 65），字母 a 的 ASCII 码是 1100001（即 61H，对应十进制数 97），数字 0 的 ASCII 码是 0110000（即 30H，对应十进制数 48）。

提示：使用键盘可以直接输入 ASCII 码：Alt+数字键。输入数字时必须使用数字小键盘区输入，输入的数字为十进制数。例如输入 A，应按住 Alt 键后在数字小键盘区按数字 65，然后放开 Alt 键。

2. 汉字的编码

ASCII 码只对西文字符进行了编码。为了使计算机能够处理、显示、打印、交换汉字字符，同样也需要对汉字进行编码。我国在 1980 年发布了国家标准简体中文字符集 GB 2312—80，全称《信息交换用汉字编码字符集 · 基本集》（简称 GB 码或国标码）。GB 2312—80 标准共收录了 6 763 个汉字，其中一级汉字 3 755 个，二级汉字 3 008 个；同时收录了包括拉丁字母、希腊字母、日文平假名及片假名字母、俄语西里尔字母在内的 682 个字符。由于一个字节（8 bit）只能表示 256（2^8=256）种编码，不足以表示 6 763 个汉字，所以一个国标码用两个字节来表示一个汉字，并且规定每个字节的最高位为 0。

GB 2312—80 对所收汉字进行了“分区”处理，共分为 94 个区，每区含有 94 位，这种表示方式也称为区位码。由 1 个区号和 1 个位号就构成了一个汉字的区位码。在区位码中，01—09 区为特殊符号，16—55 区为一级汉字（按拼音排序），56—87 区为二级汉字（按部首/笔画）排序，10—15 区及 88—94 区则未有编码。例如汉字“啊”字是 GB2312—80 中的第一个汉字，它位于第 16 区第 1 位，所以“啊”字的区位码就是 1601。

区位码是一个 4 位的十进制数，国标码是一个 4 位的十六进制数。汉字区位码与国标码之间的转换关系为：分别将十进制区位码的区号和位号转换成十六进制后再分别加上 20H（即加上十六进制数 20）。例如：

"啊"字的区位码（1601）$_{10}$=（1001）$_{16}$

"啊"字的国标码=（1001）$_{16}$+（2020）$_{16}$=（3021）$_{16}$

GB 2312—80 的出现，基本满足了汉字的计算机处理需要，它所收录的汉字已经覆盖中国大陆 99.75%的使用频率。但对于人名、古汉语等方面出现的罕用字和繁体字，GB 2312—80 不能处理，因此后来 GBK 及 GB 18030—2005 汉字字符集相继出现以解决这些问题。

GB 18030—2005 全称为《信息技术中文编码字符集》，它采用多字节编码，每个字可以由 1 个、2 个或 4 个字节组成，共收录汉字 70244 个，除此之外还收录了繁体汉字、日韩汉字以及中国国内少数民族的文字。

3. 汉字的处理过程

我们知道，计算机内部只能识别二进制数，任何信息在计算机中都是以二进制形式存放的。相对于西文，汉字数量庞大，所以对汉字的处理远比西文复杂。那么，汉字究竟是怎样被输入到计算机中，在计算机中又是怎样存储，然后又经过何种转换才在屏幕上显示或在打印机上打印出汉字的？

从汉字编码的角度看，计算机对汉字信息的处理过程实际上是对各阶段汉字进行编码以及各编码间的转换过程。这些编码主要包括：汉字输入码、汉字内码、汉字字模码等。

（1）汉字的输入码（外码）

由于计算机现有的输入键盘无法直接输入非拉丁字母的文字（包括汉字），要直接使用西文标准键盘把汉字输入到计算机，就必须为汉字设计相应的编码方法。当前采用的方法主要有以下 3 类：

数字编码：常用的是国标区位码，用数字串代表一个汉字输入。区位码是将 GB 2312—80 中的 6 763 个二级汉字分为 94 个区，每个区分 94 位，实际上把汉字表示成二维数组，每个汉字在数组中的下标就是区位码。区码和位码各两位十进制数字，因此输入一个汉字需按键 4 次。例如"啊"字位于第 16 区 01 位，区位码为 1 601。

数字编码输入的优点是无重码，且输入码与内部编码的转换比较方便，缺点是代码难以记忆。

拼音码：是以汉语拼音为基础的输入方法。凡掌握汉语拼音的人，不需要训练和记忆即可使用。但汉字同音字太多，输入重码率很高，因此按拼音输入后还必须进行同音字选择，影响了输入速度。同时遇到不认识的字时也无法输入。

提示：对于不认识的字，现在很多拼音输入法已解决此问题。如谷歌拼音输入法，先输入字母 u 后可按笔画（h、s、p、n、z 分别代表横、竖、撇、捺、折）输入或部件输入。例："彳"可用 upps 输入；"耄"可用 ulaomao 输入。

字形编码：是用汉字的形状来进行的编码。汉字总数虽多，但是由一笔一画组成，全部汉字的部件和笔画是有限的。因此，把汉字的笔画部件用字母或数字进行编码，按笔画的顺序依次输入就能表示一个汉字。例如五笔字型编码是最有影响的一种字形编码方法。使用字形编码重码率低，输入速度快，但仍需记忆字形编码符号。同时必须准确熟悉每个汉字的字形，如“尴尬”的部首是“尢”而不是“九”，若字形认错则打不出相应的汉字。

除了上述三种编码方法外，为了加快输入速度，在上述方法基础上，发展了词组输入、联想输入等多种快速输入辅助方法。以上输入法都是利用了键盘进行“手动”输入。现在已经实现利用语音和图像识别技术“自动”将语音或文本输入到计算机内，使计算机能“认识”汉字，“听懂”汉语。

（2）汉字内码

汉字内码是用于汉字信息的存储、交换、检索等操作的机内代码，一般采用两个字节表示。根据国标码的规定，每一个汉字都有确定的二进制代码，在计算机内部汉字代码都用机内代码，在磁盘上记录汉字代码也使用机内代码。英文字符的机内代码是七位的 ASCII 码，当用一个字节表示时，最高位位“0”。为了与英文字符能相互区别，汉字机内代码中两个字节的最高位均规定为“1”。故汉字的内码就是把汉字国标码的每个字节加上 80H（即二进制数 10000000）。所以，汉字的国标码与其内码有如下关系：

汉字的内码=汉字的国标码 + 8080H

例如：“啊”字的国标码为 3021H

所以“啊”字的内码=3021H + 8080H=B0A1H

由此看出：西文字符的内码是 7 位的 ASCII 码，一个字节的最高位为 0。为了与 ASCII 码兼容，汉字用两个字节来存储，且规定每个字节的最高位为 1，故汉字区位码的每个字节加上 20H 就成为汉字的国标码，再每个字节加上 80H 就成为汉字的内码（或汉字区位码的每个字节加 A0H 即成为汉字的内码）。

（3）汉字字模码

汉字字模码是用点阵表示的汉字字形代码，是汉字的输出码。输出汉字时都采用图形方式，无论汉字的笔画多少，每个汉字都可以写在同样大小的方块中。根据汉字输出的要求不同，点阵的多少也不同。简易型汉字为 16×16 点阵来显示汉字，提高型汉字为 24×24 点阵、32×32 点阵，甚至更高。因此字模点阵的信息量是很大的，所占存储空间也很大。以 16×16 点阵为例，每个汉字要占用 32 个字节，国标两级汉字要占用 256K 字节。因此字模点阵只能用来构成汉字库，而不能用于机内存储。字库中存储了每个汉字的点阵代码，当显示输出或打印输出时才检索字库，输出字模点阵得到字形。点阵方式的汉字字模码的缺点是字形放大后产生的效果差。

随着现在人们对汉字输出的要求越来越高，点阵表示方式的字模码已不能满足需要，于是产生了矢量表示方式的字模码。矢量表示方式存储的是描述汉字字形的轮廓特征。当要输出汉字时，通过计算机的计算，由汉字字形描述生成所需大小和形状的汉字点阵，因此可产生高质量的汉字输出。Windows 中使用的 True Type 技术就是汉字的矢量表示方式，它解决了汉字点阵字形放大后出现锯齿现象的问题。

注意：汉字的输入码、汉字内码、字模码是计算机中用于输入、内部处理、输出 3 种不同用途的编码，不能混为一谈。

练习题

一、判断题

1. 字符 9 的 ASCII 码是 0001001，字符 8 的 ASCII 码是 0001000。(　)
2. 在 ASCII 码字符编码中，控制符号无法显示或打印出来。(　)
3. 微处理器就是微型计算机。(　)
4. 十六进制数 79 对应的八进制数为 144。(　)
5. 计算机中的总线也就是传递数据用的数据线。(　)
6. 计算机的指令是一组二进制代码，是计算机可以直接执行的操作命令。(　)
7. 存储器容量的大小可用 KB 为单位来表示，1KB 表示 1 024 个二进制位。(　)
8. RAM 所存储的数据只能读取，但无法将新数据写入其中。(　)
9. ASCII 码通常情况下是 8 位码。(　)
10. “计算机辅助设计”的英文缩写是 CAI。(　)

二、单项选择题

1. 若运行中突然掉电，则计算机中（　）会全部丢失，再次通电后也不能完全恢复。
   A. ROM 和 RAM 中的信息　　B. ROM 中的信息
   C. RAM 中的信息　　D. 硬盘中的信息
2. 给定一字节 00111001，若它为 ASCII 码时，则表示的十进制数为（　）。
   A. 9　　B. 57　　C. 39　　D. 8
3. 在计算机内部，所有需要计算机处理的数字、字母、符号都是以（　）来表示的。
   A. 二进制码　　B. 八进制码　　C. 十进制码　　D. 十六进制码
4. 信息的最小单位是（　）。
   A. 字　　B. 字节　　C. 位　　D. ASCII 码
5. 下列各种进制的数中最小的数是（　）。
   A. 001011（B）　　B. 52（O）　　C. 2B（H）　　D. 44（D）
6. 计算机系统存储器容量的基本单位是（　）。
   A. 位　　B. 字节　　C. 字　　D. 块
7. 计算机能直接运行的程序在计算机内部以（　）编码形式存放。
   A. 条形码　　B. 二进制　　C. 十六进制　　D. 二~十进制
8. “A”的 ASCII 码值（十进制）为 65，则“D”的 ASCII 码值（十进制）为（　）。
   A. 68　　B. 62　　C. 69　　D. 70
9. 就其工作原理而论，当代计算机都是基于冯·诺依曼提出的（　）原理。
   A. 存储程序　　B. 存储程序控制　　C. 自动计算　　D. 程序控制
10. 每秒执行百万指令数简称为（　）。
    A. CPU　　B. MIPS　　C. RAM　　D. IPS
11. 一台计算机的基本配置包括（　）。
    A. 主机、键盘和显示器　　B. 计算机与外部设置
    C. 硬件系统和软件系统　　D. 系统软件与应用软件

12. 微机的外围设备中，属于输入设备的有（　）。

A. 显示器　　B. 打印机　　C. 扬声器　　D. 扫描仪

13. CAD 是计算机（　）的缩写。

A. 辅助设计　　B. 辅助制造　　C. 辅助测试　　D. 辅助教学

14. 英文字母“A”与“a”的 ASCII 码值之间的关系是（　）。

A. A 的 ASCII 码>a 的 ASCII 码　　B. A 的 ASCII 码<a 的 ASCII 码

C. A 的 ASCII 码>=a 的 ASCII 码　　D. 无法比较

15. 计算机执行的指令和数据存放在机器的（　）中。

A. 运算器　　B. 存储器　　C. 控制器　　D. 输入、输出设备

16. 没有（　）的计算机被称为“裸机”。

A. 软件　　B. 硬件　　C. 外围设备　　D. CPU

17. 五笔字型输入法属于（　）。

A. 数字编码法　　B. 字音编码法　　C. 字型编码法　　D. 形音编码法

18. 下列有关存储器读写速度的排列，正确的是（　）。

A. RAM>Cache>硬盘>软盘　　B. Cache>RAM>硬盘>软盘

C. Cache>硬盘>RAM>软盘　　D. RAM>硬盘>软盘>Cache

三、多项选择题

1. 在计算机系统中，可以与 CPU 直接交换信息的是（　）。

A. RAM　　B. ROM　　C. 硬盘　　D. CD-ROM

2. 计算机中字符 a 的 ASCII 码值是 01100001B，那么字符 c 的 ASCII 码值是（　）。

A. 01100010B　　B. 01100011B　　C. 143O　　D. 63H

3. 计算机不能直接识别和处理的语言是（　）。

A. 汇编语言　　B. 自然语言　　C. 机器语言　　D. 高级语言

4. 下列为低级语言的是（　）。

A. C++　　B. BASIC　　C. 汇编语言　　D. 机器语言

5. 与内存相比,外存的主要优点是（　）。

A. 存储容量大　　B. 信息可长期保存

C. 存储单位信息的价格便宜　　D. 存取速度快

四、填空题

1. 字符 0 对应的 ASCII 码值是_______。

2. 十六进制数 42F 转换成十进制数为_____。

3. 十进制数 212 对应的二进制数是_______。

4. 将二进制数 01100110 转换成十进制数是 _____。

5. 计算机系统由____系统和____系统构成。

6. 存储器分为内存和____。

7. 计算机可以直接执行的程序是以_____语言所写成的程序。

8. 指令通常由操作码和______两部分组成。

9. 计算机的结构由运算器、控制器、______、输入部分和输出部分组成。

第 1 章　参考答案

第 2 章　Windows 7 操作系统

本章要点

✧掌握 Windows7 操作系统的基本操作。
✧掌握文件管理。
✧熟悉系统管理及常用工具软件。
✧了解 Windows7 操作系统的环境设置。

2.1　Windows 操作系统

操作系统（Operating System，OS）是管理和控制计算机硬件与软件资源的计算机程序，是直接运行在“裸机”上的最基本的系统软件，任何其他软件都必须在操作系统的支持下才能运行。

操作系统是用户和计算机的接口，同时也是计算机硬件和其他软件的接口。操作系统的功能包括管理计算机系统的硬件、软件及数据资源，控制程序运行，改善人机界面，为其他应用软件提供支持等，使计算机系统所有资源最大限度地发挥作用，提供了各种形式的用户界面，使用户有一个好的工作环境，为其他软件的开发提供必要的服务和相应的接口。实际上，用户是不用接触操作系统的，操作系统管理着计算机硬件资源，同时按应用程序的资源请求，为其分配资源，如：划分 CPU 时间，内存空间的开辟，调用打印机等。操作系统所处位置如图 2.1 所示。

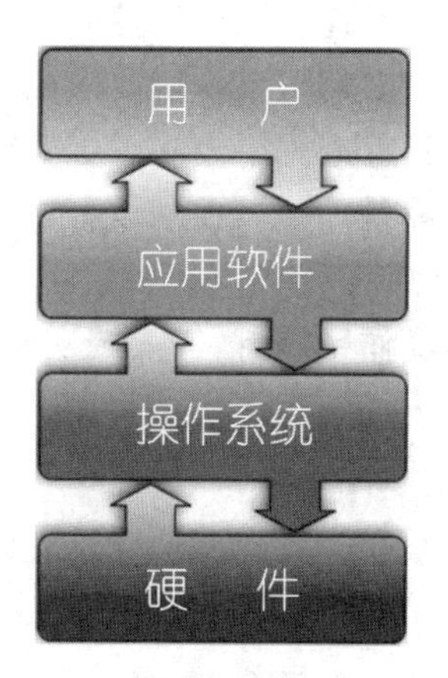

图 2.1　操作系统所处位置

操作系统的种类相当多，各种设备安装的操作系统从简单到复杂，可分为智能卡操作系统、实时操作系统、传感器节点操作系统、嵌入式操作系统、个人计算机操作系统、多处理器操作系统、网络操作系统和大型机操作系统。按应用领域划分主要有：桌面操作系统、服务器操作系统和嵌入式操作系统 3 种。

1. 桌面操作系统

桌面操作系统主要用于个人计算机上。个人计算机从硬件架构上来说主要分为两大阵营，PC 机与 Mac 机，从软件上可主要分为两大类，分别为类 Unix 操作系统和 Windows 操作系统。

（1）Unix 和类 Unix 操作系统：Mac OS X，Linux 发行版（如 Debian，Ubuntu，Linux Mint，openSUSE，Fedora 等）。

（2）微软公司 Windows 操作系统：Windows 98，Windows XP，Windows Vista，Windows 7，Windows 8.1，Windows 10 等。

2. 服务器操作系统

服务器操作系统一般指的是安装在大型计算机上的操作系统，比如 Web 服务器、应用服务器和数据库服务器等，是企业 IT 系统的基础架构平台。同时，服务器操作系统也可以安装在个人电脑上。相比个人版操作系统，在一个具体的网络中，服务器操作系统要承担额外的管理、配置、稳定、安全等功能，处于每个网络中的心脏部位。服务器操作系统主要集中在 3 大类：

（1）Unix 系列：SUN Solaris，IBM-AIX，HP-UX，FreeBSD，OS X Server 等。

（2）Linux 系列：Red Hat Linux，CentOS，Debian，Ubuntu Server 等。

（3）Windows 系列：Windows NT Server，Windows Server 2000，Windows Server 2003，Windows Server 2008，Windows Server 2012 等。

3. 嵌入式操作系统

嵌入式操作系统（Embedded Operating System，简称：EOS）是指用于嵌入式系统的操作系统。嵌入式操作系统是一种用途广泛的系统软件，通常包括与硬件相关的底层驱动软件、系统内核、设备驱动接口、通信协议、图形界面、标准化浏览器等。嵌入式操作系统负责嵌入式系统的全部软、硬件资源的分配、任务调度，控制、协调并发活动。它必须体现其所在系统的特征，能够通过装卸某些模块来达到系统所要求的功能。嵌入式系统广泛应用在生活的各个方面，涵盖范围从便携设备到大型固定设施，如数码相机、手机、平板电脑、家用电器、医疗设备、交通灯、航空电子设备和工厂控制设备等，越来越多嵌入式系统安装有实时操作系统。

目前在嵌入式领域广泛使用的操作系统有：嵌入式实时操作系统 μC/OS-II、嵌入式 Linux、Windows Embedded、VxWorks 等，以及应用在智能手机和平板电脑的 Android、iOS 等。

2.1.1 Windows 7 简介

Windows 7 是由微软公司开发的操作系统，其核心版本号为 Windows NT 6.1。Windows 7

可供家庭及商业工作环境、笔记本电脑、平板电脑、多媒体中心等使用。2009 年 10 月 22 日微软正式发布 Windows 7 操作系统。2015 年 1 月 13 日，微软正式终止了对 Windows 7 的主流支持，但仍然继续为 Windows 7 提供安全补丁支持，直到 2020 年 1 月 14 日正式结束对 Windows 7 的所有技术支持。

Windows 7 是微软操作系统一次重大的创新，它有着更华丽的视觉效果，在功能、安全性、软硬件的兼容性、个性化、可操作性、功耗等方面都有很大的改进，是近几年内微机操作系统的主流操作系统。Windows 7 用的是 Vista 内核，可以说是一个改进版的 Vista，正因为改进，所以无论是速度，还是稳定性，或兼容性都比 Vista 要好。主要新特性有无限应用程序、实时缩略图预览、增强视觉体验、高级网络支持（Ad-Hoc 点对点无线网络和 ICS 互联网连接支持）、移动中心（Mobility Center）。Windows 7 包含 6 个版本，即 Windows 7 Starter（初级版）、Windows 7 Home Basic（家庭普通版）、Windows 7 Home Premium（家庭高级版）、Windows 7 Professional（专业版）、Windows 7 Enterprise（企业版）、Windows 7 Ultimate（旗舰版）。

在这 6 个版本中，Windows 7 家庭高级版和 Windows 7 专业版是两大主力版本，前者面向家庭用户，后者针对商业用户。只有家庭普通版、家庭高级版、专业版和旗舰版会出现在零售市场上，且家庭普通版仅供发展中国家和地区。而初级版提供给 OEM 厂商预装在上网本上，企业版则只通过批量授权提供给大企业客户，在功能上和旗舰版几乎完全相同。

另外，32 位版本和 64 位版本的 Windows 7 没有外观或者功能上的区别，主要区别在内存的寻址方面，32 位系统的最大寻址空间是 2 的 32 次方（4 GB），而 64 位系统的最大寻址空间则达到了 2 的 64 次方（大于 1 亿 GB）。目前所有新的和较新的 CPU 都是 64 位兼容的，可以使用 64 位版本。

2.1.2　Windows 7 的启动与退出

一般来讲，开关机要注意操作的顺序，开机时要先开外设（即主机箱以外的其他部分）后开主机，主要是为了防止开关外设时引起的电流变化对主机电源的冲击，起到保护主机电源及主板的作用。关机时要先关主机后关外设。

1. Windows 7 的启动

Windows 7 操作系统对任务栏和窗口较以前已经进行了全新的改进，用户会有焕然一新的感觉。以下是 Windows 7 启动的相关操作方法。

第 1 步：打开显示器的电源开关（⏻），再按下主机上的电源按钮后，显示器的屏幕上出现 Windows 7 启动界面。

第 2 步：屏幕上出现欢迎使用 Windows 7 旗舰版界面，如图 2.2 所示。这样即可完成 Windows 7 的启动操作。如果设置了用户账号密码，则会出现如图 2.3 所示的 Windows 登录界面。

图 2.2 Windows 7 欢迎界面

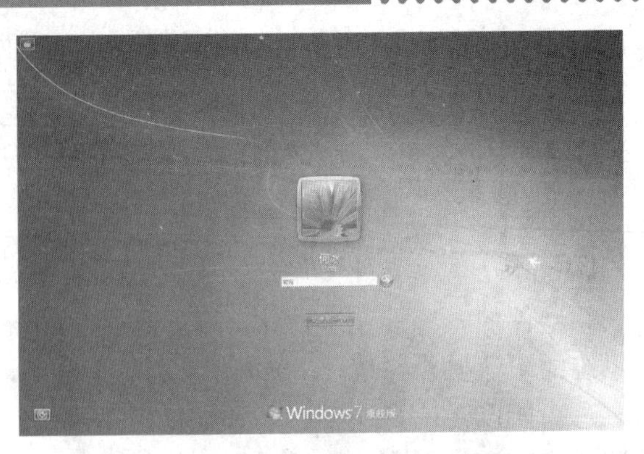

图 2.3 Windows 7 登录界面

2. Windows 7 的退出

（1）注 销

注销就是注销当前用户的身份，让其他用户登录 Windows 7 操作系统。选择【开始】→【关机】→【注销】命令。

在一般情况下，如果有其他工作准备做，但是暂时不退出 Windows 7 操作系统，可以使用 Windows 7 操作系统中的【锁定】功能【 +L 】。

（2）切换用户

如果在保留当前环境的前提下允许别人登录 Windows 7 操作系统，可以使用切换用户操作，在 Windows 7 操作系统桌面上，选择【开始】→【关机】→【切换用户】命令。显示器屏幕出现切换用户的界面，从中单击需要登录的用户，即可在 Windows 7 中完成切换用户的操作。

如果暂时不使用电脑，可以使用 Windows 7 的操作系统中【开始】→【关机】→【睡眠】功能。使用睡眠功能可以使电脑进入低功耗状态，这样既可以保护电脑硬件，又可以节省系统资源。如果电脑已经进入睡眠状态，轻按主机的开机键即可将电脑从睡眠中唤醒，恢复到工作状态。

2.1.3 Windows 7 桌面

Windows 7 系统启动完成后，用户看到的界面即 Windows 7 的系统桌面。系统桌面包括桌面图标、桌面背景和任务栏等，如图 2.4 所示。

图 2.4 Windows 7 桌面

1. 桌面图标

桌面上的小型图片称为图标，可视为存储的文件或程序的入口。将鼠标放在图标上，将出现文字，标识其名称、内容、时间等。要打开文件或程序，双击该图标即可。

（1）常用桌面图标

Windows 7 系统桌面上常用的图标有 5 个，分别是“用户的文件”、“计算机”、“网络”、“回收站”和“Internet Explorer”。表 2.1 介绍了 5 个常用图标的功能。

表 2.1　5 个常用图标的功能

名　称	功　能
用户的文件	用户的个人文件夹。它含有“保存的游戏”、“联系人”、“链接”、“收藏夹”、“搜索”、“我的视频”、“我的图片”、“我的文档”、“我的音乐”、“下载”、“桌面”等个人文件夹，可用来存放用户日常使用的文件
计算机	显示硬盘、可移动存储的设备和网络驱动器中的内容
网络	显示指向网络中的计算机、打印机和网络上其他资源的快捷方式
Internet Explorer	访问网络共享资源
回收站	存放被删除的文件或文件夹；若有需要，亦可还原误删文件

（2）初始桌面图标

第一次进入 Windows 7 系统时，桌面上仅有一个图标，即“回收站”。

（3）显示常用图标

初次进入 Windows 7 系统时除了显示“回收站”外，其他 4 个图标并未显示在桌面上，为了操作方便，可以通过设置将它们显示出来。操作步骤如下：

第 1 步：右击桌面空白处，在弹出的快捷菜单中选择“个性化”命令。

第 2 步：在个性化设置窗口，单击“更改桌面图标”，如图 2.5 所示。

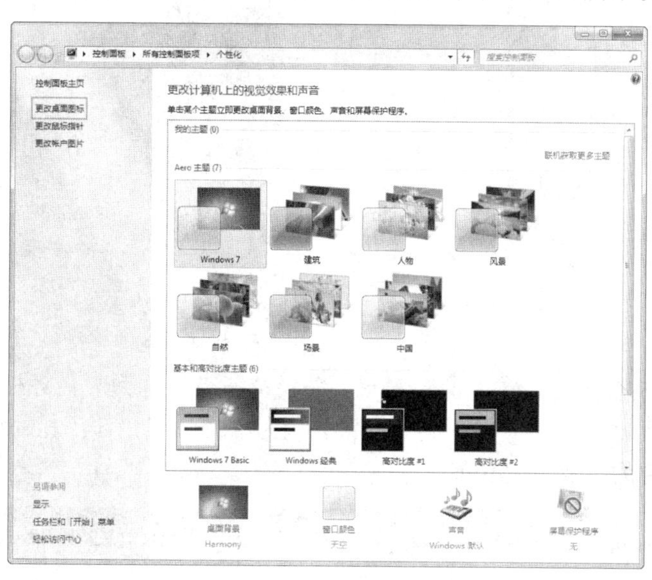

图 2.5　更改桌面图标

第 3 步：在“桌面图标设置”对话框中，勾选需要添加的常用图标，如图 2.6 所示，单击“确定”按钮，即可完成显示常用图标的操作。

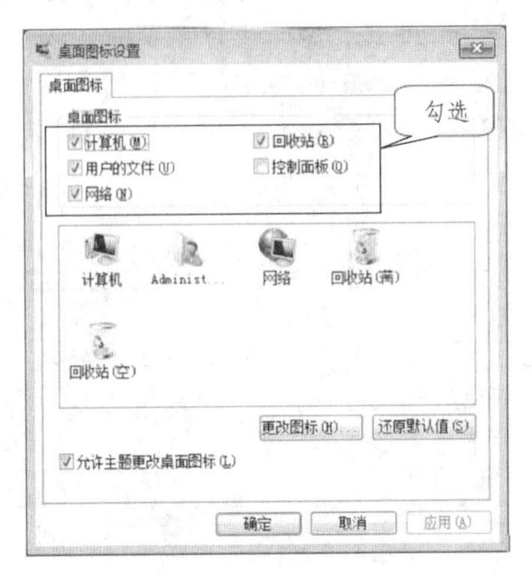

图 2.6　桌面图标设置

2. “开始”菜单

“开始”菜单可以通过单击“开始”按钮或利用键盘上的 Windows 键（ ）来启动。它是操作计算机程序、文件夹和系统设置的主通道，方便用户启动各种程序和文档。“开始”菜单的功能布局如图 2.7 所示。

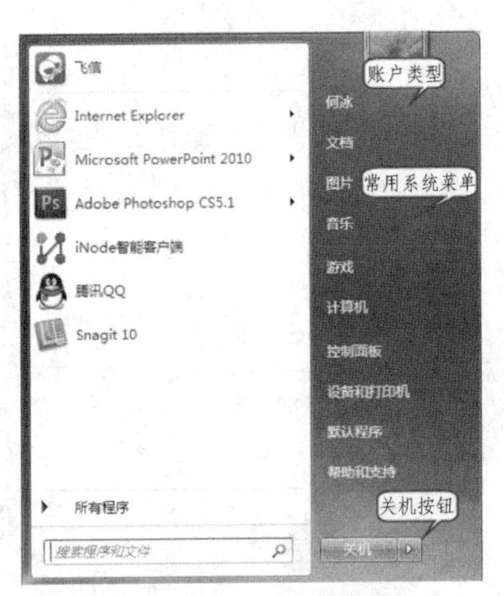

图 2.7　“开始”菜单

3. 任务栏

进入 Windows 7 系统后，在屏幕底部有一条狭窄条带，称为“任务栏”，如图 2.8 所示。任务栏由 4 个区域组成，分别是“开始”按钮、“任务按钮区”、“通知区域”和“显示桌面”。表 2.2 介绍了任务栏的组成及其功能。

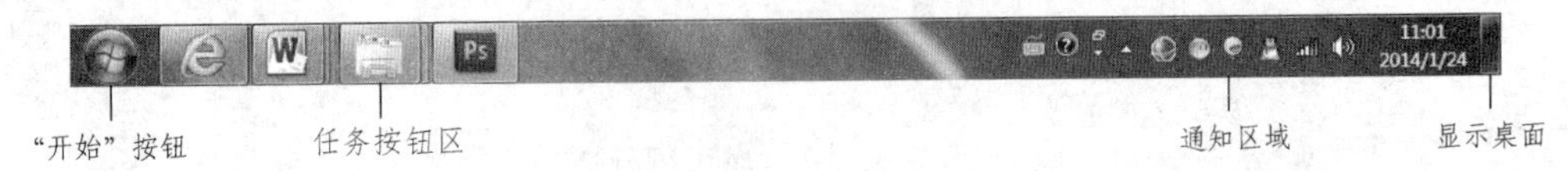

图 2.8　任务栏

表 2.2　任务栏的组成及其功能

名　称	功　能
任务按钮区	任务按钮区主要放置固定任务栏上的程序以及正打开着的程序和文件的任务按钮，用于快速启动相应的程序，或在应用程序窗口间切换
通知区域	包括“时间”、“音量”等系统图标和在后台运行的程序的图标
显示桌面	“显示桌面”按钮在任务栏的右侧，是呈半透明状的区域，当鼠标停留在该按钮上时，按钮变亮，所有打开的窗口透明化，鼠标离开后即恢复原状。而当鼠标单击该按钮时，所有窗口全部最小化，显示整个桌面，再次单击鼠标，全部窗口还原

Windows 7任务栏的结构有了全新的设计：任务栏图标去除了文字显示，完全用图标来说明一切；外观上，半透明的Aero效果结合不同的配色方案显得更美观；功能上，除保留能在不同程序窗口间切换外，加入了新的功能，使用更方便。

鼠标右击任务栏空白区域，选择快捷菜单中的【属性】命令，打开“任务栏和「开始」菜单属性”对话框，可以设定任务栏的显示方式，如图2.9所示。

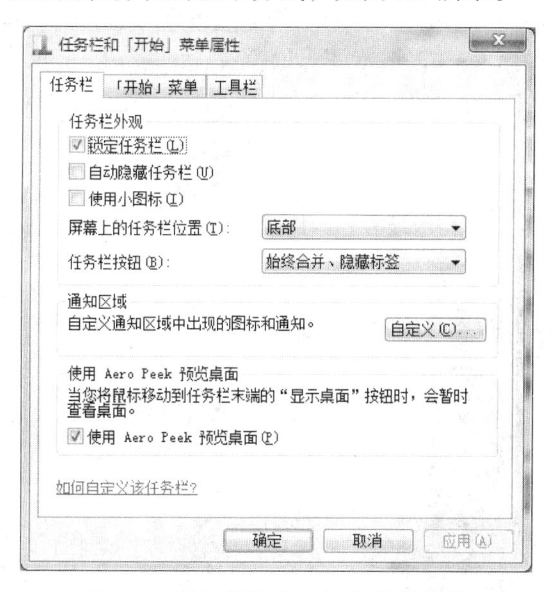

图 2.9　任务栏和【开始】菜单属性

对比以前的操作系统，Windows 7任务栏将一个程序的多个窗口集中在一起并使用同一个图标来显示，当鼠标停留在任务栏的一个图标时，将显示动态的应用程序小窗口，可以将鼠标移动到这些小窗口上，来显示完整的应用程序界面。

Jump List是Windows7的一个全新功能，用鼠标右击一个任务栏图标后，可以打开跳转列表（Jump List），通过该功能可以找到这个程序的常用操作，并会根据程序的不同而显示不同的操作，如图2.10所示。此外还可将该程序的一些常用操作锁定在Jump List的顶端，更加方便用户进行查找。跳转列表还存在于【开始】菜单的常用程序列表中的下拉菜单内，如图2.11所示。

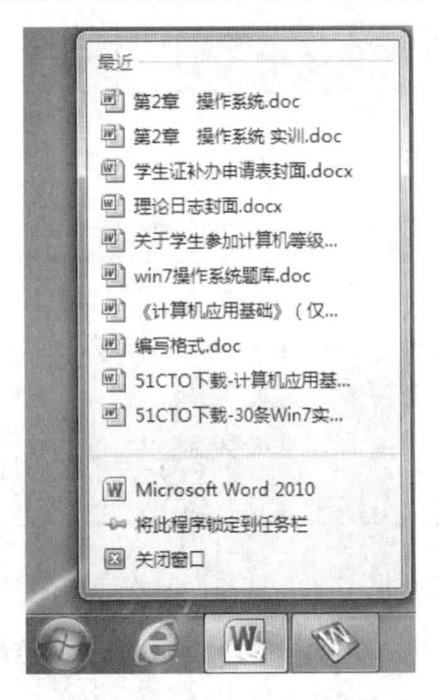

图 2.10　任务栏跳转列表

图 2.11　【开始】菜单跳转列表

4. 自定义通知区域图标

在 Windows 7 操作系统中，用户可以对通知区域的图标进行自由管理。可以将一些不常用的图标隐藏起来，通过简单的拖动来改变图标的位置，如图 2.12 所示。还可以打开【控制面板】中的【通知区域图标】窗口，通过设置面板对所有的图标进行集中管理，如图 2.13 所示。

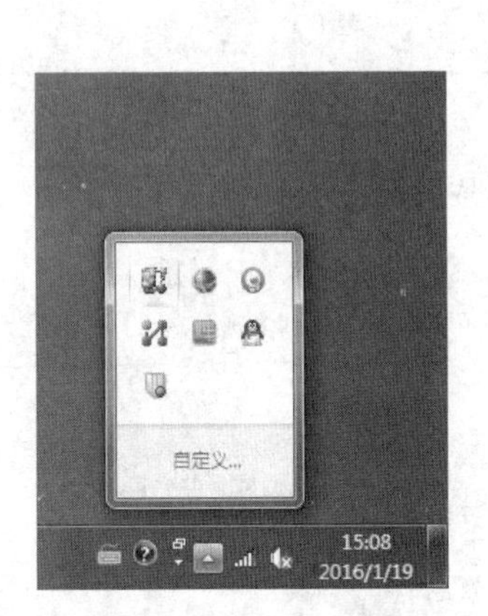

图 2.12　通知区域隐藏图标

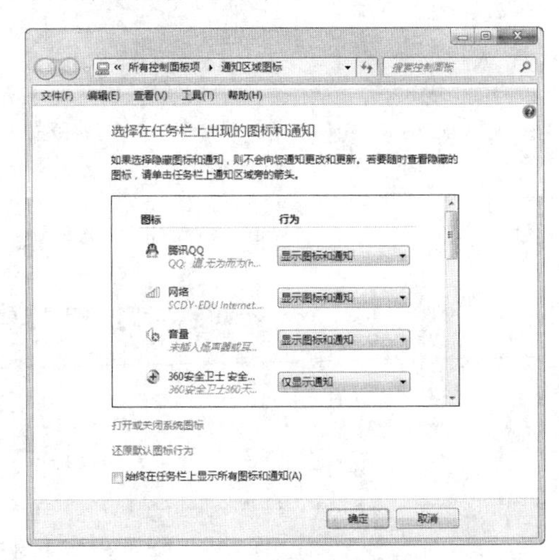

图 2.13　设置通知区域图标显示

2.2　基本操作对象

2.2.1　窗　口

当用户打开一个文件或运行一个程序时，系统会开启一个矩形方框，这就是 Windows 环境下的窗口。

窗口是 Windows 操作环境中最基本的对象，当用户打开文件、文件夹或启动某个程序时，都会以一个窗口的形式显示在屏幕上。虽然不同的窗口在内容和功能上会有所不同，但大多数窗口都具有很多的共同点和类似的操作。

Windows 7 中窗口可以分为两种类型：一种是文件夹窗口，如图 2.14 所示，另一种是应用程序窗口，如图 2.15 所示。窗口的基本操作主要有：打开和关闭窗口、调整窗口大小、移动窗口、排列窗口和切换窗口等，窗口的组成与功能见表 2.3。

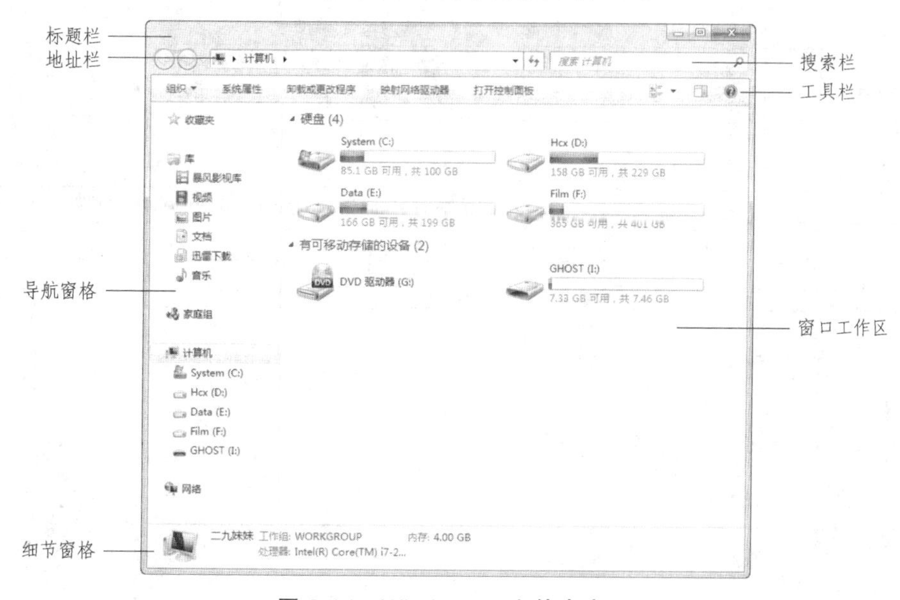

图 2.14 Windows 7 文件夹窗口

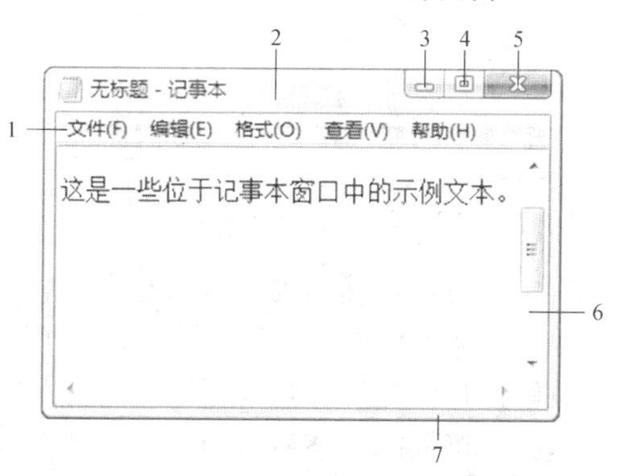

图 2.15 应用程序窗口

1—菜单栏；2—标题栏；3—“最小化”按钮；4—“最大化”按钮；
5—“关闭”按钮；6—滚动栏；7—边框

Windows 7 加入了窗口的智能缩放功能，当用户使用鼠标将其拖动到显示器的上边缘时，窗口即可最大化或平行排列。

Windows 7 的窗口具备 Windows Search 功能，如果用户知道自己要搜索的文件所在的目录，那么最简单的加速方法就是缩小搜索的范围，访问文件所在的目录，然后通过文件夹窗口当中的搜索框来完成。Windows 7 已经将搜索工具条集成到工具栏，不仅可以随时查找文件，还可以对任意文件夹进行搜索，如图 2.16 所示。

表 2.3　窗口的组成与功能

名称	说　明
标题栏	位于窗口的最顶端，显示文档或窗口的名称，可能通过标题栏来移动窗口、改变窗口大小和关闭窗口操作
工具栏	位于地址栏的下方，包括【显示预览窗格】图标和【获取帮助】图标
地址栏	类似于网页中的地址栏，用于显示和输入当前窗口的地址，可以单击右侧下拉箭头▾，在弹出的下拉列表中选择准备浏览的路径
导航窗格	在窗口中划出一部分，位于窗口的左侧，在导航窗格中会显示一些辅助信息。其中提供了文件夹列表，可以方便迅速定位所需的目标
窗口工作区	用于显示地址栏中关键字的内容，如多个不同的文件夹、磁盘驱动等，是窗口最重要的部分
滚动条	为了帮助用户查看由于窗口过小而未显示的内容。一般位于窗口右侧或下侧，可以用鼠标拖动
细节窗格	用于显示当前操作的状态以及提示信息，或者显示选定对象的详细信息

图 2.16　Windows 7 Search 功能

在 Windows 7 打开的窗口中，将鼠标移动到窗口的左边框或右边框处，当光标呈双箭头状时，按下鼠标左键拖动鼠标，可调整窗口的宽度；将鼠标移动至窗口的上边框或下边框处，按下鼠标左键拖动鼠标，可调整窗口的高度；将鼠标移动到窗口的四个角；当光标呈双箭头的时候，按住鼠标左键拖动鼠标，可同时调整窗口的宽度和高度。

2.2.2　对话框

对话框是 Windows 系统的一种特殊窗口，是人机交流的一种方式，是系统与用户“对话”的窗口，用户对对话框进行设置，计算机就会执行相应的命令。一般包含按钮和各种选项，通过它们可以完成特定命令或任务。

对话框与窗口有区别，对话框没有最小化和最大化按钮、不能改变形状大小。不同功能的对话框，在组成上也会不同。一般情况下对话框包含标题栏、选项卡、标签、命令按钮、下拉列表、单选按钮、复选框等。图 2.17 所示为“桌面图标设置”对话框。

图 2.17　“桌面图标设置”对话框

2.2.3　菜　单

菜单是将命令用列表的形式组织起来，当用户需要执行某种操作时，只要从中选择对应的命令项即可进行操作。

Windows 中的菜单包括“开始”菜单、窗口控制菜单、应用程序菜单（下拉菜单）、右键快捷菜单等。

在菜单中，常标记有一些符号，表 2.4 介绍了这些符号的名称及含义。

表 2.4　菜单中常用符号的名称及含义

名　称	含　义
灰色菜单	表示在当前状态下不能使用
命令后的快捷键	表示可以直接使用该快捷键执行命令
命令后的▶	表示该命令有下一层子菜单
命令后的…	表示执行该命令会弹出对话框
命令前的√	表示此命令有两种状态：已执行和未执行。有“√”标识，表示此命令已执行；反之，为未执行
命令前的●	表示一组命令中，有“●”标识的命令当前被选中

2.2.4　资源管理器

“资源管理器”是 Windows 系统提供的资源管理工具，用户可以用它查看本台电脑的所有资源，特别是它提供的树形文件系统结构，使用户能更清楚、更直观地认识电脑的文件和文件夹。在实际的使用功能上“资源管理器”和“我的电脑”没有什么不一样的，两者都是用来管理系统资源的，也可以说都是用来管理文件的。另外，在“资源管理器”中还可以对文件进行各种操作，如：打开、复制、移动、删除等。

“资源管理器”的“浏览”窗口包括标题栏、菜单栏、工具栏、左窗口、右窗口和状态栏等几部分，如图 2.18 所示。“资源管理器”也是窗口，其各组成部分与一般窗口大同小异，其特别的窗口包括文件夹窗口和文件夹内容窗口。左边的文件夹窗口以树形目录的形式显示文件夹，右边的文件夹内容窗口是左边窗口中所打开的文件夹中的内容。

可使用以下几种方法打开资源管理器：

（1）【开始】→【所有程序】→【附件】→【Windows 资源管理器】；

（2）双击桌面图标“计算机”；

（3）右击“开始”菜单，选择“打开 Windows 资源管理器”；

（4）使用 Win+E 快捷键。

图 2.18　Windows 资源管理器

2.3　文件系统

在计算机中，文件系统（File System）是命名文件及放置文件的逻辑存储和恢复的系统。DOS、Windows、OS/2、Macintosh 和 UNIX-based 操作系统都有文件系统，在此系统中文件被放置在分等级的（树状）结构中的目录（Windows 中的文件夹）或子目录。

2.3.1　文件的基本概念

计算机中所有的信息（包括文字、数字、图形、图像、声音和视频等）都是以文件（File）

形式组织和存放的。计算机文件是用户赋予了名字并存储在磁盘上信息的有序集合。

在 Windows 中，文件夹是组织文件的一种方式，用户可以把同一类型或同一用途的文件保存在一个文件夹中，大小由系统自动分配。

1. 文件名

在计算机中，每一个文件都有文件名。文件名是存取文件的依据，即按名存取。文件的名字由文件名和扩展名组成，格式为“文件名.扩展名”。文件通常以“文件图标+文件名+扩展名”的形式显示，如图 2.19 所示。一般来说，文件名为有意义的词语或数字，以便用户识别。例如，Windows 中记事本的文件名为 Notepad.exe。

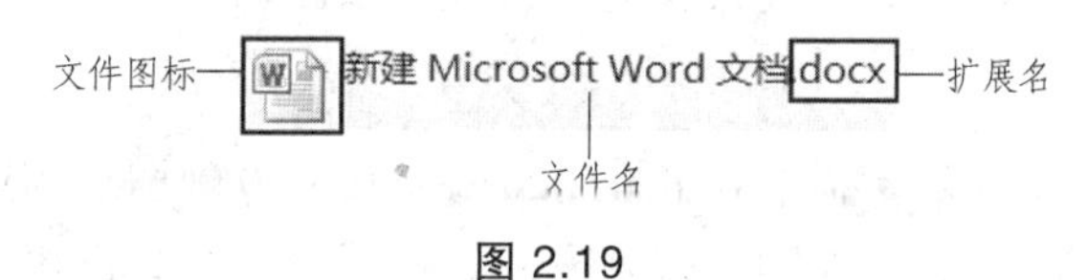

图 2.19

不同操作系统的文件命名规则有所不同。Windows 是不区分大小写的；而文件名扩展名 UNIX 是区分大小写的。

文件名中可以使用的字符包括：汉字字符、26 个大小写英文字母、0 ~ 9 十个阿拉伯数字和一些特殊字符。

文件名中不能使用这 9 个字符的符号：\ / : * ? “<> |

不能使用的文件名还有：Aux、Com0 ~ Com9、Con、Lpt0 ~ 9、Prn、Nul，因为系统已经对这些文件名作了定义。

2. 文件类型

在绝大多数的操作系统中，文件的扩展名表示文件的类型，不同类型文件的处理方式是不同的。不同的操作系统中表示文件类型的扩展名并不相同，常见的文件扩展名及表示的意义如表 2.5 所示。

表 2.5 常见的文件类型及其扩展名

文件类型	扩展名	含义
可执行程序	EXE、COM	可执行程序文件
源程序文件	C、CPP	程序设计语言的源程序文件
目标文件	OBJ	源程序文件经编译后生成的目标文件
MS Office 文档文件	DOCX、XLSX、PPTX、ACCDB	Microsoft Office 中 Word、Excel、PowerPoint、Access 创建的文档
图像文件	BMP、JPG、GIF、PNG	图像文件，不同的扩展名表示不同格式的图像文件
流媒体文件	WMV、RM	能通过 Internet 播放的流式媒体文件，不需下载整个文件即可播放
压缩文件	ZIP、RAR、7Z	常用压缩文件
音频文件	WAV、MP3、MID	声音文件，不同的扩展名表示不同格式的音频文件
视频文件	AVI、MOV、WMV、RMVB、MKV、MP4	常用视频文件
网页文件	HTML、ASP	一般来说，前者是静态的，后者是动态的

一般来说，用户没有必要记住特定应用文件的扩展名。在进行文件保存操作时，软件通常会在文件名后自动追加正确的文件扩展名。借助扩展名通常可以判定用于打开该文件的应用软件。

3. 文件的特性

（1）唯一性：文件的名称具有唯一性，即在同一文件夹下不允许有同名同类型的文件存在。

（2）可移动性：文件可以根据需要移动到硬盘的任何分区，也可通过复制或剪切移动到其他移动设备中。

（3）可修改性：文件可以增加或减少内容，也可以删除。

4. 文件的属性

右键单击文件夹或文件对象，弹出如图 2.20（a）所示的“属性”对话框，在文件属性“常规”选项卡中包含文件名、文件类型、打开方式、位置、大小、占用空间、创建时间、修改时间及访问时间等。文件的属性有三种：只读、隐藏、存档。

（1）只读：文件只可以做读操作，不能对文件进行写操作，即文件的写保护。

（2）隐藏：即为隐藏文件，是为了保护某些文件或文件夹。将其设为“隐藏”后，该对象默认情况下将不会显示在所储存的对应位置，即被隐藏起来了。

（3）存档：任何一个新创建或修改的文件都有存档属性。单击如图 2.20（a）所示“属性”对话框中的“高级”按钮，会弹出如图 2.20（b）所示的“高级属性”对话框。用来标记文件改动，即在上一次备份后文件有所改动，一些备份软件在备份系统后会把这些文件默认地设为存档属性。存档属性在一般文件管理中意义不大，但是对于频繁的文件批量管理很有帮助。

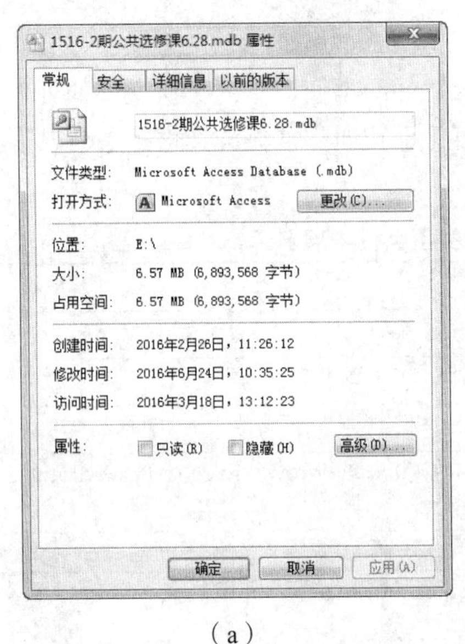

（a）

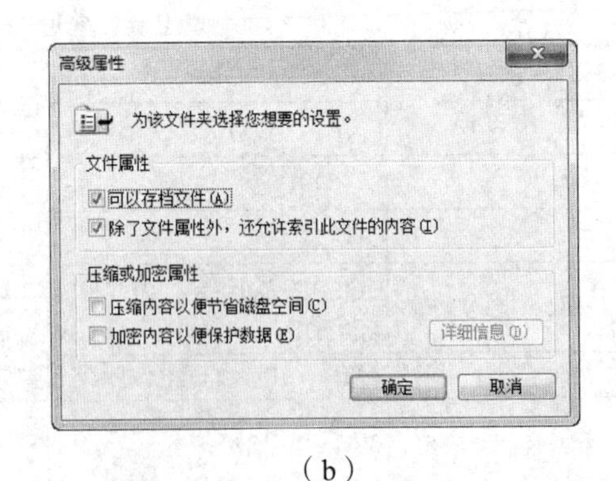

（b）

图 2.20　文件属性

5. 文件名中的通配符

通配符是一种特殊语句，主要有两种：问号“？”和星号“*”，用来模糊搜索文件。当查找文件时，可以使用它来代替一个或多个真正字符；当不知道真正字符或者不想输入完整名字时，常常使用通配符代替一个或多个真正的字符。

（1）“?”为单位通配符，表示在该位置处可以是一个任意的合法字符。

（2）“*”为多位通配符，表示在该位置处可以是若干个任意的合法字符。

6. **文件操作**

一个文件中所存储的可能是数据，也可能是程序的代码，不同格式的文件通常都会有不同的应用和操作。常用的文件操作有：建立文件、打开文件、写入文件、删除文件和属性更改等。

在 Windows 中，文件的快捷菜单中存放了有关文件的大多数操作，用户只需要右键单击，打开相应的快捷菜单，就可以进行操作。

2.3.2 目录结构

1. **磁盘分区和盘符**

一个新硬盘安装到计算机上后，往往要将磁盘划分成几个分区，即把一个磁盘驱动器划分成几个逻辑上独立的驱动器。

盘符是 DOS、Windows 系统对于磁盘存储设备的标识符。一般使用 26 个英文字符加上一个冒号：来标识。将电脑硬盘划分为多个磁盘分区后，为了区分每个磁盘分区，可将其命名为不同的名称，如“System”等，这样的磁盘分区名称称为卷标，如图 2.21 所示。

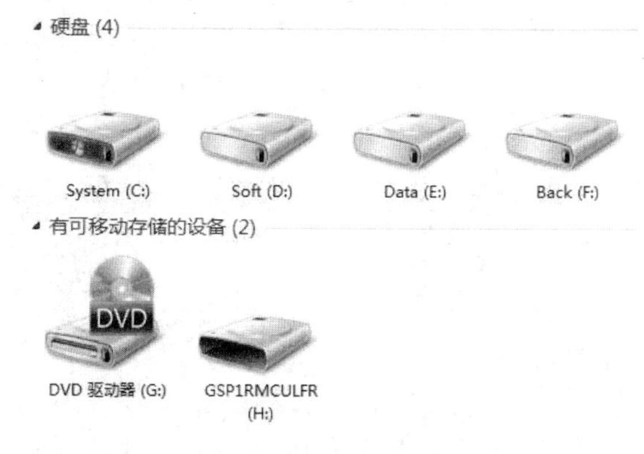

图 2.21 硬盘分区图

操作系统分配给驱动器盘符的规定如下：A:、B: 固定分配给软盘驱动器使用，而不管机器上是否有软盘驱动器存在。C: 分配给活动分区，以后按顺序分配给逻辑分区，再分配给光盘驱动器。逻辑盘最多可达 23 个，即从 D: 到 Z:。对于 UNIX，LINUX 系统来说，则没有盘符的概念，但是目录和路径的概念是相同的。

> 提示：卷标就是分区的名字，盘符就是分区的代码（A~Z）。

对磁盘实行分区的目的有 2 个：

（1）硬盘容量很大，分区后便于管理；

（2）不同分区内安装不同的系统，如 Windows 7、Linux 等。

在 Windows 中，一个硬盘可以分为磁盘主分区和磁盘扩展分区（也可以只有一个主分区），扩展分区可以分为一个或几个逻辑分区。每一个主分区或逻辑分区就是一个逻辑驱动器，它们各自的盘符如图 2.21 所示。磁盘分区后还不能直接使用，必须进行格式化，格式化的目的是：

（1）把磁道划分成一个个扇区，例如，每个扇区大多占 512 B；

（2）安装文件系统，建立根目录。

为了管理磁盘分区，系统提供了两种启动“计算机管理”程序的方法：

（1）右键单击桌面上【计算机】→【管理】命令；

（2）选择【开始】→【控制面板】→【系统和安全】→【管理工具】→【计算机管理】命令。

在 Windows 7 中，有 2 种方法可以对磁盘进行管理：

（1）在安装 Windows 7 时，可以通过安装程序来建立、删除或格式化磁盘主分区或逻辑分区；

（2）在“计算机管理”窗口中，对磁盘分区进行管理，如图 2.22 所示。右键单击某驱动器，通过弹出的快捷菜单可以对磁盘进行操作。

若在弹出的快捷菜单中选择“格式化”命令，出现“格式化 D:”对话框，如图 2.23 所示。在对话框中可以输入卷标名称，即为格式化后的磁盘重新命名；通过“文件系统”下拉列表框可以选择 FAT、FAT32 和 NTFS 三种文件系统格式，通常 NTFS 文件系统的磁盘性能更强大；通过“分配单位大小”下拉列表框可以选择实际需要的分配单元大小，还可以选择是否使用快速格式化或启动压缩，启用压缩节省磁盘空间，但是磁盘访问速度会降低。参数设置完成后，单击“确定”按钮，系统再一次警告“格式化会清除该卷上的所有数据”。单击“确定”按钮，磁盘就开始进行格式化。

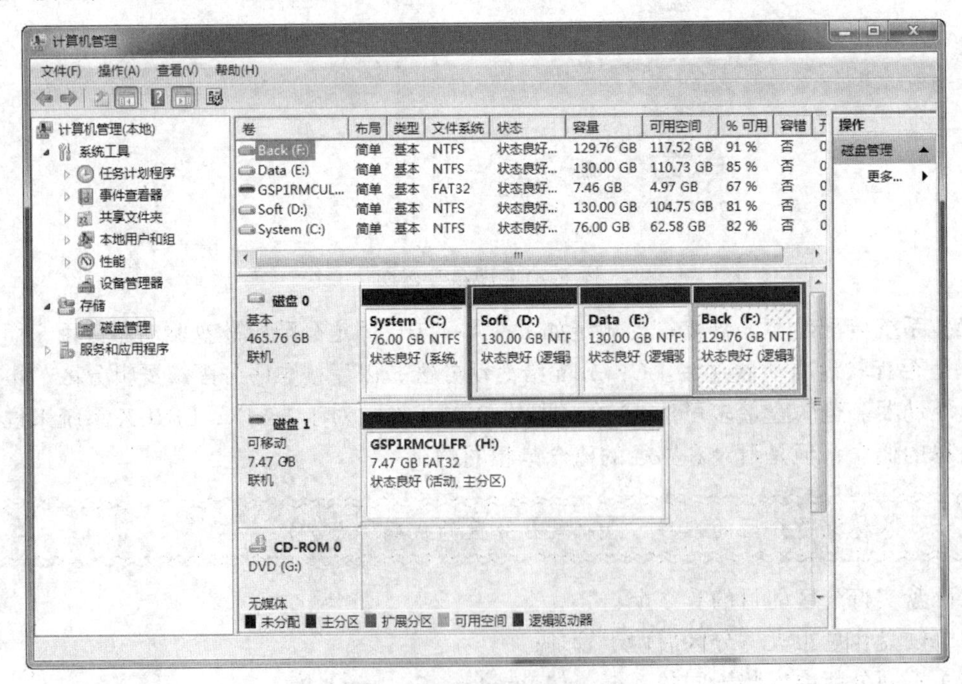

图 2.22　计算机管理窗口

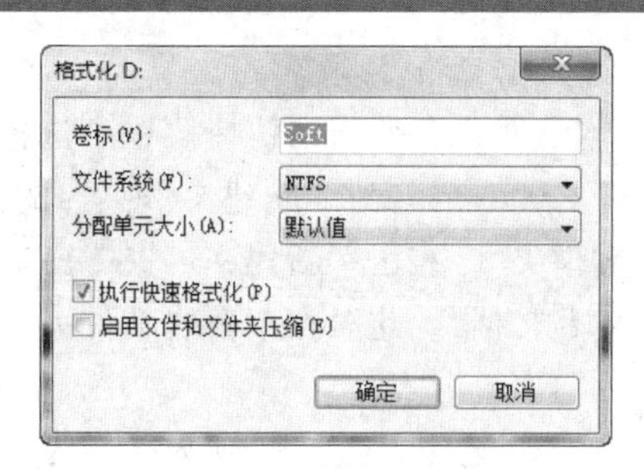

图 2.23　格式化“D:”对话框

2. **目录结构**

文件夹是用来组织和管理磁盘文件的一种数据结构，是计算机磁盘空间里面为了分类储存文件而建立独立路径的目录，用来协助人们管理计算机文件，每一个文件夹对应一块磁盘空间，它提供了指向对应空间的地址，它没有扩展名，也就不像文件的格式用扩展名来标识。

一个磁盘上的文件成千上万，如果把所有的文件存放在根目录下，会造成许多不便。用户可以在根目录下建立子目录，在子目录下建立更低一级的子目录，形成树状的目录结构，然后将文件分类存放到目录中。这种目录结构像一颗倒置的树，树根为根目录，树中每一个分支为子目录，树叶为文件。同名同类型文件可以存放在不同的目录中，但不能放在同一目录中。

3. **目录路径**

当一个磁盘的目录结构被建立后，所有的文件可以分门别类地存放在所属的目录中，若要访问不同目录下的文件，则需要通过目录路径来访问。

目录路径有两种：绝对路径和相对路径。

（1）绝对路径：从根目录开始，依序到该文件之前的路径名称。

（2）相对路径：从当前目录开始到某个文件之前的路径名称。

2.3.3　文件与文件夹管理

1. **选定文件或文件夹**

（1）选定单个对象

选择单个文件或文件夹只需用鼠标单击选定的对象即可。

（2）选定多个对象

① 连续对象：单击第一个要选择的对象，按住【Shift】键不放，用鼠标单击最后一个要选择的对象，即可选择多个连续对象。

② 非连续对象：单击第一个要选择的对象，按住【Ctrl】键不放，用鼠标依次单击要选择的对象，即可选择多个非连续对象。

③ 全部对象：可使用【Ctrl+A】快捷键选择全部文件或文件夹。

2. **新建文件或文件夹**

例：在 D 盘根目录下建立文件夹，在此文件夹下建立文本文件。

第 1 步：双击打开“计算机”。

第 2 步：双击 D 盘图标，进入 D 盘根目录。

第 3 步：右击 D 盘根目录空白处，在弹出的快捷菜单中选择“新建”命令，选择“文件夹”，此时在 D 盘根目录下就建立了一个名为“新建文件夹”的文件夹。

第 4 步：双击进入“新建文件夹”，右击“新建文件夹”窗口空白处，在弹出的快捷菜单中选择“新建”命令，选择“文本文档”，此时在“新建文件夹”下就建立了一个名为“新建文本文档.txt”的文本文件。

在建立文件或文件夹时，一定要记住保存文件或文件夹的位置，以便以后查阅。

3. 重命名文件或文件夹

（1）显示扩展名

在默认情况下，Windows 系统会隐藏文件的扩展名，以保护文件的类型。如果一个正常的文件被修改了扩展名，此文件便不能正常打开，且很多病毒文件会在它真正的扩展名前添加其他的后缀来迷惑用户，如.jpg、.txt 等，稍不注意就会中招，防范这招的方法就是让文件显示真正的扩展名。若用户需要查看其扩展名，就要进行相关设置，使扩展名显示出来，操作步骤如下：

第 1 步：在“计算机”窗口的菜单栏，选择“组织”菜单中的“文件夹和搜索选项”。

第 2 步：在弹出的“文件夹选项”对话框中，选择“查看”选项卡，在“高级设置”的列表中，取消勾选“隐藏已知文件类型的扩展名”复选框，如图 2.24 所示，单击“确定”按钮，即可显示扩展名。

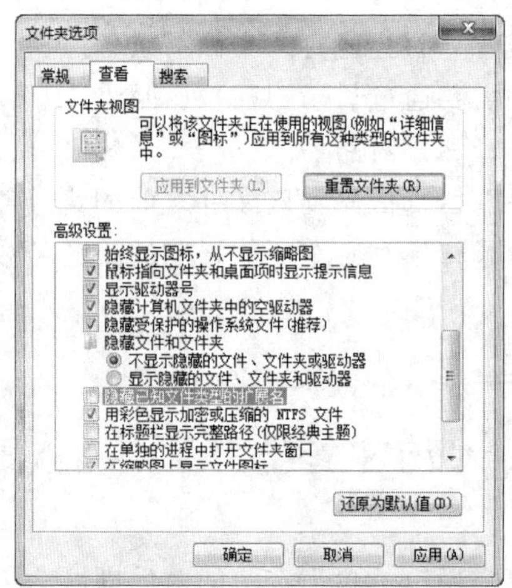

图 2.24　显示“隐藏已知文件类型的扩展名”

（2）重命名

例：将 D 盘根目录下的“新建文件夹”命名为“教学”，将其中的“新建文本文档.txt”命名为“测试.txt”。

第 1 步：双击打开“计算机”，双击进入“D 盘”根目录。

第 2 步：右击“新建文件夹”，选择“重命名”（或者鼠标左键点击两次“新建文件夹”），在文件名文本框中将其更名为“教学”。

第 3 步：右击“新建文本文档.txt”，选择“重命名”，在文件名文本框中将其更名为“测试.txt”。

为文件或文件夹命名时，要选取有意义的名字，尽量做到“见名知意”。

修改文件名时要保留文件扩展名，否则会导致系统无法正常打开该文件。

4. **复制和剪切文件或文件夹**

复制和剪切对象都可以实现移动对象，区别在于：

复制对象是将一个对象从一个位置拷贝到另一个位置，操作完成后，原位置对象保留，即一个对象变成两个对象放在不同位置。

剪切对象是将一个对象从一个位置移到另一个位置，操作完成后，原位置没有该对象。

（1）复　制

复制的方法有以下几种：

① 菜单栏：选择对象，单击菜单栏中的“编辑”菜单，选择“复制”即可。

② 快捷菜单：右击对象，在弹出的快捷菜单中选择“复制”命令，即可实现复制对象。

③ 快捷键：选中对象，使用【Ctrl+C】快捷键来实现复制。

（2）剪　切

剪切的方法有以下几种：

① 菜单栏：选择对象，单击菜单栏中的“编辑”菜单，选择“剪切”即可。

② 快捷菜单：右击对象，在弹出的快捷菜单中选择“剪切”命令，即可实现剪切对象。

③ 快捷键：选择对象，使用【Ctrl+X】快捷键来实现剪切。

复制或剪切完对象后，接着需要完成的是粘贴操作，可以使用【Ctrl+V】快捷键来实现。

5. **删除文件或文件夹**

选择要删除的对象，右击该对象，在弹出的快捷菜单中选择“删除”命令，即可实现删除对象。若用户想找回删除的文件，可通过回收站来还原文件。

删除时还可使用【Delete】快捷键或【Shift+Delete】组合键。

【Delete】快捷键表示临时删除，删除的对象可从回收站还原。

【Shift+Delete】组合键表示不经过回收站彻底删除。

6. **修改文件属性**

例：将D盘“教学”文件夹中的“测试.txt”文件属性更改为“只读”。

第1步：右击“D：\教学\测试.txt”，在弹出的快捷菜单中选择“属性”。

第2步：在弹出的“测试.txt属性”对话框中，选中“只读”复选框。

7. **创建快捷方式**

快捷方式是Windows提供的一种快速启动程序、打开文件或文件夹的方法。它是应用程序的快速连接。快捷方式的一般扩展名为*.lnk。在每个图标的左下角都有一个非常小的箭头。这个箭头就是用来表明该图标是一个快捷方式的。快捷方式仅仅记录文件所在路径，当路径所指向的文件更名、被删除或更改位置时，快捷方式不可使用。

例：在桌面上创建D盘“教学”文件夹中的“测试.txt”文件的快捷方式。

操作方法：右击“D：\教学\测试.txt”，在弹出的快捷菜单中选择“发送到”，单击“桌面快捷方式”。

8. **搜索文件或文件夹**

搜索，即查找。Windows 7的搜索功能强大，搜索的方式主要有两种，一种是用“开始”

菜单中的“搜索”文本框进行搜索；另一种是使用“计算机”窗口的“搜索”文本框进行搜索。

例：在计算机中查找文件名为“沙漠”的图片。

第1步：单击“开始”菜单，单击“搜索”文本框。

第2步：在弹出的“搜索”窗口中输入“沙漠.jpg”。

第3步：单击“搜索”按钮，即可完成搜索操作。

如果想在某文件夹下搜索文件，应该首先进入该文件夹，在搜索框中输入关键字即可。在窗口搜索框内还有“添加搜索筛选器”选项，可以提高搜索精度。“库”窗口的“添加搜索筛选器”最为全面。

2.3.4 Windows 文件系统

目前，Windows 支持 3 种文件系统：FAT、FAT32 和 NTFS。

1. FAT（File Allocation Table）

FAT 是由 MS DOS 发展过来的一种文件系统，最大可管理 2GB 的磁盘空间，是一种标准的文件系统。只要将分区划分为 FAT 文件系统，几乎所有的操作系统都可读/写这种格式存储的文件，但文件大小受 2GB 这一分区限制。

2. FAT32

FAT32 文件系统提高了存储空间的使用效率，兼容性没有 FAT 格式好，只能通过 Windows 9X 版本上的系统进行访问。

3. NTFS(New Technology File System)

NTFS 兼顾了磁盘空间的使用与访问效率，文件大小只受卷的容量限制，是一种高性能，安全性、可靠性好且具有许多 FAT 或 FAT32 所不具备功能的高级文件系统。在 Windows XP/7/10 中，NTFS 还可以提供诸如文件和文件夹权限、加密、磁盘配额和压缩的高级功能。

4. **文件关联**

文件关联是将一种类型的文件与一个可以打开它的应用程序建立一种关联关系。当双击该类型文件时，系统就会先启动这一应用程序，然后通过它来打开该类型文件。一个文件可以与多个应用程序发生文件关联，用户可以利用文件的“打开方式”进行关联程序的选择。例如，BMP 文件在 Windows 中的默认关联程序是“画图”程序，当用户双击 BMP 文件时，系统会启动“画图”程序打开这个文件。

下面具体介绍设置文件关联的一些方法。

（1）安装新的应用程序

大部分应用程序会在安装过程中自动与相关的类型文件建立关系，例如 ACDSee 图片浏览器程序通常会与 BMP、GIF、JPG、TIF 等多种图形文件建立关系。

注意：系统只确认最后一个安装程序设置的文件关联。

（2）利用“打开方式”指定文件关联

右键单击某个类型的文件，从弹出的快捷菜单中选择【打开方式】→【选择程序】命令，弹出“打开方式”对话框，如图 2.25 所示。从“程序”列表框中选择合适的程序，如果同时选中下方的“始终使用选择的程序打开这种文件”复选框，单击“确定”按钮后，该类型文件就与程序重新建立默认关联，即当双击此类文件时，将自动启动相关联的程序来打开这类文件，否则系统只是这一次用该程序打开文件，即临时一次性关系。

图 2.25 文件关联“打开方式”对话框

2.3.5 回收站

回收站主要用来存放用户临时删除的文档资料，存放在回收站的文件可以恢复。回收站是一个特殊的文件夹，默认在每个硬盘分区根目录下的 RECYCLE 文件夹中，而且是隐藏的。当用户将文件删除并移到回收站后，实质上就是把它放到了这个文件夹，仍然占用磁盘的空间。只有在回收站里删除它或清空回收站才能使文件真正地被删除，为电脑获得更多的磁盘空间。

1. 文件恢复

双击桌面上“回收站”图标；选择要恢复的文件、文件夹和快捷方式等项（要选择多个恢复项，可按下【Ctrl】键同时单击每个要恢复的项）；单击“还原选定的项目”，即可恢复删除的项。也用鼠标右键单击要恢复的项，在弹出菜单中选择“还原”，也可恢复删除的对象。已删除的文件、文件夹或快捷方式恢复后，将返回原来的位置。

2. 清空回收站

利用“回收站”删除文件仅仅是将文件放入“回收站”，并没有腾出磁盘空间，只有清空“回收站”后，才真正腾出了磁盘空间。要清空“回收站”，可采用如下方法:用鼠标右键单击“回收站”图标，在弹出菜单中选择“清空回收站”，在确认删除对话框中选择“是”，即可清空回收站。也可双击“回收站”图标，在菜单栏上单击“清空回收站”，“回收站”即被清空。

如果要清除“回收站”中的某些项，可选择要清除的项，然后右键单击“删除”。要注意是的：清空“回收站”或在“回收站”中删除指定项后，被删除的内容将无法恢复。

3. 误删恢复

如果希望恢复清空回收站后的数据，首先注意不要对文件所在分区进行读写操作（添加、修改、移动、复制等文件操作），否则会降低成功率。以下软件任选其一：PC Inspector File

Recovery（免费）、Recuva（免费）、Final Data、Easy Recovery 等专业软件，以及魔方的数据恢复大师、360 安全卫士功能大全中的数据恢复等。不过为了重要数据的安全性，仍然建议直接通过专业的数据恢复人员处理。

2.4 Windows 7 基本操作

为了满足用户完成大量日常工作的需求，操作系统不仅需要为用户提供一个很好的交互界面和工作环境，还需要为用户提供方便的管理和使用操作系统的相关工具。Windows 7 操作系统为用户及各类应用提供的这些工具集中存放在“控制面板”中。控制面板（Control Panel）是 Windows 图形用户界面一部分，可通过“开始”菜单访问。它允许用户查看并操作基本的系统设置和控制，用户可以管理账户，添加/删除程序，设置系统属性，设置系统日期/时间，安装、管理和设置硬件设备等系统管理和系统设置等操作。

2.4.1 控制面板

1. 启用控制面板

启用控制面板的方法有多种，常用的有两种：

（1）打开【开始】菜单，单击【控制面板】。

（2）双击桌面【计算机】图标，在“菜单栏”下单击“打开控制面板”。

2. 控制面板的视图

Windows 7 系统控制面板的界面视图，如图 2.26 所示。单击“查看方式”按钮可以切换控制面板的显示方式。

图 2.26　控制面板

2.4.2 常用快捷键

在 Windows 操作系统里，键盘快捷键的组合能完成一些很复杂的操作，在 Windows 7 系统中，新增了不少新的快捷键组合，见表 2.6。

表 2.6 Windows 7 常用快捷键

快捷键	功 能
Win+Tab	3D 切换窗口
Win+PauseBreak	弹出系统调板
Win++	放大屏幕显示
Win+－	缩小屏幕显示
Win+E	打开 Explore 资源浏览器
Win+R	打开运行窗口
Win+T	切换显示任务栏信息，再次按下则在任务栏切换
Win+Shift+T	后退
Win+U	打开易用性辅助设备
Win+P	打开多功能显示面板（切换显示器）
Win+D	切换桌面显示窗口或者 Gadgets 小工具
Win+F	查找
Win+L	锁定计算机
Win+X	打开计算机移动中心
Win+M	快速显示桌面
Win+Space	桌面窗口透明化显示
Win+↑	最大化当前窗口
Win+↓	还原/最小化当前窗口
Win+←	将当前窗口停靠在屏幕最左边
Win+→	将当前窗口停靠在屏幕最右边
Win+Shift+←	跳转到左边的显示器
Win+Shift+→	跳转到右边的显示器
Win+G	调出桌面小工具
Win+Home	最小化/还原所有其他窗口

2.4.3 个性化外观

1. 桌面背景设置

在 Windows 7 系统中，桌面的背景又称为“壁纸”，系统自带了多个桌面背景图片供用户选择，更改背景的步骤如下：

第 1 步：右击桌面空白处，在弹出的快捷菜单中单击“个性化”命令。

第 2 步：在弹出的“个性化”窗口下方，单击“桌面背景”图标，如图 2.27 所示。

图 2.27 “桌面背景”窗口

第 3 步：在“桌面背景”窗口，单击“全部清除”按钮，单击选中的图片，再单击“保存修改”即可。

在“桌面背景”窗口，单击“全选”按钮或单击选定多个图片，在“更改图片时间间隔”下拉列表中选择一定的时间间隔，背景图片会以时间片进行切换。

2. 桌面主题设置

桌面主题是图标、字体、颜色、声音和其他窗口元素的预定义的集合，它可使用户的桌面具有与众不同的外观。Windows 7 提供了多种风格的主题，分别为“我的主题”、“Aero 主题”和“基本和高对比度主题”。“Aero 主题”有 3D 渲染和半透明效果。用户可以根据需要切换不同主题。操作步骤如下：

第 1 步：右击桌面空白处，在弹出的快捷菜单中选择“个性化”命令。

第 2 步：如图 2.28 所示，在弹出的“个性化”窗口中，在“Aero 主题”区域单击“建筑”选项，主题选择完毕。在桌面空白处右击，在弹出的快捷菜单中选择【下一个桌面背景】命令，即可更换主题的桌面墙纸。

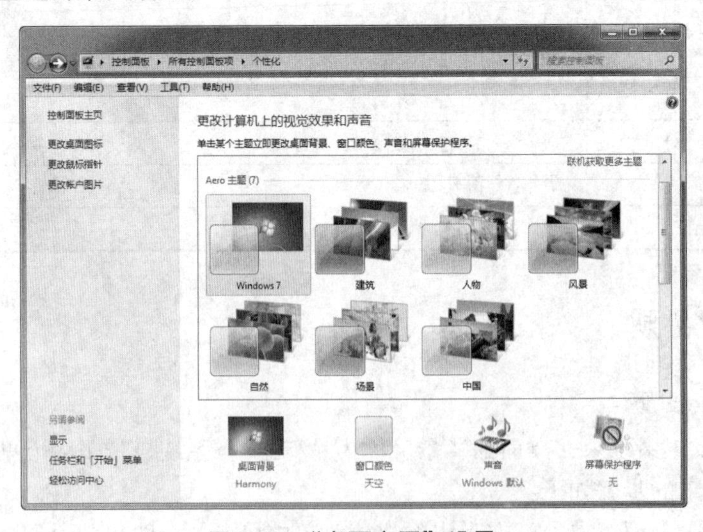

图 2.28 “桌面主题”设置

3. 屏幕保护设置

屏幕保护是为了保护显示器而设计的一种专门的程序。屏幕保护主要有三个作用：保护显像管、保护个人隐私、省电。用户可以根据需要进行设置。操作步骤如下：

第1步：右击桌面空白处，在弹出的快捷菜单中选择“个性化”命令。

第2步：在弹出的“个性化”窗口中，单击“屏幕保护程序”图标，打开“屏幕保护程序设置”对话框，在“屏幕保护程序”下拉列表中选择适合的保护程序，并在“等待”中设置屏幕保护的启动时间，勾选“恢复时显示登录屏幕”，如图2.29所示。

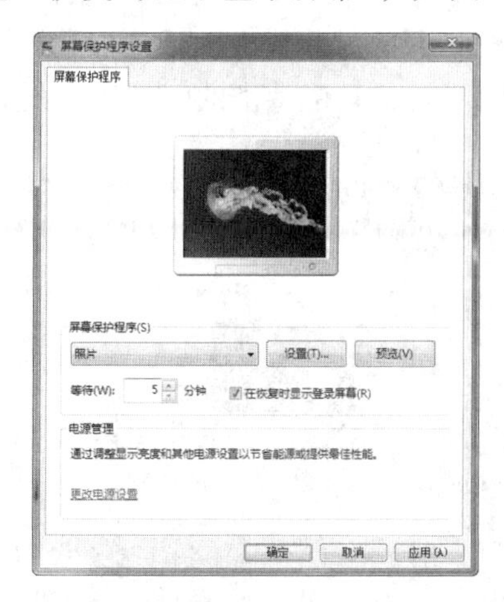

图2.29　“屏幕保护程序设置”对话框

4. 外观设置

用户可以通过外观设置，根据自己的喜好选取窗口和按钮的样式、对应样式下的色彩方案，同时可以调整字体的大小等。操作步骤如下：

第1步：右击桌面空白处，在弹出的快捷菜单中选择“个性化”命令。

第2步：在弹出的“个性化”窗口下方，单击“窗口颜色”图标，打开“窗口颜色和外观”窗口，在“更改窗口边框、【开始】菜单和任务栏颜色”、“颜色浓度”、“高级外观设置”等设置区域选择适合的样式，如图2.30所示。

第3步：单击“保存修改”按钮，即可完成外观设置。

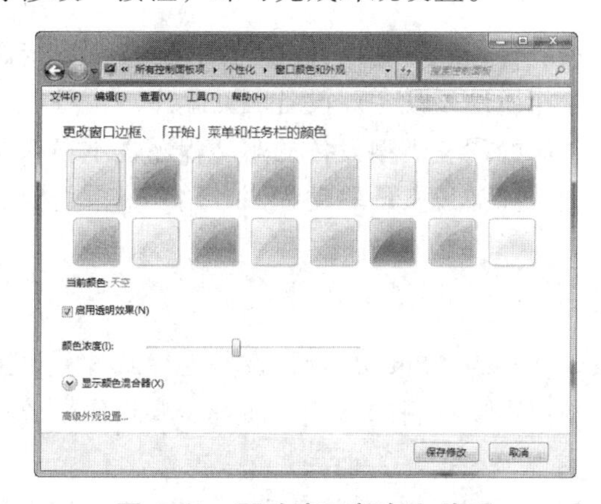

图2.30　更改窗口颜色和外观

5. **分辨率设置**

屏幕分辨率指显示器所能显示的像素的多少。由于屏幕上的点、线和面都是由像素组成的，显示器可显示的像素越多，画面就越精细，同样的屏幕区域内能显示的信息也越多。用户可以根据需要进行设置。操作步骤如下：

第 1 步：右击桌面空白处，在弹出的快捷菜单中选择“屏幕分辨率”命令。

第 2 步：在“分辨率”下拉列表中，用鼠标拖动来修改分辨率，如图 2.31 所示。

第 3 步：单击“应用”按钮，自动预览后，即可完成分辨率设置。

单击“高级设置”按钮，在打开的对话框中选择“监视器”选项卡，可以设置刷新频率。一般肉眼不容易察觉 75 Hz 以上刷新频率带来的闪烁感，因此最好能将屏幕刷新频率调到 75 Hz 以上。

图 2.31　分辨率的设置

2.4.4 关于设备

每台计算机都配置有很多外部设备，操作系统的设备管理负责对不同的设备进行有效的管理。

1. **设备驱动程序**

设备驱动程序是操作系统管理和驱动设备的程序，是操作系统的核心之一。用户必须先安装该设备的驱动程序，才能使用该设备。设备驱动程序与设备关联密切，不同类型设备的驱动程序不同，不同厂家生产的同一类型设备的驱动程序也不尽相同。安装操作系统时，系统会自动检测设备并安装相应标准设备的驱动程序，用户如果需要添加新的特殊设备，必须安装相应的驱动程序。

2. **即插即用**

所谓即插即用（Plug and Play，PnP），指把设备连接到计算机上后无需手动配置就可以立即使用。即插即用技术不仅需要设备的支持，而且需要操作系统的支持。目前绝大多数操作系统都支持即插即用技术。

即插即用设备通常使用 USB 口的硬件连接器。1995 年以后生产的大多数设备都采用即插即用技术。

即插即用并不是不需要安装设备的驱动程序，而是操作系统能自动检测到设备并自动安装驱动程序。

3. 通用即插即用

为了适应计算机网络化、家电信息化的发展趋势，Microsoft 公司于 1999 年推出了最新的即插即用技术，即通用即插即用(Universal Plug and Play，UPnP)。它可使计算机自动发现和使用基于网络的硬件设备，实现一种“零配置”和“隐性”的联网过程。自动发现和控制来自各家厂商的各种网络设备。

PnP 是针对传统单机设备的一种技术，而 UPnP 是针对网络设备提出的技术，它提供了很大的设备描述和控制能力。

UPnP 基于 IP 协议，获得最广泛的设备支持。它最基本的概念模型是设备模型，设备可以是物理的设备，比如录像机，也可以是逻辑的设备，比如运行于计算机上的软件所模拟的录像机设备。

2.4.5 系统设置

1. 用户账户设置

在 Windows 7 系统中，有三种用户类型：计算机管理员账户、标准用户账户和来宾账户。计算机管理员账户拥有最高权限，允许更改所有的计算机设置；标准用户账户只允许用户更改基本设置；来宾账户无权更改设置。

一台电脑可以允许多个用户使用，建立多个账户，从而使每个用户都可以有自己的专用工作环境，并且每个账户互相都不会受到影响，只有登录到各自的账户内，才能查看各自账户的资料。要创建新用户，必须以管理员的身份登录。操作步骤如下：

（1）创建账户

第 1 步：打开【控制面板】窗口，选择【添加或删除用户账户】。

第 2 步：在【管理账户】窗口，单击“创建一个新账户”，如图 2.32 所示。

第 3 步：在“创建新账户”窗口，依次设定账户名称、账户类型。最后单击“创建账户”按钮，即可完成新账户的创建，如图 2.33 所示。

图 2.32 “管理账户”窗口

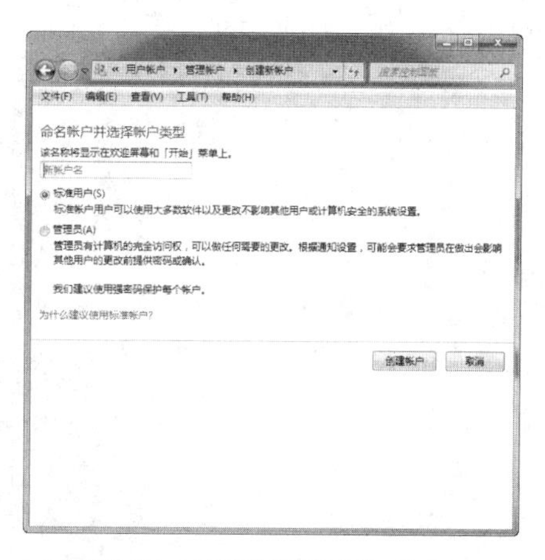

图 2.33 “创建新账户”窗口

（2）更改账户属性

第 1 步：打开【控制面板】窗口，单击【添加或删除用户账户】。

第 2 步：在【管理账户】窗口，选择一个账户。

第 3 步：在“更改账户”窗口，可根据需要更改账户名称，更改账户图片，更改账户类型，创建账户密码，更改账户密码，删除账户，设置家长控制等，在弹出的设置窗口，根据提示完成修改。

若需要删除的用户是唯一的计算机管理员账户，那么必须创建一个新的管理员账户才可以删除。

2. 系统属性设置

计算机名称的更改：

第 1 步：右击桌面【计算机】图标，在弹出的快捷菜单中选择【属性】。

第 2 步：在弹出的“系统”窗口中，单击“更改设置”按钮，如图 2.34 所示。

图 2.34 “系统”窗口

第 3 步：在弹出的“系统属性”对话框中，单击“更改”按钮，如图 2.35 所示。

第 4 步：在弹出的“计算机名/域更改”对话框中，输入新的计算机名称，也可以更改工作组和域名，如图 2.36 所示。

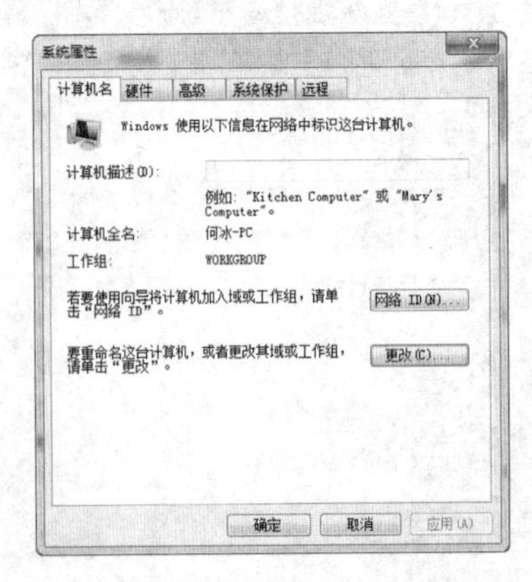

图 2.35 “系统属性”对话框

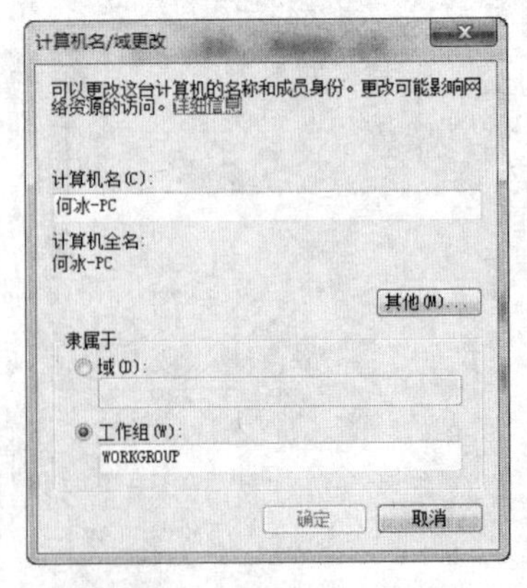

图 2.36 “计算机名/域更改”

3. 设置自动更新

第 1 步：打开【控制面板】窗口，单击【系统和安全】。

第 2 步：在【系统和安全】窗口中“Windows Update”下面单击“启用或禁用自动更新”，如图 2.37 所示。

图 2.37 “系统和安全”窗口

第 3 步：在打开的窗口中，选择“自动安装更新”方式，如图 2.38 所示。

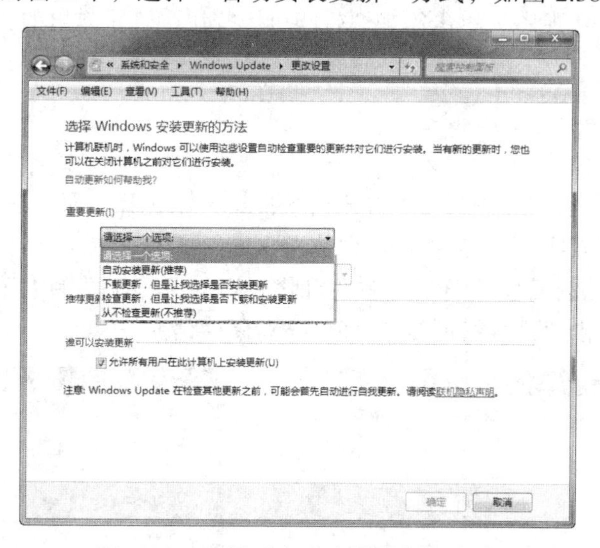

图 2.38 选择“自动安装更新”方式

4. 修改系统时间

第 1 步：单击任务栏中的“日期和时间显示区域”，打开“日期和时间”窗口，单击“更改日期和时间设置”。

第 2 步：在弹出的“日期和时间”对话框中选择“日期和时间”选项卡，单击“更改日期和时间”按钮，如图 2.39 所示。

第 3 步：在弹出的“日期和时间设置”对话框中完成系统时间的修改，如图 2.40 所示。

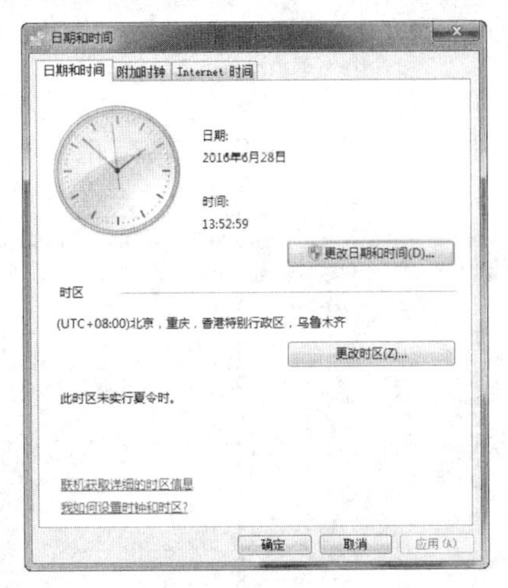

图 2.39 “日期和时间”选项卡

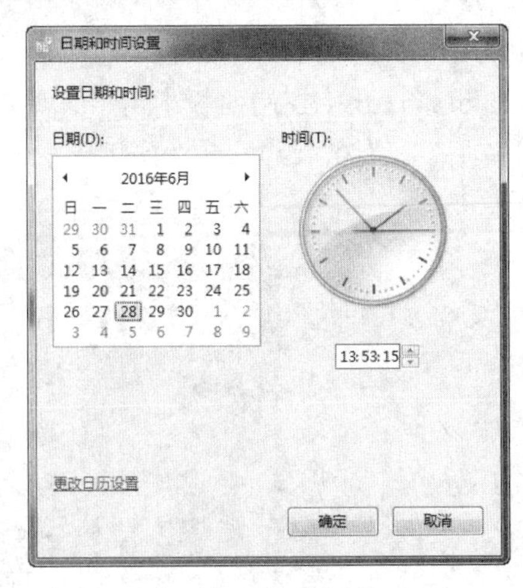

图 2.40 “日期和时间”窗口

5. 安装打印机

在 Windows 7 系统下安装打印机，可以使用控制面板的添加打印机向导，指引用户按照步骤来安装合适的打印机。用户可以通过光盘和互联网下载获得驱动程序，还可选择在 Windows 7 系统下自带的相应型号的打印机驱动程序安装打印机。

第 1 步：通过数据线将计算机与打印机连接起来。

第 2 步：打开“控制面板”窗口，在“硬件和声音”下面单击“查看设备和打印机”。

第 3 步：如图 2.41 所示，单击添加“打印机”按钮，依照弹出的“添加打印机”对话框完成打印机的安装。

6. 硬件设备管理

（1）查看硬件信息

方法 1：右击“计算机”图标，在弹出的快捷菜单中选择“属性”，在弹出的“系统”窗口中，选择“设备管理器”，即可查看硬件信息，如图 2.42 所示。

方法 2：打开“控制面板”，单击“硬件和声音”，在弹出的“硬件和声音”窗口中的“设备和打印机”下面单击“设备管理器”，即可查看硬件信息。

图 2.41 添加打印机

图 2.42 设备管理器

（2）更改硬件驱动

假设需要更新显卡驱动，操作方法如下：

第 1 步：依照上面描述的方法，打开“设备管理器”窗口。

第 2 步：单击列表中的“显示适配器”，右键单击下方内容，选择快捷菜单中的“属性”命令。

第 3 步：在弹出的属性对话框中，单击“驱动程序”选项卡，在此处单击需要完成的操作，根据提示进行即可，如图 2.43 所示。

图 2.43 “驱动程序”选项卡

2.4.6 联机帮助

联机帮助技术为初学者提供了一条使用新软件的捷径。借助它用户可以在上机过程中随时查询有关信息，代替了书面用户手册，提供了一个面向任务的帮助信息查询环境。

对于绝大部分 Windows 应用程序，包括 Windows 本身，系统都提供了一个访问联机帮助的标准界面，使得对于所有的 Windows 应用程序的联机帮助信息查询和浏览的过程以及用户界面都是一致的，如图 2.44 所示。一般在应用程序界面按功能键 F1 就可以打开相应应用程序的帮助页面。

“目录”选项卡按帮助主题内容分类编排浏览，帮助信息条目就像一本书一样，是以书本的目录格式表示帮助标题，章标题用“书图标”表示，双击某一章的标题或图标，则图标变成一本打开的书，这表示本章已经打开。当该章打开时，它下面的部分章节才会罗列出来。一章中的节用书的“页图标”表示，双击页图标或标题，即可进入相关帮助标题的说明窗口，获得帮助说明。当用户双击一本已经打开的书图标时，表示合上该本书，窗口中会隐去该章条目所包含的内容。

“索引”选项卡中的帮助信息条目是按照字母顺序列出一张主题条目列表，每个条目又由字母顺序排列的更详细的子条目构成。使用者可直接在文本框中输入需要帮助的问题主题，然后在下面的列表框中选取有关的主题，这样就能进入该帮助标题的说明窗口，获得帮助说明。或者滚动该列表，选择具体的帮助主体直接进入。

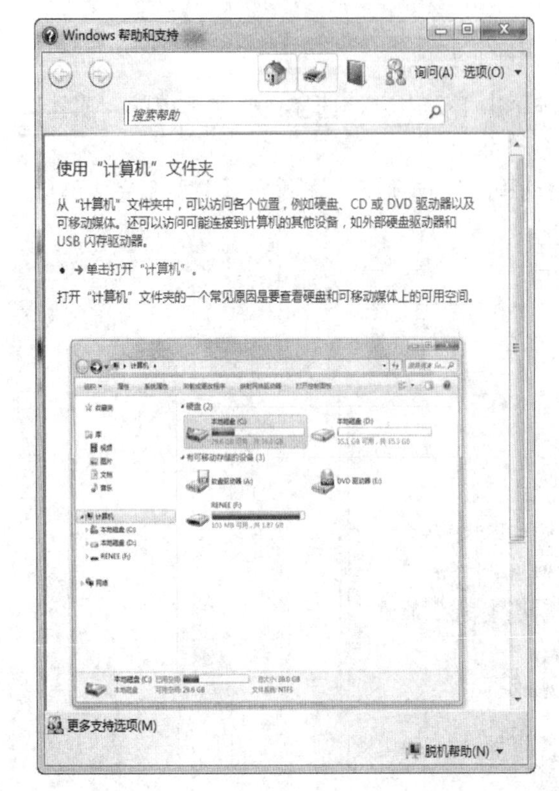

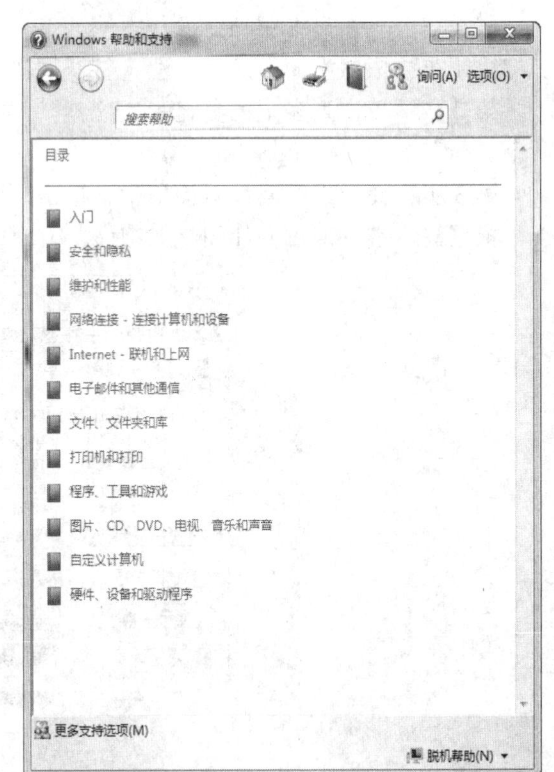

图 2.44 Windows 帮助和支持

2.5 Windows 7 系统管理

2.5.1 磁盘管理

1. 磁盘格式化

格式化（Format），简单说，就是把一张空白的盘划分成一个个小区域并编号，供计算机储存、读取数据。没有这个工作，计算机就不知在哪写，从哪读。磁盘格式化是在物理驱动器（磁盘）的所有数据区上写零的操作过程，格式化是一种纯物理操作，同时对硬盘介质做一致性检测，并且标记出不可读和坏的扇区。由于大部分硬盘在出厂时已经格式化过，所以只有在硬盘介质产生错误时才需要进行格式化。

磁盘格式化的步骤如下：

第 1 步：右击要格式化的磁盘，在弹出的快捷菜单中选择“格式化”命令。

第 2 步：在弹出的“格式化”对话框中，选择“文件系统”类型，输入该卷名称，如图 2.45 所示。

第 3 步：单击“开始”按钮，即可格式化该磁盘。

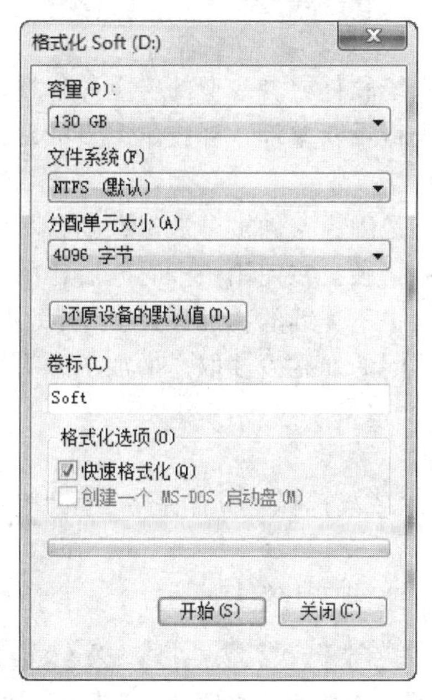

图 2.45 “格式化”对话框

Windows 7 系统默认为 NTFS（New Technology File System）格式的文件系统。

2. **磁盘清理**

Windows 在运行过程中生成的各种垃圾文件（如 BAK、OLD、TMP 文件以及浏览器的 CACHE 文件、TEMP 文件夹等）会占用大量的磁盘空间，对它们的清除工作比回收站更麻烦——这些垃圾文件广泛分布在磁盘的不同文件夹中，并且它们与其他文件之间的区别又不十分明显，手工清除非常麻烦。Windows 附带的“磁盘清理”可轻易地解决这一问题。磁盘清理程序是一个垃圾文件清除工具，它可自动找出整个磁盘中的各种无用文件。用磁盘清理程序来解决磁盘空间问题是极为简单的。

磁盘清理的步骤如下：

第 1 步：单击“开始”菜单，依次选择“所有程序”→“附件”→“系统工具”，单击“磁盘清理”。

第 2 步：在弹出的“磁盘清理：驱动器选择”对话框中，选择待清理的驱动器。

第 3 步：单击“确定”按钮，系统自动进行磁盘清理操作。

第 4 步：磁盘清理完成后，在“磁盘清理”结果对话框中，勾选要删除的文件，如图 2.46 所示。单击“确定”按钮，即可完成磁盘清理操作。

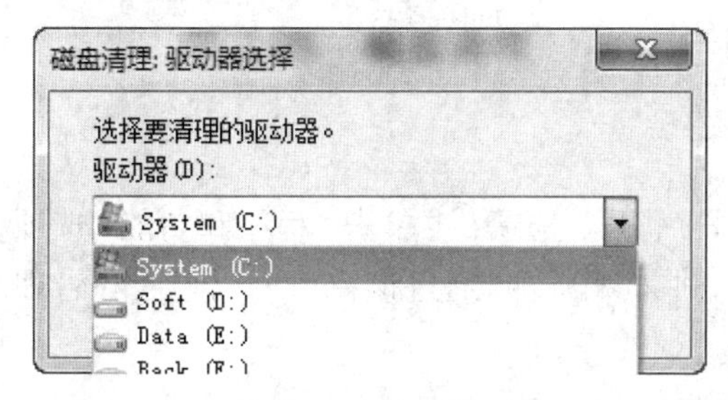

图 2.46 磁盘清理

3. 磁盘碎片整理

磁盘碎片整理，就是通过系统软件或者专业的磁盘碎片整理软件对电脑磁盘在长期使用过程中产生的碎片和凌乱文件进行重新整理，释放出更多的磁盘空间，可提高电脑的整体性能和运行速度。

磁盘碎片又称为文件碎片，是因为文件被分散保存到整个磁盘的不同地方，而不是连续地保存在磁盘连续的簇中形成的。硬盘在使用一段时间后，由于反复写入和删除文件，磁盘中的空闲扇区会分散到整个磁盘中不连续的物理位置上，从而使文件不能存在连续的扇区里。这样，再读写文件时就需要到不同的地方去读取，增加了磁头的来回移动，降低了磁盘的访问速度。

磁盘碎片整理的步骤如下：

第 1 步：单击“开始”菜单，依次选择“所有程序”→“附件”→“系统工具”，单击“磁盘碎片整理程序”。

第 2 步：在弹出的“磁盘碎片整理程序”对话框中，选择待整理的驱动器，如图 2.47 所示。

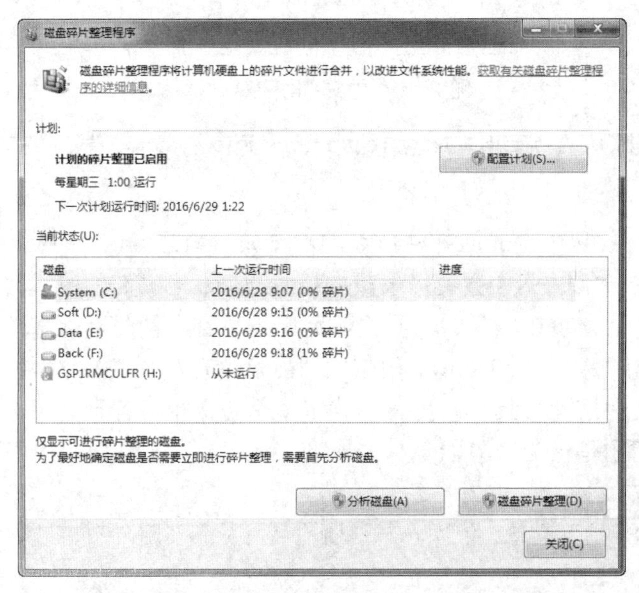

图 2.47 “磁盘碎片整理程序”对话框

第 3 步：单击“分析磁盘”按钮，系统将分析磁盘的碎片。

第 4 步：碎片分析完成后，若需要碎片整理，则单击“磁盘碎片整理”按钮；否则，单击“关闭”按钮即可。

2.5.2 管理应用程序

打开“控制面板”，单击“程序”选项，再单击“程序和功能”选项，就可以打开 Windows 7 的应用程序管理器窗口，如图 2.48 所示。通过该窗口可以查看和管理系统中已经安装的程序。

1. 管理已安装的程序

通过使用 Windows7 自带的应用程序管理器，用户不仅可以看到系统中已经安装的所有程序的详细信息，还可以管理、修改或者卸载这些程序。只需要单击鼠标就可以完成。在默认情况下，应用程序管理器将会以“详细信息”的形式显示所有安装的程序。除了显示程序的名称，还会同时显示程序的发行商名称，以及安装时间和程序大小这几个信息。

2. 更改或修复应用程序

如果应用程序提供了更改或者修复的选项，那么当这样的程序被选中后，在 Windows 7 系统下载的应用程序管理器窗口的工具栏上就会出现“更改”、“卸载”、“修复”按钮。单击相应的按钮后即可完成对应的操作。

需要注意的是，通常对程序进行更改或者修复操作的时候，都需要用户提供程序的原始安装文件，有些软件（例如 Microsoft Office 2010）考虑到了这一点，会在初次安装的时候将所需的安装文件缓存到硬盘中，这样可以直接安装，有些软件则没有这种功能，就必须由用户提供安装光盘，或者手工指定硬盘上保存的安装文件位置。

3. 卸载不再需要的程序

单击选中不再需要的应用程序，然后单击工具栏中的“卸载”按钮，即可运行该程序的卸载程序。除此之外，还可以通过双击程序的方式直接卸载，或者在程序名称上单击鼠标右键，从弹出的菜单中选择“卸载”选项。

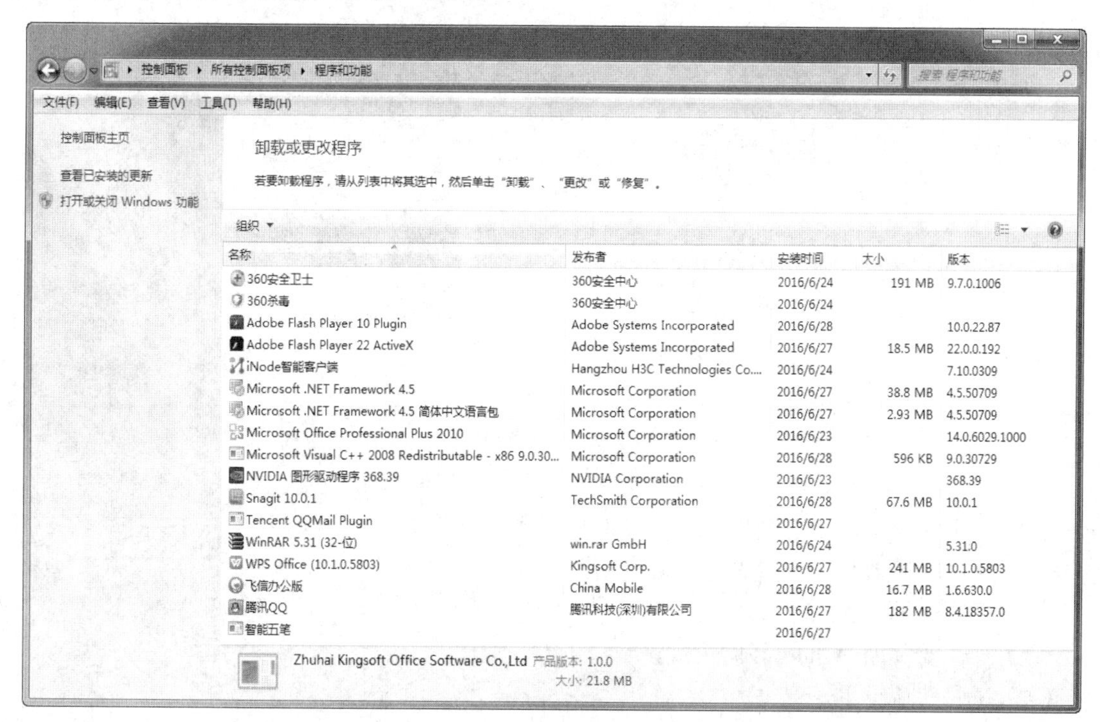

图 2.48 卸载或更改程序

2.5.3 安全设置

Windows 7 采用多层防护系统，通过 Windows7 中的安全性设计，PC 将更易于使用，同时安全性能也将得到提升，从而更好地应对日益复杂的安全风险。Windows 7 系统不仅融入了更多的安全特性，而且原有的安全功能也得到改进和加强。

1. Windows 防火墙

防火墙（Firewall）是一项协助确保信息安全的设备，会依照特定的规则，允许或是限制传输的数据通过。防火墙可以是一台专属的硬件也可以是架设在一般硬件上的一套软件。

Windows 防火墙顾名思义就是在 Windows 操作系统中系统自带的软件防火墙。防火墙对于每一个电脑用户的重要性不言而喻，尤其是在当前网络威胁泛滥的环境下，通过专业可靠的工具来帮助自己保护电脑信息安全十分重要。市场上杀毒软件的品牌繁多但并非每一款都为用户提供了防火墙功能，于是很多网友安装了杀毒软件又还要找一款专业的防火墙，这有点舍近求远的感觉，因为 Windows 操作系统就有自带的防火墙。

Windows 7 中的防火墙不仅具备了过滤外发信息的能力，使其更具可用性，而且针对移动计算机增加了多重作用防火墙策略的支持，更加灵活而且更易于使用。

用户只需从 Windows 7“开始”菜单处进入“控制面板”，然后找到“系统和安全”项点击进入即可找到“Windows 防火墙”功能，如图 2.49 所示。

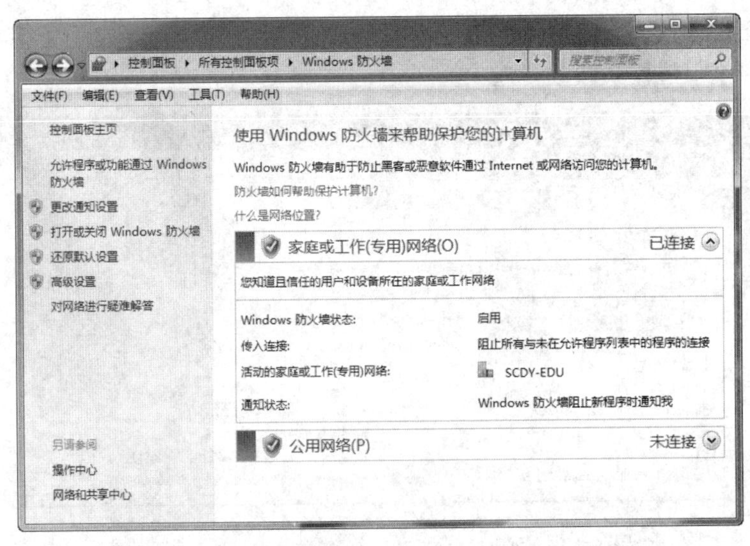

图 2.49 Windows 防火墙

然后用户左边就可以看到以下 5 个关联的设置：

（1）允许程序或功能通过 Windows 防火墙。

（2）更改通知设置。

（3）打开或关闭 Windows 防火墙。

（4）还原默认设置。

（5）高级设置。

点击第一个设置“允许程序或功能通过 Windows 防火墙”，即进入如图 2.50 所示的界面，这个是最基础的通行与否，添加规则很简单，点击“允许运行另一程序”，选择想要添加的程序即可，但是我们可以看到还是区分了专用网络和公用网络的。这边只要最基础的通行或者不通行，没有端口，更不用 TCP 和 UDP。因为对于一般用户来说，只是需要设置程序是否需要联网，而不会区分一条一条的规则，而更高级的规则可以进入“高级设置”进行设置。

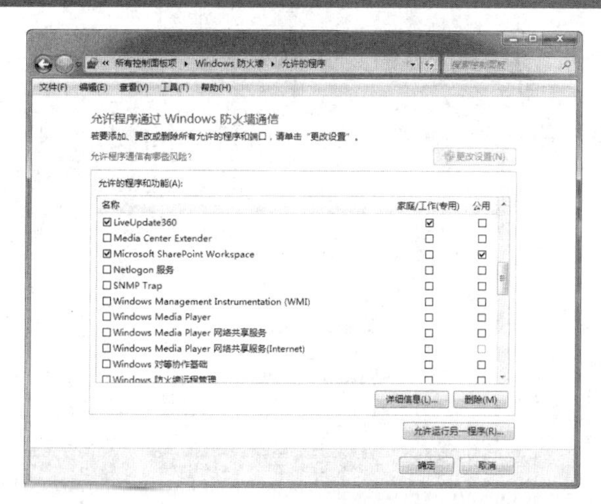

图 2.50　Windows 防火墙允许的程序

打开第二个“更改通知设置”和第三个“打开或关闭 Windows 防火墙”效果一样，弹出来的是如下界面：

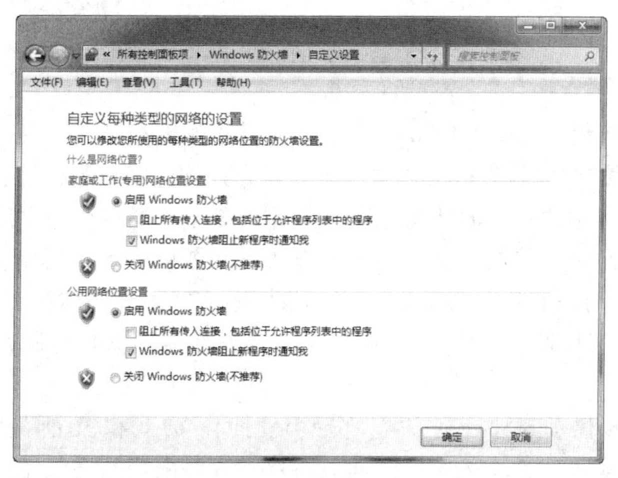

图 2.51　Windows 防火墙—自定义设置

用户如果觉得自己配置得不规整或者规则十分混乱，可以选择还原默认设置，防火墙的规则就会恢复到初始的状态。

Windows 7 针对每一个程序为用户提供了 3 种实用的网络连接方式：

（1）允许连接：程序或端口在任何的情况下都可以被连接到网络。

（2）只允许安全连接：程序或端口只有 IPSec（Internet 协议安全性）保护的情况下才允许连接到网络。

（3）阻止连接：阻止此程序或端口的任何状态下连接到网络。

2. 用户账户控制

用户账户控制（User Account Control）简称 UAC，是 Windows Vista 以及之后操作系统中一组新的基础结构技术，可以对电脑的重要更改进行监视及询问是否许可更改，帮助阻止恶意程序损坏系统。当用户试图更改某个设置时，如果其权限不够，系统就会向管理者发送一个请求。

方法 1:【开始】菜单→【控制面板】→查看方式：大图标→【操作中心】→【更改用户账户控制设置】，如图 2.52 所示。

方法 2:【开始】菜单→点击“账户名称头像图标”→【更改用户账户控制设置】。

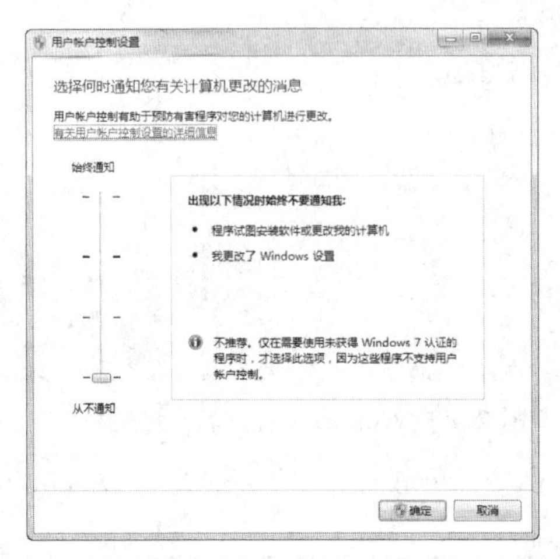

图 2.52　用户账户控制设置

3. 家长控制

Windows 7 家长控制（Parental Controls）让父母能够更加自信、友好地管理孩子对计算机的使用。启用“家长控制”，为孩子创建一个账户，并对该账户进行家长控制设置，可以通过时间限制、游戏分级和允许和阻止特定程序来保护孩子安全地使用电脑和网络。

点击【开始】菜单→【控制面板】→查看方式：大图标→【家长控制】→【创建新用户账户】，创建设置一个标准权限的登录账户，如果已经有儿童账户就可以跳过这一步。注意：不可对来宾账号使用家长控制，Windows 7 系统建议在使用家长控制儿童账户时关闭来宾账号。

Windows 7 系统提供了 3 种控制方式，分别是时间、游戏和程序限制。如图 2.53 所示，时间限制就是设置孩子可以使用电脑的时间。游戏和程序限制是在限定电脑使用时间的基础上，对电脑里面安装好的游戏和软件设置更详细的控制策略。

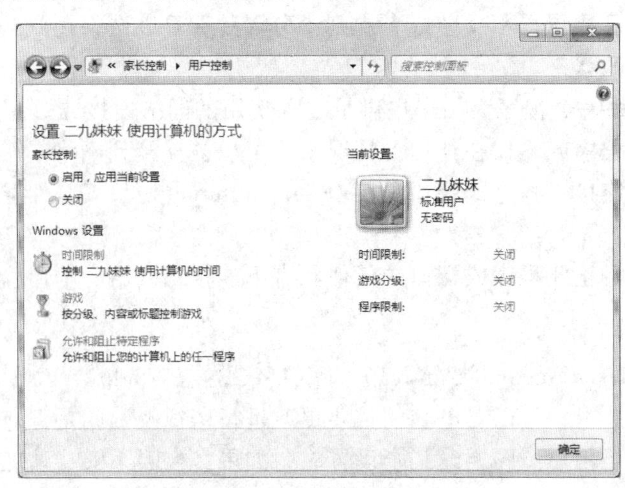

图 2.53　家长控制—用户控制

2.5.4 注册表

注册表（Registry）是 Windows 的一个重要的数据库，该数据库包含计算机中每个用户的配置文件、有关系统的硬件信息、安装的程序及属性设置。Windows 在操作过程中不断地引用这些信息。

1. 注册表编辑器

注册表编辑器是用来查看和更改系统注册表设置的高级工具，注册表中包含了有关计算机如何运行的信息。Windows 将它的配置信息存储在以树状结构组织的数据库（即注册表）中。

2. 启动注册表编辑器

单击“开始”菜单，单击“运行”项，在弹出的“运行”对话框中输入“regedit”，弹出注册表编辑器，如图 2.54 所示。

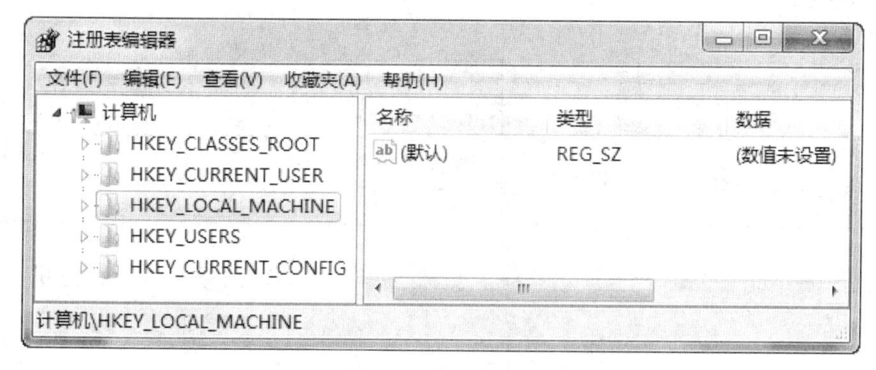

图 2.54 注册表编辑器

3. 注册表结构

注册表是按照子树、子树的项、子项和值项的层次结构组织的。由于每台计算机上安装的设备、服务和程序有所不同，因此一台计算机上的注册表内容可能与另一台的有很大不同。

在本地计算机上访问注册表时，共显示 5 个子树；访问远程计算机的注册表时，只显示 2 个子树：HKEY_USERS 和 HKEY_LOCAL_MACHINE。表 2.7 列出了注册表子树名称及其说明。

表 2.7 注册表子树

子 树	说 明
HKEY_CURRENT_USER	包含当前登录用户的配置信息的根目录。用户文件夹、屏幕颜色和“控制面板”设置存储在此处。该信息被称为用户配置文件
HKEY_USERS	包含计算机上所有用户的配置文件的根目录。HKEY_CURRENT_USER 是 HKEY_USERS 的子项
HKEY_LOCAL_MACHINE	包含针对该计算机（对于任何用户）的配置信息
HKEY_CLASSES_ROOT	是 HKEY_LOCAL_MACHINE\Software 的子项。此处存储的信息可以确保当使用 Windows 资源管理器打开文件时，将打开正确的程序
HKEY_CURRENT_CONFIG	包含本地计算机在系统启动时所用的硬件配置文件信息

4. **注册表数据类型**

表 2.8 列出了子树中由系统定义和使用的数据类型及其说明。

表 2.8　数据类型

数据类型	说　明
REG_BINARY	未处理的二进制数据。多数硬件组件信息都以二进制数据存储，而以十六进制格式显示在注册表编辑器中
REG_DWORD	数据由 4 字节长的数表示。许多设备驱动程序和服务的参数是这种类型并在注册表编辑器中以二进制、十六进制或十进制的格式显示
REG_E7AND_SZ	长度可变的数据串。该数据类型包含程序或服务使用该数据时确定的变量
REG_MULTI_SZ	多重字符串。其中包含格式可被用户读取的列表或多值的值，用空格、逗号或其他标记分开
REG_SZ	固定长度的文本串
REG_FULL_RESOURCE_DESCRIPTOR	用来存储硬件元件或驱动程序的资源列表的一列嵌套数组

编辑注册表不当可能会严重损坏系统。更改注册表之前，请务必备份计算机上的所有有用的数据。

2.5.5　组策略

组策略（Group Policy）是管理员为用户和计算机定义并控制程序、网络资源及操作系统行为的主要工具。通过使用组策略可以设置各种软件、计算机和用户策略。

组策略包含计算机配置和用户配置。

（1）计算机配置

任何用户登录计算机，管理员都可使用组策略中的“计算机配置”设置应用于计算机的策略。

计算机配置通常包括软件设置、Windows 设置和管理模板。

（2）用户配置

用户登录任一台计算机，管理员都可使用组策略中的“用户配置”设置适用于用户的策略。

用户配置通常包括软件设置、Windows 设置和管理模板。

无论是计算机配置还是用户配置，由于组策略可向它们添加或删除管理单元扩展组件，因此所显示的子项的确切数目可能有所不同。

单击“开始”菜单，单击“运行”项，在弹出的“运行”对话框中输入“gpedit.msc”，打开“本地组策略编辑器”窗口，如图 2.55 所示。

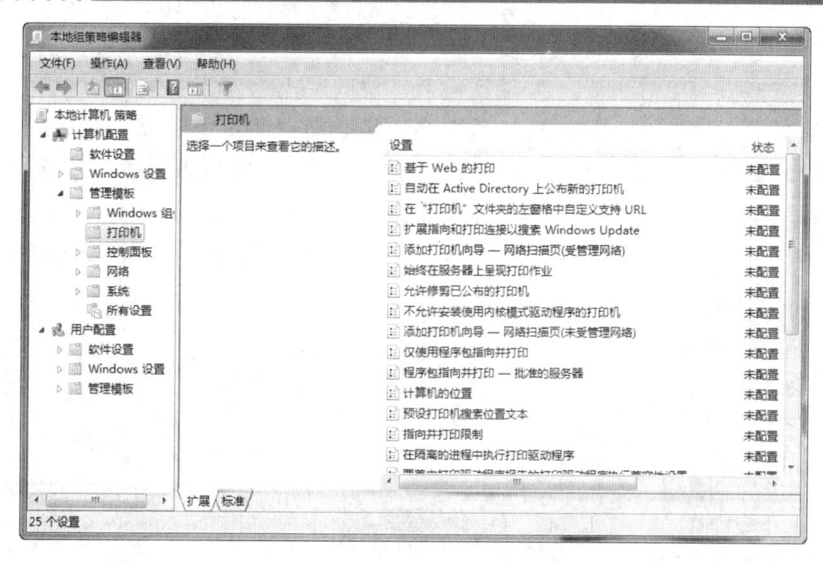

图 2.55　“本地组策略编辑器”窗口

2.5.6　字体管理

1. 字体安装与删除

Windows 7 不仅能提供变换的桌面和绚丽的主题，还支持字体安装功能。

（1）复制的方式安装字体

默认的字体文件夹在 C:\Windows\Fonts 中，从地址栏中输入即可进入。另外，用户还可以在“控制面板”菜单选项下的“字体”项中打开，就可以进入字体管理界面。将需要安装的字体直接拷贝到右侧的窗口，等待即可，如图 2.56 所示。安装完成后无需重启，用户即可调用新装字体。

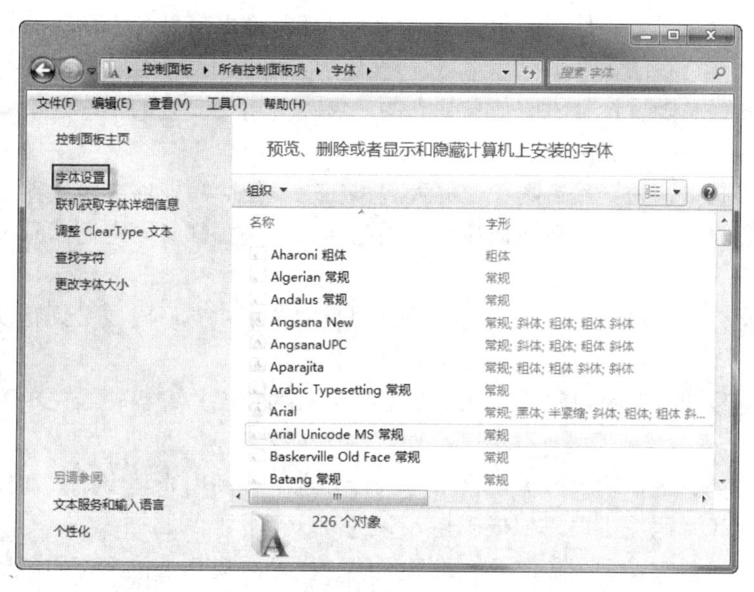

图 2.56　“字体”管理窗口

（2）用快捷方式安装字体的方法

用快捷方式安装字体的唯一好处就是节省空间，因为使用“复制的方式安装字体”是将字体全部拷贝到 C:\Windows\Fonts 文件夹当中，会使得系统盘变大，但是使用快捷方式安装字体就可以起到节省空间的效果。首先，在“字体”管理窗口点击“字体设置”，进入“字体设置”界面，勾选“允许使用快捷方式安装字体(高级)(A)”，然后找到你的字库文件夹，选择（可以选择某个字体或者多个字体）后，单击鼠标右键，选择“作为快捷方式安装(S)”即可，如图 2.57 所示。

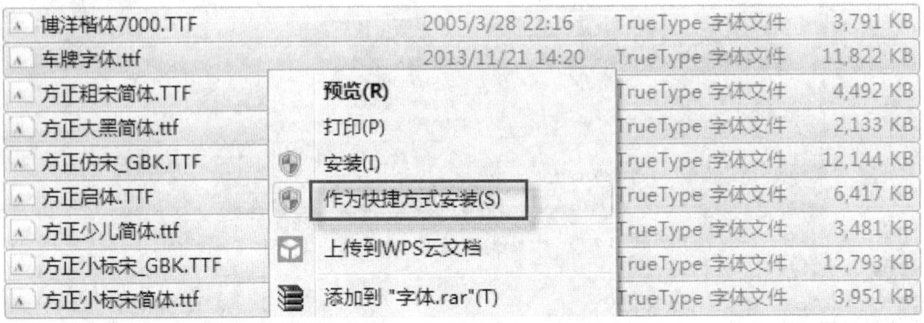

图 2.57　快捷方式安装字体

Windows 系统中带有很多的字体，有些字体几乎用不到，比如阿拉伯字体、日本字体等等，系统中过多的字体会影响系统的内存及速度，可以删除一些不常用的字体来提高系统的速度。直接在“字体”管理窗口选中字体，单击鼠标右键，选择删除即可。

2. 条形码

条形码（barcode）也称为条码，是将宽度不等的多个黑条和空白，按照一定的编码规则排列，用以表达一组信息的图形标识符。常见的条形码是由反射率相差很大的黑条（简称条）和白条（简称空）排成的平行线图案。条形码可以标出物品的生产国、制造厂家、商品名称、生产日期、图书分类号、邮件起止地点、类别、日期等许多信息，因而在商品流通、图书管理、邮政管理、银行系统等许多领域都得到广泛的应用。

条形码技术，是随着计算机与信息技术的发展和应用而诞生的，它是集编码、印刷、识别、数据采集和处理于一身的新型技术。

使用条形码扫描，是今后市场流通的大趋势。为了使商品能够在全世界自由、广泛地流通，企业无论是设计制作，申请注册还是使用商品条形码，都必须遵循商品条形码管理的有关规定。

条形码是迄今为止最经济、实用的一种自动识别技术。条形码技术具有以下几个方面的优点：

（1）输入速度快：与键盘输入相比，条形码输入的速度是键盘输入的 5 倍，并且能实现“即时数据输入”。

（2）可靠性高：键盘输入数据出错率为三百分之一，利用光学字符识别技术出错率为万分之一，而采用条形码技术误码率低于百万分之一。

（3）采集信息量大：利用传统的一维条形码一次可采集几十位字符的信息，二维条形码更可以携带数千个字符的信息，并有一定的自动纠错能力。

（4）灵活实用：条形码标识既可以作为一种识别手段单独使用，也可以和有关识别设备组成一个系统实现自动化识别，还可以和其他控制设备连接起来实现自动化管理。

另外，条形码标签易于制作，对设备和材料没有特殊要求，识别设备操作容易，不需要特殊培训，且设备也相对便宜、成本非常低。在零售业领域，因为条码是印刷在商品包装上的，所以其成本几乎为“零”。

条形码字体是一种表示数字或字母的特殊号码，如图 2.58 所示。条形码字体素材通常印在卡片、书籍封面或商品包装物上，用以表示各种证件号、书号或商品号，以便于计算机管理。将条形码字体直接安装在操作系统字体文件夹即可使用。

图 2.58　条形码

3. 二维码

二维条码/二维码（2-dimensional bar code）是用某种特定的几何图形按一定规律在平面（二维方向上）分布的黑白相间的图形记录数据符号信息的；在代码编制上巧妙地利用构成计算机内部逻辑基础的“0”、“1”比特流的概念，使用若干个与二进制相对应的几何形体来表示文字数值信息，通过图像输入设备或光电扫描设备自动识读以实现信息自动处理：它具有条码技术的一些共性：每种码制有其特定的字符集；每个字符占有一定的宽度；具有一定的校验功能等。同时还具有对不同行的信息自动识别功能、及处理图形旋转变化点。

二维码具体以下功能：

（1）信息获取（名片、地图、WIFI 密码、资料）。

（2）网站跳转（跳转到微博、手机网站、网站）。

（3）广告推送（用户扫码，直接浏览商家推送的视频、音频广告）。

（4）手机电商（用户扫码、手机直接购物下单）。

（5）防伪溯源（用户扫码、即可查看生产地；同时后台可以获取最终消费地）。

（6）优惠促销（用户扫码，下载电子优惠券，抽奖）。

（7）会员管理（用户手机上获取电子会员信息、VIP 服务）。

（8）手机支付（扫描商品二维码，通过银行或第三方支付提供的手机端通道完成支付）。

可以下载一款二维码制作软件，或通过百度直接搜索二维码制作网站在线制作二维码。将制作的二维码保存为图片，加入到用户需要使用的地方，如图 2.59 所示。

图 2.59　二维码

2.5.7　命令提示符

命令提示符是一项可以使用键盘输入命令来进行计算机控制，可以进行简单的人机交互技术。在一些比较专业的电脑技巧中，往往需要用到命令提示符，运行一些系统命令来实现一些无法在 Windows 系统中直接打开的操作。

打开命令提示符操作界面很简单，有多种方法，最简单就是使用快捷键打开 CMD 命令提升符，方法如下：

（1）使用【Win+R】组合键打开“运行”对话框，然后在“打开”后面输入 cmd，点击下方的“确定”即可打开 CMD 命令提示符操作界面，如图 2.60 所示。在工作区域内右击鼠标，会出现一个编辑快捷菜单，可以先选择对象，然后进行“复制”、“粘贴”、“查找”等编辑工作。

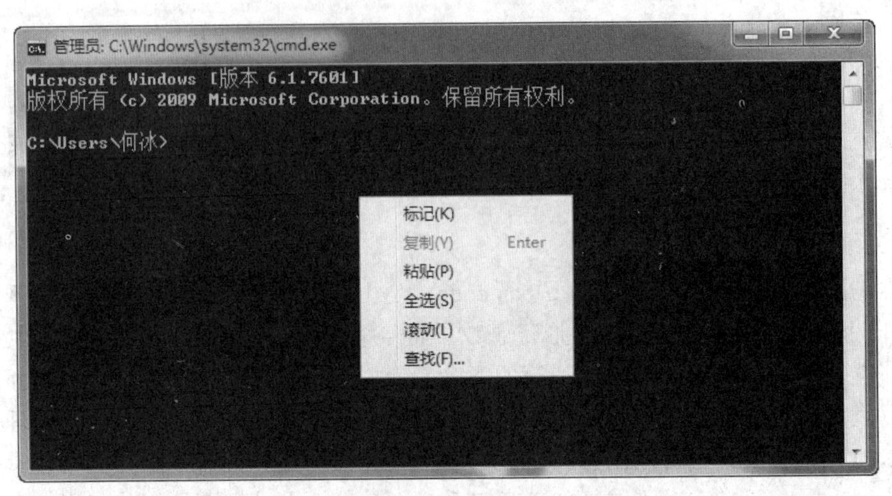

图 2.60　命令提示符

（2）另外还可以通过点击电脑【开始】菜单【所有程序】，在【附件】里面找到“命令提示符”进入命令提示符操作界面。

常用的命令提示符：

Ping 命令，格式为：Ping 网址或者服务器 IP 地址，如 ping www.ifeng.com -t 可以检测到该网站的 IP 地址，是否可以连接上等。

ipconfig /all 命令，通过该命令可以查看电脑网卡信息，包括：Mac 地址、DNS 地址、本地 IP 地址等。

自动关机命令：shutdown –s -t 3600（3600 是指 3600s 后自动关机，可以根据需要任意修改）

指定时间自动关机命令：at 23:00 shutdown -s（意思是在 23:00 点自动关机）

取消关机命令：shutdown –a

查看系统信息：systeminfo

清空 DNS 缓存命令：ipconfig /flushdns（刷新电脑 DNS 解析缓存，对于有些网站打不开的时候，可以通过刷新 DNS 解析缓存试试）

2.6　多媒体技术及常用工具软件

2.6.1　多媒体技术简介

随着计算机技术的发展，计算机多媒体技术已经深入我们的生活，并带来了无穷的乐趣。

1. 多媒体的概念

媒体（Media）是信息的表示和传输的载体。多媒体技术，是计算机交互式综合处理多媒体信息——文本、图形、声音、视频等，使多种信息建立逻辑连接，集成为一个具有交互性的系统。多媒体技术的实质就是将以各种形式存在的媒体信息数字化，用计算机对它们进行组织加工，并以友好的形式交互地提供给用户使用。

与传统媒体相比，多媒体具有数字化、集成性、交互性和实时性等特点。其中，集成性和交互性是多媒体的精髓所在。

2. 多媒体个人计算机

多媒体个人计算机（Multimedia Personal Computer，MPC）是一种可以对多媒体信息进行获取、编辑、存储、处理和输出的计算机系统。

配置一台多媒体计算机所需部件如下：

（1）一台高性能的微机。

（2）一些多媒体硬件，包括CD-ROM驱动器、声卡、视频卡、音箱（或耳机）是必需的，另外可以根据需要安装视频捕获卡、语音卡等插件，或安装数码相机、数字摄像机、扫描仪与触摸屏等采集与播放视频音频的专用外部设备。

（3）相应软件：支持多媒体的操作系统（如Windows XP/7/10等），多媒体开发工具和压缩/解压缩软件等。

3. 媒体的数字化

在计算机和通信领域，最基本的3种媒体是声音、图像和文本。

（1）声音的数字化

计算机系统通过输入设备输入声音信号，通过采样、量化而将其转换成数字信号，然后通过输出设备输出。

采样是指每隔一段时间对连续的模拟信号进行测量，每秒钟的采样次数即为采样频率。采样频率越高，则声音的还原性就越好。

量化是指将采样后得到的信号转换成相应的数值表示，转换后的数值以二进制的形式表示。量化位数一般为8位、16位。量化位数越大，采集到的样本精度越高，所需的存储空间也就越多。

采样和量化过程中使用的主要硬件是A/D转换器（模拟/数字转换器，实现模拟信号到数字信号的转换）和D/A转换器（数字/模拟转换器，实现数字信号到模拟信号的转换）。

存储声音信息的文件格式有多种，WAV、MIDI、CDA、MP3、WMA、MP4、SACD、QuickTime、VQF、DVD Audio等文件。

（2）图像的数字化

静态图像可以通过采样和量化得到，而动态图像是将静态图像以每秒N幅的速度播放，当$N \geqslant 25$时，显示在人眼中的就是连续的画面。表达或生产图像通常有2种方法：点位图法和矢量图法。点位图法就是将一幅图像分成很多小像素表示，矢量图法则是用一些指令来表示一幅图。

图像文件的格式包括：BMP、GIF、JPEG、PNG、PCX、TIF、TGA、EXIF、FPX、SVG、PSD、CDR、PCD、DXF、UFO、EPS、AI、HDRI、RAW等文件。

视频文件格式包括：RM、RMVB、MPEG、MPG、MOV、MTV、MKV、DAT、DMV、WMV、AVI、AMV、ASF、3GP、FLV 等文件。

4. **多媒体数据压缩**

由于多媒体信息数字化后数据量非常大，所以需要经过压缩才能满足实际的需求。

数据压缩分为有损压缩和无损压缩两种类型。有损压缩通过损失部分不重要的信息减少图像占用的空间，观看时不会产生太大的影响。有损压缩中，某些数据被有意地删除了，而被取消的数据也不再恢复。利用有损压缩技术可以大大地压缩文件的数据，但是会影响图像的质量。无损压缩是指压缩后的数据能够完全还原成压缩前的数据。无损压缩能够比较好地保存图像的质量，但压缩率比较低。

JPEG 标准为第一个针对静态图像的压缩标准，而 MPEG 标准规定了声音数据和电视图像数据的编码和解码过程、声音和数据之间的同步等问题。MPEG-1 和 MPEG-2 标准为数字电视标准；MPEG-4 是基于内容的压缩编码标准；MPEG-7 是“多媒体内容描述接口标准”；MPEG-21 是有关多媒体框架的协议。

2.6.2 360 安全卫士

1. **360 安全卫士简介**

360 安全卫士是由奇虎公司推出的完全免费的安全类上网辅助工具软件，它拥有查杀恶意软件、插件管理、病毒查杀、诊断及修复、保护等功能，同时还提供弹出插件免疫、清理使用痕迹、系统还原等辅助功能。并且提供对系统的全面诊断报告，方便用户及时定位问题所在，为每一位用户提供全方位系统安全保护。

2. **主要功能**

360 安全卫士独创了“木马防火墙”功能，依靠抢先侦测和云端鉴别，可全面、智能地拦截各类木马，保护用户的账号、隐私等重要信息。360 安全卫士运用云安全技术，在拦截和查杀木马的效果、速度以及专业性上表现出色，能有效防止个人数据和隐私被木马窃取，被誉为“防范木马的第一选择”。360 安全卫士自身非常轻巧，同时还具备开机加速、垃圾清理等多种系统优化功能，可大大加快电脑运行速度，内含的 360 软件管家还可帮助用户轻松下载、升级和强力卸载各种应用软件。

3. **主要特点**

（1）查杀速度快。云查杀引擎、智能加速技术，比杀毒软件快 10 倍。

（2）内存占用小。取消特征库升级，内存占用仅为同类软件的 1/5。

（3）查杀能力强。与 5 000 台服务器无缝连接，实时更新，通杀各种木马。

（4）查杀更精准。使用新的木马评估技术，更精确地识别和打击木马病毒。

（5）侦测未知木马。安全专家潜心研制的木马特征识别技术，大幅提升侦测未知木马的能力。

（6）威胁感知技术。特有的威胁感知技术，能有效解决木马绕开传统扫描引擎侵害系统的问题。

2.6.3　Easy Recovery 数据恢复

1. Easy Recovery 软件简介

Easy Recovery 是世界著名数据恢复公司 Ontrack 的技术杰作，是一个威力非常强大的硬盘数据恢复工具。能够恢复丢失的数据以及重建文件系统。Easy Recovery 不会向原始驱动器写入任何内容，它主要是在内存中重建文件分区表使数据能够安全地传输到其他驱动器中。从被病毒破坏或是已经格式化的硬盘中恢复数据。该软件可以恢复大于 8.4 GB 的硬盘。支持长文件名。被破坏的硬盘中如丢失的引导记录、BIOS 参数数据块，分区表，FAT 表，引导区都可以由它来进行恢复。使用新的数据恢复引擎，并且能够对 ZIP 文件以及微软的 Office 系列文档进行修复。

2. 主要功能

（1）修复主引导扇区（MBR）。

（2）修复 BIOS 参数块（BPB）。

（3）修复分区表。

（4）修复文件分配表（FAT）或主文件表（MFT）。

（5）修复根目录。

（6）当硬盘因受病毒影响、格式化或分区、误删除；由于断电或瞬间电流冲击造成的数据毁坏、由于程序的非正常操作或系统故障造成的数据毁坏时，Easy Recovery 均可修复。

2.6.4　易我数据恢复向导

1. 易我数据恢复向导软件简介

易我数据恢复向导是国内首款自主研发的数据恢复软件，是一款功能强大并且性价比非常高的数据恢复软件。此软件是为非毁灭性的数据恢复开发的一款软件，适合硬盘和其他存储设备。虽其本身结构复杂，但其操作非常简单。数据恢复向导将指引用户一步一步地完成数据恢复、智能化的分区分析和文件搜索、简单的功能设置。

2. 主要功能

（1）支持 FAT(12,16,32) /NTFS(3,4,5)/EXT(2,3)/exFAT/HFS+文件系统的数据恢复。

（2）支持 IDE/ATA、SATA、SCSI、USB、IEEE1394 种类的硬盘或闪盘、软盘、数码相机、数码摄像机和 USB 存储器。

（3）能够恢复回收站清空，直接使用【Shift+Del】删除的文件。

（4）能够恢复分区删除、分区丢失、分区格式化前的文件。

（5）能够恢复丢失的文件和文件夹并且能对长文件名文件进行恢复。

（6）能够查看恢复文件内容。

（7）能够改变恢复文件大小。

（8）支持大容量的硬盘。

（9）支持 WinXP, win7, WinAll。

（10）能够恢复上一次操作进度。

（11）能够恢复通过 NTSF 文件系统加密和加压的文件。

3. 功能简介

（1）高级恢复

该模式用来恢复硬盘文件系统损坏，误删除分区，硬盘误操作，硬盘遭病毒破坏丢失的数据。

（2）Raw 恢复

Raw 恢复工具使用一种文件搜索算法，允许搜索已被严重破坏的分区上的数据。该工具帮助恢复目录结构已遭到破坏的分区上的文件。Raw 恢复工具是从已破坏严重的分区上恢复数据的最好方法。

（3）删除恢复

该模式只对误删除文件操作有效，并可恢复被删除的文件。

（4）格式化恢复

该模式只能恢复被格式化后的硬盘或分区。另外一个常见的数据恢复情景是意外重新格式化分区。格式化恢复模式允许从一个被意外格式化或者重新分配的分区中恢复文件。

（5）扫描文件

如果选择了分区，接下来就是搜索文件。搜索时间的长短依赖于选择的模式和设置的选项。在"删除恢复"模式，可能花费几分钟，在"高级恢复"模式下可能花费 1～2 个小时。可以在任何时候取消搜索并且继续搜索。

（6）搜索结果

使用易我数据恢复向导，可以在已恢复的文件的目录树中清晰的查看每一个文件或文件夹下面所包含的文件等。

4. 注意事项

（1）数据恢复的第一条规则：绝对不能在要恢复数据的硬盘或分区上做任何操作，如添加文件，格式化分区等。确认有足够的内存运行《易我数据恢复向导》。请确认其他分区或者硬盘上有足够容量的可用空间，可用空间容量的大小，应该大于要恢复的丢失文件的总容量。

（2）确定一次性要恢复的数据内容大小，然后就准备足够多的可用空间。

（3）如果使用一台电脑作为主机。不要把《易我数据恢复向导》安装在要恢复数据的硬盘或分区上。

（4）《易我数据恢复向导》创建的临时文件是用来跟踪、记录你使用软件的整个过程的。在整个文件恢复过程中，《易我数据恢复向导》会在程序安装目录下创建临时文件，这些文件会占用一些硬盘空间，占用空间的大小取决于程序找到丢失数据的多少和分区的总数。

（5）如果只保存少量的文件，可以使用软盘或其他移动设备作为目标盘来存放这些数据。否则，需要使用本机或者网络上可用的存储设备。

建议：在安装《易我数据恢复向导》时请关闭其他的应用程序。

2.6.5 WinRAR 压缩包管理器

1. WinRAR 软件简介

WinRAR 是一个强大的压缩文件管理工具。它能备份用户的数据，减少用户的 E-mail 附件的大小，解压缩从 Internet 上下载的 RAR、ZIP 和其他格式的压缩文件，并能创建 RAR 和 ZIP 格式的压缩文件。

2. **主要功能**

WinRAR 压缩率更高。WinRAR 在 DOS 时代就一直具备这种优势，经过多次试验证明，WinRAR 的 RAR 格式一般要比其他的 ZIP 格式高出 10%～30%的压缩率，尤其是它还提供了可选择的、针对多媒体数据的压缩算法。

（1）对多媒体文件有独特的高压缩率算法

WinRAR 对 WAV、BMP 声音及图像文件可以用独特的多媒体压缩算法大大提高压缩率，虽然用户可以将 WAV、BMP 文件转为 MP3、JPG 等格式节省存储空间，但 WinRAR 的压缩是标准的无损压缩。

（2）能完善地支持 ZIP 格式并且可以解压多种格式的压缩包

虽然其他软件也能支持 ARJ、LHA 等格式，但却需要外挂对应软件的 DOS 版本，实在是功能有限。但 WinRAR 就不同了，不但能解压多数压缩格式，且不需外挂程序支持就可直接建立 ZIP 格式的压缩文件。

（3）对受损压缩文件的修复能力极强

在网上下载的 ZIP、RAR 类的文件往往因头部受损的问题导致不能打开，而用 WinRAR 调入后，只需单击界面中的“修复”按钮就可轻松修复，成功率极高，不妨一试。能建立多种方式的全中文界面的全功能（带密码）。

（4）多卷自解包

启动 WinRAR 进入主界面，选好压缩对象后，选文件选单下的“密码”，输入密码，确定后单击主界面中的“添加”按钮，将“常规”标签下的“创建自解压缩包”打勾，在分卷大小框内输入每卷大小；在“高级”标签下单击“自解压缩包选项”，选择图形模块方式，并可在“高级自解压缩包选项”中设置自解包运行时显示的标题、信息、默认路径等项目，确定后压缩开始。

（5）辅助功能设置细致

可以在压缩窗口的“备份”标签中设置压缩前删除目标盘文件，可在压缩前单击“估计”按钮对压缩先评估一下，可以为压缩包加注释，可以设置压缩包的防受损功能等等。细微之处也能看出 WinRAR 的体贴周到。

（6）锁定压缩包

双击进入压缩包后，单击命令选单下的“锁定压缩包”就可防止人为的添加、删除等操作，保持压缩包的原始状态。

2.6.6 Apabi Reader 阅读器

1. **Apabi Reader 软件简介**

Apabi Reader 全称“方正 Apabi Reader”，是一款国产的免费电子文档阅读软件，它集电子书阅读、下载、收藏等功能于一身，既可看书又可听书，还兼备 RSS 阅读器和本地文件夹监控功能。它具有功能完善，界面友好，操作简单等特点，可用于阅读 CEBX、CEB、PDF、HTM、HTML、TXT 格式的电子图书及文件。

2. 主要功能

（1）拷　贝

支持问题拷贝、图像拷贝、带格式拷贝和二维表格拷贝。

（2）查找/搜索

能自动跳转到查找结果并反显关键字。可设定搜索位置，匹配方式灵活选择。

（3）页面放缩

除了多款贴心设置的缩放方式能使页面显示一步到位外，还提供动态缩放工具，让页面缩放的操控更加随心所欲。

（4）保留阅读状态

关闭 Apabi Reader 时自动保存包括页码、缩放比例、页面布局等阅读状态，以便再次打开的时候采用完全相同的阅读状态，很好地保持了阅读的连续性。

（5）重排显示

支持带逻辑结构信息的 CEBX 重排显示。

（6）注释功能

支持插入箭头、直线、矩形、椭圆、多边形、自由划线、批注、下划线、删除线、加亮等注释。

（7）书签功能

支持阅读 TXT 文档时加入书签。

（8）成 RSS 阅读

Apabi Reader 中集成了 RSS 阅读器的功能，可以直接访问一些读书社区的消息，并可以添加用户感兴趣的 RSS 频道，在阅读电子文档的过程中，可以迅速地了解相关资讯。

2.6.7 光影魔术手图像处理

1. 光影魔术手软件简介

“光影魔术手”是一个对数码照片画质进行改善及效果处理的软件。光影魔术手能够满足绝大部分照片后期处理的需要，批量处理功能非常强大。

2. 主要功能

（1）拥有强大的调图参数

拥有自动曝光、数码补光、白平衡、亮度对比度、饱和度、色阶、曲线、色彩平衡等一系列非常丰富的调图参数。最新开发的版本，对 UI 界面进行全新设计，拥有更好的视觉享受，且操作更流畅，更简单易上手。无需 PS 处理，用户也能调出完美的光影色彩。

（2）丰富的数码暗房特效

光影魔术手拥有多种丰富的数码暗房特效，如 Lomo 风格、背景虚化、局部上色、褪色旧相、黑白效果、冷调泛黄等，让用户轻松制作出彩的照片风格，特别是反转片效果，光影魔术手最重要的功能之一，可得到专业的胶片效果。

（3）海量精美边框素材

可给照片加上各种精美的边框，轻松制作个性化相册。除了软件精选自带的边框，更可在线即刻下载论坛光影迷们自己制作的优秀边框。

（4）随心所欲的拼图

光影魔术手拥有自由拼图、模板拼图和图片拼接三大模块，为用户提供多种拼图模板和照片边框选择。独立的拼图大窗口，将各种美好瞬间集合，与家人和朋友分享。

（5）便捷的文字和水印功能

文字水印可随意拖动操作。横排、竖排、发光、描边、阴影、背景等各种效果，让文字加在图像上更加出彩，更可保存为文字模板以便下次使用。多种混合模式让水印更加完美。

（6）图片批量处理功能

充分利用 CPU 的多核，快速批量处理海量图片。用户可以批量调整尺寸、加文字、水印、边框等以及各种特效。用户还可以将一张图片上的历史操作保存为模板后一键应用到所有图片上，功能强大。

练习题

一、判断题

1. Windows 7 旗舰版支持的功能最多、家庭普通版支持的功能最少。(　　)
2. 正版 Windows 7 操作系统不需要激活即可使用。(　　)
3. 在 Windows 7 中，按【Shift+Space】组合键，可以进行全角/半角的转换。(　　)
4. 在 Windows 7 中默认库被删除后可以通过恢复默认库进行恢复。(　　)
5. 正版 Windows 7 操作系统不需要安装安全防护软件。(　　)
6. 在 Windows 7 中，单击对话框中的【确定】按钮与按【Enter】键的作用是一样的。(　　)
7. 安全防护软件有助于保护计算机不受病毒侵害。(　　)
8. 在 Windows 7 中，快捷方式就是一个指向其他对象的可视指针。(　　)
9. 要开启 Windows 7 的 Aero 效果，必须使用 Aero 主题。(　　)
10. 任何一台计算机都可以安装 Windows 7 操作系统。(　　)

二、单项选择题

1. 下列哪一个操作系统不是微软公司开发的操作系统？（　　）

   A. Windows server2003　　B. Windows 7　　C. Linux　　D. MS-Dos

2. 在 Windows 7 操作系统中，将打开窗口拖动到屏幕顶端，窗口会（　　）。

   A. 关闭　　B. 消失　　C. 最大化　　D. 最小化

3. 在 Windows 7 操作系统中，显示桌面的快捷键是（　　）。

   A. Win+D　　B. Win+P　　C. Win+Tab　　D. Alt+Tab

4. 在 Windows 7 操作系统中，打开外接显示设置窗口的快捷键是（　　）。

   A. Win+D　　B. Win+P　　C. Win+Tab　　D. Alt+Tab

5. 在 Windows 7 操作系统中，显示 3D 桌面效果的快捷键是（　　）。

   A. Win+D　　B. Win+P　　C. Win+Tab　　D. Alt+Tab

6. 安装 Windows 7 操作系统时，系统磁盘分区必须为（　　）格式才能安装。

   A. FAT　　B. FAT16　　C. FAT32　　D. NTFS

7. 文件的类型可以根据（ ）来识别。

A. 文件的大小　　B. 文件的用途

C. 文件的扩展名　　D. 文件的存放位置

8. 在下列软件中，属于计算机操作系统的是（ ）。

A. Windows 7　　B. Microsoft Office 2010

C. 腾讯 QQ　　D. 360 安全卫士

9. 为了保证 Windows 7 安装后能正常使用，采用的安装方法是（ ）。

A. 升级安装　　B. 卸载安装

C. 覆盖安装　　D. 全新安装

10. 列出以 AB 开头的所有文件的命令是（ ）。

A. AB.　　B. AB*.?　　C. AB?.*　　D. AB*.*

11. 在 Windows 操作系统中，文件管理主要是（ ）。

A. 实现文件的显示和打印　　B. 实现文件压缩

C. 实现对文件按名存取　　D. 实现对文件按内容存取

12. 在“资源管理器”窗口右部，若已选择了所有文件，如果要取消对其中几个文件的选择，应进行的操作是（ ）。

A. 按住【Ctrl】键，再用鼠标左键依次单击各个要取消选择的文件

B. 按住【Shift】键，再用鼠标左键依次单击各个要取消选择的文件

C. 用鼠标右键依次单击各个要取消选择的文件

D. 用鼠标左键依次单击各个要取消选择的文件

13. 通配符“?”代替（ ）个字符。

A. 2　　B. 3　　C. 1　　D. 任意

14. 在退出 Windows 中的提问确认中，若回答“取消”，则（ ）。

A. 不做任何的响应　　B. 退出 Windows

C. 不退出 Windows，返回之前的界面　　D. 再提问

15. 下面各种程序中，不属于“附件”的是（ ）。

A. 记事本　　B. 字体

C. Windows 资源管理器　　D. 命令提示符

三、多项选择题

1. 在 Windows 7 中个性化设置包括（ ）。

A. 主题　　B. 桌面背景　　C. 窗口颜色　　D. 声音

2. 在 Windows 7 中可以完成窗口切换的方法是（ ）。

A. Alt+Tab　　B. Win+Tab

C. 单击要切换窗口的任何可见部位　　D. 单击任务栏上要切换的应用程序按钮

3. 下列属于 Windows 7 控制面板中需设置项目的是（ ）。

A. Windows Update　　B. 备份和还原

C. 恢复　　D. 网络和共享中心

4. 在 Windows 7 中，窗口最大化的方法是（ ）。

A. 按最大化按钮　　B. 按还原按钮

C. 双击标题栏　　D. 拖拽窗口到屏幕顶端

5. 使用 Windows 7 的备份功能所创建的系统镜像可以保存在（　　）上。

A. 内存　　B. 硬盘　　C. 光盘　　D. 网络

6. 在 Windows 7 操作系统中，属于默认库的有（　　）。

A. 文档　　B. 音乐　　C. 图片　　D. 视频

7. 以下网络位置中，可以在 Windows 7 里进行设置的是（　　）。

A. 家庭网络　　B. 小区网络　　C. 工作网络　　D. 公共网络

8. Windows 7 的特点是（　　）。

A. 更易用　　B. 更快速　　C. 更简单　　D. 更安全

9. 当 Windows 系统崩溃后，可以通过（　　）来恢复。

A. 更新驱动　　B. 使用之前创建的系统镜像

C. 使用安装光盘重新安装　　D. 卸载程序

10. 在 Windows 系统中，定位唯一文件的完整路径书写方法中，包括（　　）

A. 资源管理器　　B. 盘符　　C. 路径　　D. 文件名

四、填空题

1. 在安装 Windows 7 的最低配置中，内存的基本要求是____GB 及以上可用空间。

2. Windows 7 有 4 个默认库，分别是视频、图片、____和音乐。

3. Windows 7 是由____公司开发，具有革命性变化的操作系统。

4. 在安装 Windows 7 的最低配置中，硬盘的基本要求是____ GB 以上可用空间。

5. 在 Windows 操作系统中，【Ctrl+X】是____命令的快捷键，【Ctrl+V】是____命令的快捷键。

6. Windows 窗口中最上面一栏称为____。

7. 在 Windows 中，被逻辑删除的文件或文件夹存放在____中。

8. 在 Windows 中，要想将当前窗口的内容存入剪贴板中可以按键盘【____ +Print Screen】组合键。

9. 通常用屏幕水平方向上显示的点数乘以垂直方向上的点数来表示显示器的清晰程序，该指标称为____。

10. 按功能划分软件可分为____软件和____软件两种。

五、操作题

1. 在“个性化”面板中对桌面的背景、风格、颜色等方面进行修改，打造一个属于自己风格的外观界面。

2. 通过“任务栏”和“开始菜单”的属性设置，改造“任务栏”和“开始菜单”的显示样式。

3. 创建一个新的用户，并且用这个用户登录系统。

4. 在记事本中输入一段自拟的文字，以文件名 test1.txt 保存到文件夹 D:\student 中，通过“Windows 资源管理器”窗口，快速找到“test1.txt”文件，并在“预览窗口”显示文件内容。

5. 利用“家长控制”功能，设定一个账户的登录时间，在禁止的时间尝试用此账户登录系统。

第 2 章　参考答案

第 3 章　计算机网络

本章要点

✧掌握计算机网络的基本概念及其分类。
✧掌握计算机网络体系结构。
✧掌握 Internet 的基础知识及应用。
✧了解网络安全与道德。
✧了解 Windows7 操作系统的环境设置。

3.1　计算机网络基础

3.1.1　走进计算机网络

我们已经进入一个以计算机网络为核心的信息时代，这个时代改变着我们固有的生活、工作方式，这无疑将是人类历史上最伟大的变革之一。

计算机网络，是指在网络操作系统、网络管理软件及网络通信协议的管理和协调下，通过通信线路和设备，将地理位置不同的、具有独立功能的多个计算机系统及其设备相互连接起来，以实现信息的传递和资源共享。

3.1.2　计算机网络的组成及分类

一个计算机网络的组成包括传输介质和通信设备。传输介质是指网络中传输信息的载体，通常传输介质可划分为有线传输介质和无线传输介质两大类。有线传输介质包括光纤、双绞线、同轴电缆等，而无线传输介质指的是自由空间中不同频率的电磁波，常见的有微波、红外线、激光等。在不同的传输介质作为载体的情况下，由于不同的传输介质特性各不相同，将导致网络通信质量和传输速度存在较大的差异。

计算机网络的分类方法有很多。下面按照不同的划分方式来简单介绍。

1. 按照网络覆盖的地理范围

（1）局域网（Local Area Network，LAN），局域网是指一种在小范围内实现的计算机网络，作用范围在一般在几十米到十几千米范围之内。局域网广泛运用在校园、楼群建筑物、机关单位内部，用于实现计算机之间信息传递和资源共享。现今局域网中最通用的通信协议标准是以太网（Ethernet），其具有高传输速率、低延迟、低误码率等特点。

（2）城域网（Metropolitan Area Network，MAN），城域网通常也使用以太网技术，因此可以被看作一种规模比较大的局域网。它的覆盖范围能够达到几十千米，以便在一个城市范围内为政府机构、学校、企业等提供高速、高质量的网络服务。

（3）广域网（Wide Area Network，WAN），广域网的作用范围很广，覆盖的地理范围可以达到几千公里甚至更多，它能够连接多个城市或国家，甚至横跨大洋进行远距离通信，因此也被称为远程网。广域网的技术和结构相当复杂，它由许许多多的通信子网组成，这些通信子网的规模、拓扑、组网方式各不相同，它们通过利用公用分组交换网、卫星通信网和无线分组交换网等方式，实现分布在不同地区的局域网或计算机系统互连起来，从而达到信息传递与资源共享的目的。

2. 按面向服务群体分类

（1）公用网（Public Network），是指电信运营商出资建设的大型网络，任何愿意按照运营商的规定，缴纳服务费用的用户均可以使用此网络。

（2）专用网（Private Network），是某个部门针对本单位工作的特殊需要而建设的网络，这种网络不针对本单位以外的人提供服务，如金融行业、军队、电力等系统均建有本系统的专用网。

3. 按照网络拓扑结构分类

（1）环形网络，它是一种在局域网中使用较多的网络。环形网络通过使用一个连续的环将每台设备连接在一起。它可以保证网络中某台设备发送的信号可以被环上其他所有设备接收到。在简单的环形网中，环上任何位置的损坏都将导致网络出现故障，阻碍整个网络通信。这种网络拓扑如图 3.1 所示。

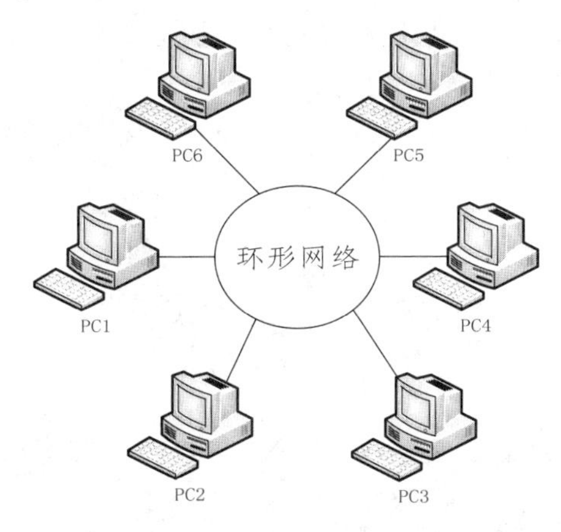

图 3.1 环形网络拓扑

（2）总线型网络，指的是采用单根传输线作为总线，所有设备都共用一条总线。其结构简单、线缆长度短，易于布线，便于扩充。但是总线任意位置发生故障，亦将导致网络瘫痪，且难以对故障进行诊断。总线型网络拓扑如图 3.2 所示。

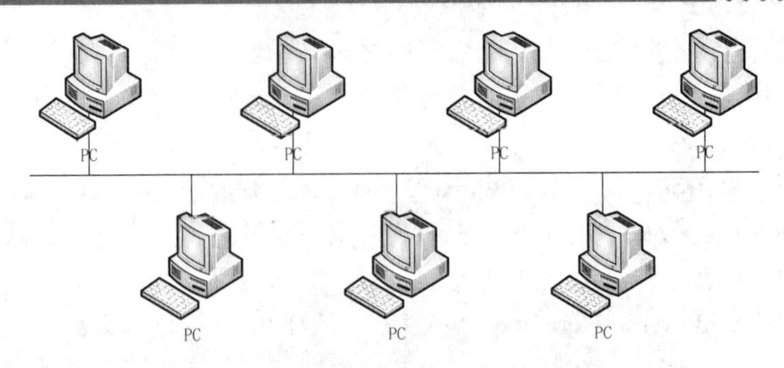

图 3.2　总线型网络拓扑

（3）星型网络，指通过中心设备实现终端设备点到点连接。星型网络可以在不影响系统其他设备工作的情况下实现设备的增加与减少。星型网络控制简单、便于维护及故障诊断，但是对中心设备要求极大，一旦中心设备出现故障，整个系统便陷于瘫痪。星型网络拓扑如图 3.3 所示。

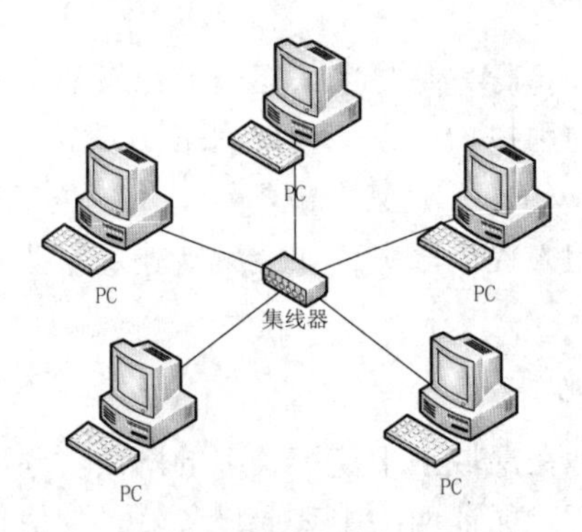

图 3.3　星型网络拓扑

（4）网状型网络，这种拓扑结构主要指各节点通过传输线互联连接起来，并且每一个节点至少与其他两个节点相连。网状型网络具有极高的可靠性，网络中两个节点之间，存在着至少两条以上的通信路径，即使当某一条路径发生故障时，不至于阻碍通信。网状型网络可以选择最佳的传输路径，从而减小时延，但是其控制复杂、不宜扩展及维护。网状型网络拓扑如图 3.4 所示。

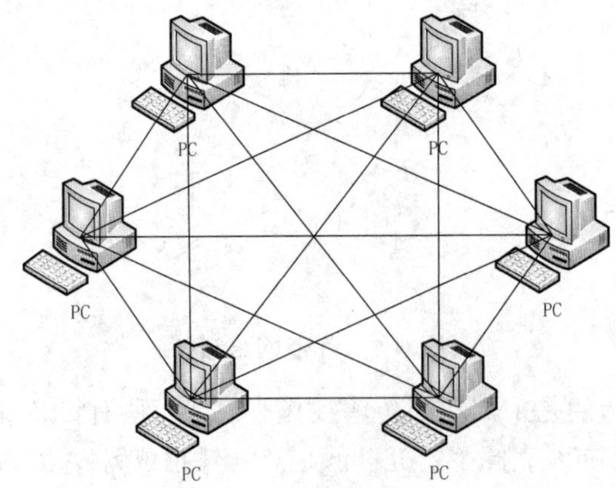

图 3.4　网状型网络拓扑

（5）混合型网络，每一种网络拓扑都有各自优势与劣势。在实际运用中，通常会考虑到不同网络拓扑的优劣，组建混合型的网络以便发挥各种网络拓扑结构的优点、克服局限性，达到网络的最优设计。图3.5就是一种混合型网络拓扑。

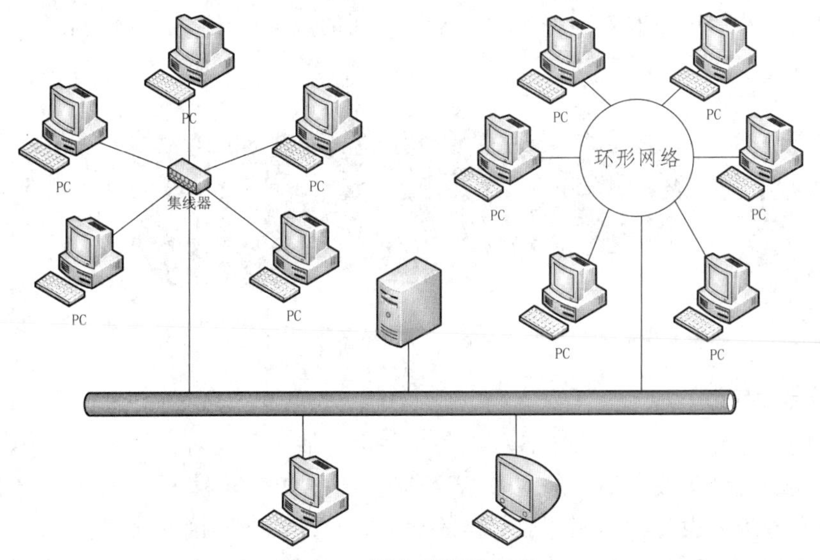

图3.5 混合型网络拓扑

3.1.3 常见的计算机网络设备

网络设备是连接计算机网络的物理实体，它的种类繁多、型号各异。

1. 网络适配器（Network Adapter）

网络适配器又被称为网络接口卡（Network Interface Card），简称网卡，是计算机局域网中最重要的连接设备。它既负责处理以太网帧的封装与解析，又负责实现曼彻斯特编码与译码。通俗地讲，网卡负责将计算机中的数据转换成适宜在网络中传输的格式，同时将网络中的数据，解析成计算机能够识别的格式。

（a）PCI-E 网卡　　（b）USB 无线网卡　　（c）无线 PCI 网卡

图3.6 网络适配器

2. 中继器（Repeater）

中继器是较为简单的一类网络设备，由于传输介质特性所致，信号在传输过程中，会随着传输距离的增大而衰减、歧化，因此中继器的作用就是起到信号的再生与放大。

3. 网桥（Bridge）

网桥也称桥接器，是用于连接两个局域网的一种存储/转发设备，它可以将一个大的局域网分成多个网段，也可以将多个局域网互联成一个逻辑上的局域网，这样就实现了局域网的扩充，而且被网桥连接的两个局域网，可以采取不同的传输介质，从而扩展了网络的灵活性。同时，网桥能够解析其收发的内容，并根据数据包的目的地址来判断该数据包是否应该转发到另一个网段，从而可以有效地控制两个网段之间的数据通信量，降低网络的负荷。图 3.7 所示为一款常见的网桥设备。

图 3.7　网桥

4. **集线器**（Hub）

集线器用来连接同一个网络中各种设备，并用广播的方式对各个节点传输数据。它通常适用于规模较小且设备较为集中的网络。集线器也具有中继器的对信号进行再生放大的功能，集线器不具有寻址能力，故不能完成交换的功能。集线器下连接的设备处于同一个冲突域，容易形成数据拥塞，而由于集线器功能上的局限，在实际组网中的运用已经越来越少。图 3.8 所示为一款常见的集线器。

图 3.8　一款常见集线器

5. **交换机**（Switch）

交换机也叫做交换式集线器，它兼顾集线器与网桥的功能，因此也可以被看作一个多端口网桥。交换机提供一定数量的端口来连接网络设备，将同一个网段的设备集中在一起，并进行无冲突的数据传输。交换机维护着一张交换表，其中记录着设备的物理地址（MAC 地址）和逻辑地址（IP 地址）的对应关系，从而实现数据包的转发。交换机具有稳定、易扩展，方便设备与网络连接的特性，是网络中最常见的设备之一。图 3.9 所示为几款常见的交换机设备。

（a）H3C 24 口千兆交换机

（b）TP-LINK 5 口百兆交换机

图 3.9　几款常见交换机

6. **路由器**（Router）

路由器工作在网络层，主要功能是实现网络的互联。路由器可以用来连接不同类型的网络，并根据网络结构、状态情况自动选择转发策略，这称之为路由选择。路由器的处理速度是网络通信的主要瓶颈之一，它的可靠性直接影响着网络互联的质量。一个大型的网络往往由很多通信子网组成，这些通信子网通过路由器连接，形成一个庞大的网络。路由器连接的网络，可以采用不同的通信协议，这就极大地扩展了网络连接范围，使路由器成为现今计算机网络中最重要的互联设备。通常，路由器可以按照适用范围划分为企业路由器和家用路由器，企业路由器如图 3.10 所示，主要实现网络之间的互联。

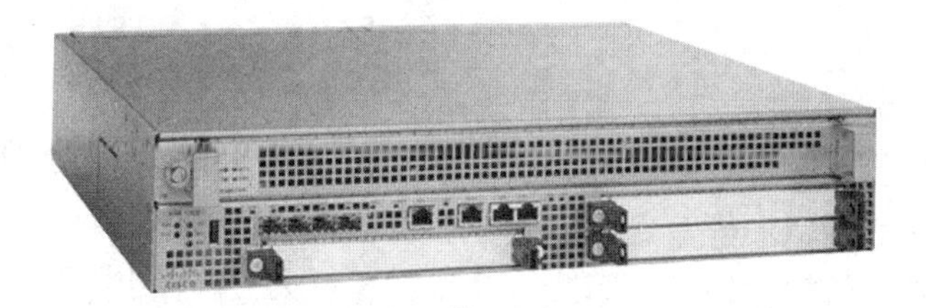

图 3.10　思科企业万兆路由器

而家用路由器的作用主要是实现网络的共享，并通过 WEB 界面设置上网策略，管理接入路由器的设备。目前家用路由器大多带有无线功能，如图 3.11 所示。

图 3.11　TP-LINK 无线路由器

3.1.4　计算机网络性能指标

通常，我们使用一些性能指标来度量一个计算机网络，下面从不同方面来介绍几个常用的性能指标。

1. **速　率**

计算机中的信号都是数字信号，比特（bit）是计算机中数据量的单位，也是信息论中使用的信息量的单位。Bit 来源于 binary digit，意思是一个二进制数字，因此一个比特就是二进制中的一个 1 或 0。计算机网络中速率是指连接在网络中的设备能在数字信道中传送数据的速率。速率的单位是比特每秒，记作 bit/s，有时候又记作 bps，意为 bit per second。

2. 带宽（Bandwidth）

带宽本来指的信道中某信号所包含的各种不同频率成分所占据的频率范围，例如电话线上语音主要成分的频率介于 300 Hz 到 3.4 kHz，我们则称电话信号的带宽为 3.1 kHz。通信原理中，香农定理给出了信道中信息极限传送速率和信道带宽、信噪比之间的关系。由于在同一信道中极限传输速率与信道带宽成正相关，因此带宽在计算机网络中用来表示通信线路理论上所传送数据的最大能力，本书中提到的带宽的概念为后者。这种意义的带宽，其单位是“比特/每秒”，记作 bit/s，为了使用方便，通常在单位前加上千（K）、兆（M）、吉（G）、太（T）这样的倍数，也可简写为 Kbps\Mbps\Gbps\Tbps。换算关系为 1Tbps = 10^3 Gbps = 10^6 Mbps = 10^9 Kbps。

3. 吞吐量（throughput）

吞吐量是指对网络、设备、端口或信道，单位时间内成功地传送数据的数量。网络的吞吐量大小主要由网络的带宽、传输速率决定，而设备的带宽不仅取决于内外网口硬件，还由程序算法的效率决定，低效率的程序算法将会使吞吐量大大降低。所以在实际情况中，吞吐量往往会小于额定带宽。

4. 时延（Delay）

时延是指一个报文或分组从一个网络的一端传送到另一端所需要的时间。时延是一个很重要的性能指标，也被称为延迟。网络中的时延包括了发送时延，传播时延，处理时延，排队时延。

发送时延，是指主机或路由器发送数据所需要的时间，即从数据第一个比特发出，到数据最后一个比特发出所需要的时间。发送时延=数据长度（bit）/信道带宽（b/s）。传播时延，是指信号在信道中传输所花费的时间，传播时延=信道长度（m）/传播速率（m/s）。处理时延是指主机或路由器需要在收到数据时，需要进行初步分析以便进行差错校验、路由选择等。排队时延是指数据在经过网络传输时，需要经过许多的路由器。这些数据在路由器中要按照先后顺序进行排队等待处理，路由器的性能越强，排队时延则越短。在讨论网络总时延时，通常考虑以上 4 种时延之和。

3.2 计算机网络体系结构

3.2.1 概 述

计算机网络是一个非常复杂的系统，连入网络的计算机之间要相互通信，不仅仅需要一条传输数据的通路，还要确保传输的数据能在这条通路上可靠的发送、传输，同时被正确的目标接收。因此，相互通信的两个计算机系统必须进行相当复杂的协调才能确保网络正常交付能力以及满足网络应用的需要。面对复杂的协调要求，计算机网络从设计之初就提出了分层的思想，将复杂而庞大的问题转化为若干较小的局部问题，以便于研究和处理。

1. 网络协议

由于两台计算机之间要进行数据通信，它们必须采用相同的信息交换规则。因此，我们把在计算机网络中用于规定信息的格式以及如何发送、接受信息的一套规则称为网络协议(Network Protocol)，简称协议。网络协议包括以下 3 个要素：

（1）语法，即数据与控制信息的结构或格式；

（2）语义，即需要发出何种控制信息，完成何种动作及做出何种响应；

（3）同步，即事件实现顺序的详细说明。

可见，网络协议是计算机网络不可缺少的组成部分，它通常有两种不同的形式，一种是便于人们进行阅读和理解的文字描述，另一种是让计算机等网络设备可以理解的程序代码。

2. 协议分层

由于数据传输过程中涉及的管理和控制问题非常的复杂和繁重，使用一个协议来实现所有功能的管理和控制明显是不现实的。因此，在设计网络体系结构的时候，设计者采用分层设计的原则，按照整个信息流动的过程，将网络的整体功能逻辑分解为一个独立的功能层，针对不同的功能层及发生在该功能层上的通信行为，制定该层的网络协议，继而系统地形成一个协议族。在协议分层设计的设计思路中，上层为下层提供接口，下层为上层提供服务。

为了便于理解分层的概念，下面以邮政系统为例进行分析说明。在平常写信中，对信件内容都会有基本的格式要求，例如采用双方都能读懂的语言、笔迹，开头写上对方称谓，中间正文主体，最后附上落款等等。这样，对方收到信件以后，才能知道是谁写的，什么时候写的，内容是什么。写好的信件，需按照邮政局的规则填写收信人姓名、地址、邮编，并贴上相应金额的邮票，才能交付寄信人所属地邮政局。邮政局从邮筒中收集到各种信件，将会按照信件的种类、目的地进行分拣，再交由专门负责运输的业务部门，选择依靠何种交通工具进行运输，如加急信件采用交付航空公司，平邮信件交由铁路运输部门。邮政局与运输部门也有相应的约定，例如时间、包裹形式等。信件运送到收信人所在地后，按照相反的过程，将信件送达到收信人手中。整个流程如图 3.12 所示。

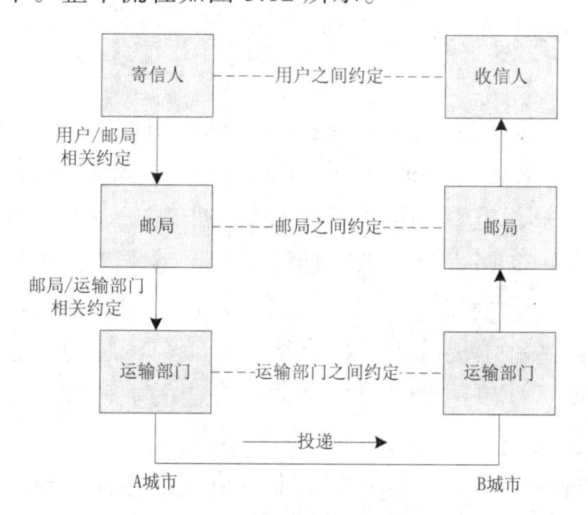

图 3.12　邮政系统服务分层模型

在以上整个信件传递的过程中，按照分层设计的思想，可以理解为三个子系统。用户子系统负责约束寄信人与收信人之间的规则，邮局子系统负责投递信件，运输部门则负责信件的运输。在这个系统中，各系统（层）的业务衔接紧密却又相互独立。用户只需要写上收信人和地址并贴上邮票，并不需要关心以后的流程；而邮政局接收到用户投递的信件，它并不需要知道用户在信件内容里到底写了什么；对于运输部门，同样也不需要了解信件贴了多少邮票，有没有盖邮戳，它只负责运送到目的地，剩下的信件投递工作交由收信人所在地邮政局来完成。

这个例子很好地诠释了协议分层的诸多好处，如：

（1）各层之间是相互独立的。某一层并不需要知道它的下层是如何实现的，仅仅需要知道该层通过层间的接口提供服务。由于每一层只实现一种相对独立的功能，因此可以将一个难以处理的复杂问题分解为许多便于处理的小问题，从而降低整个问题的复杂程度。

（2）灵活性好。当任意一层发生变化时（例如更新技术、更改协议），只要层间接口关系保持不变，这层以上或以下的功能都不受影响。

（3）结构上可以分割开。由于各层逻辑上分开，因此各层都可以采用最合适的技术来实现。

（4）易于维护和实现。这种结构把整个系统划分为了若干个相互独立的子系统，便于编码实现的同时减少维护压力。

（5）促进标准化建设。每一层对其功能及提供的服务均做了精确的说明。

3. 标准化建设

早在美国军方开发 ARPANET 网时期，针对网络的体系结构研究就已经开始了。随后，IBM 等大型公司纷纷推出了自己公司的网络体系结构。各大公司纷纷推出各自不同的计算机网络体系，无疑是为了垄断市场，增大自己网络设备的出货量，但随着全球经济的发展，使得不同网络之间互联成为了一种不可避免的趋势。而不同计算机网络体系，在设计、原理上的差异极大的增加网络互联之间的困难性、复杂性。因此，提出一种在全世界范围内通用的计算机网络体系结构，就显得极其的必要。

3.2.2 五层协议体系结构

为了解决不兼容网络之间的互联问题，国际化标准组织（ISO）提出了著名的“开放系统互联基本参考模型”OSI/RM（Open System Interconnection Reference model），简称 OSI 模型。该模型定义了不同计算机互联的标准，是设计和描述计算机网络通信的基本框架。OSI 模型把网络通信的工作分为 7 层，分别是物理层、数据链路层、网络层、传输层、会话层、表示层和应用层，如图 3.13 所示。OSI 参考模型中，每层都有各自负责的功能，且各层息息相关，下层为上层提供服务，上层为下层提供接口，综合各层的功能，就是计算机网络所能够完成的功能的精准定义。OSI 七层参考模型是标准化的一种指导思想，其理论完善，但由于它的复杂性导致实用性较差。

OSI 参考模型虽然理论完善，但由于技术上不成熟，导致实现困难，但是它抽象表述能力高，适合于描述各种网络。而目前全球计算机骨干网 Internet 网络的体系结构采用则是 TCP/IP 参考模型。TCP/IP 的参考模型将协议分成四个层次，它们至顶而下分别是：应用层(Application Layer)、运输层(Transport Layer)、网际层（Network Layer）、数据链路层(Data Link layer)和网络接口层（Internet Interface Layer），如图 3.14 所示。

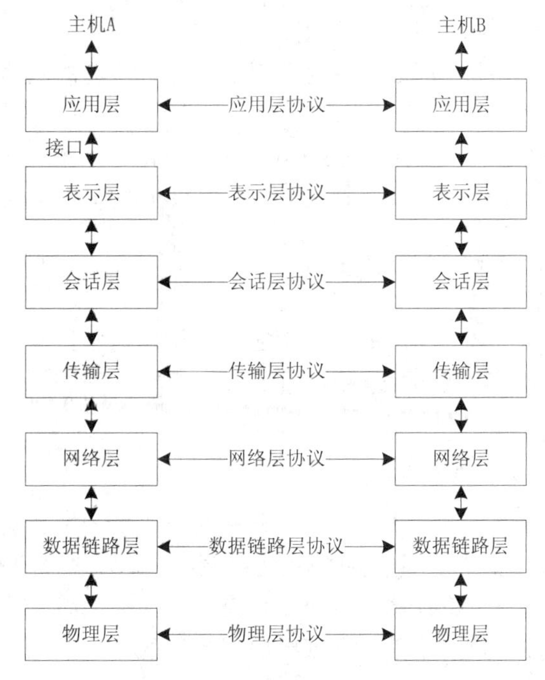

图 3.13　OIS 参考模型

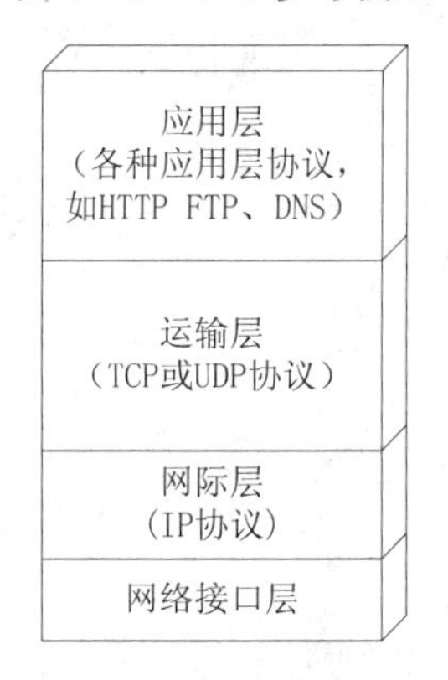

图 3.14　TCP/IP 参考模型图

TCP/IP 参考模型是网络实际运用中的体系结构，但是由于 TCP/IP 参考模型中网络接口层是一个抽象的概念，其中并没有具体实际的内容。因此在学习计算机网络原理时，往往综合参考 OSI 参考模型和 TCP/IP 参考模型各自的特点，采用一种只有五层协议的体系结构（见图 3.15），这样即简洁又能清晰地将概念阐述清楚。

图 3.15　五层协议体系结构

在五层协议体系结构中，自顶而下各层功能简介如下：

1. 应用层（Application Layer）

应用层是五层协议体系中的最高层，直接为用户正在运行的程序提供服务。在日常生活中所用到的文件传输协议 FTP、超文本传输协议

HTTP 等都是工作在应用层。应用层产生的最基本的数据（Data）。

2. 传输层（Transport Layer）

传输层负责向两个主机中进程之间的通信提供服务，传输的基本单位是段（Segment）。传输层主要使用以下 2 种协议：

（1）传输控制协议 TCP（Transmission Control Protocol），面向连接，提供可靠的交付。

（2）用户数据报协议 UDP（User Datagram Protocol），提供最大努力的交付，但不保证交付的可靠性。

3. 网络层（Network Layer）

网络层负责为网络与网络之间解决通信问题。在发送数据时，网络层负责将运输层产生的报文封装成分组。网络层主要实现路由选择、流量控制、拥塞控制等功能。网络层传输的基本单位是分组（package），也称为数据报。

4. 数据链路层（Date Link Layer）

数据链路层简称链路层，负责建立数据传输的通信链路。由于在物理线路上传输数据信号是有差错的，设计数据链路层的主要目的就是在原始的、有差错的物理传输线路的基础上，采取差错检测、差错控制与流量控制等方法，将有差错的物理线路改进成逻辑上无差错的数据链路，向网络层提供高质量的服务。数据链路层传送的基本单位是帧（frame）。

5. 物理层（Physical Layer）

物理层是五层体系结构中的最底层，负责网络的物理连接，它提供无结构的基于比特流的可靠传输。物理层的主要功能是规定网络设备、计算机或其他终端之间的接口标准，利用物理的传输通信介质，为上一层提供一个物理连接，通过物理连接实现比特流的传输。物理层传送的基本单位是比特（bit）。

3.2.3 计算机网络通信协议

1. 广域网协议

广域网是指覆盖范围大，传输速率低，以数据通信为主的数据通信网。目前，主要用于广域网传输的协议包括：PPP（点对点协议）、DDN（数字数据网）、ISDN（综合业务数字网）、FR（帧中继）、ATM（异步传输模式）等。

2. 局域网协议

局域网协议主要以 IEEE（国际电子电气工程师协会）定义的标准为主。IEEE 于 1980 年成立了局域网标准委员会，简称 IEEE 802 委员会，专门从事局域网标准化研究和制定工作。IEEE 802 制定的局域网标准只包含相当于五层协议体系中的数据链路层与物理层的通信协议，称为 IEEE 802 协议集。IEEE 802 标准产品包括网卡、桥接器、路由器等设备，专门用于建立局域网。

3. Internet 协议

TCP/IP 协议是因特网的核心，也是因特网中使用最广泛的通信协议。TCP/IP 是

Transmission Control Protocol/Internet Protocol 的简写，中文译名为传输控制协议/因特网互联协议，又名网络通信协议，是 Internet 国际互联网络的基础，由网络层的 IP 协议和传输层的 TCP 协议组成。TCP/IP 定义了电子设备如何连入因特网，以及数据如何在它们之间传输的标准。

TCP/IP 协议族主要包括：

（1）IP 协议（Internet Protocol）

IP 层接收由更低层（如网络接口层中以太网设备驱动程序）发来的数据包，并把该数据包发送到更高层——TCP 或 UDP 层；相反，IP 层也把从 TCP 或 UDP 层接收来的数据包传送到更低层。IP 数据包是不可靠的，因为 IP 并没有做任何事情来确认数据包是否按顺序发送的或者有没有被破坏，IP 数据包中含有发送它的主机的地址（源地址）和接收它的主机的地址（目的地址）。

高层的 TCP 和 UDP 服务在接收数据包时，通常假设包中的源地址是有效的。也可以这样说，IP 地址形成了许多服务的认证基础，这些服务相信数据包是从一个有效的主机发送来的。IP 确认包含一个选项，叫作 IP source routing，可以用来指定一条源地址和目的地址之间的直接路径。对于一些 TCP 和 UDP 的服务来说，使用了该选项的 IP 包好像是从路径上的最后一个系统传递过来的，而不是来自于它的真实地点。这个选项是为了测试而存在的，说明了它可以被用来欺骗系统进行平常是被禁止的连接。那么，许多依靠 IP 源地址做确认的服务将产生问题并且会被非法入侵。

（2）TCP 协议（Transport Control Protocol）

TCP 是面向连接的通信协议，通过三次握手建立连接，通信完成时要拆除连接，由于 TCP 是面向连接的所以只能用于端到端的通信。

TCP 提供的是一种可靠的数据流服务，采用“带重传的肯定确认”技术来实现传输的可靠性。TCP 还采用一种称为“滑动窗口”的方式进行流量控制，所谓窗口实际表示接收能力，用以限制发送方的发送速度。

如果 IP 数据包中有已经封好的 TCP 数据包，那么 IP 将把它们向上传送到 TCP 层。TCP 将包排序并进行错误检查，同时实现虚电路间的连接。TCP 数据包中包括序号和确认，所以未按照顺序收到的包可以被排序，而损坏的包可以被重传。

TCP 将它的信息送到更高层的应用程序，例如 Telnet 的服务程序和客户程序。应用程序轮流将信息送回 TCP 层，TCP 层便将它们向下传送到 IP 层，设备驱动程序和物理介质，最后到接收方。

面向连接的服务（例如 Telnet、FTP、rlogin、X Windows 和 SMTP）需要高度的可靠性，所以它们使用了 TCP。DNS 在某些情况下使用 TCP（发送和接收域名数据库），但使用 UDP 传送有关单个主机的信息。

（3）UDP 协议（User Data Protocol）

UDP 是面向无连接的通信协议，UDP 数据包括目的端口号和源端口号信息，由于通信不需要连接，所以可以实现广播发送。UDP 通信时不需要接收方确认，属于不可靠的传输，可能会出现丢包现象，实际应用中要求程序员编程验证。

UDP 与 TCP 位于同一层，但它不管数据包的顺序、错误或重发。因此，UDP 不被应用于那些使用虚电路的面向连接的服务，UDP 主要用于那些面向查询——应答的服务，例如

NFS。相对于 FTP 或 Telnet，这些服务需要交换的信息量较小。使用 UDP 的服务包括 NTP（网络时间协议）和 DNS（DNS 也使用 TCP）。

欺骗 UDP 包比欺骗 TCP 包更容易，因为 UDP 没有建立初始化连接（也可以称为握手）（因为在两个系统间没有虚电路），也就是说，与 UDP 相关的服务面临着更大的危险。

（4）ICMP 协议（Internct Control Message Protocol）

ICMP 与 IP 位于同一层，它被用来传送 IP 的控制信息。它主要是用来提供有关通向目的地址的路径信息。ICMP 的“Redirect”信息通知主机通向其他系统的更准确的路径，而“Unreachable”信息则指出路径有问题。另外，如果路径不可用了，ICMP 可以使 TCP 连接体面地终止。PING 是最常用的基于 ICMP 的服务。

3.3 Internet 基础知识

3.3.1 概　述

Internet 的雏形是由美国国防部研究计划管理局筹备建立的名为 ARPANET 的网络，它是美国国防部为了保障计算机系统在战争期间工作的稳定性而建立的，使用 TCP/IP 协议作为标准协议。ARPANET 经过几十年的发展，演变成了今天的国际互联网 Internet，又称因特网。

Internet 是由那些使用公用语言进行相互通信的主机或路由器连接而成的全球性网络。Internet 的用户遍及全球，计算机用户可以通过连接到分布于世界各地的 Internet 节点来接入 Internet。使用 Internet 来进行数据通信和资源共享的用户正急剧增加。

3.3.2 Internet 的组成

Internet 是一个覆盖全球的广域网，其拓扑结构十分复杂，单从其工作方式来看，由 Internet 边缘部分和 Internet 核心部分组成。Internet 边缘部分由所有连接在 Internet 网上的主机组成，而 Internet 核心部分由大量的计算机网络及连接这些网络的路由器组成。Internet 的核心部分可以为边缘部分提供服务，使得各主机可以相互通信和共享资源。

3.3.3 IP 地址

1. IP 地址概述

Internet 是一个虚拟的网络，接入 Internet 中的每台计算机或路由器都要先给它分配一个 IP 地址才能正常通信。常用的 IP 地址由 32 位的二进制代码表示，为了提高可读性，常常采用点分十进制法来表示，即将 32 位的 IP 地址分为 4 段，每段 8 位，将其转换为相应的十进制数并用点隔开。例如 11000000101010000000000110011011 用点分十进制法表示为 192.168.1.155，如图 3.16 所示，明显更加容易读写和记忆。

32位二进制数表示的IP地址 11000000101010000000000110011011				
每8位为一段分开	11000000	10101000	0000001	10011011
将8位二进制数转换十进制数	192	168	1	155
点分十进制表示的IP地址	192.168.1.155			

图 3.16 点分十进制表示的 IP 地址

随着经济的发展和网络化的推进，使用计算机的用户急剧增加，接入 Internet 中的设备与终端也越来越多，32 位的 IPv4 地址已经不能满足人们的需求，促使了 IPv6 的产生，IPv6 由 128 位二进制表示，主要形式表示为：*n*：*n*：*n*：*n*：*n*：*n*：*n*：*n*，每个 *n* 都表示 4 个 16 位地址元素之一的十六进制值。例如 3FFE:FFFF:7654:FEDA:6578:8DE3:398E:A3C2。本书中主要介绍 IPv4。

2. **IP 地址的组成及分类**

IP 地址由网络号和主机号两部分组成，网络号标识主机或路由器所连接到的网络，主机号标识该主机或路由器。按网络号和主机号所占二进制位数的不同，IP 地址分为 A 类、B 类、C 类、D 类和 E 类。其中 A 类、B 类和 C 类是一对一通信的单播地址，最为常用。A 类 IP 地址的第一个字节表示网络号，以“0”开头，可用网络号 1 ~ 126，其他字段表示主机号；B 类 IP 地址前两个字节表示网络号，以“10”开头，可用网络号“128.1-191.255”，其他字段表示主机号；C 类 IP 地址前三个字节表示网络号，以“110”开头，可用网络号“192.0.1-223.255.255”，其他字段表示主机号，如图 3.17 所示。D 类地址用于多播通信，E 类地址为保留地址。（127.0.0.1 是回送地址，指本机，一般用来测试使用。）

A类地址	0	网络号	主机号
B类地址	10	网络号	主机号
C类地址	110	网络号	主机号
D类地址	1110	多播地址	
E类地址	1111	保留地址	

图 3.17 IP 地址的分类

3. **子网及子网掩码**

在 Internet 中的每个网络都需要一个唯一的网络标识，而由 32 位二进制码表示的 IP 地址的数量是有限的。因此，在进行网络规划时难免会遇到网络数不够的情况，这时就需要通过划分子网的方式来解决，即从 IP 地址中表示主机的二进制位中划分出一定位数来用作本网的子网标识。

子网掩码是子网划分中的一个重要概念。子网掩码由 32 位的二进制码组成，用来区分划分子网后的网络地址和主机地址。A 类地址的默认子网掩码为“255.0.0.0”，B 类的为“255.255.0.0”，C 类的为“255.255.255.0”。

4. **IP 地址与 MAC 地址**

IP 地址是网络层及以上各层使用的地址，是一种逻辑地址；MAC 地址为物理地址，是数据链路层和物理层使用的地址，通常是固定不变的。MAC 地址由 12 位 16 进制数组成，每 2 个 16 进制数用冒号隔开，例如某主机的物理地址为 08:00:20:0A:8C:6D。使用地址解析协议 ARP 可以将 IP 地址解析为相应的物理地址，而逆地址解析协议 RARP 则将物理地址解析为相应的 IP 地址，如图 3.18 所示。

图 3.18　IP 地址与 MAC 地址之间的转换

3.3.4　域名系统

1. 域名及域名系统

虽然使用了点分十进制的方式来表示 IP 地址比 32 位的二进制增加了可读性，但在日常的使用中人们更加倾向于有具体意义、易理解记忆的表达方式，从而衍生出域名的概念。

域名是一串用点分隔的名字组成的 Internet 上某一台计算机或计算机组的名称，用于在数据传输时标识计算机的电子方位。域名相当于 IP 地址的别名，一般一个域名对应一个 IP 地址。

2. 域名的等级划分

域名的命名采用层次树状结构的方法，按照所处层次的不同，可分为顶级域名、二级域名、三级域名，例如百度的万维网服务器的域名为 www.baidu.com，其中 www 为三级域名，baidu 为二级域名，com 为顶级域名，每一个连接在 Internet 上的主机或路由器都有一个唯一的域名。

常见的顶级域名有国家顶级域名和通用顶级域名两种。国家顶级域名采用 ISO3166 标准，例如：cn 表示中国，us 表示美国，jp 表示日本。通用顶级域名常用的有以下几个：com 表示公司企业，net 表示网络服务机构，org 表示非盈利性的组织，int 表示国际组织，edu 表示教育机构，gov 表示政府部门，mil 表示军事部门。

顶级域名向下划分子域，生成二级域名。例如在国家顶级域名 cn 下，有二级域名 com 用于工商金融企业，edu 用于教育机构，gov 用于政府部门，org 用于非盈利组织。在二级域名下在划分就生成三级域名，例如在教育机构域名 edu 下有表示清华大学的 tsinghua 和表示北京大学的 pku 等。三级域名再往下划分则为四级域名，一般为某台计算机的名字。域名结构图如图 3.19 所示。

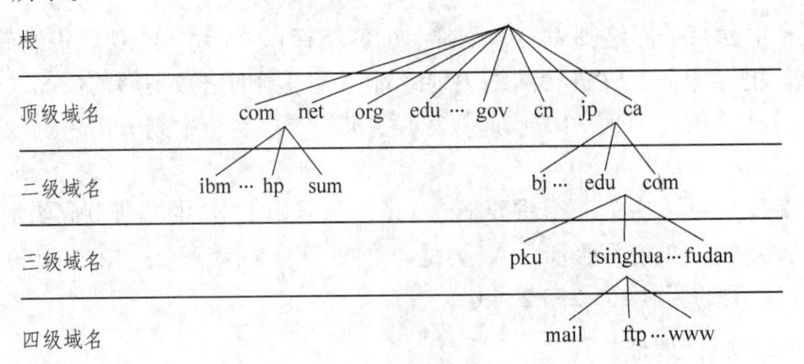

图 3.19　分级域名

3.4　Internet 的应用

随着 Internet 的不断发展，Internet 的应用已经渗透于我们日常生活和工作的各个方面。我们可以使用浏览器访问 Internet 上的各种电子资源，这些资源非常丰富，既有学习资源又有娱乐平台，既有电子影音资料又有模拟现实的工具，可谓面面俱全。在最近十几年，电子商务的发展和各种电子平台的日趋完善为网上购物的兴起提供了良好的基础。如今，足不出户就能买到几乎遍及全国甚至是全球的各类商品。连接 Internet 的终端也不再是单一的计算机，还可以通过手机、平板电脑等移动终端访问 Internet 上的资源。Internet 正改变着我们的生活。

3.4.1　Web 服务及浏览器

Web 服务是一种面向服务的架构技术，通过标准的 Web 协议提供服务，目的是保证不同平台的应用服务可以相互操作。Web 服务类似于 Web 上的构建编程，开发人员通过调用 Web 应用编程接口，将 Web 服务集成进他们的应用程序，就像调用本地服务一样。从外部用户看，Web 服务是一种部署在 Web 上的对象或组件，具备完好的封装性、松散耦合、自包含、互操作、动态、独立于实现技术、构建于成熟技术、高度可集成、使用标准协议等特征。从实施对象看，把资源、计算能力提供给用户，需要以服务的形式完成。

互联网用户通过使用 Web 浏览器对 Web 服务器或其他服务器进行访问是网络资源访问的最主要的手段，Web 浏览器运行在采用 TCP/IP 协议的网络中，使用超文本传输协议 HTTP。常用的 Web 浏览器有 IE 浏览器、百度浏览器、谷歌浏览器、火狐浏览器等，如图 3.20 所示。

图 3.20　常用浏览器图标

3.4.2　电子邮件的使用

电子邮件（E-Mail）是 Internet 应用当中使用最为广泛的一种服务，通过 Internet 上的电子邮件系统，用户可以快速地与世界各地的其他用户互通信息，这些信息包括文字、图像、声音等多种形式，非常便于用户之间的沟通和交流。

1. 电子邮件介绍

传统的信件的收发过程一般是发信人将信件投递到当地的邮局，再由当地的邮局寄送到收件人所在地的邮局，然后再到收件人的手中。电子邮件系统主要由电子邮件客户端、电子邮件服务器和电子邮件协议组成，工作原理与传统邮件系统类似。一般，发送方用户通过客户端软件登录进入邮箱，撰写好邮件后将其发送到发送方的邮件服务器，由它将邮件转发到接收方的邮件服务器，接收方的用户可以随时登录自己的邮箱去读取该服务器信箱里的邮件。发送邮件时要使用邮件发送协议，一般是简单邮件传输协议 SMTP；接收邮件时需要用到邮件读取协议，如邮局协议 POP3、网际报文存取协议 IMAP 等。

一封电子邮件一般由收件人的 E-Mail 地址、邮件主题、正文和附件四个部分组成。为确保邮件能准确发送到对方的邮箱，必须正确填写收件人的电子邮箱地址。电子邮箱地址包括邮箱账号和邮件服务器域名两部分，由“@”符号隔开，格式如下：

邮箱账号@邮件服务器域名

例如腾讯 QQ 邮箱“123456789@qq.com”，或者新浪邮箱“mirrada@sina.com”。

2. 电子邮件的使用

在日常工作中，除了使用某些邮件客户端收发电子邮件外，用户还可以使用浏览器在一些提供邮件服务的网站上申请一个邮箱来收发邮件。使用的比较多的免费电子邮件服务有网易提供的 163 网易免费邮、新浪邮箱、搜狐闪电邮箱等。以网易的 163 邮箱为例，申请一个免费的邮箱账号步骤如下：

第 1 步：在浏览器中打开百度检索页面，输入“网易”后按回车键，如图 3.21 所示。

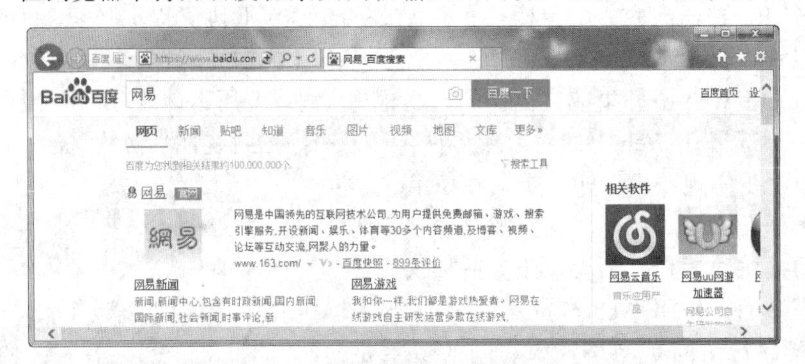

图 3.21　在百度中检索“网易”页面

第 2 步：打开网易官网首页，在网页的上方可以看到“注册免费邮箱”的字样，如图 3.22 所示，点击打开免费邮箱注册页面。

图 3.22　网易官网首页

第 3 步：163 免费邮箱有字母邮箱、手机号码邮箱和 VIP 邮箱三种。以注册手机号码邮箱为例，在注册页面完善相关个人信息后，点击立即注册，便可完成163邮箱的申请，如图3.23所示。163邮箱账号申请好之后，还需要激活，这样才能使用163邮箱进行通信。

图 3.23 网易 163 邮箱注册页面

在完成163邮箱账号的申请工作之后，用户就可以登录自己的邮箱进行邮件的收发，具体步骤如下：

第1步：在163邮箱的登录界面，输入申请好的邮箱账号和密码，点击登录，如图3.24所示。

图 3.24 网易 163 邮箱登录页面

第2步：进入163邮箱界面后，使用写信、收信等功能进行邮件的收发工作，如图3.25所示。

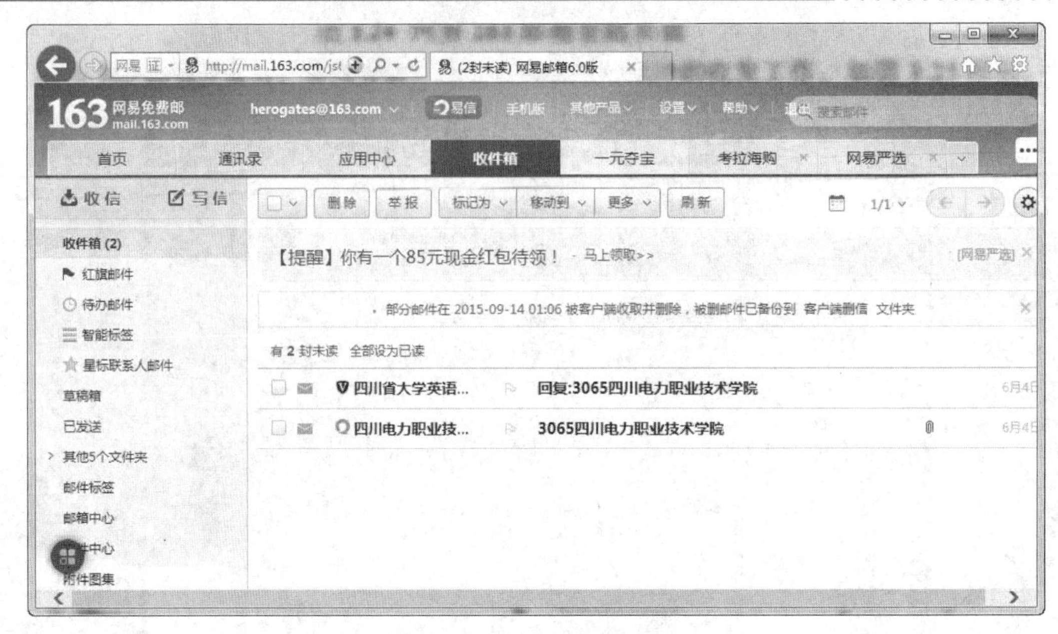

图 3.25　网易 163 邮箱界面

3.4.3　及时通信软件

即时通信软件是一种基于 Internet 的即时交流软件，使用及时通信软件的用户可以方便地与接入 Internet 的其他在线用户进行实时的交流，并且不用担心产生昂贵的费用。国内用得比较多的及时通信软件有腾讯 QQ、淘宝旺旺、网络飞鸽等，国外的有 Windows Live Messenger、Skype、Facebook 等。以腾讯 QQ 为例，申请一个免费的 QQ 账号步骤如下：

第 1 步：在浏览器中打开百度检索页面，输入“腾讯”后，点击“百度一下”按钮，检索出腾讯首页的官方链接，如图 3.26 所示。

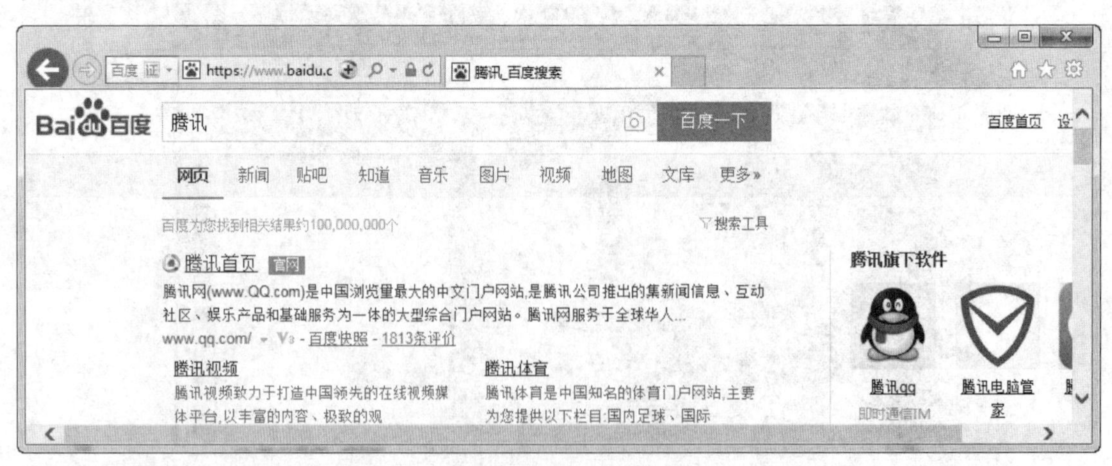

图 3.26　在百度中检索出腾讯的官方网站

第 2 步：点击进入腾讯首页，如图 3.27 所示。在网页的右侧可以看到“QQ”的字样，点击“QQ”进入 QQ 官网首页。

图 3.27　腾讯首页

第 3 步：在 QQ 官网首页动态显示 QQPC 版和 QQ 手机版的链接页面，在网页的右上角可以看到“注册”的字样，如图 3.28 所示，点击进入 QQ 账号的注册页面。

图 3.28　腾讯 QQ 官网首页

第 4 步：QQ 账号申请页面如图 3.29 所示，完善相关信息后点击提交注册。

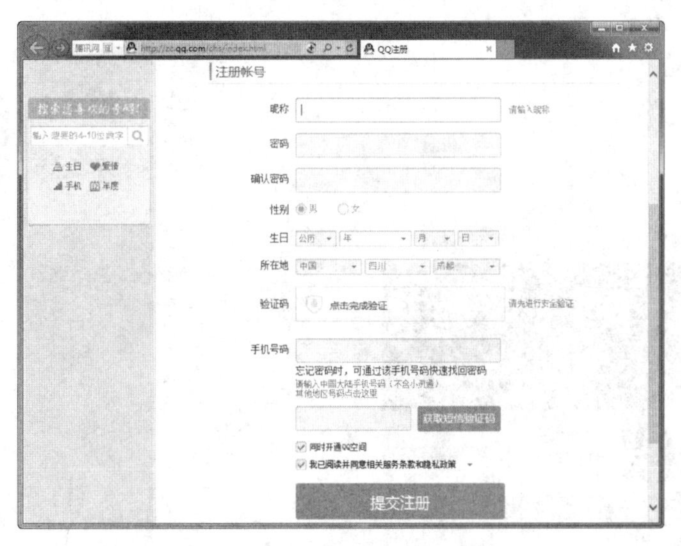

图 3.29　注册腾讯 QQ 账号

第 5 步：完成 QQ 账号的申请，如图 3.30 所示。

图 3.30　腾讯 QQ 账号申请成功

完成 QQ 账号的申请后，可以在 QQ 官网上去下载 QQPC 版，如图 3.31 所示，点击立即下载并进行安装。安装步骤比较简单，此处不作详细介绍。

图 3.31　QQ PC 版官方网站

安装完成后，通过以下步骤就可以与其他在线用户进行及时通信了。

第 1 步：打开 QQ 客户端，如图 3.32 所示，在相应栏输入申请好的 QQ 号和密码，点击“登录”按钮。

第 2 步：进入 QQ 界面，如图 3.33 所示。在 QQ 界面，用户可以通过分组来管理自己的好友，并与在线的用户进行实时通信。

图 3.32　QQ 登录窗口

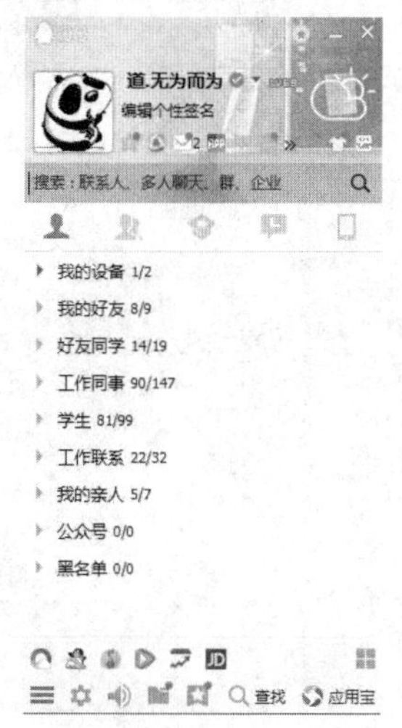

图 3.33　QQ 界面

3.4.4 文件传输服务

1. 文件传送协议概述

FTP（File Transfer Protocol）是 TCP/IP 协议族中的协议之一，是 Internet 上使用最广泛的文件传送协议。FTP 允许将一个文件或程序从 Internet 中的一台主机复制到另外一台主机，这两台主机在物理上位置上可以相距很远。文件传输操作包括文件的下载和上传，用户将远程计算机上的文件或程序复制到本地计算机的过程称为下载；相反地，将本地计算机上的文件或程序复制到远程计算机的过程称为上传。

FTP 允许设置文件的访问权限，授权某些用户可以访问，并设置访问密码，其他未经授权的用户则不能访问，授权访问的用户还可以限制其对共享文件的存取操作，如只读、读写等。

2. 访问 FTP 服务器的方式

用户可以通过多种方法访问 FTP 服务器，常见的有通过浏览器访问，通过资源管理器访问，通过 FTP 客户端访问和通过命令行访问。

（1）通过浏览器访问 FTP 服务器

以 IE 浏览器为例，打开 IE 浏览器，在浏览器的地址栏输入 FTP 服务器的网址，例如：ftp://ftp.sjtu.edu.cn，然后按回车键，页面便会转到该 FTP 服务器的资源页面，用户可以根据需要下载相应的程序或文件，如图 3.34 所示。

图 3.34 通过浏览器访问 FTP 服务器

在 FTP 服务器限制访问的情况下，例如访问 FTP 服务器 ftp://125.64.92.50，在浏览器的地址栏输入该网址后按回车键，会弹出一个对话框，要求用户输入相应的用户名和密码才能访问服务器上的资源，如图 3.35 所示。

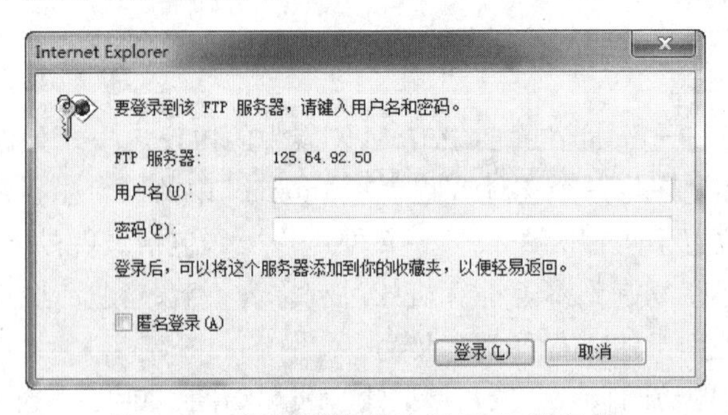

图 3.35　通过浏览器访问 FTP 服务器

（2）通过资源管理器访问 FTP 服务器

使用快捷键【Win+E】打开资源管理器，在地址栏输入 FTP 服务器的网址，同样以 ftp://ftp.sjtu.edu.cn 为例，然后按回车键，FTP 上的资源便会以文件的形式显示出来，如图 3.36 所示。下载该服务器上的程序或文件就跟本地程序或文件的复制操作一样。

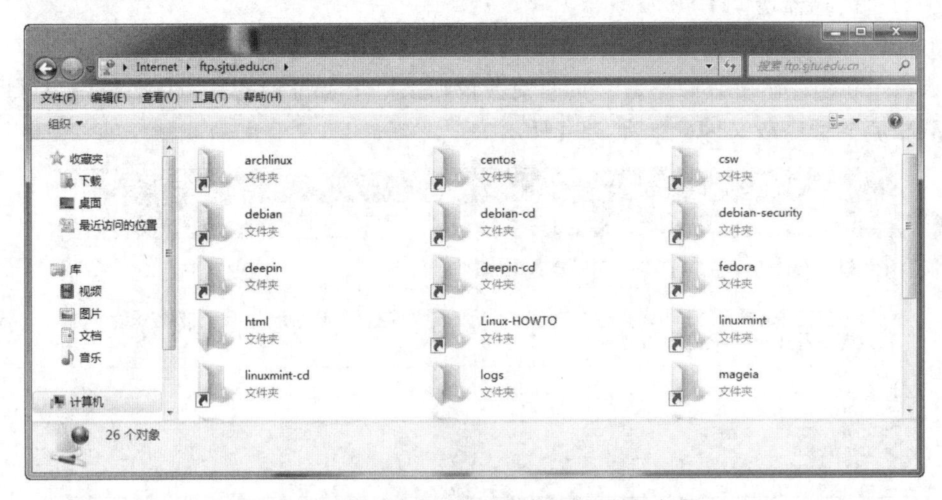

图 3.36　通过资源管理器访问 FTP 服务器

如果 FTP 服务器设置了访问限制，那么通过资源管理器的方式访问时同样需要用户输入相应的用户名和密码，如图 3.37 所示。

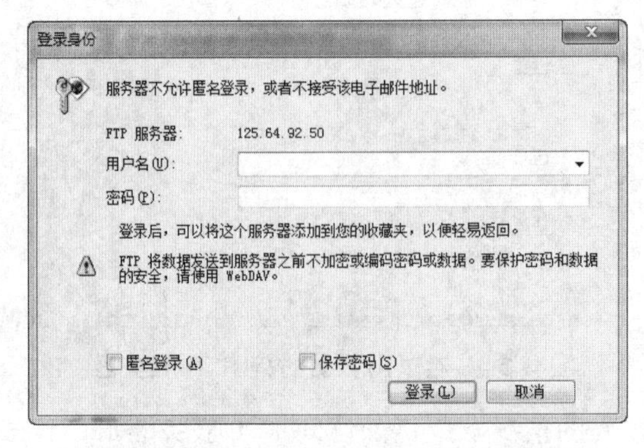

图 3.37　通过资源浏览器访问 FTP 服务器

（3）通过 FTP 客户端访问 FTP 服务器

通过 FTP 客户端软件访问 FTP 服务器与前两种方法相比更加简单和易于操作。FTP 软件有很多，常用的有 FileZilla、FlashFXP、CuteFTP 等。以 FlashFXP 为例，首先打开 FlashFXP 软件，如图 3.38 所示，软件界面分为左右两部分，左侧默认显示本地的文件夹中的文件，右侧显示 FTP 服务器中的资源。

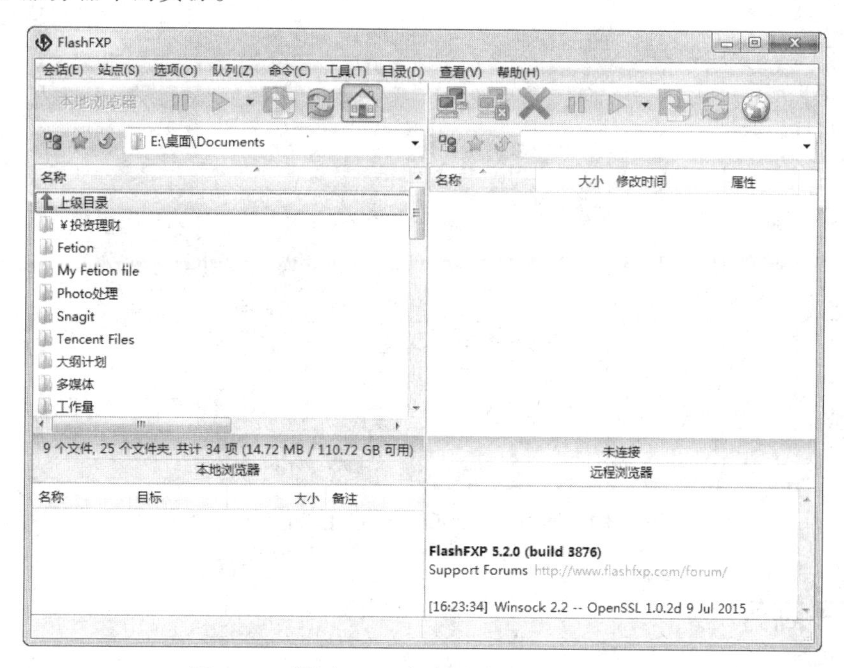

图 3.38 通过 FTP 客户端访问 FTP 服务器

点击“会话”→“快速连接”，弹出快速连接对话框，如图 3.39 所示。

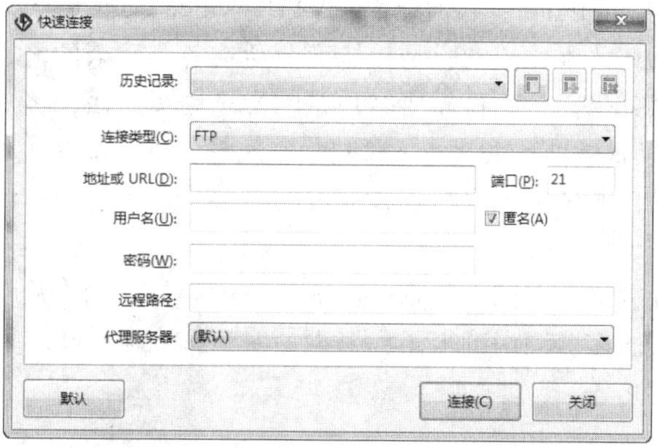

图 3.39 FlashFXP 快速连接对话框

在地址栏中输入 FTP 服务器的地址，如 ftp://ftp.sjtu.edu.cn，点击连接。

FlashFXP 软件连接上 FTP 服务器后，右侧界面就会以文件或文件夹的形式列出该服务器上的资源，如图 3.40 所示。用户可以通过选中右侧的资源文件，然后拖至左侧相应的本地文件夹中，完成资源的下载。同样的，如果需要上传资源，只需将其复制到右侧的相应文件夹中即可。除了通过浏览器、资源管理器和 FTP 客户端软件来访问 FTP 服务器之外，用户还可以通过命令行来访问。这种方式要求用户具备较高的专业知识水平，一般使用得不多。

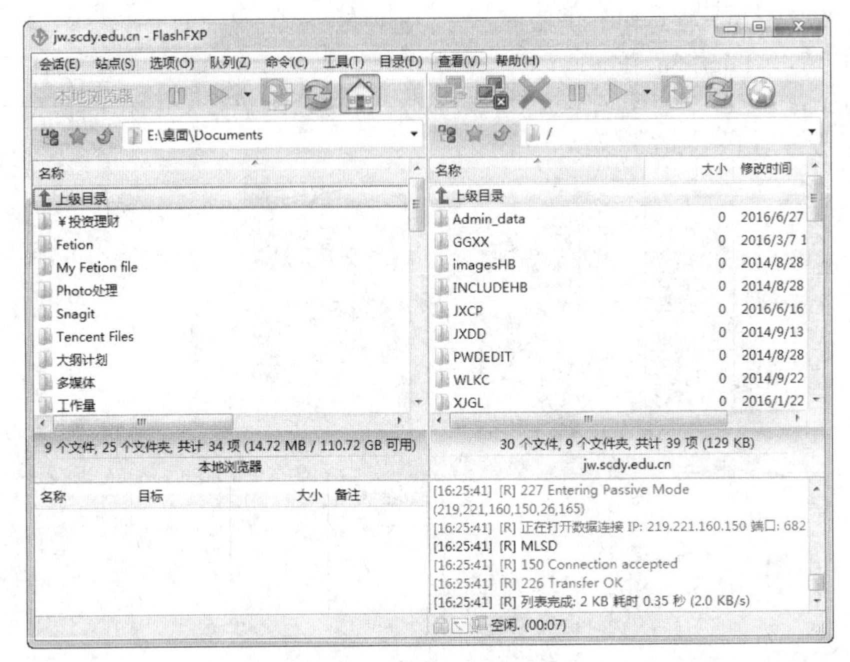

图 3.40　通过 FlashFXP 连接上 FTP 服务器

3.4.5　电子商务

在信息化、网络化时代，人们足不出户就可以解决衣食住行以及娱乐等各方面的问题，这得益于电子商务平台的兴起和不断地发展。电子商务，英文 E-Commerce，是指在互联网（Internet）、企业内部网（Intranet）和增值网（VAN，Value Added Network）上以电子交易的方式进行的交易活动及相关服务活动，是传统商业活动各个环节的电子化、网络化。

电子商务与传统商务相比，不再需要客户亲临卖场去买东西，客户仅需要借助一台接入 Internet 的计算机就可以查看商品的大小、价格、产地等各种产品相关信息，并通过第三方支付平台完成商品的交易，既免去了客户到处奔波的辛苦，还为客户节约了时间，因而广受人们的喜爱。

随着电子商务的发展，如今网上购物已经成为一种趋势，用户从学生到中老年人，年龄跨越大，其中以青年人居多。国内的电子商务网站有京东商城、淘宝网、当当网等，国外的有亚马逊、沃尔玛、新蛋等。

3.5　网络安全与道德

计算机网络安全主要包括物理安全和逻辑安全两方面。物理安全是指对计算机系统设备以及相关设施进行物理保护，以避免这些设备受到损坏、丢失等；而逻辑安全主要指的是保护信息的完整性、准确性、可用性。网络安全的任务就是利用各种网络监控和管理技术措施，对网络系统的硬件、软件及系统中的数据资源实施保护，使其不会因为一些不利因素而遭到破坏，从而保证网络系统连续、安全、可靠的运行。

3.5.1　网络安全基础知识

1. 计算机网络安全的基本要素

（1）保密性：保证信息为授权者享用而不泄露给未经授权者。保密性在计算机网络系统安全中，占据着重要地位，确保计算机保密性能，避免计算机系统遭受病毒、木马入侵，确保信息安全，是计算机网络安全防范必须要重视的问题。计算机的保密性，注重信息的安全性，避免信息被不法分子盗用。

（2）完整性：包括数据完整性和系统完整性。数据完整性是指数据未被非授权篡改或损坏。系统完整性是指系统按既定的功能运行，未被非授权操作。

（3）可用性：保证信息和信息系统随时为授权者提供服务，而不要出现被非授权者滥用却对授权者拒绝服务的情况。

（4）可鉴别性：指对实体身份的鉴别，适用于用户、进程、系统、信息等。

（5）不可否认性：无论信息发送方还是接收方都不能抵赖其传输的信息。

2. 计算机网络通信所面临的威胁

（1）截获：攻击者从网络上窃听他人的通信内容。

（2）中断：攻击者有意中断他人在网络上的通信。

（3）篡改：攻击者故意篡改网络上传送的报文。

（4）伪造：攻击者伪造信息在网络上传送。

3. 计算机网络通信所面临的其他威胁

计算机网络面临的威胁除了信息在网络的传播过程中受到的威胁之外，还受到以下 4 种类型的威胁：

（1）计算机病毒

计算机病毒（Computer Virus）在《中华人民共和国计算机信息系统安全保护条例》中被明确定义，病毒指“编制者在计算机程序中插入的破坏计算机功能或者破坏数据，影响计算机使用并且能够自我复制的一组计算机指令或者程序代码”。

计算机病毒与医学上的“病毒”不同，计算机病毒不是天然存在的，是人利用计算机软件和硬件所固有的脆弱性编制的一组指令集或程序代码。它能潜伏在计算机的存储介质（或程序）里，条件满足时即被激活，通过修改其他程序的方法将自己以精确拷贝或者可能演化的形式放入其他程序中，从而感染其他程序，对计算机资源进行破坏，所谓的病毒就是人为造成的，对其他用户的危害性很大。

计算机病毒具体以下特征：

① 繁殖性。计算机病毒可以像生物病毒一样进行繁殖，当正常程序运行时，它也进行运行自身复制，是否具有繁殖、感染的特征是判断某段程序为计算机病毒的首要条件。

② 破坏性。计算机中毒后，可能会导致正常的程序无法运行，把计算机内的文件删除或受到不同程度的损坏。破坏引导扇区及 BIOS，硬件环境破坏。

③ 传染性。计算机病毒传染性是指计算机病毒通过修改别的程序将自身的复制品或其变体传染到其他无毒的对象上，这些对象可以是一个程序也可以是系统中的某一个部件。

④ 潜伏性。计算机病毒潜伏性是指计算机病毒可以依附于其他媒体寄生的能力，侵入后的病毒潜伏到条件成熟才发作，会使计算机运行变慢。

⑤ 隐蔽性。计算机病毒具有很强的隐蔽性，可以通过病毒软件检查出来少数，隐蔽性计算机病毒时隐时现、变化无常，这类病毒处理起来非常困难。

⑥ 可触发性。编制计算机病毒的人，一般都为病毒程序设定了一些触发条件，例如，系统时钟的某个时间或日期、系统运行了某些程序等。一旦条件满足，计算机病毒就会“发作”，使系统遭到破坏。

（2）黑客攻击

黑客的攻击主要有 2 种攻击方式：一种就是我们经常听说的网络攻击，黑客运用各种手段对用户的数据进行窃取、销毁、篡改等非法操作，从而对用户造成了一些不必要的损失，甚至会造成计算机系统的瘫痪。另外一种方式就是网络侦查，这种方式是利用系统漏洞，在用户还不知情的情况下，对用户的重要信息进行拦截、窃取、修改等。

（3）系统漏洞

没有一个网络系统是绝对安全的，即使常用的 Windows、UNIX 等操作系统也存在系统漏洞。对于这些漏洞的防范措施要从用户的网络安全意识上出发，使用户深刻地认识到网络安全的重要性，让其能够积极地运用正版系统，从而大大减少这些系统漏洞出现的几率。目前大多数网络攻击都是利用这些漏洞进行攻击的，网络攻击普遍具有破坏性强、影响范围大、难以断定等特点，是威胁网络安全的主要因素之一。造成网络攻击的主要因素，除了计算机应用系统的漏洞之外，还有网络漏洞，网络漏洞产生的主要原因是由于 TCP/IP 协议不够完善、UDP 协议缺乏可靠性、计算机程序错误等等。面对着这些网络风险，用户必须要严格遵守网络安全管理制度、运用科学有效的技术方法、尽可能地降低这些风险的发生，努力做好防范措施。

（4）内部威胁

由于计算机管理人员的计算机网络安全意识不足，导致其在使用计算机的时候操作不当，采用的安全防范措施不够，从而导致了内部网络安全事故的发生。

3.5.2 网络安全防范技术

1. 加密技术

加密技术是保证网络与信息安全的核心技术之一。加密的基本思想是：伪装明文以隐藏其真实内容。加密体制主要分为：对称密码体制和非对称密码体制。对称加密技术使用相同的密钥对信息进行加密和解密。由于通信双方加密与解密使用同一个密钥，因此如果第三方获取该密钥就会造成失密。密钥在加密和解密双方之间的传递必须通过安全通道进行，确保密钥在交换阶段未泄露。非对称加密技术对信息的加密与解密使用不同的密钥，用来加密的密钥可以是公开的，用来解密的密钥是需要保密的。其优势在于不需要共享通用密钥，用于解密的密钥不需要发往任何地方，公钥在传递和发布过程中即使被截获，由于没有与公钥相匹配的私钥，截获的公钥对入侵者也没有任何意义。目前在网络中常用的加密技术有 RSA，DES，MD5 等。

2. 防火墙技术

防火墙是网络安全的重要保障，同时也是实现网络安全最经济、最基本、最有效的网络安全防护措施之一。防火墙主要是由计算机软件和硬件组合而成的，它处于计算机与外界通道之间，其主要的作用是限制外界用户对内部网络的访问以及内部用户访问外部网络的权限。当一个计算机连接上互联网的时候，不但要考虑网络病毒和系统漏洞对网络安全的威胁，还要防止非法用户的入侵，而目前防止非法用户入侵的主要措施就是防火墙。防火墙对于提高内部网络的安全性有着非常重要的作用，能够过滤掉不安全的服务，从而保证内部网络的安全性。此外，防火墙还可以对网络访问进行记录，并且生成记录日志，还能够提供网络使用情况的统计数据。如果出现网络攻击的情况时，防火墙就可以及时地进行报警，并向用户提供网络攻击的详细信息，从而使用户可以及时发现并予以处理，有效地提高了网络的安全性。

3. 防病毒技术

计算机防病毒技术主要有预防病毒技术、检测病毒技术和消灭病毒技术。其中预防病毒技术是初级阶段，通过相关控制系统和监控系统来确定病毒是否存在，从而防止计算机病毒入侵和损坏计算机系统。检测病毒技术则是通过各种方式对计算机病毒的特征进行辨认，包括检测关键字和文件长度的变化等。消灭病毒技术则是具有删除病毒程序并恢复原文件的软件，是防病毒技术的高级阶段。

4. 入侵检测技术

入侵检测是对计算机和网络资源的恶意使用行为进行识别，目的在于监测和发现可能存在的攻击行为(包括来自系统外部的入侵行为和来自内部用户的非授权行为)，并采取相应的防护手段。入侵检测技术，可以分为异常检测、误用监测及两种方式的结合。异常监测是指已知网络的正常活动状态，如果当前网络状态不符合正常状态，则认为有攻击发生。异常检测中建立了一个对应正常网络活动的特征原型。所有与特征原型中差别很大的行为均被视为异常。其关键在于选择一个区分异常事件的阈值。误用检测是根据入侵者在入侵时的某些行为过程的特征，建立一种入侵行为模型。如果用户的行为或者行为过程与入侵方案模型一致，则判断为入侵发生。在实际使用的入侵检测系统多数同时使用了以上两种办法。

5. 身份认证和访问控制技术

目前来讲计算机网络安全的最重要组成部分就是身份认证与访问控制，计算机网络会通过对使用者身份的辨别来确定使用者的身份。这种技术在计算机使用中被频繁运用，不同的操作权限设定不一样登录口令，以避免不法分子非法使用权限实施网络攻击。一般情况下登录口令是由字母与数字共同组成的，用户定期地对口令进行更改与保密以便对口令进行正当的维护。用户应当避免在邮件或者传递信息中将口令泄露，一旦被黑客得到相应的信息，就会带来一定网络安全隐患。由此看来，口令认证并不是绝对安全的，黑客有可能通过网络传播与其他途径对口令进行窃取，从而危害网络安全。这时可以运用访问控制来有效阻止黑客。

6. 其他网络安全技术

目前，除了以上介绍的传统的安全技术之外，还有智能网卡技术、安全脆弱性扫描技术、网络数据存储、备份及容灾规划等一系列技术用于维护计算机网络安全。

3.5.3 网络道德规范

网络技术作为一种工具，在为社会的发展提供便利的同时，也造成了某些负面、消极的影响，甚至导致了网络道德的失范。如恶意域名抢注、网络盗版、垃圾邮件、网络垄断、网络腐败等不道德的丑行。网络是一个缺乏有效监管的虚拟世界，这个自由的虚拟世界里，道德感被弱化，法律的权威受到挑战，如果每个人都按照自己的意志参与网络活动，这就必然导致不同利益主体的冲突。因此，我们在上网时应遵循网络道德规范，做到文明上网。

网络道德失范问题主要包括以下 4 个方面：

1. 网络犯罪

在网络上通过提供制造恐怖的信息和发布恐怖事件来敲诈、勒索的事常有发生。一些“黑客”时常会非法潜入网络进行恶性破坏，蓄意窃取或篡改网络用户的个人资料，利用网络赌博，甚至盗窃电子银行款项，互联网已成为不法分子犯罪的新领域。

2. 色情和暴力风暴席卷而来

色情污染是指通过互联网上传播黄色淫秽的图片和文字信息，来吸引人们的注意力，侵蚀网民的思想，甚至引起网民道德价值观念的变化。信息内容具有地域性，而互联网的信息传播方式则是全球性、超地域的，这使得色情和暴力等问题变得突出起来。

3. 网络文化侵略

互联网络信息环境的开放性，使多元文化、多元价值在网上交汇。近年来，一些西方发达国家凭借网上优势，倾销自己的文化，宣扬西方的民主、自由和人权观念。这就加剧了国家之间、地区之间道德和文化的冲突，对我国的精神文明建设造成一定的干扰和冲击。

4. 破坏国家安全

世界上存在着对立的政治制度和意识形态，并不是到处充满善意，一些国家通过互联网发布恶意的反动政治信息，散布谣言，利用信息“炸弹”攻击他国，破坏其国家安全，甚至出于一定的政治目的，突破层层保密网，直接对其核心的系统中枢进行无声无息的破坏，达到不可告人的目的。

网络道德由于虚拟空间的出现而产生新的要求，它与植根于物理空间的现实道德相比较，具有自主性和自律性、开放性和多元性的特点。因此，需要制定规范网络行为的对策。

首先，全世界要统一部署，做到制度规范。目前，国外一些计算机网络组织已经为其用户制定了一系列相应的规则。其中，比较著名的是美国计算机伦理协会制定的十条戒律和南加利福尼亚大学网络伦理协会指出的六种网络不道德行为。

十条戒律是：（1）你不应用计算机去伤害别人；（2）你不应干扰别人的计算机工作；（3）你不应窥探别人的文件；（4）你不应用计算机进行偷窃；（5）你不应用计算机作伪证；（6）你不应使用或拷贝没有付钱的软件；（7）你不应未经许可而使用别人的计算机资源；（8）你不应盗用别人的智力成果；（9）你应该考虑你所编的程序的社会后果；（10）你应该以深思熟虑和慎重的方式来使用计算机。

六种网络不道德行为是:（1）有意地造成网络交通混乱或擅自闯入网络及其相联的系统;（2）商业性或欺骗性地利用大学计算机资源;（3）偷窃资料、设备或智力成果;（4）未经许可而接近他人的文件;（5）在公共用户场合做出引起混乱或造成破坏的行动;（6）伪造电子邮件信息。

其次，要健全网络行为规范的维护机制。网络行为规范作为网民的行为准则，要真正落到实处，还必须建立相应的维护机制，一是国家要拨出经费，做到人员、经费到位。促使制度规范有效推进，落到实处；二是要做到监督到位，要发展对人们网络行为的技术监督系统，这一系统除在技术上保护网络安全外，还可以对网络用户的行为加以监督和制约，形成对人们网络行为的技术自律机制；三是要加大对网络行为的舆论监督，特别是在网上信息发布与传递过程中，及时批评纠正失范乃至违法的网络行为，加强对网络道德行为的正确引导，形成网络行为的舆论评价机制和氛围。

最后，要加强网络法律法规建设。规范和约束不是万能的，在加强行为规范的同时，必须加强法治建设。对不遵守网络行为规范，甚至恶意损害他人利益的，要依法予以惩戒，并依法办事，严格执行。

3.6 互联网+

“互联网+”是指利用互联网的平台、信息通信技术把互联网和包括传统行业在内的各行各业结合起来，从而在新领域创造一种新生态。“互联网+”实质就是“互联网+各个传统行业”，但这并不是简单的两者相加，而是利用信息通信技术以及互联网平台，让互联网与传统行业进行深度融合，创造新的发展生态。

2015 年 3 月，李克强总理在政府工作报告中首次提出“互联网+”行动计划，并在报告中提出，制定“互联网+”行动计划，推动移动互联网、云计算、大数据、物联网等与现代制造业结合，促进电子商务、工业互联网和互联网医疗等行业健康发展。

3.6.1 “互联网+”概述

“互联网+”具有以下有 6 大基本特征：

（1）跨界融合。+就是跨界，就是变革，就是开放，就是重塑融合。敢于跨界，创新的基础就会更坚实；融合协同，群体智能才会实现，从研发到产业化的路径才会更垂直。融合本身也指代身份的融合，客户消费转化为投资，伙伴参与创新。

（2）创新驱动。中国粗放的资源驱动型增长方式已经难以为继，必须转变到创新驱动发展这条正确的道路上来。这正是互联网的特质，用互联网思维来求变、自我革命，也更能发挥创新的力量。

（3）重塑结构。信息革命、全球化、互联网业已打破了原有的社会结构、经济结构、地缘结构、文化结构。权力、议事规则、话语权不断在发生变化。互联网+社会治理、虚拟社会治理会是很大的不同。

（4）尊重人性。人性的光辉是推动科技进步、经济增长、社会进步、文化繁荣的最根本的力量，互联网的力量之强大主要是来源于对人性的最大限度的尊重、对人体验的敬畏、对人的创造性发挥的重视。

（5）开放生态。关于"互联网+"，生态是非常重要的特征，而生态的本身就是开放的。推进"互联网+"，其中一个重要的方向就是要把过去制约创新的环节化解掉，把孤岛式创新连接起来，让研发由人性决定的市场驱动，让创业者有机会实现价值。

（6）连接一切。连接是有层次的，可连接性是有差异的，连接的价值是相差很大的，但是连接一切是"互联网+"的目标。

3.6.2 全球能源互联网

全球能源互联网，是以特高压电网为骨干网架、全球互联的坚强智能电网，是清洁能源在全球范围大规模开发、配置、利用的基础平台，实质就是"特高压电网+智能电网+清洁能源"。特高压电网是关键，智能电网是基础，清洁能源是重点。

全球能源互联网是能源和互联网深度融合的新型能源系统，开放是其最核心的理念，互联网思维和技术的深度融入是其关键特征。能源互联网的基本架构由"能源系统的类互联网化"和"互联网＋"两层组成。前者指能量系统，是互联网思维对现有能源系统的改造，表现为多能源开放互联、能量自由传输和开放对等接入；后者指信息系统，是信息互联网在能源系统的融入，体现在能源物联、能源管理和能源互联网市场等方面，是能源互联网的"操作系统"。

加快全球能源互联网与大数据、云计算、物联网、移动终端等集成融合，为建设智慧城市、智慧国家、智慧地球提供基本平台和服务，让全球能源互联网惠及全人类。

能源互联网就是要推进能源生产的智能化。推进能源生产、运营、管理等与互联网的结合与对接，实现能源生产的一体化和网络化。鼓励能源企业运用大数据技术对设备状态、电能负载等数据进行分析挖掘与预测，开展精准调度、故障判断和预测性维护，提高能源利用效率和安全稳定运行水平。构建能源生产的 B2B（Business to Business，企业到企业）模式，实现供应链（开发，生产，输送等）一体化发展模式。

能源互联网就是要建设开放共享能源网络。建设以太阳能、风能、潮汐能、地热能、生物质能等可再生能源为主体的多能源协调互补的能源互联网。推进可再生能源企业共同构建开放的能源共享网络，实现可再生能源的并网共享。

能源互联网就是要创新能源消费模式。基于分布式能源网络，发展用户端智能化用能、能源共享经济和能源自由交易，促进能源消费生态体系建设。建立起企业与用户的一对一网络连接，实现生产与供应实时、全面、精准的对接。构建能源生产到消费的 O2O（Online To Offline，线上线下服务平台）模式，形成能源的统一生产与服务模式。

3.6.3 互联网+应用

1. 互联网+金融

从我国银行利用互联网技术进行的"通存通兑"存款业务算起，到各家银行后来开展的电子银行，互联网金融起步较早，但相比于发展如火如荼的电子商务领域，其发展一直都不温不火。直到 2013 年 6 月，阿里巴巴推出的"余额宝"，其操作的便捷性、成本的低廉性、参与的互动性及收益的直观性等特点，把互联网金融的优势淋漓尽致的展现出来。2015年的全国人大会议上，李克强的政府工作报告明确提出了“促进互联网金融健康发展”。自此，我国互联网金融出现了全面井喷式发展局面。

互联网金融在我国不仅发展速度快，业务范围也十分广阔。如果从业务的创新性来看，目前我国的互联网金融主要有基于互联网技术的创新型金融业务，如P2P筹融资业务；基于传统线下金融业务的互联网化，如电子银行等。如果从业务属性来看，一是互联网金融交易平台，如“筹融资平台”、“金融产品销售平台”、“证券交易平台”；二是大数据金融分析业务，如征信领域的“信用评级”，证券业务的“软件化高频交易”等；三是传统金融业务的自助化、电子化，如银行业的电子银行，证券业的网上开户等。

2. 互联网+医疗

医疗健康是人类生活追求的永恒主题，也是一个国家和社会发展的基础。随着近年移动互联网的发展，医疗与移动互联网的结合逐渐成为一种新的趋势。随着全国智能手机普及率的提高以及移动宽带网络和服务的拓展，移动医疗无疑将在未来的医疗保健业发挥重要作用。“互联网+医疗”时代的到来意味着医疗领域的华丽蜕变，“更便捷，更高效，更智能”的诊疗弥补了传统医疗的不足，如今挂号、交费、查取报告等一系列原本复杂低效的诊疗全都可以通过互联网上完成，这种科技发展带来的便利被人们快速接受并广为传播，互联网医疗正在潜移默化地改变我们的生活并渗透其中。

互联网医疗是未来医疗健康服务业的必然趋势。第一，在“互联网+”时代下，随着我国老龄化程度加深，医疗服务市场的扩展对远程医疗的需求将会越来越大；第二，随着移动互联网的快速发展，医疗健康领域也搭上了移动互联网的快车，移动医疗进入了一个爆发式发展的阶段，加之国内互联网巨头公司百度、阿里和腾讯等纷纷在移动医疗领域布局，未来的移动医疗市场将作为一座富饶的金矿被开采出来，智能化医疗的时代触手可及；第三，2014年，互联网众巨头强势入驻互联网医疗产业，2015年互联网对医疗产业的改变乃至重构更加猛烈，互联网医疗中国会认为，该产业未来10年将有10倍的增长空间。

3. 互联网+交通

从交通信息化，智能交通、智慧交通到自动驾驶汽车、车联网和现在的“互联网+交通”，近年来交通的新概念层出不穷。但无论概念如何变化，交通面临的核心问题并没有发生改变，即利用信息和通信技术使交通运输更安全、更可靠、更便捷以及减少对环境的污染。今年以来，一些“互联网+交通”应用带来了新业态和新模式，比如一直受到社会关注的互联网出租车，可以看到互联网的应用已经在传统的公交和出租车之外创造出了一种新型的服务方式和业态。

“互联网+交通”催生的创业公司正在往“大”和“小”两个方向上发展。大是把平台做大，获取大数据，进而挖掘出更多的应用。比如百度和高德地图、滴滴打车等，他们在给公众提供出行服务的同时，获取了大量的公众出行数据。百度在2015年春节期间推出了“百度迁徙”，让大家感觉到了大数据的震撼。滴滴打车也推出了下班打车热力图，揭示大城市的生活节奏。而这些数据通过进一步挖掘还能带来更多的应用和商业价值。小是把服务做小做细。依托各大平台的垂直应用正在全面渗透我们的出行和生活。

4. 互联网+教育

“互联网+教育”是以云计算和大数据为核心的云学习环境，为网络教育的发展提供了全新的技术手段和环境基础，为建立更具个性化的学习环境，开发更高质量的学习资源提供了全新的平台。

“互联网+教育”具有以下3个主要特点：首先，互联网教育是非线性的特点，不受时空的限制。在传统的教育中，学生在固定的时间到固定的场所听固定的老师讲授课程。而在互联网教育中，学生只要有上网的终端设备，就可以自由地选择上课时间、地点和上课教师。其次，互联网教育具有开放与分享的特征。互联网教育的开放意味着学习者也可以成为老师，就像优酷土豆一样，学习者可以把自己拍的视频放到网上供大家欣赏，而在互联网教育中则可以将自己打造的课程放到互联网上供别人学习和分享，最明显的就是各大知名学府的免费公开课。最后，互联网教育是“真正”的教育平等。因为互联网打破时空界限，打破某些因素对教育的影响，使得在国内的学生也可以学习牛津、哈佛等全球高等学府的课程，这在一定程度上的确是“真正”地促进了教育的平等。

练习题

一、判断题

1. 教育网属于广域网。(　)
2. 计算机病毒与计算机木马是不同的概念。(　)
3. 有了防火墙和杀毒软件，计算机就不会感染病毒。(　)
4. 在网络这样的虚拟环境中，可以不用遵守法律约束。(　)
5. 光纤的传输效率、利用率不及双绞线。(　)
6. 谷歌搜索是全球最大的中文搜索引擎。(　)
7. 局域网的覆盖范围小，广域网的覆盖范围很大。(　)
8. 局域网的传输速率高于广域网。(　)
9. 网络适配器上的MAC地址是操作系统动态分配的。(　)
10. 一台计算机的IP地址是不变的。(　)

二、单项选择题

1. 局域网简称(　)。
   A. WAN　B. WiFi　C. LAN　D. WLAN
2. 用于不同网络之间相互连接的设备是(　)。
   A. 网络适配器　B. 集线器　C. 交换机　D. 路由器
3. Internet网络中，主要使用的通信协议是(　)。
   A. TCP/IP　B. ADSL　C. http　D. E-mail
4. 无线局域网的简写是(　)。
   A. WiFi　B. WLAN　C. LAN　D. WiMax
5. 网络中的计算机能够相互通信，是因为他们都分配有(　)。
   A. IP地址　B. 子网掩码　C. 物理地址　D. 端口号
6. 下列正确的邮箱地址是(　)。
   A. mail.qq.com　B. 10000@qq.com　C. 10000.qq.com　D. 10000qq@com

7. 下列说法正确的是（ ）。
   A. 只要安装了杀毒软件，计算机就不会感染计算机病毒
   B. 计算机病毒与木马程序是相同的概念
   C. 定期对操作系统和应用软件进行升级，可以有效保护计算机系统和数据的安全
   D. 只要计算机不接入网络，就不会感染计算机病毒
8. 下列 IP 地址错误的是（ ）。
   A. 202.98.256.123　B. 1.2.3.4　C. 192.192.192.192　D. 10.10.10.10
9. 下列关于网络道德规范说法正确的是（ ）。
   A. 网络环境是无限制自由的，不受任何约束
   B. 网络上的资源都是共享的，没有版权、专利
   C. 网络中传播谣言涉嫌违法
   D. 出于兴趣的原因，侵入计算机网络、系统不涉嫌违法
10. 计算机网络最突出的优点是（ ）。
   A. 存储容量大　B. 资源共享　C. 运算速度快　D. 信息相互传递

三、多项选择题

1. 下列是计算机网络中数据传输媒体的是（ ）。
   A. 双绞线　B. 光纤　C. 网卡　D. 同轴电缆
2. 下列使用了计算机网络技术的是（ ）。
   A. 小明使用打车软件叫来一辆专车
   B. 小红使用遥控器打开空调
   C. 李雷在美团网团购了一张火锅代金券
   D. 韩梅梅在淘宝网进行购物
3. 下列网络行为涉嫌违法的是（ ）。
   A. 小明在微博上发布没有事实根据的谣言
   B. 小刚通过木马程序盗取小红的 Q 币、游戏装备
   C. 小胖在网络上公开发表侮辱他人的言论
   D. 小强在某淫秽网站里上传淫秽书刊、图片、影片、音像制品
4. 关于计算机病毒说法正确的是（ ）。
   A. 一个计算机硬件故障问题
   B. 是会危害计算机系统的一种程序
   C. 计算机病毒是人为编写的特定程序
   D. 良好的使用习惯和定期更新杀毒软件可以有效减少受到感染计算机病毒的风险
5. 下列 IP 地址中属于 C 类地址的是（ ）。
   A. 1.2.3.4　B. 192.168.1.1　C. 222.222.1.1　D. 189.0.0.1

四、填空题

1. Internet 网使用的标准网络协议是____协议。
2. Internet 上每一台计算机都有一个分配到的地址，被称为____地址。
3. 超文本传输协议的简称是____。
4. 202.98.121.21 是____类地址。

第 3 章　参考答案

第 4 章　Word 2010 文字处理

本章要点

◇掌握 MS Word2010 的基本操作。
◇掌握文档编辑及格式化。
◇掌握图文混排、表格的应用。
◇掌握长文档编辑及文档打印。
◇熟悉 MS Word 2010 的工作界面及其他功能。

4.1　MS Office 2010

4.1.1　MS Office 2010 软件简介

办公软件通常是指可以进行文字处理、表格制作、演示文稿制作、简单数据库的处理等方面工作的软件。最常见的有 Microsoft Office 系列和金山 WPS 系列等。本书将详细介绍 Microsoft Office 2010。

Microsoft Office（简称 MS Office）是微软公司开发的一套基于 Windows 操作系统的办公软件套装。该系列的版本有 Office 97、Office 2000、Office XP、Office 2003、Office 2007、Office 2010 直到最新的 Office 2016。常用的组件有 Word、Excel、PowerPoint、Access、FrontPage 等。它适用于办公过程中的文字处理、表格处理、幻灯片制作、简单数据库管理，以及 Internet 信息交流等日常办公方面的工作。

MS Office2007 之后版本使用的是一种新的基于 XML 的压缩文件格式，在传统的文件名扩展名后面添加了字母“x”（例如.docx 取代.doc、.xlsx 取代.xls，等等），它比传统的默认文件格式文件所占用空间更小，其本质上是一个 ZIP 压缩格式文件。

要运用 MS Office 2010 组件，必须在操作系统中安装 Office 2010 并启动其相应组件，才能充分发挥其强大的功能，下面将讲述 MS Office 2010 的启动与退出。

4.1.2　MS Office 2010 的启动与退出

1. **启动** MS Office 2010

启动 MS Office 2010 一般有以下几种方法：

（1）快捷方式启动

快捷方式启动是最常用也是最简单的方法，如果桌面上有 Microsoft Office 2010 组件的快捷方式图标，双击快捷方式图标即可启动相应的应用程序，图 4.1 所示为各组件的快捷方式图标。

图 4.1　快捷方式启动

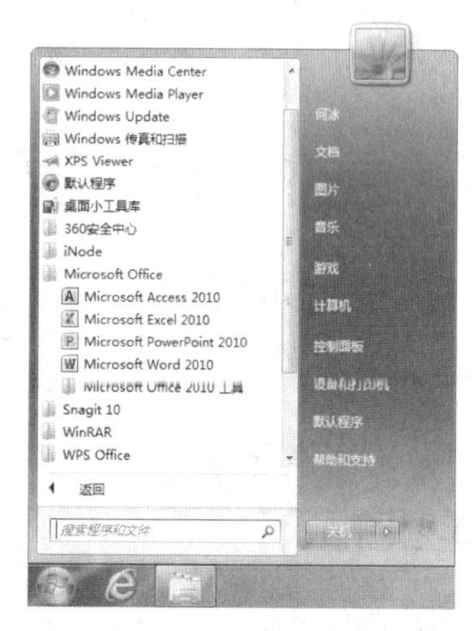

图 4.2　“开始”菜单启动

（2）“开始”菜单启动

单击“开始”→“所有程序”→“Microsoft Office”命令，就可以看到 Office 2010 的所有安装好的组件都显示在下一级菜单中，如图 4.2 所示。单击要打开的相应组件即可启动相关应用程序。

（3）常用文档启动

双击任何一个 MS Office 文档，系统都会自动启动相应的 Office 应用程序并打开此文档。

提示：如果用户经常使用某个组件，则该组件将出现在“开始”菜单的常用程序栏中。

2. 退出 MS Office 2010

用户在完成对 MS Office 2010 文档的操作后，可以通过多种方法退出当前程序组件文档窗口，常用的方法有以下几种：

（1）单击 Office 2010 组件标题栏上的【 x 】关闭按钮。

（2）在 Office 2010 组件中选择“文件”选项卡，在左侧选择“退出”选项。

（3）在 Office 2010 组件的工作界面中按【Alt+F4】快捷键。

（4）在标题栏空白处右击鼠标，在弹出的快捷菜单中选择“关闭”选项。

（5）单击标题栏左上角的程序图标，在弹出的菜单中选择“关闭”选项。

提示：在退出时，如果没对当前编辑过的文档进行保存，则会出现如图 4.3 所示的对话框（以 Word 为例），用户根据提示进行相应操作后，Office 2010 组件窗口才会被关闭。

图 4.3　提示文档是否保存对话框

4.2　MS Word 2010 文字处理软件简介

Microsoft Word 2010 文字处理软件是 MS Office 2010 办公软件系列中的一种。它是一款功能强大的文字处理软件，主要用于文字的编辑和排版，其操作界面直观、一目了然，在文字处理方面极具优势。

4.2.1Word 窗口简介

Microsoft Word 2010 的主界面如图 4.4 所示，主要包括 Office 组件按钮、快速访问工具栏、标题栏、功能选项卡、功能区、“功能区最小化”按钮、“帮助”按钮、文档编辑区、状态栏、缩放比例工具、视图栏和滚动条。

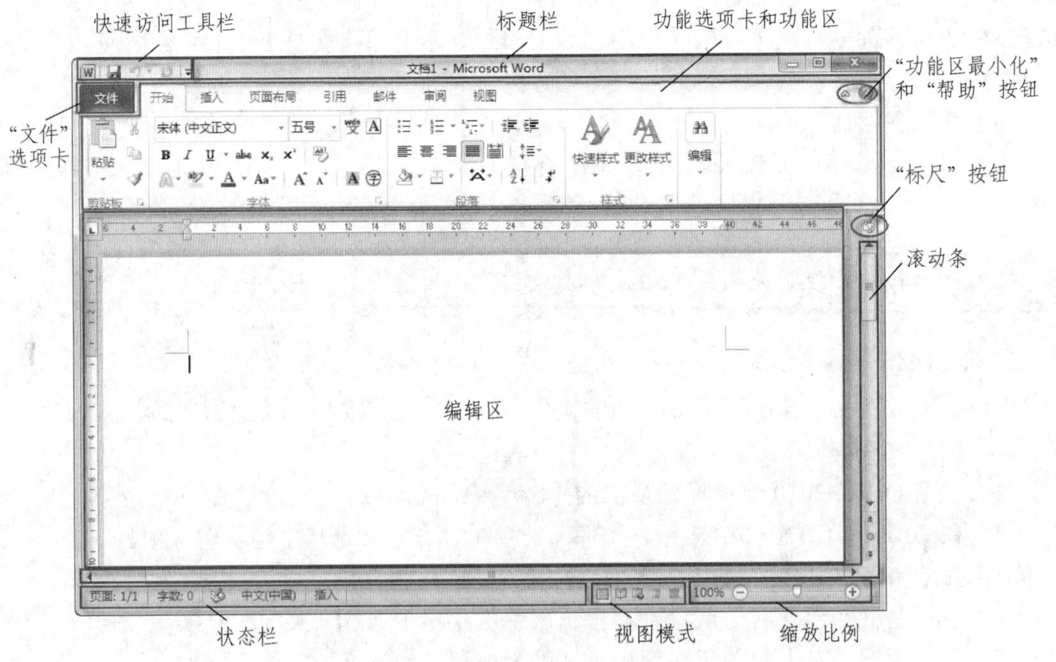

图 4.4　Word 2010 主界面

1. **快速访问工具栏**

在默认状态下，快速访问工具栏位于窗口的顶部，包括保存【】、撤销【】和恢复【】三个按钮。单击快速访问工具栏右侧的下拉三角按钮【】，在弹出的下拉菜单中可以将经常使用的工具按钮添加到快速访问工具栏中，如图 4.5 所示。也可以选择“其他命令”选项，在打开的“Word 选项”对话框中自定义快速访问工具栏，如图 4.6 所示。

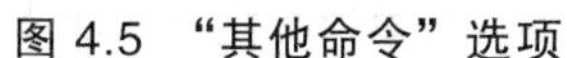

图 4.5 “其他命令”选项

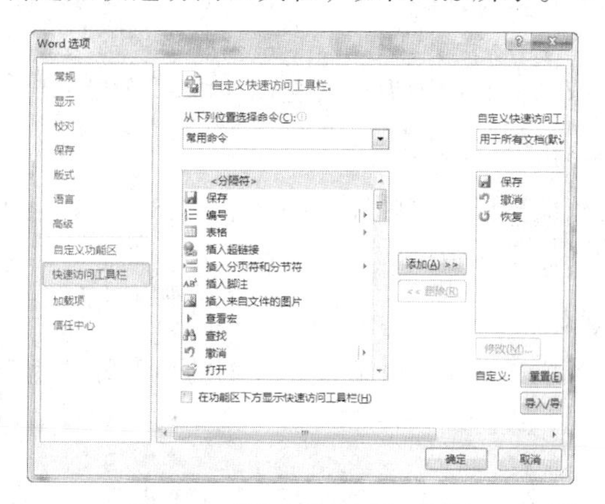

图 4.6 “Word 选项”对话框

2. 标题栏

快速访问工具栏的右侧，用于显示文档标题和程序类型等信息。右侧有 3 个窗口控制按钮，如图 4.7 所示，分别为“最小化”按钮、“向下还原”按钮和“关闭”按钮，单击则可执行相应的操作。

图 4.7 窗口控制按钮

提示：当窗口为非全屏时，窗口控制按键则是：“最小化”按钮，“最大化”按钮和“关闭”按钮。

3. 【文件】选项卡

文档的基本命令，例如“新建”、“打开”、“关闭”、“保存”、“打印”和“选项”位于此处。

4. 功能选项卡和功能区

功能选项卡和功能区是对应的关系。打开某一功能选项，即可打开相应的功能区，在功能区中有许多自动适应窗口大小的工具栏，其中提供了常用的命令按钮或列表。有的工具栏右下角会有一个功能扩展按钮，单击某个工具栏中的功能扩展按钮可以打开相关的对话框或任务窗格进行更详细的设置。

“功能区最小化”按钮和“帮助”按钮在功能选项卡的右侧，单击“功能区最小化”按钮可显示或隐藏功能区，功能区被隐藏时仅显示功能选项卡名称，单击“帮助”按钮可打开相应的 Word 组件帮助信息，如图 4.8 所示。

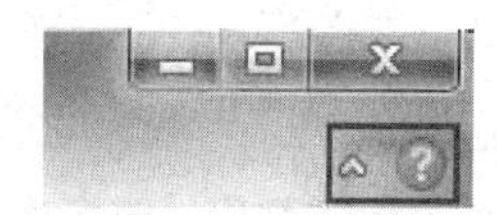

图 4.8 “功能区最小化”和“帮助”按钮

5. **编辑区**

编辑区是最重要的一个区域，所有关于文本编辑的操作都将在该区域中完成。文档编辑区中有一个闪烁的光标叫“文本插入点”，用于定位文本的输入位置。在文档编辑区的左侧和上侧都有标尺，其作用为确定文档在屏幕及纸张上的位置

6. **滚动条**

在文档编辑区的右侧和底部有滚动条，当文档在编辑区只显示了部分内容时，可以通过拖动滚动条显示其他内容。

7. **状态栏**

状态栏位于 Word 2010 操作界面的最下方，用于显示正在编辑的文档相关信息，例如查看页面信息、进行语法检查、切换视图模式和调节显示比例等操作，如图 4.9 所示。

图 4.9　状态栏

8. **视图模式按钮**

视图模式按钮位于状态栏右侧，单击要显示的视图类型按钮即可切换至相应的视图模式，对文档进行查看。

9. **显示比例**

显示比例位于视图栏的右侧，用于设置文档编辑区域的显示比例，也可以通过拖动滑块来进行方便快捷的缩放文档的显示比例。

提示：如果不清楚工具栏按钮的用途，只需将鼠标指针移动到相应按钮位置，Word 将自动提供“屏幕提示”，将该按钮的相关说明显示在其下方。

4.2.2 Word 视图

1. **视图模式**

Word 2010 中提供了多种视图模式供用户选择，这些视图模式包括“页面视图”、“阅读版式视图”、“Web 版式视图”、“大纲视图”和“草稿视图” 5 种视图模式，用户可以在文档窗口的右下方单击视图按钮选择视图模式，也可以在【视图】选项卡功能区中选择需要的文档视图模式，如图 4.10 所示。

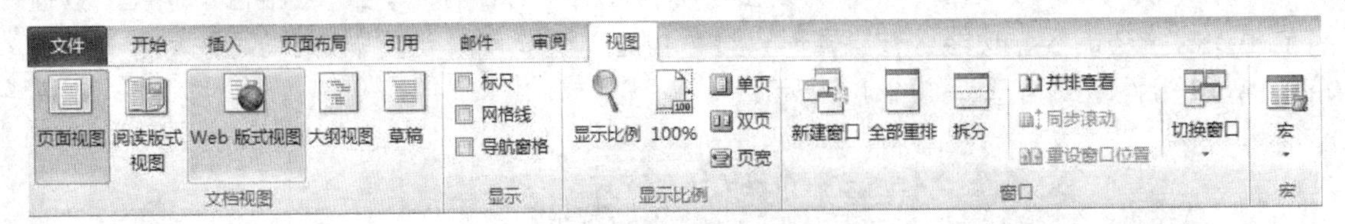

图 4.10 【视图】选项卡

（1）页面视图是 Word 启动后的默认视图，它可以显示 Word 2010 文档的打印结果外观，主要包括页眉、页脚、图形对象、分栏设置、页面边距等元素，是最接近打印结果的视图，如图 4.11 所示。

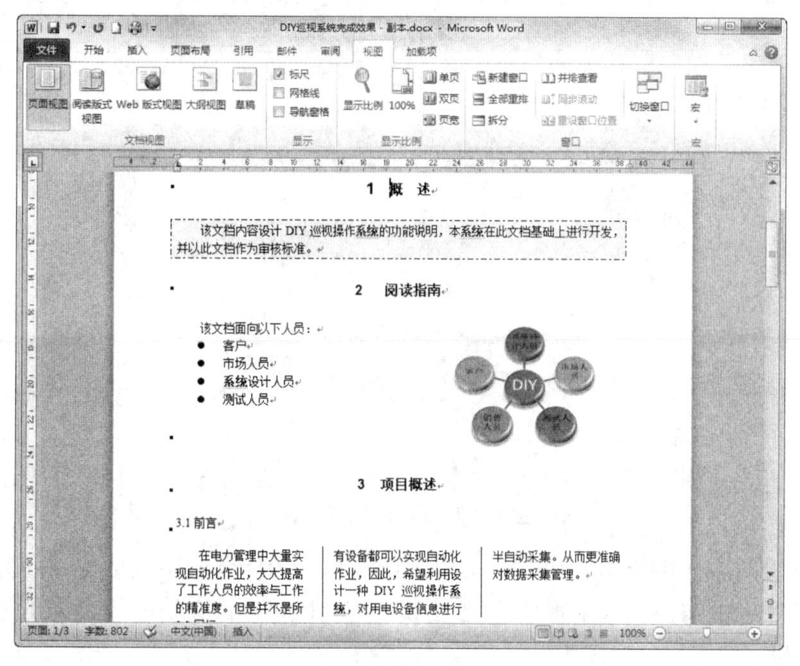

图 4.11 页面视图

（2）阅读版式视图是以图书的分栏样式显示 Word 2010 文档，功能选项卡、功能区等窗口元素被隐藏起来。在阅读版式视图中，用户还可以单击“工具”按钮选择各种阅读工具，如图 4.12 所示。

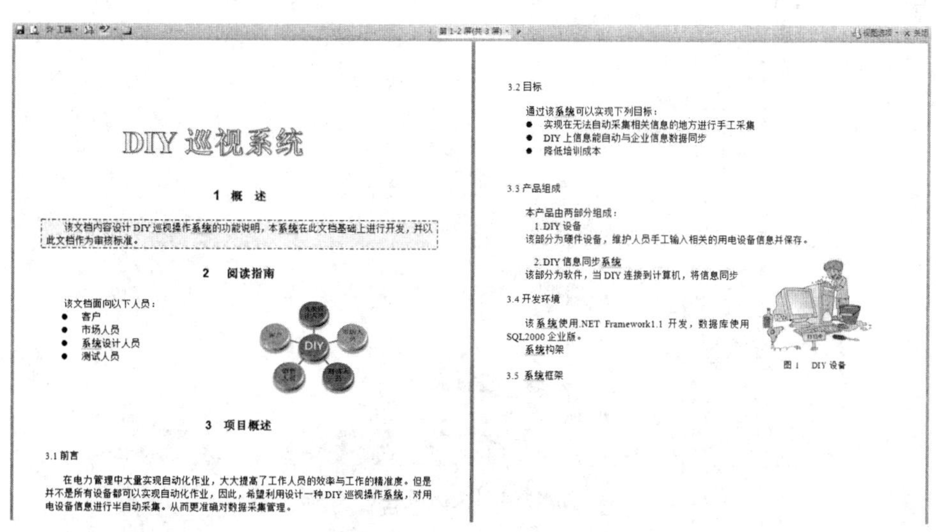

图 4.12 阅读版式视图

（3）Web 版式视图以网页的形式显示 Word 2010 文档，Web 版式视图适用于发送电子邮件和创建网页，如图 4.13 所示。

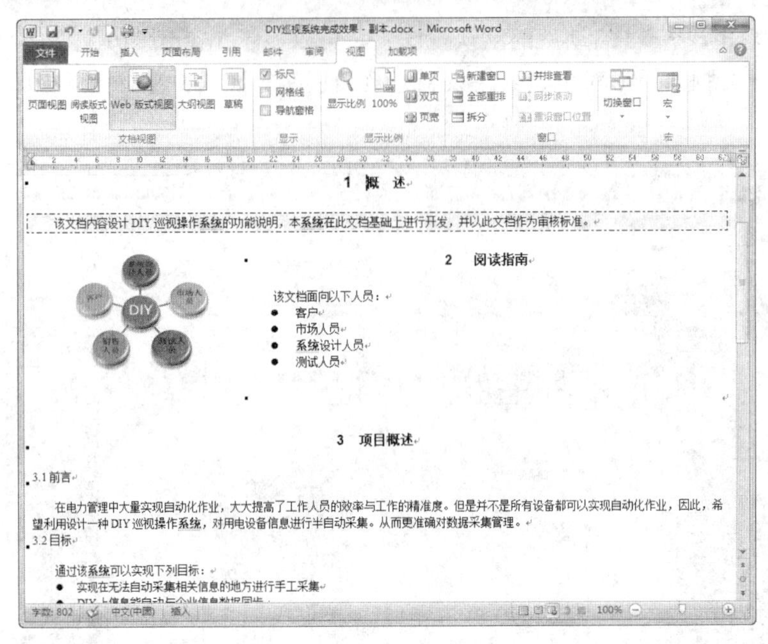

图 4.13　Web 版式视图

（4）大纲视图主要用于 Word 2010 文档的设置和显示标题的层级结构，并可以方便地折叠和展开各种层级的文档。大纲视图广泛应用于 Word 2010 长文档的快速浏览和设置，如图 4.14 所示。

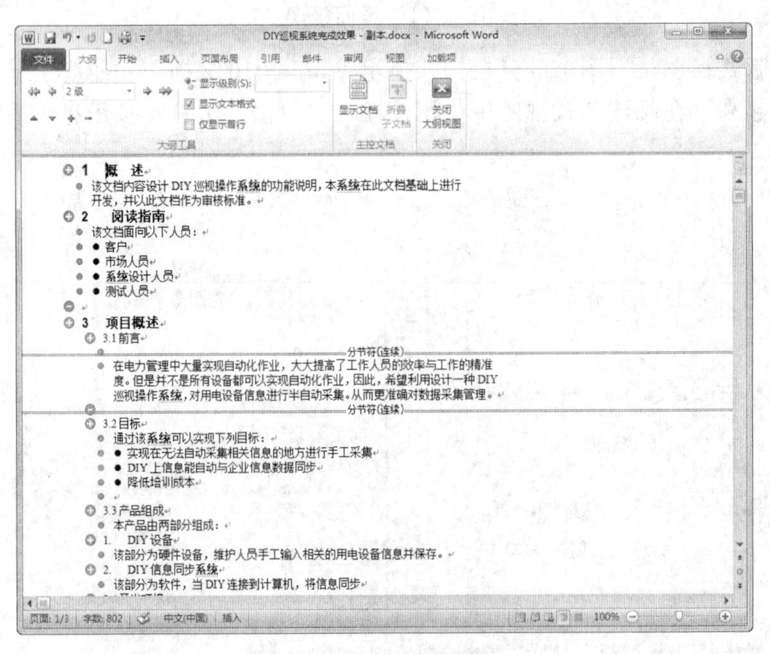

图 4.14　大纲视图

（5）草稿视图取消了页面边距、分栏、页眉页脚和图片等元素，仅显示标题和正文，是最节省计算机系统硬件资源的视图模式。当然现在计算机系统的硬件配置都比较高，基本上不存在由于硬件配置偏低而使 Word 2010 运行遇到障碍的问题，如图 4.15 所示。

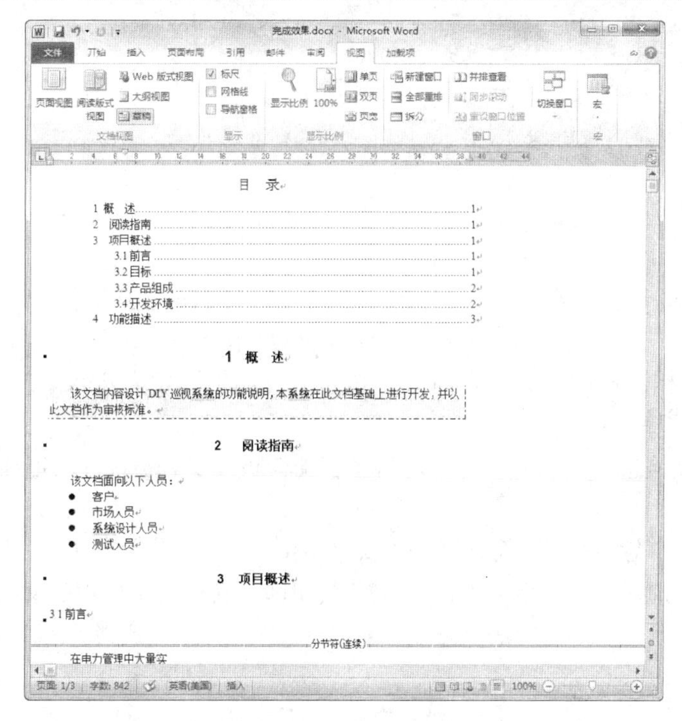

图 4.15 草稿视图

2. 显示比例

可根据需要在【视图】选项卡“显示比例”分组中单击相应按钮来设置文档编辑区域的显示比例。主要包括：自由设定“显示比例”、“100%”比例调整、按“单页”、“双页”和按“页面宽度显示”等选项显示。

3. 窗口排列

当打开多个 Word 文档时，可在【视图】选项卡“窗口”分组中单击相应按钮来对文档进行排列，以便对比、查看。主要包括：“新建窗口”、“全部重排”、“拆分”、“并排查看”、“同步滚动”、“重设窗口位置”和“切换窗口”等选项。

4.3 文档的基本操作

4.3.1 新建文档

1. 新建空白文档

在启动 Word 2010 后，会自动新建一个默认文件名为“文档 1”的空白文档。在操作中也可新建文档，其方法有：

（1）启动 Word 2010 后，按组合键【Ctrl+N】，可以快速新建一个空白文档。

（2）在启动 Word 2010 后，执行【文件】→【新建】命令中“可用模板”选项，选择“空白文档”模板，然后单击“创建”按钮，即可完成，如图 4.16 所示。

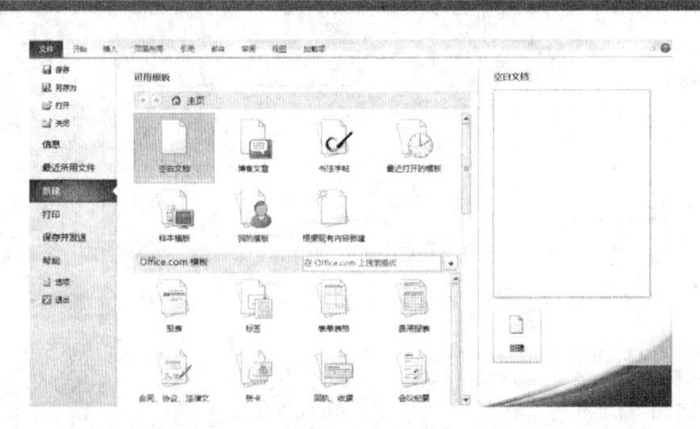

图 4.16 “可用模板”选项

Word 2010 文档默认的扩展名为.docx，模板文件的扩展名为.dotx。

2. **新建模板文档**

除新建空白文档进行编辑外，还可以创建基于模板的文档，它可以提高办公的工作效率，操作方法与新建文档类似。

如图 4.16 所示，在打开的“可用模板”窗口中单击“样本模板”图标，然后在“样本模板”窗口中根据需要来选择模板类型，单击“创建”按钮即可新建基于模板的文档，如图 4.17 所示。

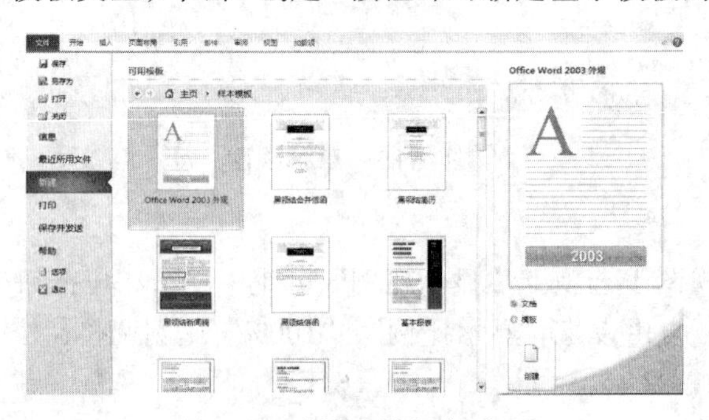

图 4.17 “样本模板”选项

3. **根据现有内容新建文档**

为了提高工作效率，若想新建的文档跟以前编辑的文档类似，可以直接在现有内容上新建文档，操作方法与前两种新建文档类似。

如图 4.16 所示，在打开的“可用模板”窗口中单击“根据现有内容新建”图标，弹出“根据现有文档新建”对话框，在该对话框中选择相应的文档，当选择文档后，“打开”按钮即变成“新建”按钮，然后单击“新建”按钮即可，如图 4.18 所示。

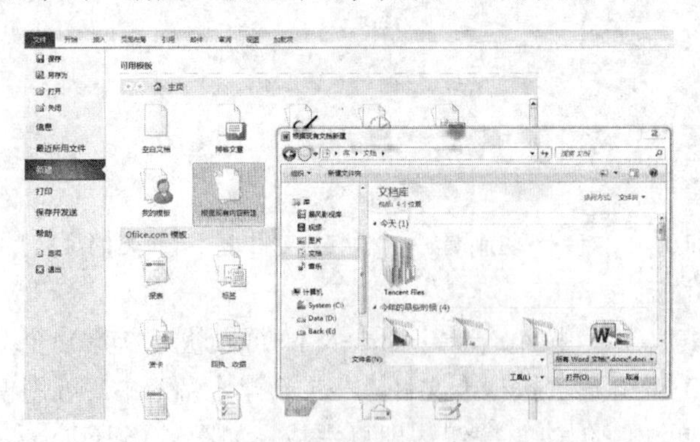

图 4.18 “根据现有文档新建”对话框

4.3.2　打开文档

通过以下方法可以打开 Word 文档：

（1）直接双击计算机中现有的 Word 文档。

（2）启动 Word 后，执行【文件】→【打开】命令，在弹出的“打开”对话框中选择需要打开的文档，如图 4.19 所示。

（3）启动 Word 后按【Ctrl+O】组合键。

（4）启动 Word 后，把相对应的文档拖到程序的窗口中，也可打开文档。

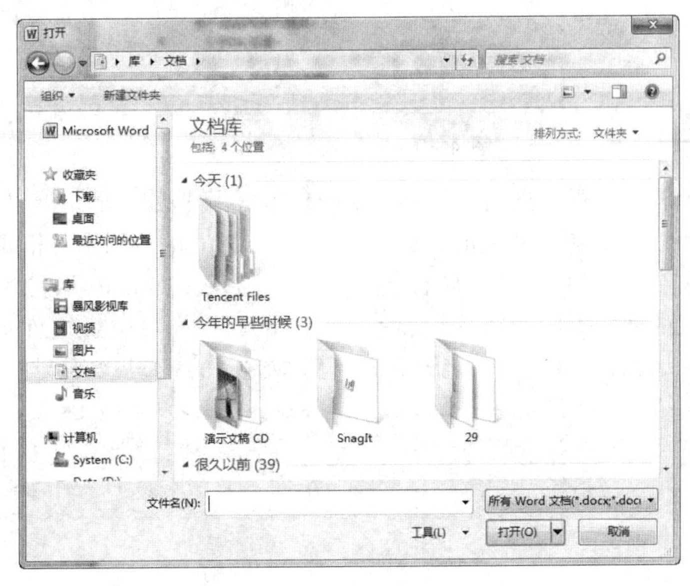

图 4.19　“打开”对话框

4.3.3　文档保存与关闭

1. 手动保存

文档创建好后应及时保存，否则因断电或误操作易导致数据丢失，文档保存的方法有：

（1）在 Word 2010 文档工作窗口中，单击主窗口左上角的“自定义快速访问工具栏”中的保存按钮【💾】。

（2）在 Word 2010 文档工作窗口中，执行【文件】→【保存】命令。

（3）按组合键【Ctrl+S】快速保存文档。

① 若是首次保存则会弹出一个“另存为”对话框，在“另存为”对话框中，确定文件的存储路径、文件名及保存类型，然后单击“保存”按钮，如图 4.20 所示。

② 当第一次保存以后再执行保存操作，选择“保存”命令不会弹出“另存为”对话框，只有选择“另存为”命令才会弹出“另存为”对话框，此方法可方便实现对文档重新命名存储，若是不需要重新命名存储或更改存储路径以及文件类型，就可以直接选择“保存”命令。

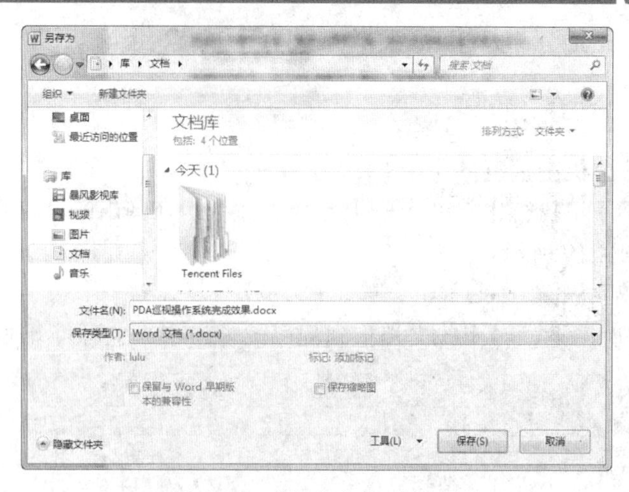

图 4.20 “另存为”对话框

Word 2010 文档默认的扩展名为.docx，Word 2003 文档默认的扩展名为.doc，.docx 是 Microsoft Office2007 之后版本使用的，是用新的基于 XML 的压缩文件格式取代了其之前专有的默认文件格式，在传统的文件扩展名后面添加了字母 x（即.docx 取代.doc、.xlsx 取代.xls 等等），.docx 格式的文件本质上是一个 ZIP 文件，.docx 文件比.doc 文件所占用空间更小。Word 2010 文档默认模板文件的扩展名为.dotx，而 Word 2003 模板文件默认的扩展名为.dot。

提示：在对 Word 新文档进行编辑之前可以将文档的文件名设定好，并加以保存。对文档的命名，一般是按文档内容命名文档，新建一个空白文档默认的文件名是“文档 1”。

2. 自动保存

（1）Word 还提供了自动保存，在“另存为”对话框中，选择“工具”下拉按钮中的“保存选项”，如图 4.21 所示。

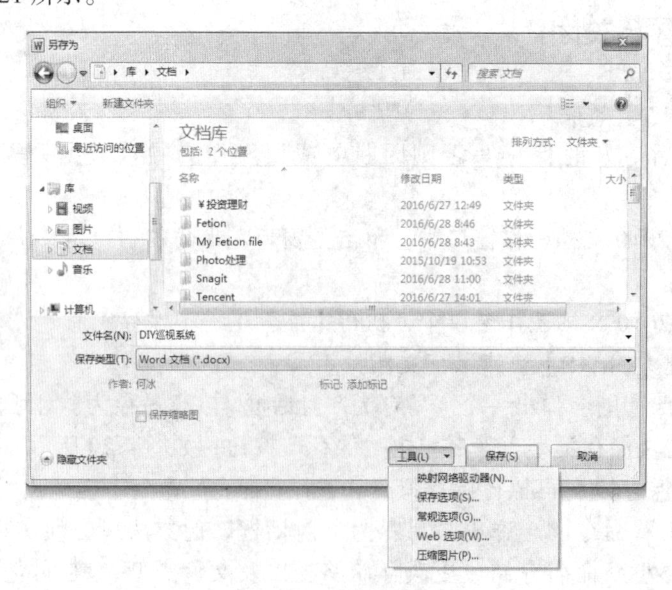

图 4.21 保存选项

（2）弹出“Word 选项”对话框，默认自动保存的间隔时间为 10 分钟，如图 4.22 所示，可进行相应设置更改，然后单击“确定”即可。

图 4.22　自动保存间隔时间设置

3. **文档关闭**

在 Word 中，执行【文件】→【关闭】命令即可关闭当前操作的 Word 文档而不退出 Word 程序。

（1）若该文档在关闭之前进行过编辑而未对其保存，则会弹出提示是否保存对话框，如图 4.23 所示。

图 4.23　是否保存对话框

（2）按组合键【Ctrl+W】快速关闭文档。

4.4　文档的编辑

4.4.1　文档的输入

文字录入是 Word 最基本的功能，在 Word 中输入文本有以下 2 种方法：

1. **键盘输入**

键盘输入是一种非常普通的文本输入方法。在编辑状态下，在文本插入点即闪烁的光标

符号“|”这个位置可以输入所需要的文本内容，如平常使用的汉字、字母、数字、普通符号等文本都是用此方法输入的。

2. **插入功能输入**

一些特殊的文本，如陌生字符、特殊符号和编号等，有些用键盘直接输入不了，则可使用“插入”功能输入，以弥补键盘输入的不足。

（1）插入其他字符或陌生汉字

① 如果输入时遇到不认识的字，用键盘或某一中文输入法都无法输入时，可以执行【插入】→【Ω 符号】符号命令，在弹出的选项中单击“其他符号”按钮，弹出“符号”对话框，在“子集”下拉列表中根据需要选择相应选项，如图 4.24 所示的“其他符号”和图 4.25 所示的“CJK 统一汉字”选项。

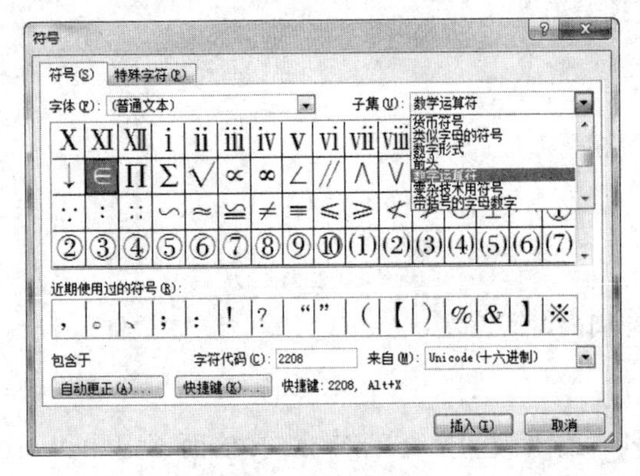

图 4.24　其他符号

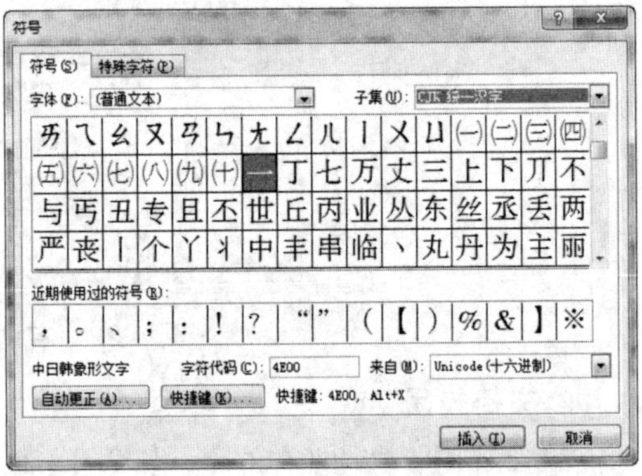

图 4.25　CJK 统一汉字

② 在显示的列表中，可以根据需要选择要输入的字符后，单击“插入”按钮即可将其输入到文档中。

（2）输入特殊符号

与上述相同的方法，打开“符号”对话框中的“特殊字符”选项，如图 4.26 所示，在下方的列表中选择相应的符号插入即可。

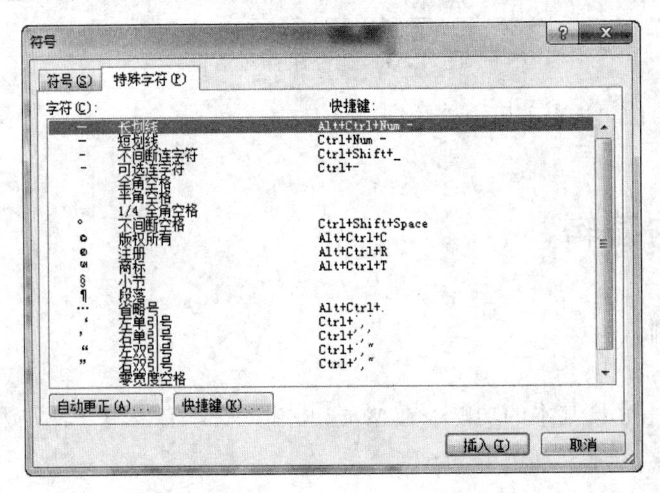

图 4.26　“特殊符号”选项

照以上方法输入一篇文档“DIY 巡视系统”，此文档将作为 Word 后续操作的共用案例文档。

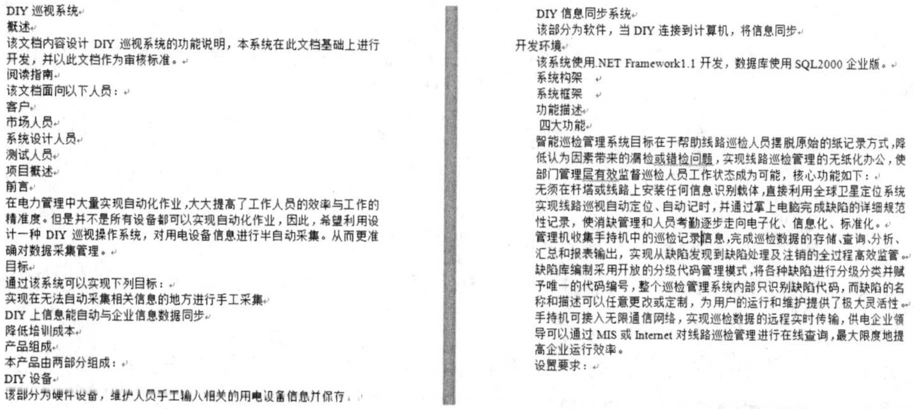

DIY 巡视系统
概述
该文档内容设计 DIY 巡视系统的功能说明，本系统在此文档基础上进行开发，并以此文档作为审核标准。
阅读指南
该文档面向以下人员：
客户
市场人员
系统设计人员
测试人员
项目概述
前言
在电力管理中大量实现自动化作业，大大提高了工作人员的效率与工作的精准度。但是并不是所有设备都可以实现自动化作业，因此，希望利用设计一种 DIY 巡视操作系统，对用电设备信息进行半自动采集。从而更准确对数据采集管理。
目标
通过该系统可以实现下列目标：
实现在无法自动采集相关信息的地方进行手工采集
DIY 上信息能自动与企业信息数据同步
降低培训成本
产品组成
本产品由两部分组成：
DIY 设备
该部分为硬件设备，维护人员手工输入相关的用电设备信息并保存。
DIY 信息同步系统
该部分为软件，当 DIY 连接到计算机，将信息同步
开发环境
该系统使用.NET Framework1.1 开发，数据库使用 SQL2000 企业版。
系统构架
系统框架
功能描述
四大功能
智能巡检管理系统目标在于帮助线路巡检人员摆脱原始的纸记录方式，降低认为因素带来的漏检或错检问题，实现线路巡检管理的无纸化办公，使部门管理层有效监督巡检人员工作状态成为可能，核心功能如下：
无须在杆塔或线路上安装任何信息识别载体，直接利用全球卫星定位系统实现线路巡视自动定位、自动记时，并通过掌上电脑完成缺陷的详细规范性记录，使消缺管理和人员考勤逐步走向电子化、信息化、标准化。
管理机收集手持机中的巡检记录信息，完成巡检数据的存储、查询、分析、汇总和报表输出，实现从缺陷发现到缺陷处理及注销的全过程高效监管。
缺陷库编制采用开放的分级代码管理模式，将各种缺陷进行分级分类并赋予唯一的代码编号，整个巡检管理系统内部只识别缺陷代码，而缺陷的名称和描述可以任意更改或定制，为用户的运行和维护提供了极大灵活性。
手持机可接入无限通信网络，实现巡检数据的远程实时传输，供电企业领导可以通过 MIS 或 Internet 对线路巡检管理进行在线查询，最大限度地提高企业运行效率。
设置要求：

提示：如果在输入的文字下面出现红色波浪线，则表示拼写错误；如果出现绿色波浪线则表示语法错误。

4.4.2 文档的选择

一篇文章的修改与编辑过程主要包括插入、移动、复制、删除、查找及替换等操作，但是，编辑操作对象又可分为插入点、字、词、句、行、段、全文等，所以，准确选择操作对象，就成为编辑活动的重要一步。

用鼠标选择对象的方法如表 4.1 所示。

表 4.1 鼠标选择对象

选择内容	选择方法	选择内容	选择方法
插入点	闪烁“｜”形光标在需要写入的位置单击鼠标	一行	单击文本行左侧空白区域
一个字或词	在文字上双击	一段	双击段落左侧空白区域
一句	按住【Ctrl】键并同时用光标单击待选句子	全文	三击段落左侧空白区域
矩形区域	按住【Alt】键并同时按住鼠标左键拖动待选内容		

用键盘选择对象的方法如表 4.2 所示。

表 4.2 键盘选择对象

按键	选择内容	按键	选择内容
Shift+←	向左选择一个字符	Ctrl+Shift+←	当前单词开头
Shift+→	向右选择一个字符	Ctrl+Shift+→	下一单词结尾
Home	移到行首	Shift+Home	选取到当前行的开头
End	移到行尾	Shift+End	选取到当前行的结尾

4.4.3 文档的编辑

在 Word 中，如果输入有误，可进行移动、复制、修改、删除、撤销、查找和替换等操作编辑文档。

1. 移动或剪切

（1）移动的方法

① 选定需要移动的内容，按住鼠标左键拖动至目标位置后释放鼠标。

② 选定需要移动的内容，按【Ctrl+X】组合键，光标定位到目标位置，按【Ctrl+V】组合键粘贴。

③ 选定需要移动的内容，鼠标执行【剪切】剪切按钮，将光标定位在目标位置后单击【粘贴】粘贴按钮来完成移动。

（2）剪切操作

剪切操作和移动操作类似，剪切的目的是将所选定的内容放到 Word 的剪贴板中，原选定的内容消失。粘贴的目的是将 Word 剪贴板中的内容放到光标定位的目标处。

2. 复制与粘贴

复制与移动相似，只是移动内容后，原位置不再存在移动的内容，而复制后，原位置和目标位置均有该内容。复制的方法有：

（1）选定需要复制的内容，按住【Ctrl】键并同时按住鼠标左键拖动至目标位置后释放鼠标。

（2）选定需要复制的内容，按【Ctrl+C】组合键，光标定位到需要粘贴文本的位置，按【Ctrl+V】组合键粘贴。

（3）选定需要复制的内容，用鼠标执行【复制】复制和【粘贴】粘贴操作来完成移动。

在 Word 2010 中，“粘贴”有 3 个选项，如图 4.27 所示。

“保留源格式”：单击该按钮，粘贴的内容将保留原内容的相关格式设置。

“合并格式”：单击该按钮，粘贴的内容所具有的格式将被粘贴位置处的文字格式所合并。

“只保留文本”：单击该按钮，则粘贴所复制的文字并清除原复制文字的所有格式。

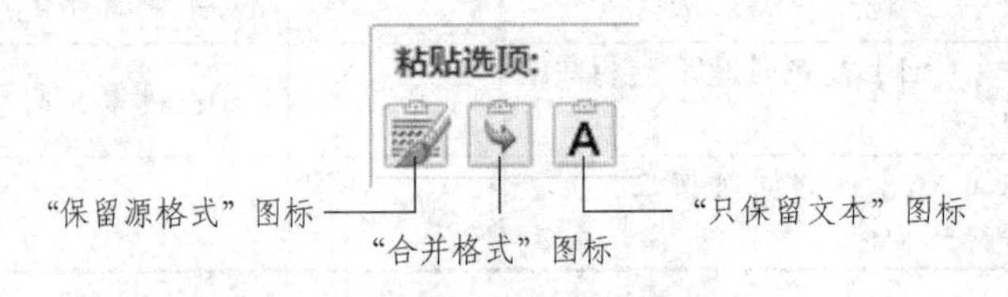

图 4.27 “粘贴”选项

3. 修　改

（1）添　加

用户如果想添加一段新的内容，可在要添加文本的位置单击鼠标，输入新内容即可。

（2）修　改

① 如果对输入的内容不满意想改写一段内容，可以在选择需要修改的内容后重新输入正确的内容。

② Word 默认状态下是“插入”方式输入文字，还可以通过“改写”状态修改文本，把

光标移动到要修改的文本前，查看文档窗口的状态栏显示的状态是否是为改写。如果不是，按下键盘上的【Insert】键，则状态栏中的“插入”变为“改写”模式，此时输入，光标右侧文字就会被输入的文字替代，再按一下【Insert】键可退出改写状态，如图 4.28 所示。

页面: 17/75 | 字数: 28,769 | 中文(中国) | 插入

图 4.28 “插入”、“改写”状态

4. 删 除

如果在文档中输入了多余、错误或重复的内容，可删除相关内容。删除的方法有：

（1）选中需要删除的内容，按【BackSpace】或【Delete】键删除。

（2）也可将插入点定位后，按【BackSpace】键删除光标左侧的内容或按【Delete】键删除光标右侧的内容。

4.4.4 撤销与恢复

在编辑文档的时候，如果所做的操作不合适，而想返回到当前结果前面的状态，则可以通过“撤销”或“恢复”功能实现。“撤销”功能可以保留最近执行的操作记录，用户可以按照从后到前的顺序撤销若干步骤，但不能有选择地撤销不连续的操作。用户可以按下【Ctrl+Z】组合键执行撤销操作，也可以单击“快速访问工具栏”中的【 】撤销按钮。

执行撤销操作后，还可以将文档恢复到最新编辑的状态。当用户执行一次“撤销”操作后，用户可以按下【Ctrl+Y】组合键执行恢复操作，也可以单击“快速访问工具栏”中已经变成可用状态的【 】恢复键入按钮。

4.4.5 查找与替换

在一篇长文档中，有时需要将一些多次出现的字、词替换为其他内容，或者将网页上的文字复制到 Word 后，发现有一些文本不到一段就换行或者两行间有多余的空行，如果用手工删除整篇文档中无用的换行符非常麻烦，而运用 Word 中的“查找与替换”功能可方便地实现：在文档中迅速定位所要查找的相关内容、对查找的内容进行批量替换操作、查找和替换字符格式（例如查找或替换字体、段落等格式）和特殊格式，具体操作步骤如下：

1. 文本查找

（1）在【开始】选项卡“编辑”分组中单击【 查找】查找按钮，激活“导航”窗格，在文本框中输入需要查找的文本内容，查询结果即会在文档中高亮显示出来，如图 4.29 所示。

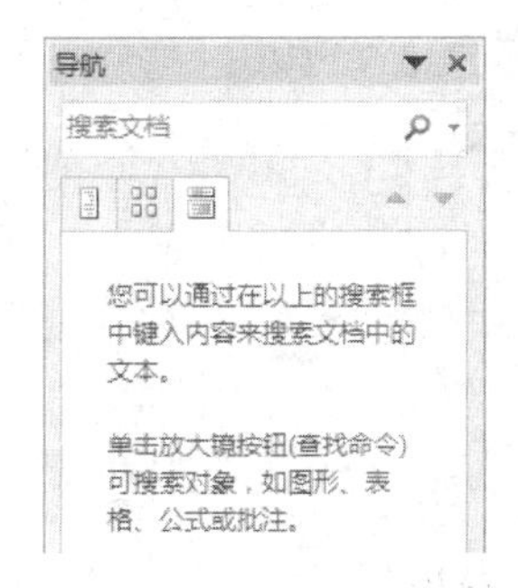

图 4.29 “导航”窗格

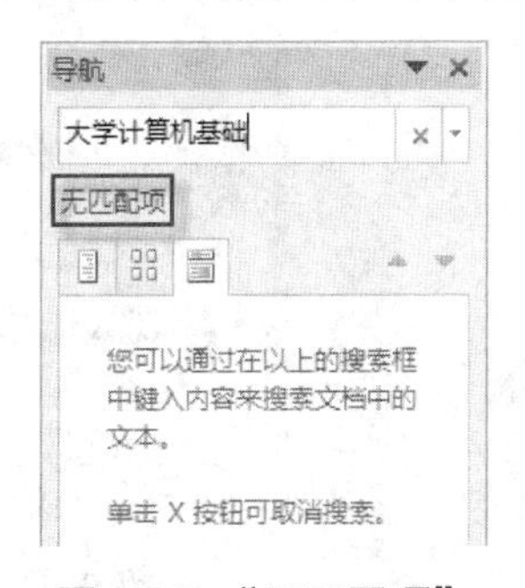

图 4.30 “无匹配项”

（2）若未查找到相关内容则会提示“无匹配项”，如图 4.30 所示。

2. 文本替换

（1）在【开始】选项卡“编辑”分组中单击【替换】按钮，打开“查找和替换”对话框，如图 4.31 所示。

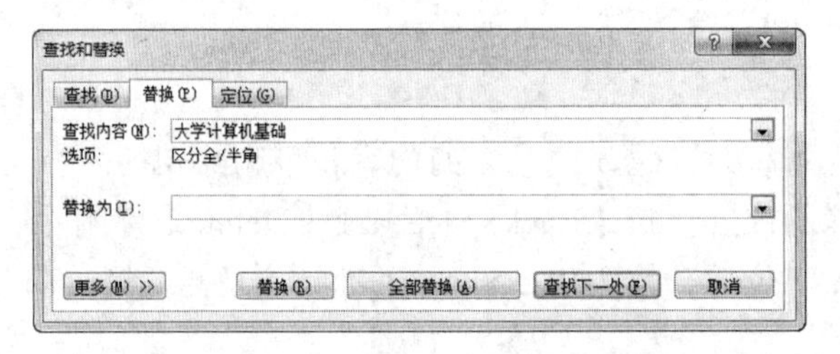

图 4.31 “查找和替换”对话框

（2）若只做普通的文本替换，可在“替换”选项卡中“查找内容”和“替换为”文本框内分别输入要查找和替换的文本，再根据需要单击“替换”或“全部替换”即可。

（3）若替换英文字母时想区别大小写，则还需单击“更多”按钮，以显示更多的查找选项，如图 4.32 所示，在“搜索选项”组中勾选“区分大小写”复选框。

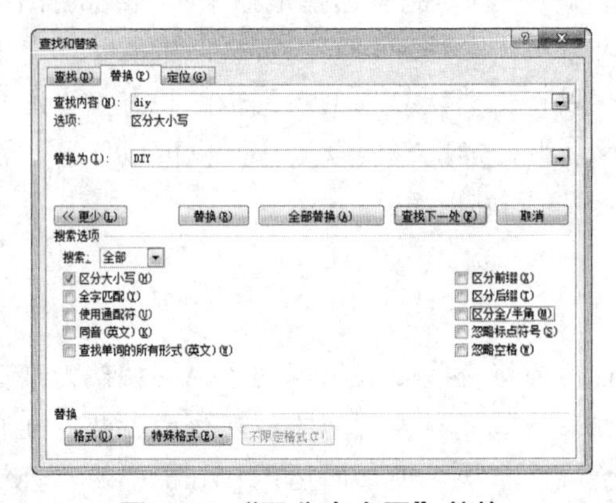

图 4.32 “区分大小写”替换

（4）若想使用通配符模糊查找，则勾选“使用通配符”复选框，“?”代表一个字符，“*”代表多个字符，如图 4.33 所示。

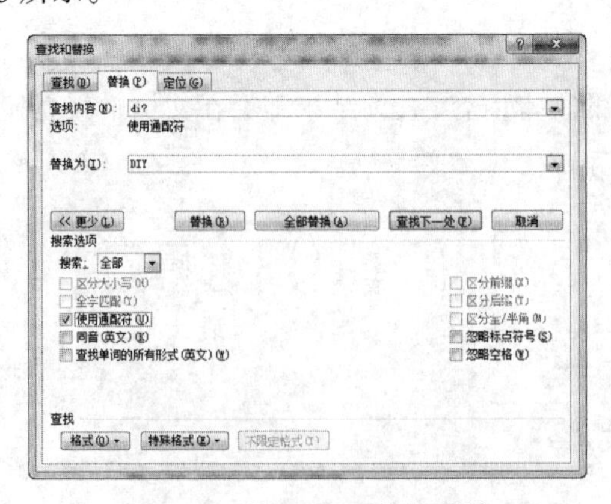

图 4.33 “使用通配符”替换

（5）若替换时想给文本加上一些格式，可在“替换”组中单击“格式”按钮，根据需要指定相应格式，如图 4.34 所示，具体的格式编辑方法将在后文予以介绍。

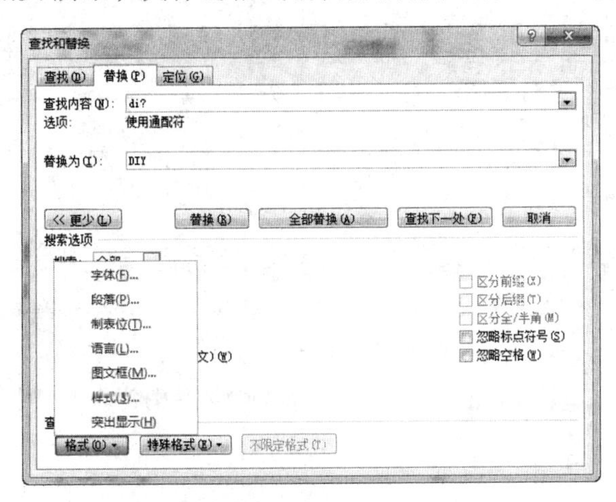

图 4.34　替换带格式的内容

3. 特殊格式替换

（1）换行符“↓”

① 在“查找内容”中选择“特殊字符”中的“手动换行符”，在输入框中会显示为“^l”。

② 在“替换为”中插入一个“段落标记”，输入框会显示为“^p”，然后单击“全部替换”即可，如图 4.35 所示。

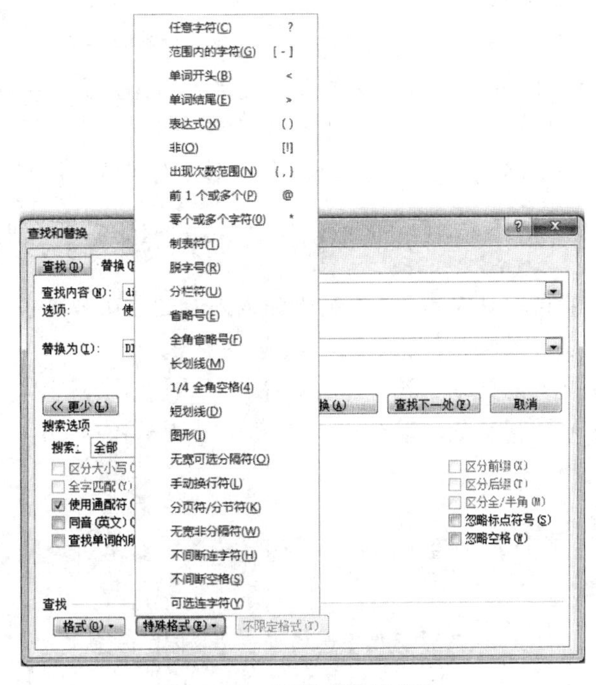

图 4.35　替换“换行符”

（2）多余空行

用同样的方法在“查找内容”框中选择“特殊字符”中的“段落标记”两次会显示为“^

p ^ p”，在“替换为”输入框中插入一个“段落标记”，然后按下“全部替换”按键，可删除单行的空行，对于多行空行，可进行重复替换，直到删除全部空行为止，如图 4.36 所示。

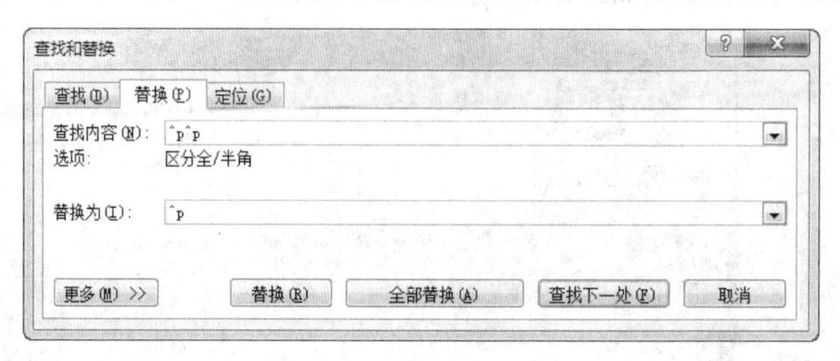

图 4.36 替换“空行”

4.5 格式化文档

在完成文档的基本创建后，为方便他人阅读文档或达到美观效果，需要对文档进行必要的格式化操作。

4.5.1 字体格式

1. 设置字体、字号、字形及文字效果

在 Word 中，默认的中文字体为“宋体”，英文字体为“Times New Roman”，字号为“五”号，颜色为“黑色”。Word 2010 提供了两种表示文字大小的方法：一种是“字号”“，初号字最大，其次是小初、一号、小一……，最小是八号字；另一种是“磅”，用阿拉伯数字表示大小，数字越大所表示的字越大。以下是几种不同字体、字号的例子：

黑体五号字，宋体小三号字，仿宋 11 磅字，华文彩云 16 号字

通过字体格式的设置可以让 Word 文档突出输入内容的层次及特色，外观变得更加漂亮。设置文本字体、字形、字号及颜色等格式的方法有：

（1）选中需要设置格式的文本，选择【开始】选项卡，在“字体”分组中单击相应按钮可设置字体、字形、字号及特殊效果等格式，如图 4.37 所示。

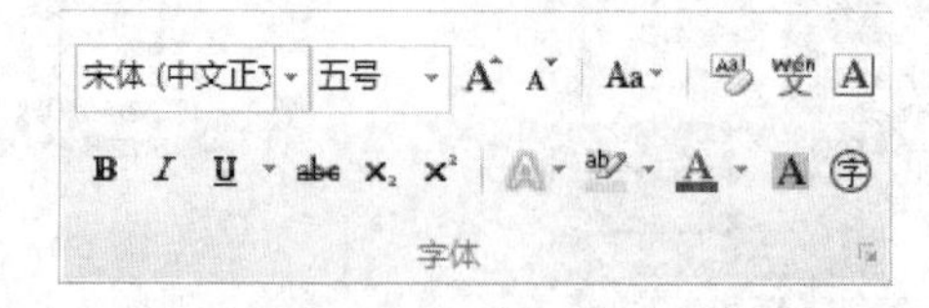

图 4.37 【开始】选项卡－“字体”分组

（2）选中需要设置格式的文本，在“字体”分组中单击右下角的【 】按钮，在打开的“字体”对话框中有“字体”和“高级”两个选项卡。在“字体”对话框中设置文本效果格式，如图 4.38 所示，除可设置字体、字形、字号、颜色和效果等格式外，还可以对字体进行特殊

要求的设置，如图 4.39 所示，最后单击“确定”按钮，即可完成对文本的字体格式设置。

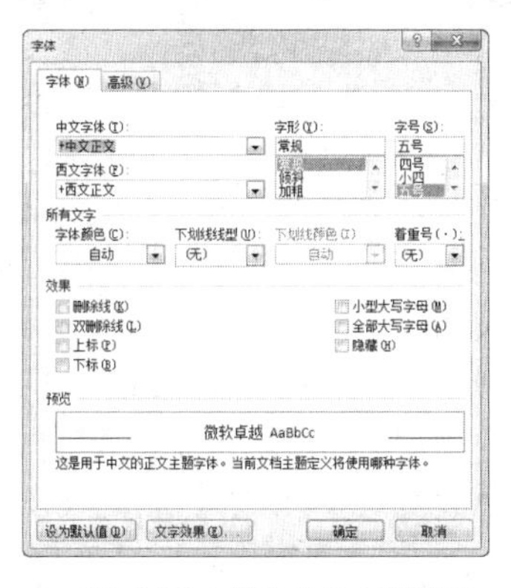

图 4.38 “字体”对话框

图 4.39 文本效果格式

（3）选中需要设置格式的文本，在其弹出的浮动工具栏中也可以设置字体格式，如图 4.40 所示。

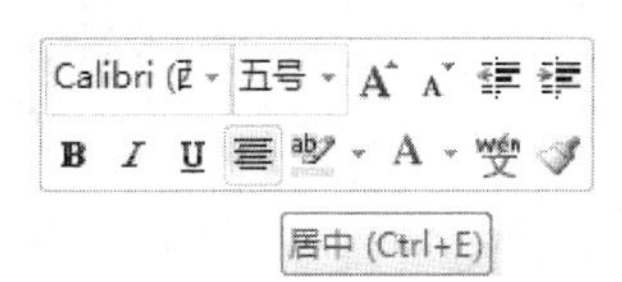

图 4.40 浮动工具栏

2. 设置字符间距

字符间距是指两个字符之间的间隔距离。“字体”对话框的“高级”选项卡中的“字符间距”选项，可调整文字间的间隔距离，如图 4.41 所示。

图 4.41 “高级”选项卡

4.5.2 段落格式

段落是文档的基本组成单位，可以使文档内容层次分明、结构清晰，它是以段落标记“↵”作为结束的一段任意数量的文字、图形及其他内容的组合。

图 4.42　设置隐藏段落标记

按一次【Enter】键就是表示要开始一个新的段落，段落具有继承前续段落格式的特性。段落标记是一个非打印字符（即只可在屏幕上显示，而不能打印输出），段落标记在 Word 2010 中默认是始终显示的，可通过【文件】→【选项】对话框中的“显示”选项卡设置隐藏段落标记，如图 4.42 所示，然后再通过【开始】选项卡“段落”分组中的【↵】按钮来显示/隐藏编辑标记。

段落格式的设置包括段落对齐方式、缩进、行间距及段间距等。

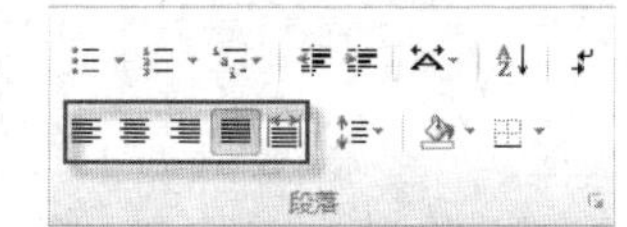

图 4.43　段落对齐方式

1. 段落对齐方式

段落有 5 种对齐方式：左对齐、居中对齐、右对齐、两端对齐和分散对齐。设置段落的对齐方式有以下几种方法：

（1）选定需要设置的段落，单击“段落”分组中相应的对齐按钮即可，如图 4.43 所示。

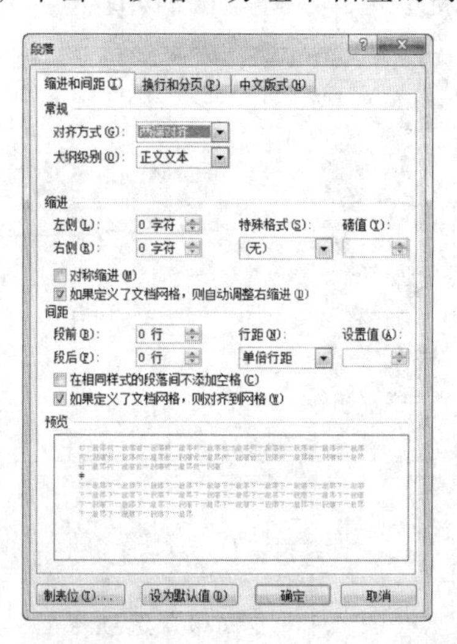

图 4.44“段落”对话框—“缩进和间距”选项卡

（2）还可选中需要设置格式的段落，单击“段落”分组右下角的【 】按钮，打开“段落”对话框，在“缩进和间距”选项卡的“常规”分组中的“对齐方式”进行设置，如图 4.44 所示。

（3）利用组合键也可进行段落对齐方式的设置：【Ctrl+L】文本左对齐、【Ctrl+E】文本居中对齐、【Ctrl+R】文本右对齐、【Ctrl+J】两端对齐和【Ctrl+Shift+J】分散对齐。

2. 段落缩进和间距

通过设置段落缩进可以指定段落与页边距的距离。段落缩进有首行缩进、左缩进、右缩进和悬挂缩进 4 种形式。

（1）要精确地设置段落的首行缩进或悬挂缩进，可以先选中待设置段落格式的段落，使用“段落”对话框，在“缩进和间距”选项卡的“缩进”组中进行设置，如图 4.44 所示。

（2）也可选中需要设置段落格式的段落，利用垂直滚动条上方的标尺【 】图标，显示标尺后，拖动相应的缩进块来快速调整缩进量，如图 4.45 所示。

图 4.45　标尺调整缩进

（3）在“缩进和间距”选项卡中除了对段落的对齐方式、缩进量进行设置外，还可对段前、段后及段落的间距进行设置，在行距中提供了单倍、最小值、固定值、多倍行距等项。如图 4.44 所示。

3. 段落的其他设置

在文档编辑过程中，如果正文还没满一页，又想另起一个新页，可执行【插入】→【分页】分页命令，手动插入分页符。

在“换行和分页”选项卡中可对段落分页、行号和断字进行设置，如图 4.46 所示。

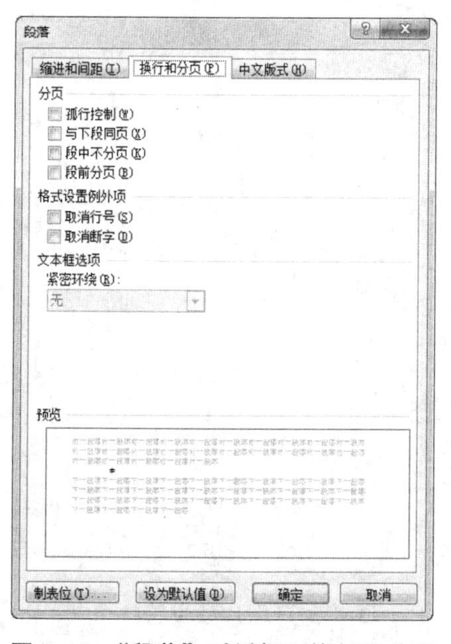

图 4.46　“段落”对话框—换行和分页

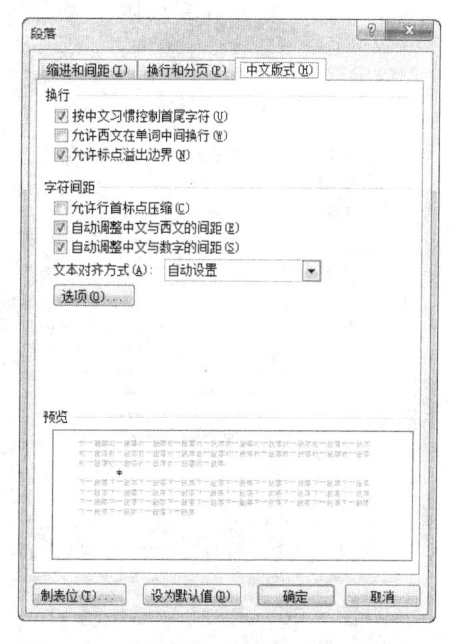

图 4.47　“段落”对话框—中文版式

在“中文版式”选项卡中可对段落的中文文稿的特殊版式进行设置，如图 4.47 所示。完成后单击“确定”按钮应用设置。

4.5.3 项目符号和编号

在文档编辑过程中，为方便阅读或让长文档结构更加明显、层次更加清晰，可以给文档添加项目符号、设置编号和设置多级列表。

1. **设置项目符号**

（1）选中需要设置项目符号的段落，单击【开始】选项卡“段落”分组中的【☰▾】项目符号按钮右侧的下三角按钮，在弹出的列表框中可以看到常用的一些项目符号，如图 4.48 所示，单击其中的项目符号，可以快速为文本设置项目符号，设置后示例如图 4.49 所示。

图 4.48 项目符号

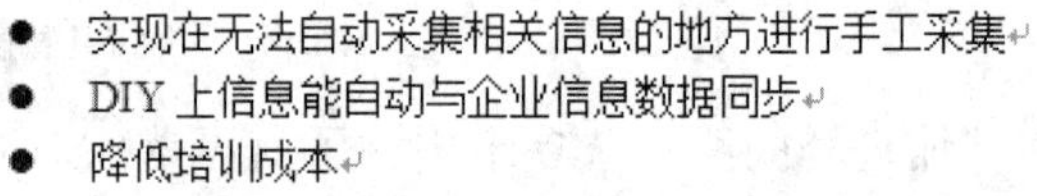

● 实现在无法自动采集相关信息的地方进行手工采集
● DIY 上信息能自动与企业信息数据同步
● 降低培训成本

图 4.49 项目符号示例

（2）也可以在该列表框中单击“定义新项目符号”选项，在弹出的“定义新项目符号”对话框中，如图 4.50 所示，有符号、图片和字体 3 种项目符号字符，可根据需要选择相应的项目符号样式。

下面以“图片”项目符号为例：单击“项目符号字符”栏中的“图片”按钮，在打开的“图片项目符号”对话框中选择需要的项目符号，如图 4.51 所示，再单击“确定”按钮，即可将项目符号添加到该列表框中，单击将其应用到文档中。

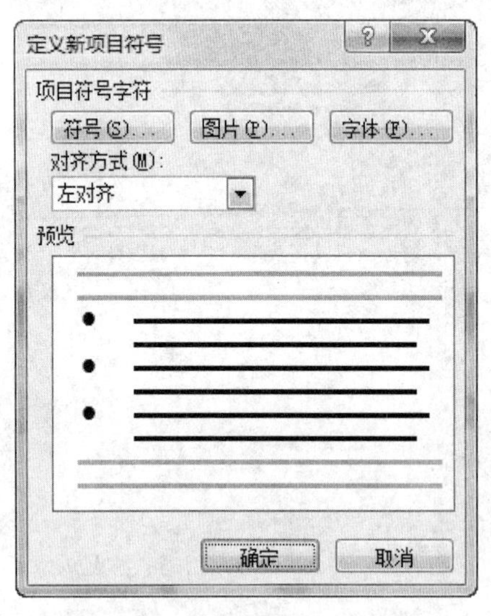

图 4.50 定义新项目符号

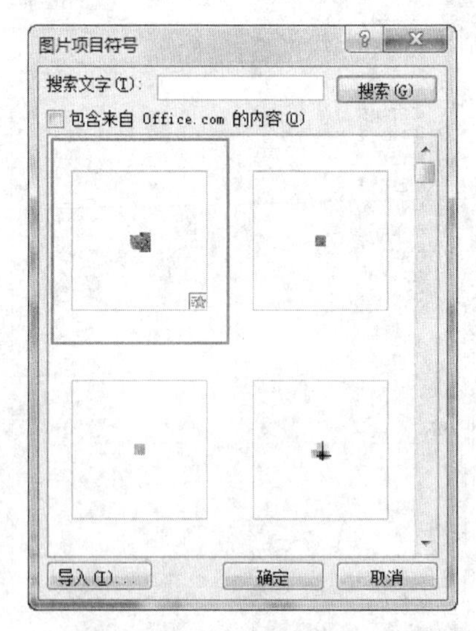

图 4.51 图片项目符号

完成图片项目符号的选择后，单击“确定”按钮返回到“定义新项目符号”对话框中，在“预览”栏中可预览到添加项目符号后的效果，如果觉得不满意还可以返回到“图片项目符号”对话框中进行更改。

2. 设置编号

在文档中需要写多项条款或操作步骤时通常需要设置自动编号来避免重复的操作，设置自动编号的方法与添加项目符号类似，也有以下 2 种：

（1）选中需要自动编号的文本，单击【开始】选项卡“段落”分组中的中【 】编号按钮右侧的下三角按钮，在弹出的列表框中可以看到常用的一些编号，如图 4.52 所示，单击其中的编号，可以快速地为文本设置连续的编号。

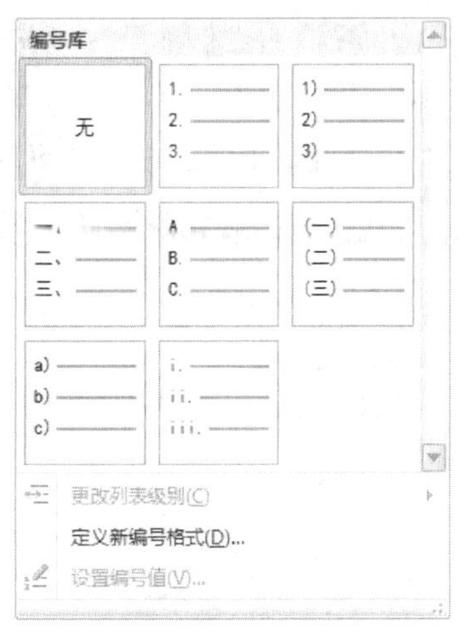

编号库
无
更改列表级别(C)
定义新编号格式(D)...
设置编号值(V)...

图 4.52　编号

定义新编号格式
编号格式
编号样式(N):
1, 2, 3, …
字体(F)...
预览
确定
取消

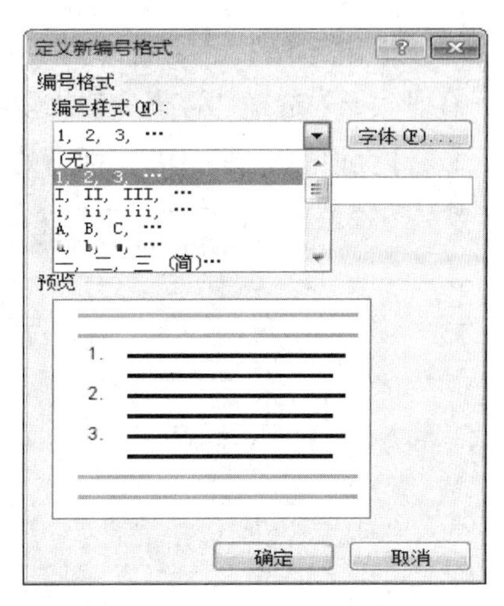

图 4.53　编号样式

（2）与项目符号一样，编号也有多种格式可供选择。选中需要自动编号的文本，单击“定义新编号格式”选项，弹出“定义新编号格式”对话框，在该对话框的“编号样式”下拉列表中提供多种编号的样式，可以根据不同的情况进行选择，如图 4.53 所示。

另外，在打开的“定义新编号格式”对话框中选择一种编号样式后单击“字体”按钮，在打开的“字体”对话框中还可设置编号的字体格式，设置后如图 4.54 所示。

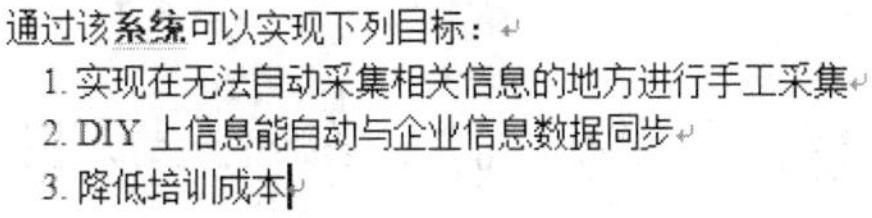

通过该系统可以实现下列目标：
1. 实现在无法自动采集相关信息的地方进行手工采集
2. DIY 上信息能自动与企业信息数据同步
3. 降低培训成本

图 4.54　编号示例

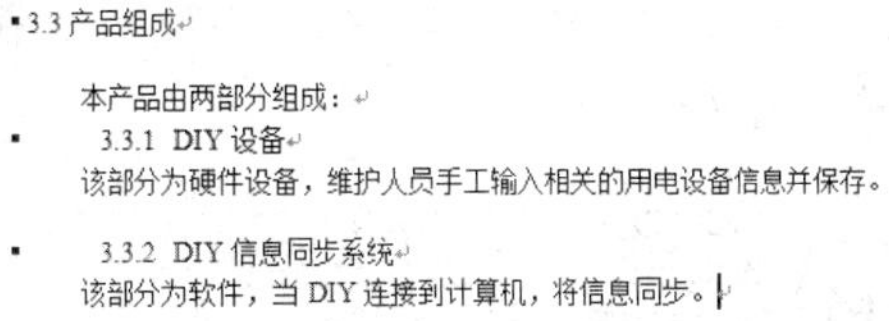

3.3 产品组成
本产品由两部分组成：
3.3.1 DIY 设备
该部分为硬件设备，维护人员手工输入相关的用电设备信息并保存。
3.3.2 DIY 信息同步系统
该部分为软件，当 DIY 连接到计算机，将信息同步。

图 4.55　多级列表示例

3. 设置多级列表

使用多级列表在展示同级文档内容时，还可以表示下一级文档内容。在文档中添加多级列表的方法也有以下 2 种：

（1）文本插入点定位在需要添加多级列表的开始位置，单击【开始】选项卡“段落”分组中的【 】多级列表按钮，在弹出的列表中选择需要的样式，设置后如图 4.55 所示。

（2）在输入文本时，按【Tab】键或【Shift+Tab】组合键可更改级别，然后选择需要设置的文本，单击【 】多级列表按钮，在弹出的列表中选择系统提供的样式，或单击“定义新的多级列表”选项，在打开的“定义新的多级列表”对话框中将自定义的多级列表样式添加到文本中。

4.5.4　边框与底纹

美化文档时，可以给文字或段落设置边框和底纹，以呈现不同的效果。以下详细介绍设置边框和底纹的方法。

1. 文字或段落边框

（1）先选中待设置边框的文字或段落。

（2）单击【开始】选项卡“段落”分组中在【 ▾】下框线按钮右侧的下三角按钮，在弹出的下拉列表框中选择“边框和底纹”项（也可通过【页面布局】选项卡“页面背景”分组中的【页面边框】页面边框图标），在弹出的“边框和底纹”对话框中，有“边框”、“页面边框”和“底纹”三个选项卡，选择“边框”选项卡，可进行边框样式、颜色宽度等设置，如图 4.56 所示。

图 4.56　文字或段落边框

（3）在“应用于”下拉列表框中通过下拉按钮选择“文字”或“段落”，然后单击“确定”按钮即可完成文字或段落边框的设置。以第一句文字为例分别设置“文字”或“段落”边框，完成后如图 4.57 和图 4.58 所示。

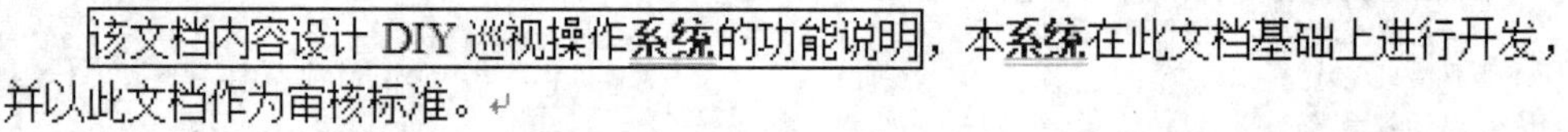

该文档内容设计 DIY 巡视操作系统的功能说明，本系统在此文档基础上进行开发，并以此文档作为审核标准。↵

图 4.57　边框应用于“文字”

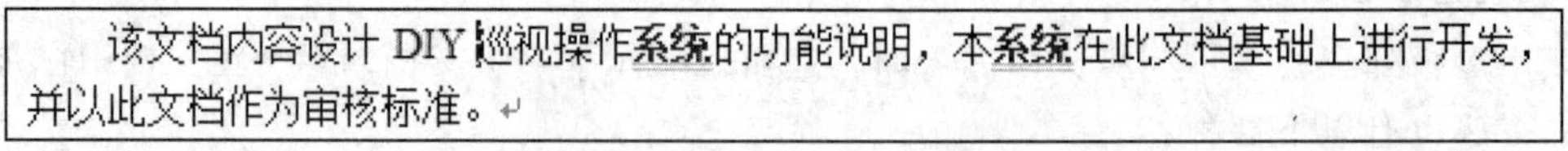

该文档内容设计 DIY 巡视操作系统的功能说明，本系统在此文档基础上进行开发，并以此文档作为审核标准。↵

图 4.58　边框应用于“段落”

2. 页面边框

页面边框的设置方法与文字或段落边框设置方法相似，除应用范围不同外，边框样式还可以设置为“艺术型”，如图 4.59 所示。在本例中，设置艺术型页面边框并应用于本节，完成后效果如图 4.60 所示。

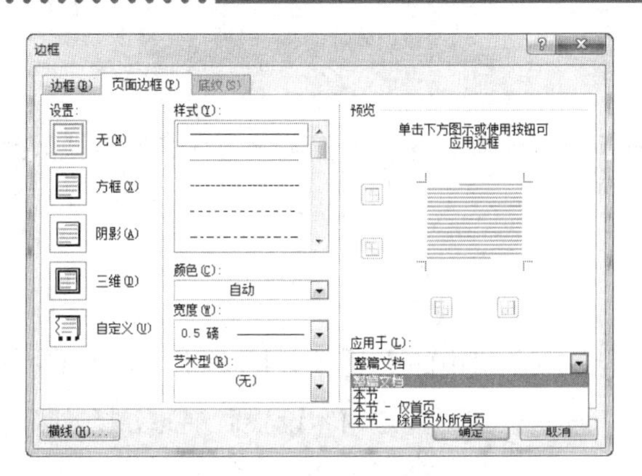

图 4.59　页面边框图

图 4.60　页面边框示例

3. 底　纹

在本对话框的“底纹”选项卡中可以为文字或段落设置各种颜色、各种式样的底纹，如图 4.61 所示，设置边框和底纹后示例如图 4.62 所示。

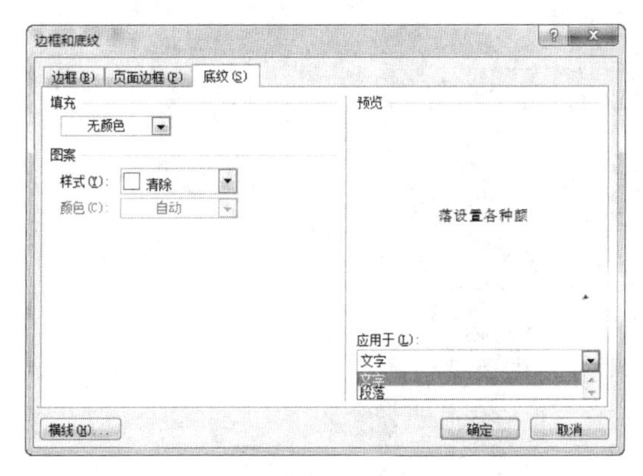

图 4.61　底纹

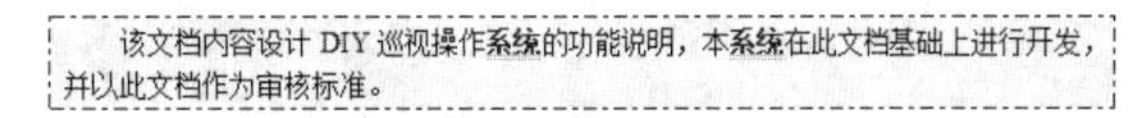

图 4.62　段落的边框和底纹

4.5.5　首字下沉

为文本设置首字下沉或首字悬挂，是将段落或章节的第一个文字设置为醒目的大字或使正文首字悬挂，以起到提醒或引人注目的特殊效果。具体操作步骤如下：

第 1 步：选定要设置首字下沉的段落。

第 2 步：单击【插入】选项卡“文本”分组中【首字下沉】首字下沉按钮，在弹出的下拉列表中选择“下沉”选项，可以快速为文字设置“下沉”效果。

第 3 步：还可在该列表中选择“首字下沉选项”，在弹出的“首字下沉”对话框中可以对首字下沉的属性进行具体的设置，然后单击“确定”按钮，如图 4.63 所示。

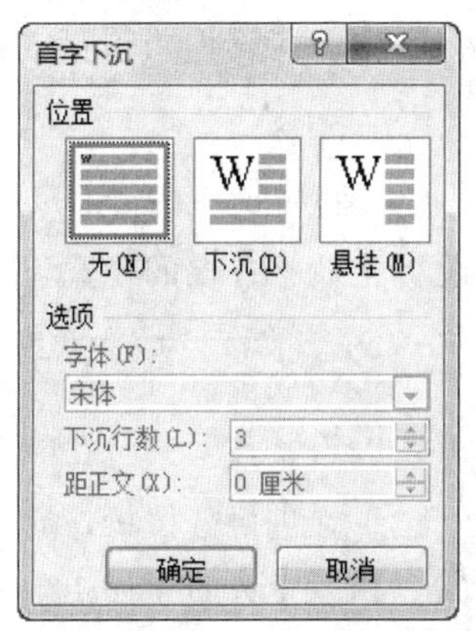

图 4.63　“首字下沉”对话框

4.5.6 分 栏

在编辑过程中可能需要对部分段落进行分栏排版，这样不但美观，而且不会让人感觉到视觉疲劳，具体操作步骤如下：

1. 快速分栏

（1）选定要设置分栏的段落。

（2）单击【页面布局】选项卡“页面设置”分组中的【分栏】分栏按钮，在弹出的下拉列表中提供了多种分栏方式，选择相应选项，即可快速为选定内容设置简单的分栏效果。

2. 分栏设置

（1）在【页面布局】选项卡“页面设置”分组中的【分栏】分栏按钮中还可以执行“更多分栏”命令，弹出“分栏”对话框，如图 4.64 所示，在该对话框中可以对分栏进行栏数、分隔线、宽度和间距、应用范围等更多设置，然后单击“确定”按钮，完成分三栏并加分割线示例如图 4.65 所示。

分栏
预设
一栏(O)
两栏(W)
三栏(T)
左(L)
右(R)
栏数(N): 1
分隔线(B)
宽度和间距
预览
栏(C): 宽度(I): 间距(S):
1: 40.03 字符
栏宽相等(E)
应用于(A): 所选文字
开始新栏(U)
确定
取消

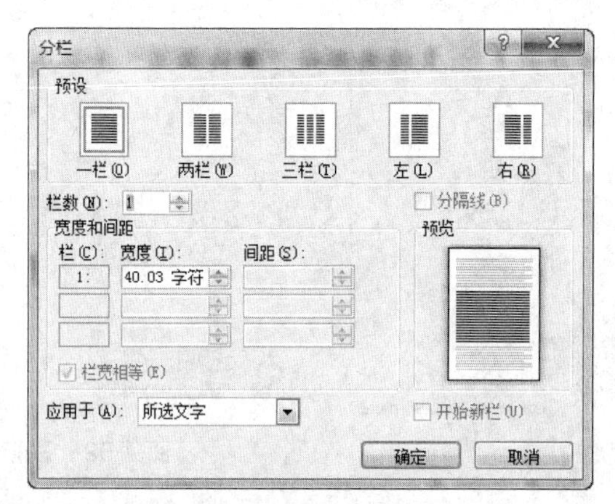

图 4.64 “分栏”对话框

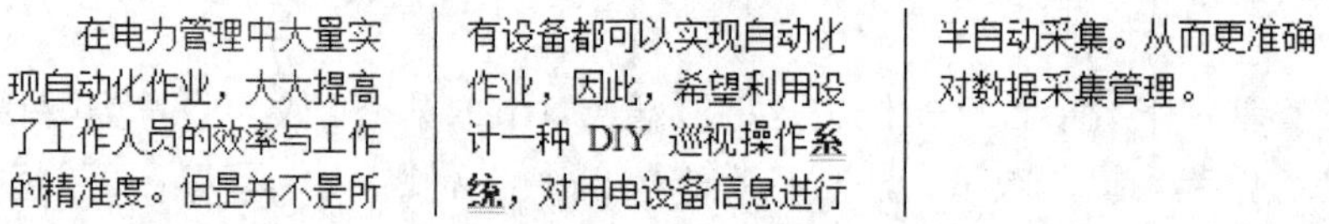

在电力管理中大量实现自动化作业，大大提高了工作人员的效率与工作的精准度。但是并不是所
有设备都可以实现自动化作业，因此，希望利用设计一种 DIY 巡视操作系统，对用电设备信息进行
半自动采集。从而更准确对数据采集管理。

图 4.65 分栏示例

（2）设置多栏版式时，标尺会显示每栏宽度和间距，如图 4.66 所示，可以拖动标尺上页边距标记调整各栏的栏宽和间距。

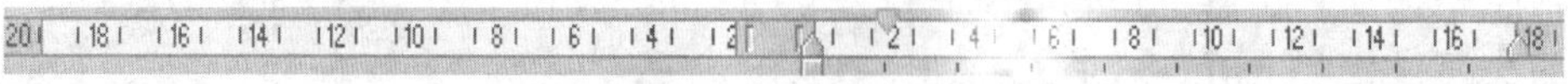

图 4.66 使用标尺调整栏宽和间距

（3）在进行分栏操作后，发现两栏高度不一样时可以将鼠标光标定位于多余行数的中间位置，执行【页面布局】→【分隔符】分隔符命令，在弹出的下拉列表中执行“分栏符”命令即可将两栏调整为相同的高度。

4.5.7 水 印

对于一些重要文档，为了避免在使用过程中不经意地泄漏，用户可以通过添加水印的方式来保护自己的文档。通过插入水印，可以在 Word 2010 文档背景中显示半透明的标识（如“机密”、“草稿”等文字）。水印既可以是图片，也可以是文字，并且 Word 2010 内置有多种水印样式。在文档中插入水印和删除水印的操作步骤如下：

（1）在【页面布局】选项卡“页面背景”分组中单击【水印】水印按钮，并在打开的水印列表中选择合适的水印即可，如图 4.67 所示。

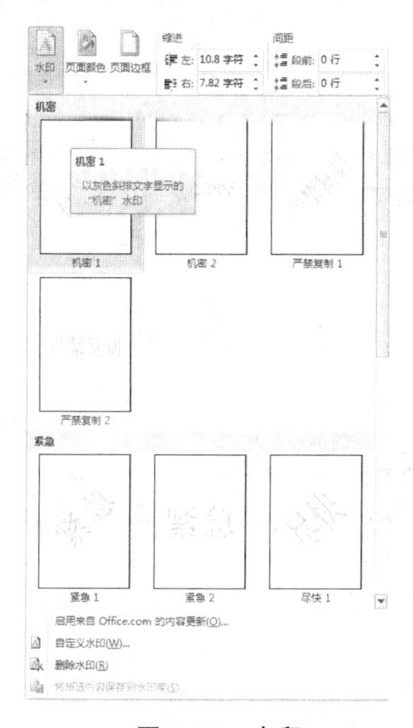

图 4.67 水印

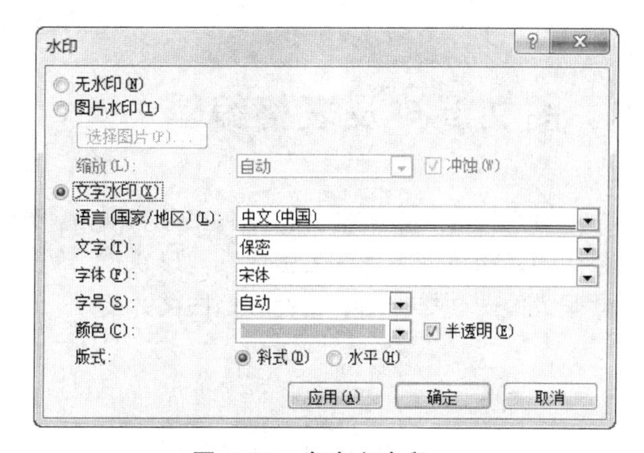

图 4.68 自定义水印

（2）如果选择“自定义水印”，打开“水印”对话框，如图 4.68 所示，可根据需要设置“图片水印”或“文字水印”，并设置“冲蚀”或“半透明”效果，设置后如图 4.69 所示。

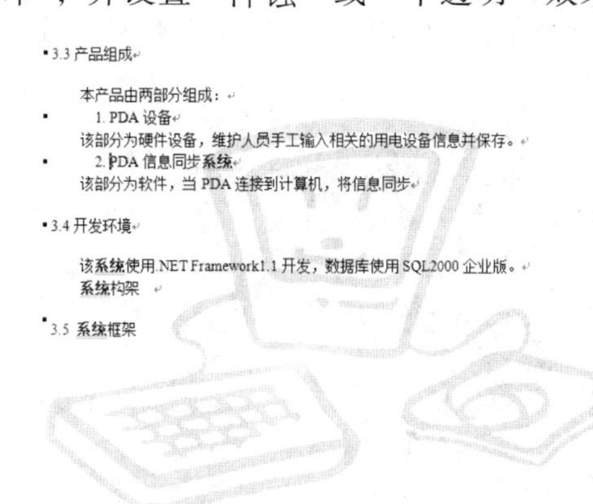
3.3 产品组成

本产品由两部分组成：

1. PDA 设备

该部分为硬件设备，维护人员手工输入相关的用电设备信息并保存。

2. PDA 信息同步系统

该部分为软件，当 PDA 连接到计算机，将信息同步。

3.4 开发环境

该系统使用.NET Framework1.1 开发，数据库使用 SQL2000 企业版。

系统构架

3.5 系统框架

图 4.69 自定义“图片”水印样图

（3）设置水印后，如果想删除已经插入的水印，则在水印列表中选择“删除水印”即可。

4.5.8 格式的复制与清除

在文档编辑过程中，经常有大量的内容需要重复添加相同的格式，但又不想反复执行同样的格式化操作，这时利用“格式刷”工具就十分方便。

1. 复制一次格式

（1）选定带格式的文本。

（2）选择“开始”选项卡“剪贴板”组中，单击格式刷图标“格式刷”，将鼠标定位到需要应用格式的文本处拖动格式刷光标【 】，光标经过之处就会应用指定的格式，放开鼠标，格式刷光标则自动取消。

2. 多次复制格式

多次复制格式的操作方法和复制一次格式的操作方法类似。只是在上述第（2）步操作中：将单击格式刷【格式刷】变成双击格式刷图标【格式刷】，若要取消“格式刷”功能，则再次单击格式刷图标【格式刷】或按【Esc】键即可。

4.6 图文混排及表格编辑

在编辑文档时，为了使文档内容更有表现力，表述其作用和目的时能更直观，通常需要在文档中插入相关的图片、表格或其他形状作为解释说明，Word 2010 较以往版本新增了许多非常强大的图文修饰功能，使文档图文并茂。

4.6.1 艺术字

为文档添加生动的艺术字，可以让文档具有特殊的视觉效果，具体操作步骤如下：

1. 创建艺术字

（1）在【插入】选项卡“文本”组中，单击【艺术字】艺术字按钮，弹出下拉艺术字样式库，如图 4.70 所示。

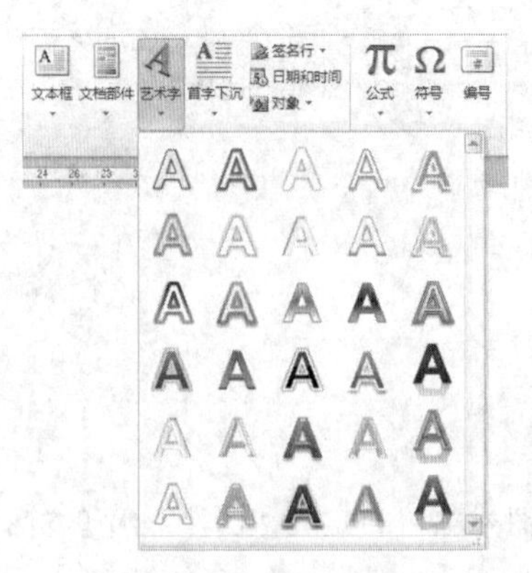

图 4.70 艺术字样式库

（2）如选择“填充－茶色，文本 2，轮廓－背景 2”选项，在弹出的“请在此处放置您的文字”文本框中，如图 4.71 所示，输入需要的文本，如图 4.72 所示。

图 4.71 输入“艺术字”文本框

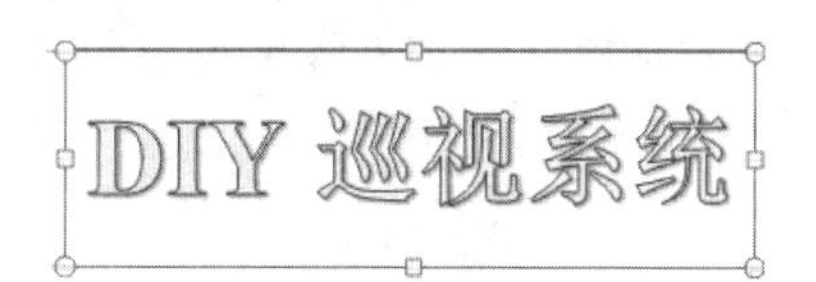

图 4.72 艺术字示例

2. **修饰艺术字**

当创建艺术字时，选项卡区出现“绘图工具”的【格式】选项卡，可在“艺术字样式”分组中对艺术字进行进一步设置或更改，如图 4.73 所示。

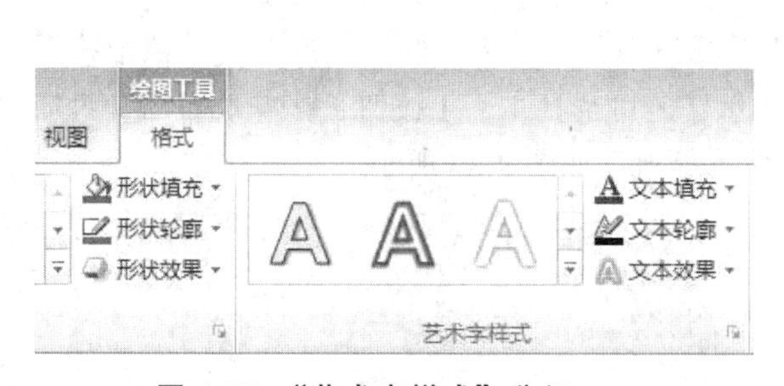

图 4.73 “艺术字样式”分组

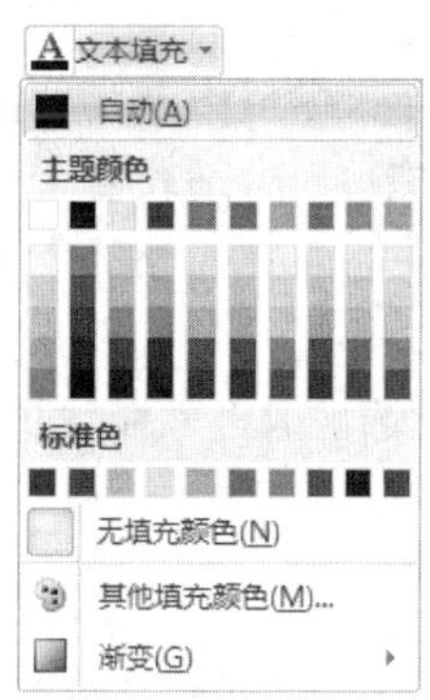

图 4.74 艺术字——文本填充

（1）文本填充，可为艺术字填充文本颜色，如图 4.74 所示。

（2）文本轮廓，可为艺术字填充文本轮廓即边框颜色，如图 4.75 所示。

（3）文本效果，可为艺术字设置阴影和三维效果，如图 4.76 所示。

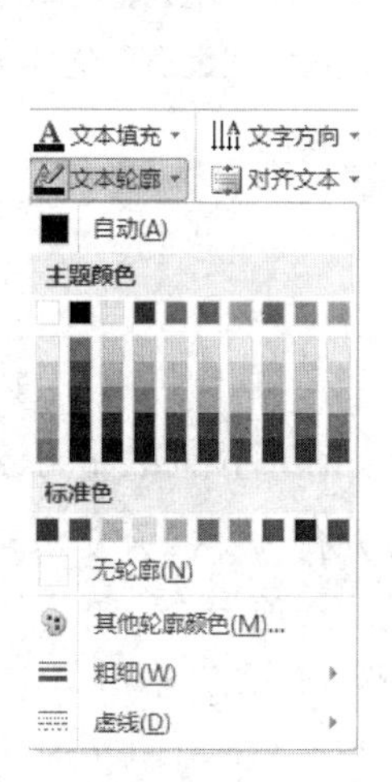

图 4.75 艺术字——文本轮廓

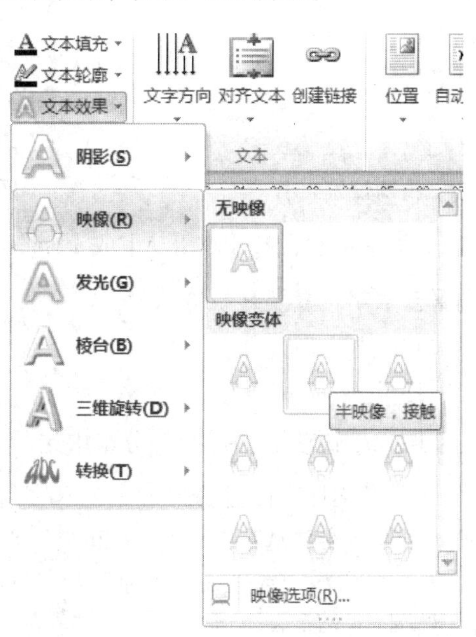

图 4.76 艺术字——阴影和三维效果

3. **移动、调整大小和删除艺术字**

（1）单击艺术字，显示定位标记。

（2）移动鼠标至边框线上任意位置，当鼠标指针变为【 】时，按住鼠标左键拖动至合适位置松开，即可移动艺术字，如图 4.77 所示。

图 4.77　移动艺术字

图 4.78　调整艺术字大小

（3）鼠标至边框线上任意尺寸控制点上，当鼠标指针变为【 】双箭头形状时，按住鼠标左键拖放至合适位置，即可调整艺术字大小，如图 4.78 所示。

（4）也可在【格式】选项卡“大小”分组中在“宽度“和”高度”文本框中输入数值对艺术字大小进行精确设置，如图 4.79 所示；还可选择【 】按钮，打开“布局”对话框，在“大小”选项卡进一步设置旋转、等比缩放等项，如图 4.80 所示。

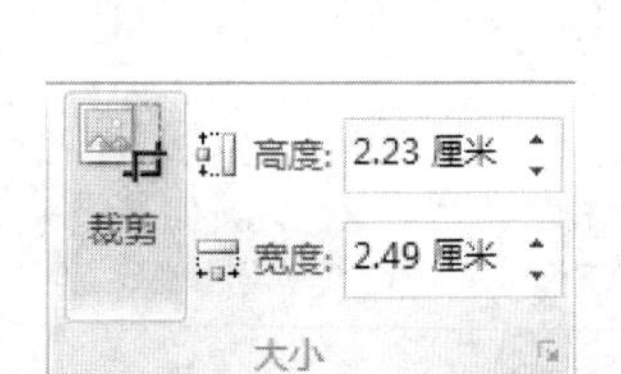

图 4.79　精确设置大小

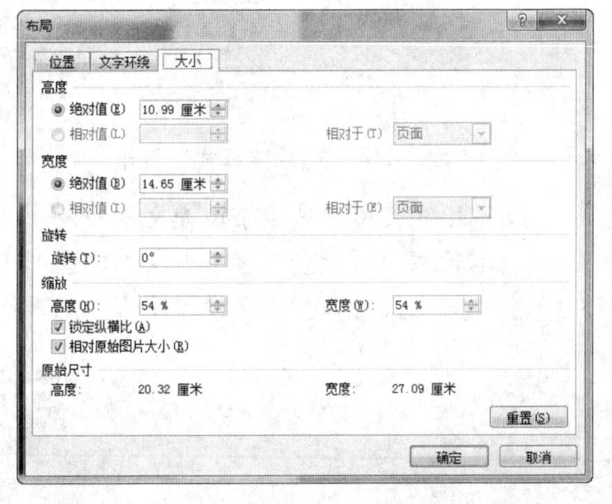

图 4.80　“布局”对话框中“大小”选项卡

（5）选定艺术字后，按【Delete】或【Backspace】即可删除艺术字。

4. **设置艺术字位置及环绕方式**

（1）位　置

① 选中艺术字。

② 在【格式】选项卡“排列”分组中选择【 位置】位置按钮，在下拉列表中可看到如图 4.81 所示的几种在文档中的显示位置，艺术字与文字的默认排版方式为“嵌入文本行中”。

③ 选择“其他布局选项”，打开“布局”对话框，在“位置”选项卡中，选择除“嵌入文本行中”外，可激活“水平”、“垂直”与“选项”组进一步设置，设置完毕后单击“确定”按钮即可，如图 4.82 所示。

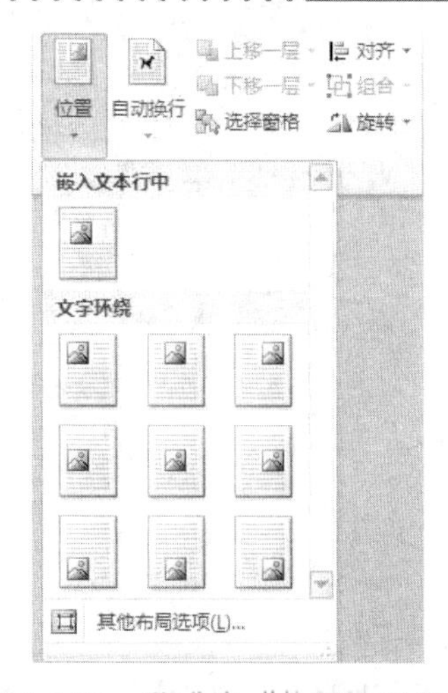

图 4.81　艺术字“位置”设置

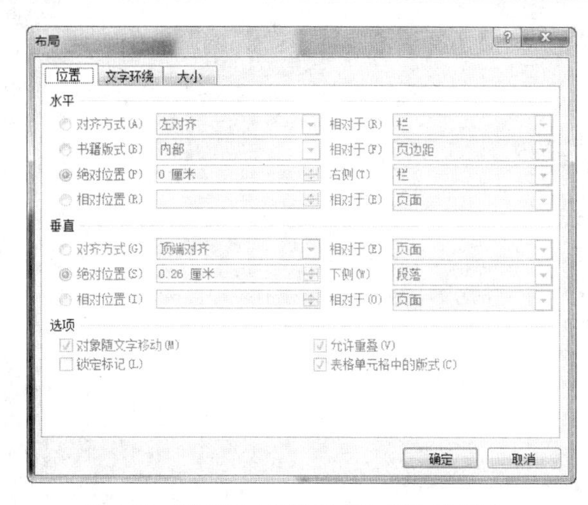

图 4.82“布局”对话框“位置”选项卡

（2）环绕方式

① 选中艺术字。

② 在【格式】选项卡“排列”分组中选择【 自动换行 】自动换行按钮，看到在艺术字与文字的环绕方式中有这样几种：嵌入型、四周型环绕、紧密型环绕、穿越型环绕、上下型环绕、衬于文字下方、浮于文字上方，如图 4.83 所示。

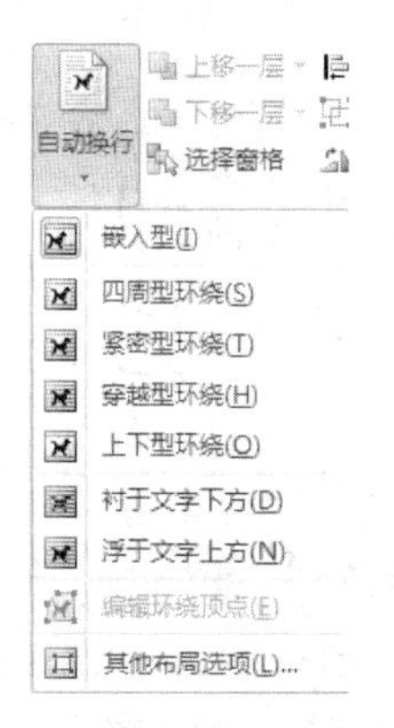

图 4.83　图片“自动换行”

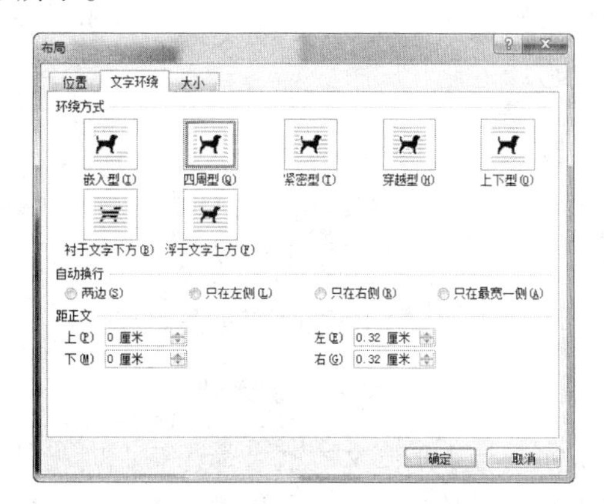

图 4.84　“布局”对话框“文字环绕”选项卡

③ 选择“其他布局选项”，打开“布局”对话框，在“文字环绕”选项卡中，艺术字与文字的环绕方式嵌入型，如选择“四周型”等环绕方式，可激活“自动换行”与“距正文”组进一步设置，设置完毕后单击“确定”即可，如图 4.84 所示。

4.6.2　文本框

文本框是一种特殊的图形对象，它可以被置入页面中的任何位置，因此利用文本框可以设计出较为复杂的文档版式，在文本框中可以输入文本、插入图片等操作。添加文本框的具体操作步骤如下：

1. 创建文本框

（1）【插入】选项卡“文本”分组中，单击【 文本框 】文本框按钮，弹出文本框下拉列表，如图 4.85 所示。

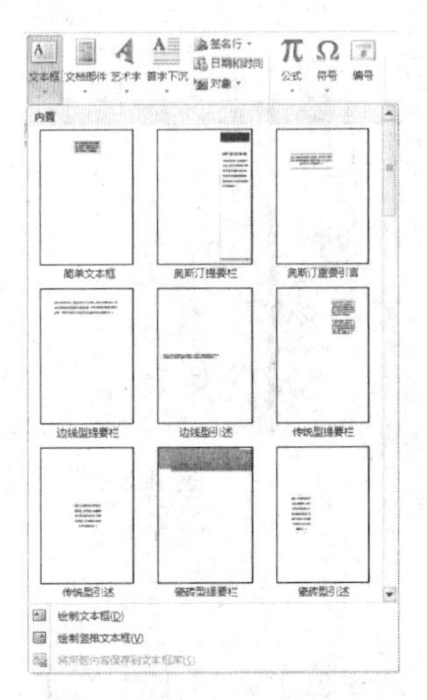

图 4.85　绘制文本框

（2）在弹出的列表中，可根据需要选择相应选项。例如执行【简单文本框】命令，在插入点位置即可快速插入文本框，如图 4.86 所示。

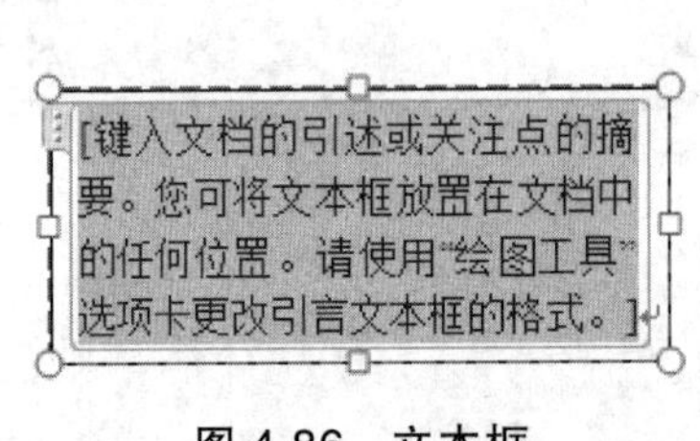

图 4.86　文本框

图 4.87　绘制文本框

（3）例如执行【绘制文本框】命令，此时指针变为“十”字光标形状，在需要绘制文本框的位置拖动光标绘制文本框，并输入文字“四大功能”，即可完成文本框的绘制，如图 4.87 所示。

2. 修饰文本框

默认绘制的文本框为白底纹黑边框并浮于文字上方，但这可能并不是用户预期的效果，这时可在【格式】选项卡的各个分组中，如图 4.88 所示，为文本框设置各种效果，使绘制的文本框呈现出各种样式。

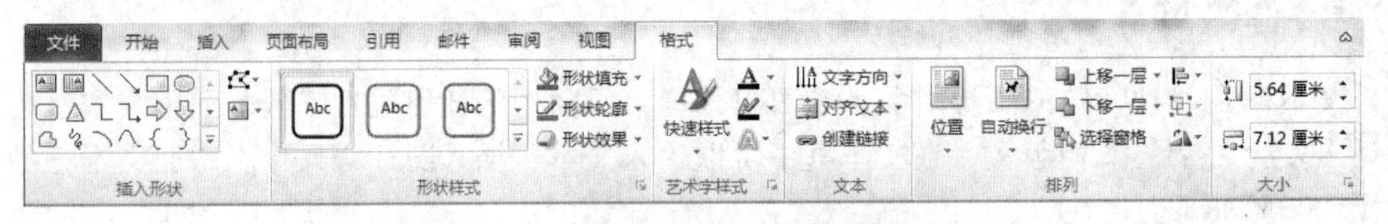

图 4.88　格式选项卡——文本框的修饰选项

（1）选中文本框。

（2）在这里选择【格式】－“形状样式”分组【形状效果】按钮中的【发光】样式，并选择“排列”分组中【自动换行】按钮，在弹出的下拉列表中可以设置文本框的环绕方式，在这里选择【紧密型环绕】，完成后效果如图 4.89 所示。

（3）若文本框内文字太多，可在需要断行的文字处按【Shift+Enter】键进行手动换行。

图 4.89 文本框修饰后示例

3. 调整大小、移动和删除文本框及设置文本框位置、环绕方式

文本框的大小调整、移动和删除及设置文本框位置、环绕方式的操作方法和艺术字的相关操作方法类似，在此就不再赘述。

4.6.3 图片的插入与处理

插入图片可起到美化页面的效果，所以在制作文档时要想达到图文并茂，少不了要运用图片。在 Word 2010 中可以插入各种各样的图片，如 Office 自带的剪贴画以及计算机中保存的图片等。除此之外，Word 2010 还提供了多种自选图形绘制工具，使用这些工具可以绘制出线条、正方形、椭圆、箭头等图形。若插入图片、剪贴画和形状等，可在【插入】选项卡“插图”分组中作相关操作，如图 4.90 所示。

图 4.90 “插图”分组

1. 插入剪贴画

（1）定位图片插入点。

（2）在【插入】选项卡中单击【剪贴画】按钮，在打开的“剪贴画”窗格的“搜索”文字栏中输入关键字，如“计算机”，单击“搜索”按钮，在搜索到的结果列表中会显示相关的剪贴画，如图 4.91 所示。

（3）单击需要的剪贴画，即可将其插入到文档中。

2. 插入图片

Office 自带的剪贴画是有限的，如果没有找到比较满意的剪贴画，可以在文档中插入计算机中已有的图片，具体操作如下：

（1）将文本插入点定位在合适位置。

（2）单击【插入】选项卡“插图”分组中【图片】图片按钮，在弹出的“插入图片”对话框中找到需要的图片，单击“插入”按钮即可将图片插入到文档中，如图 4.92 所示。

图 4.91 剪贴画

图 4.92　插入图片

（3）同时插入多张图片。可以按住【Ctrl】键的同时用鼠标逐个点击要添加的不连续的图片，也可以按住【Shift】键，然后单击首尾的两张图片，最后单击“插入”按钮即可把选中的图片一次性插入到文档中。

3. **图片处理**

有时插入的图片不能完全满足需求，为了让图片更美观就免不了对图片进行处理。说起图像处理，大家马上会想到赫赫有名的 Photoshop，然而为了对图片进行简单处理就动用专业的图像处理软件显得小题大做，再者 Photoshop 之类的软件也不适合非图像处理专业的用户使用。其实，处理文章插图完全不必如此兴师动众，Word 2010 有非常强大的图片处理能力，有些功能甚至能和一些图像处理工具媲美，用户可以在图片【格式】中对图片做修饰，如图 4.93 所示。

图 4.93　图片“格式”工具

（1）单击【更正】按钮，在弹出的效果缩略图中，可以调节图片的亮度、对比度和清晰度，如图 4.94 所示。

（2）单击【颜色】按钮，在弹出的效果缩略图中可以调节图片的色彩饱和度、色调，或者为图片重新着色，如图 4.95 所示。

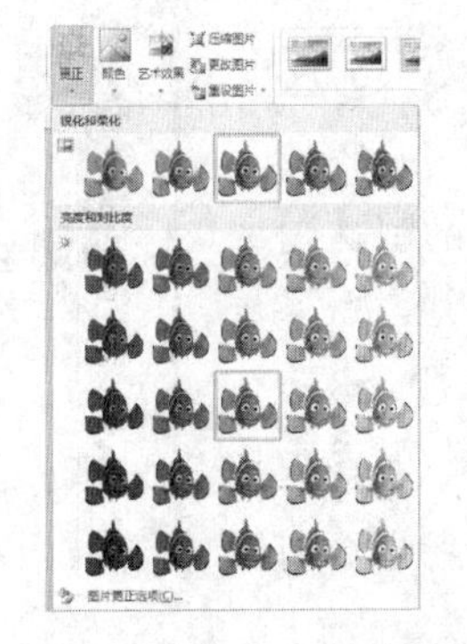

图 4.94　调节亮度、对比度

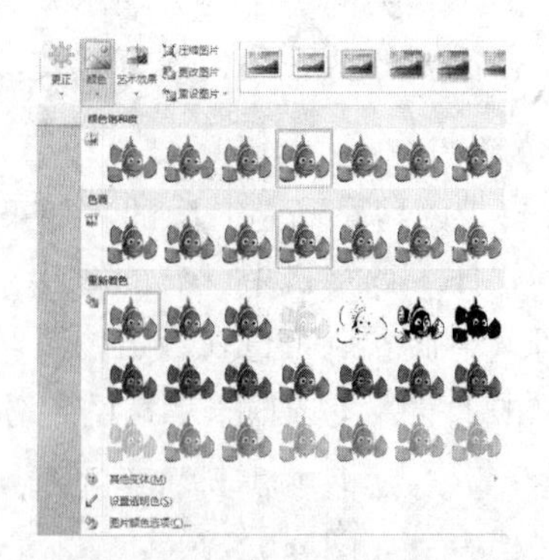

图 4.95　调节色彩和色调

（3）单击【艺术效果】按钮，在弹出的效果缩略图中选择一种艺术效果，可为图片加上特效，如图 4.96 所示。

当然，以上对图片的调节操作也可以在图片上单击鼠标右键，选择【设置图片格式】，打开“设置图片格式”对话框，在相应选项中对图片做调整，如图 4.97 所示。

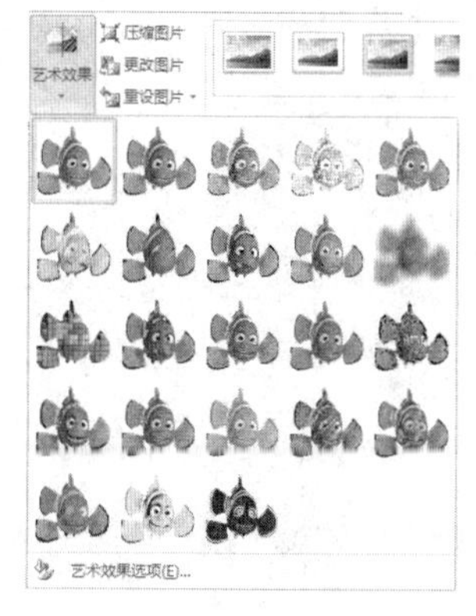

图 4.96　添加艺术效果

图 4.97　设置图片格式

（4）单击【图片版式】按钮，还可以在弹出的效果缩略图中选择一种图片版式，可为图片加上文本备注，如图 4.98 所示。

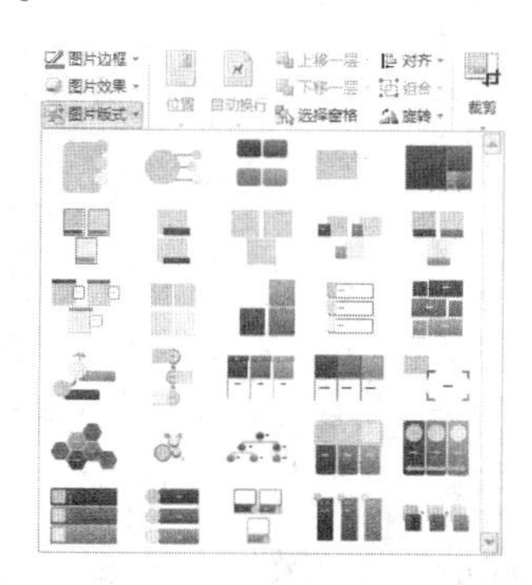

图 4.98　图片版式

（5）抠图。

单击【 】删除背景按钮，Word 2010 会对图片进行智能分析，并以红色遮住照片背景，如图 4.99 所示。

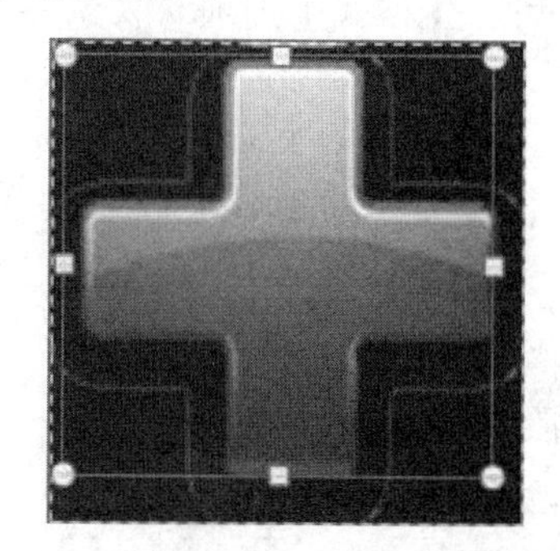

图 4.99　智能分析图片背景

图 4.100　“抠图”标记工具

如果发现背景有误遮，可以通过【标记要保留的区域】或【标记要删除的区域】手工标记调整“抠图”范围，如图 4.100 所示，然后单击“保留更改”按钮，即可去除图片背景，完成“抠图”操作，如图 4.101 所示。

（6）裁剪。

除了调节图片和去除图片背景，还可以通过【裁剪】将图片裁剪成各种效果，如图 4.102 所示。

图 4.101　抠除背景后效果图

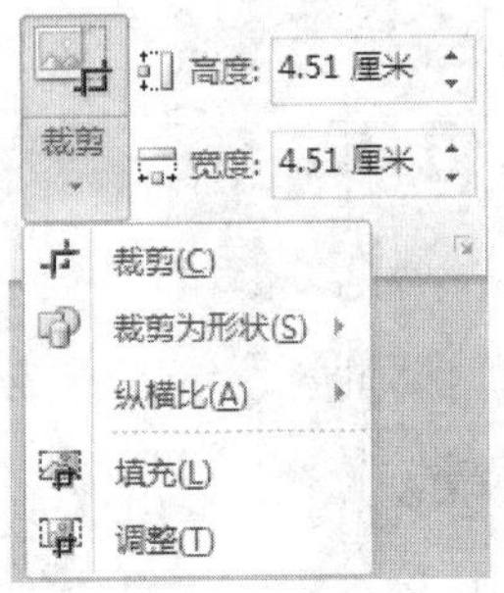

图 4.102“裁剪”工具

（7）旋转。

选中图片后，将鼠标移至图片绿色控制点上，出现一个旋转箭头，按住鼠标控制旋转角度即可完成自由旋转，如图 4.103 所示。

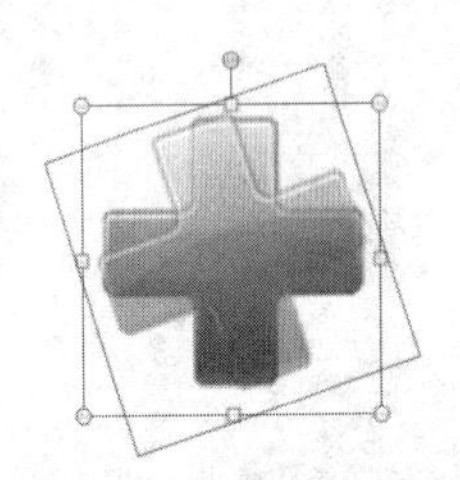

图 4.103　自由旋转控制点

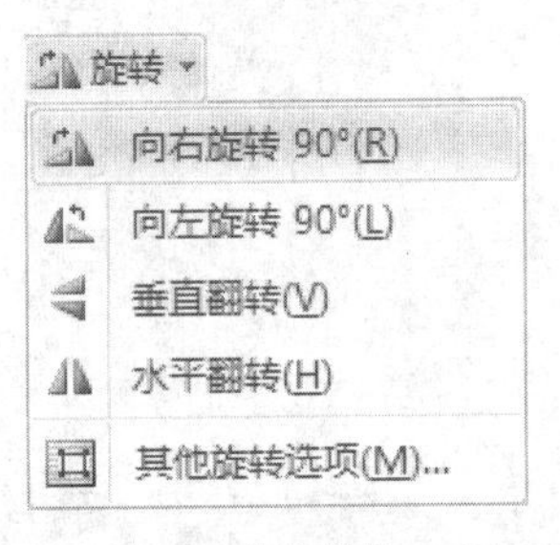

图 4.104“旋转”工具

也可在【格式】选项卡“排列”分组【旋转】的下拉选项中对图片精确旋转角度，如图 4.104 所示。

（8）压缩图片。

采用图片压缩功能可以减小图片在文档中占用的空间，可在【格式】选项卡“调整”分组的【压缩图片】中完成，如图 4.105 所示。

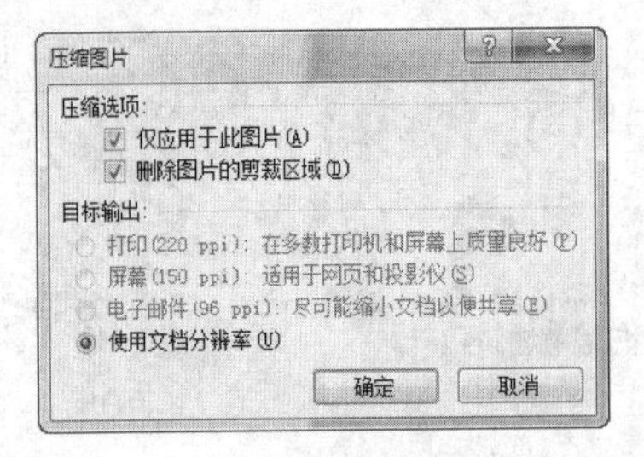

图 4.105　压缩图片

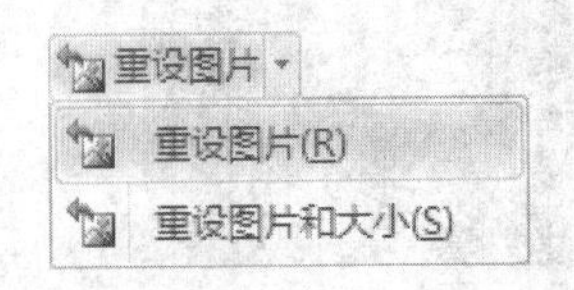

图 4.106　重设图片

（9）重设图片。

如果对图片的调整不太满意，可单击【重设图片】让图片回到初始状态，如图 4.106 所示。

（10）图片的移动、调整尺寸、设置位置、环绕方式及删除。

图片的移动、调整尺寸、设置位置、环绕方式及删除操作方法和艺术字的相关操作方法基本相同，在此就不再赘述。

4.6.4 插入 SmartArt 图形和绘制其他图形

普通的办公文档格式通常比较单一，Word 2010 提供了形式多样的 SmartArt 图形模板，可以轻松制作出精美的业务流程图，还可以在文档中插入其他形状，如箭头、线条、标注以及各种符号等，能使文档变得更加活泼，也能更好地起到说明的作用。插入 SmartArt 图形和其他形状的方法与插入文本框的方法类似，具体操作步骤如下：

1. 插入 SmartArt 图形

（1）单击【插入】选项卡“插图”分组中【SmartArt】SmartArt 按钮，在弹出的对话框中选择需要的图形，例如选择【循环】中“基本射线图”，再单击“确定”按钮，如图 4.107 所示。

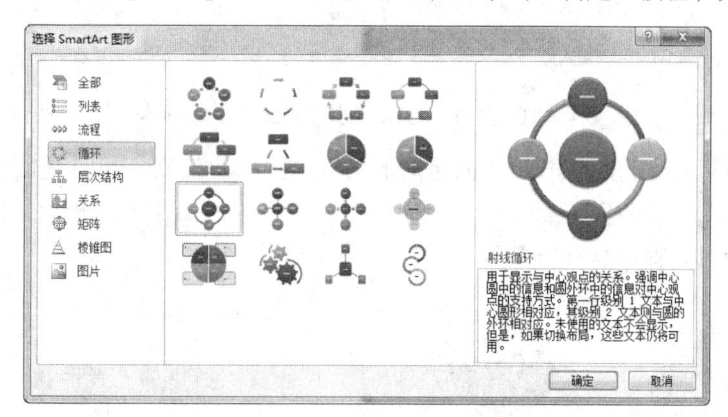

图 4.107 选择 SmartArt 图形

（2）激活“在此处键入文字”窗格，如图 4.108 所示，输入内容后，基本射线图就插入完成，如图 4.109 所示。

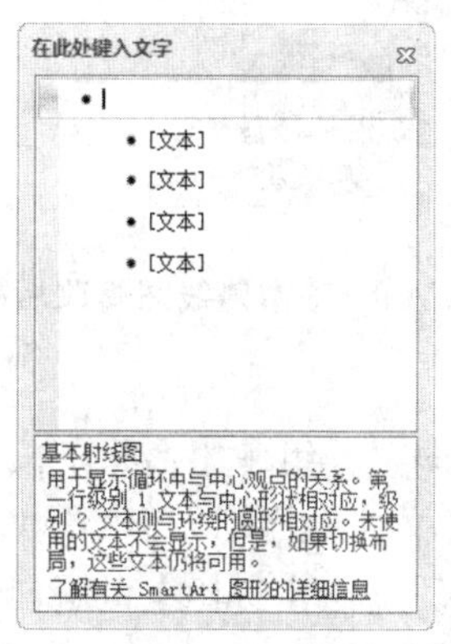

图 4.108 “在此处键入文字”窗格

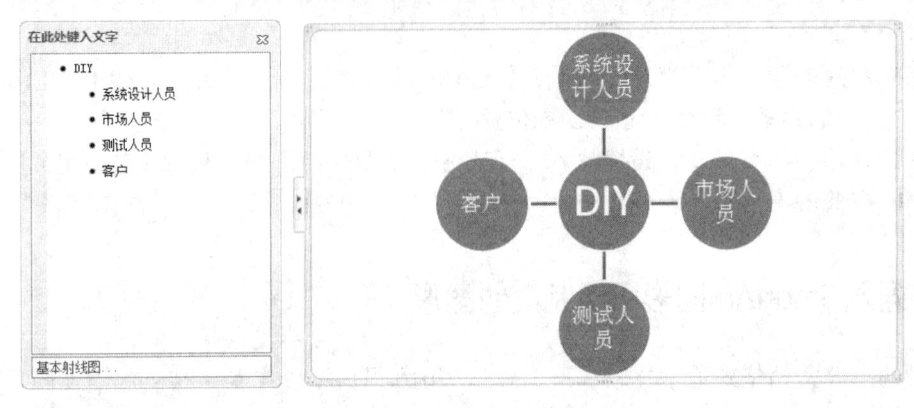

图 4.109　基本射线图样图

（3）当创建 SmartArt 时，菜单中出现“SmartArt 工具”的【设计】选项卡，可在【SmartArt 样式】组和“布局”分组中对 SmartArt 图形做进一步设置或更改形状类型，如图 4.110 所示。

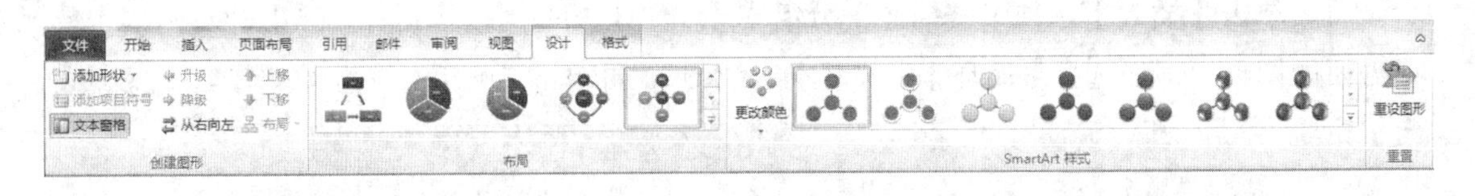

图 4.110　“SmartArt 工具”【设计】选项卡

（4）还可在【设计】选项卡的“创建图形”分组中修改级别模块，例如在“测试人员”后增加“销售人员”，并将其进行手动断行，断行和文本框的操作方法相同，在需要断行处按【Shift+Enter】即可，增加模块并修饰图形后如图 4.111 所示。

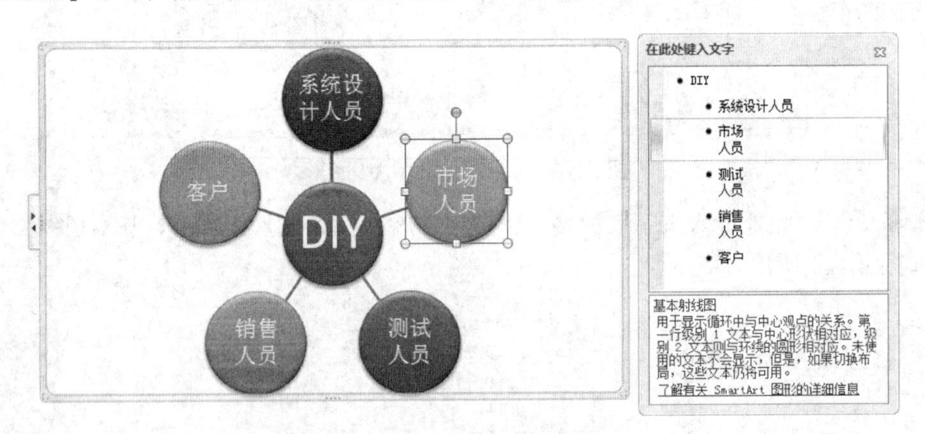

图 4.111　基本射线图修改后样图

2. 绘制其他图形

（1）单击【插入】选项卡“插图”分组中【形状】按钮，在弹出的下拉列表中选择需要的图形，如图 4.112 所示，在 Word 文档中拖动光标绘制即可。

（2）选择“椭圆”或“矩形”后按住【Shift】键就能绘制出正圆或正方形；选择“直线”后按住【Shift】键，能画出 45°整数倍的角度，如图 4.113 所示。

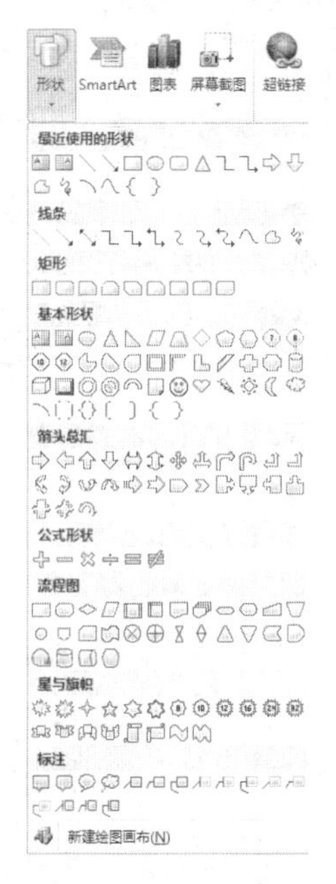

图 4.112 形状

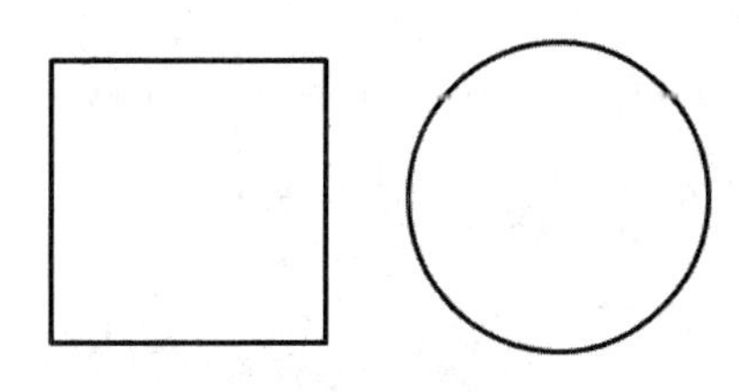

图 4.113 正圆或正方形

（3）选中插入的形状，在“格式”选项卡的功能区中可以对插入形状的样式、效果、形状、排列方式及图片大小等各属性进行详细的设置，如图 4.114 所示。

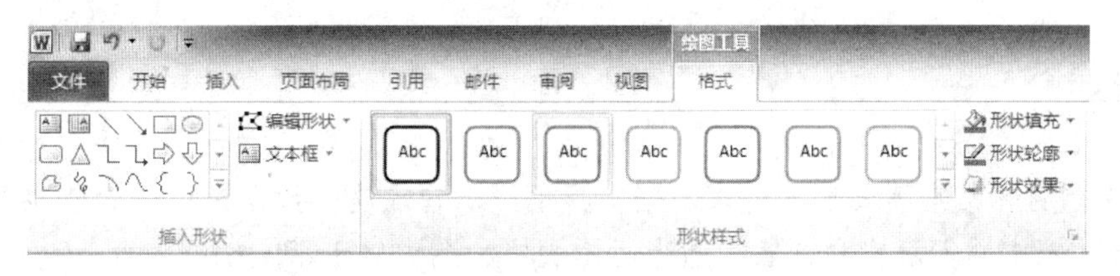

图 4.114 【格式】选项卡修改【形状】的相关选项

（4）使用自选图形工具绘制的图形一般包括多个独立的形状，当需要选中、移动和修改大小时，往往需要选中所有的独立形状，操作起来不太方便。这时需要借助“组合”命令将多个独立的形状组合成一个图形对象，再进行移动、修改大小等操作。

① 在【开始】功能区的“编辑”分组中单击【选择】按钮，并在打开的菜单中选择“选择对象”命令，如图 4.115 所示。

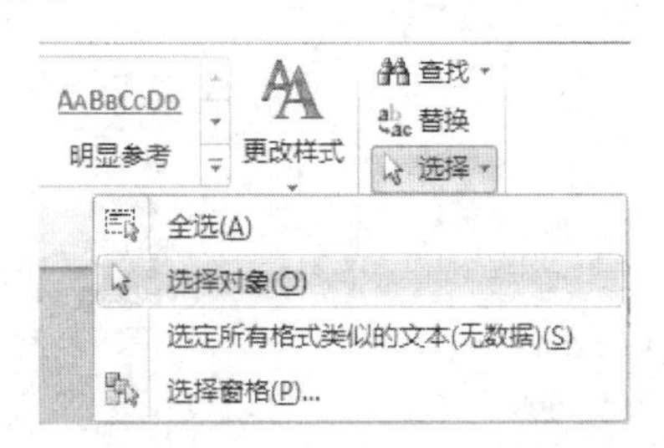

图 4.115 “选择”工具

② 将鼠标指针移动到页面中，鼠标指针呈白色鼠标箭头形状。在按住【Ctrl】键的同时左键单击选中需要组合的独立形状，如图 4.116 所示。

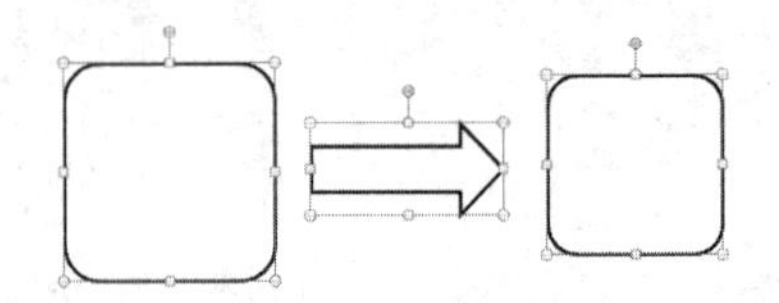

图 4.116　选中待组合的独立形状

③ 右键单击被选中的所有独立形状，在快捷菜单中选择【组合】命令，并在下一级菜单中选择【组合】命令即可完成组合图形，如图 4.117 所示。

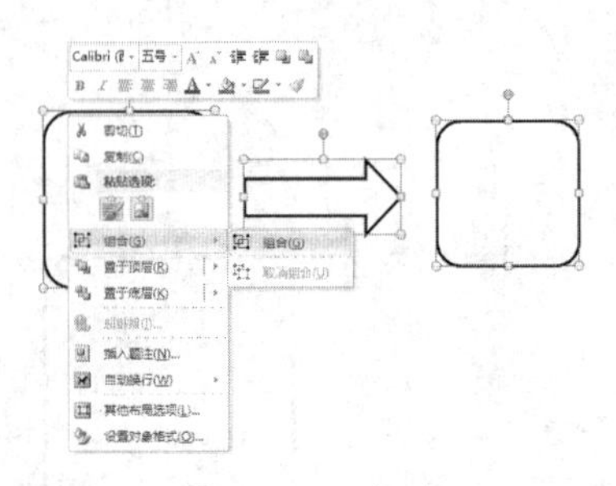

图 4.117　组合

（5）取消组合：如果希望对组合对象中的某个形状进行单独操作，可以右键单击组合对象，在快捷菜单中选择【组合】命令，并在下一级菜单中选择【取消组合】命令即可完成图形的取消组合，如图 4.117 所示。

4.6.5 表格

编辑文档时，常常需要输入许多数据，为了便于管理这些数据，更加清晰地表现数据，可在 Word 文档中插入表格和图表，适当运用表格和图表来丰富文档的内容。

1. 创建表格

（1）插入表格

① 单击【插入】选项卡中的【表格】按钮，在弹出的“插入表格”菜单中直接选择行数和列数快速插入表格，如图 4.118 所示。

图 4.118　表格

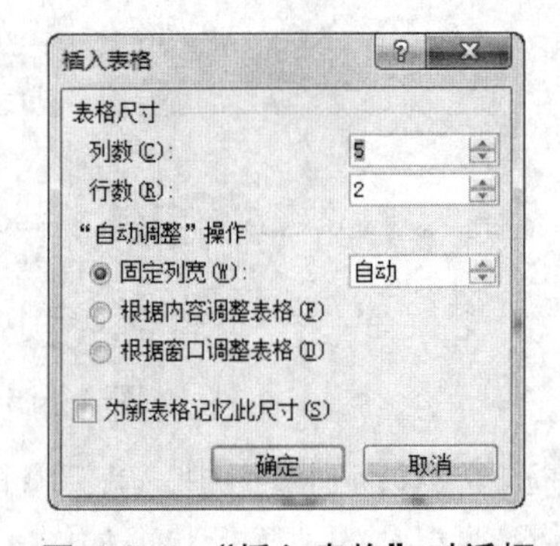

图 4.119　“插入表格”对话框

② 执行【表格】下拉列表中执行“插入表格”命令，在弹出的“插入表格”对话框中根据需要定制表格，如图4.119所示。

（2）绘制表格

自动插入的表格只能插入一些规则的表格，对于一些有不规则行列数的表格，可以通过手动绘制表格的方法来实现。

单击【插入】选项卡中的【表格】按钮，在弹出的下拉列表中执行“绘制表格”命令。此时鼠标指针变为形状，在文档中拖动即可绘制出表格边框。

（3）将列表式内容转换成表格

① 选中要转换的文字，如图4.120文字为例，选择【插入】→【表格】→【文字转换成表格】。

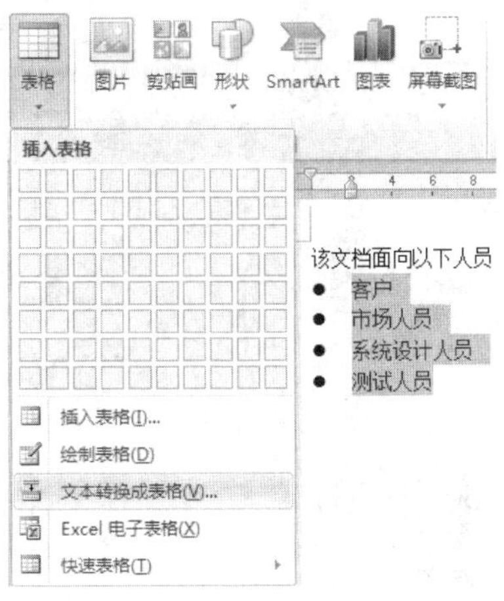

图4.120 文字转换成表格

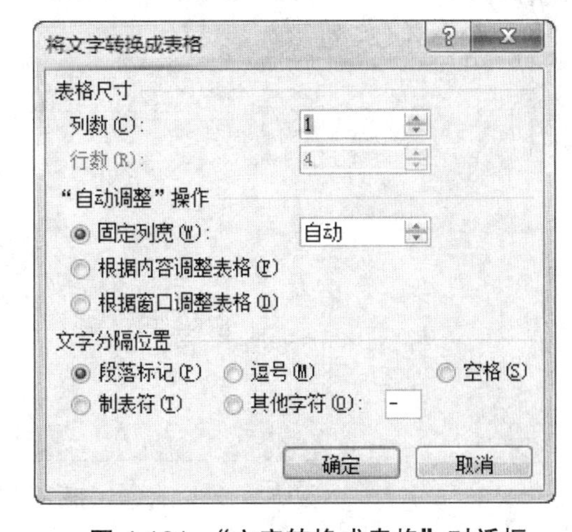

图4.121 “文字转换成表格”对话框

② 弹出“将文字转换成表格”对话框，表格尺寸“选项中”列数“和”行数“框中的数字则自动识别，在“文字分隔位置”选项中“段落标记”、“制表符”、“逗号”、“空格”或自己定义的“其他字符”可作为分隔符，在本例中选择“段落标记”，如图4.121所示。

③ 单击“确定“按钮即可，如图4.122所示。

● 客户
● 市场人员
● 系统设计人员
● 测试人员

图4.122 转换后表格示例

（4）插入Excel电子表格

在Word中还可以插入一张拥有全部数据处理功能的Excel电子表格，从而间接增强Word的数据处理能力。

① 新建Excel电子表格

在【插入】选项卡【表格】下拉菜单中选择“Excel电子表格”命令，可新建一个Excel电子表格，如图4.123所示。

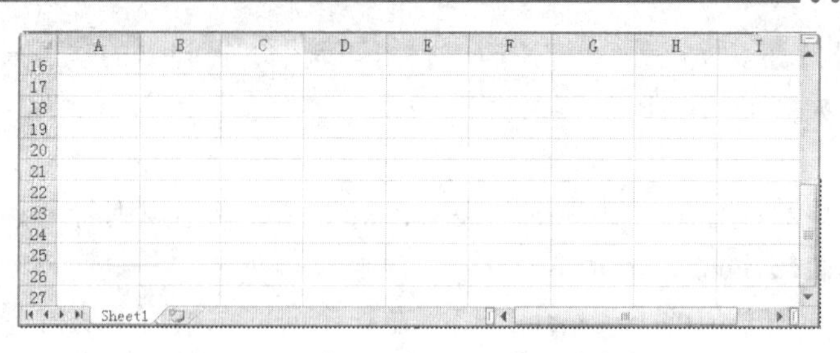

图 4.123　插入“Excel 电子表格”

② 插入已有的 Excel 文档

在【插入】选项卡“文本”分组中，单击【对象】按钮，弹出“对象”对话框，在“由文件创建”中，单击“浏览”按钮，在弹出的“浏览”对话框中根据路径选择已有的 Excel 文档即可，如图 4.124 所示。

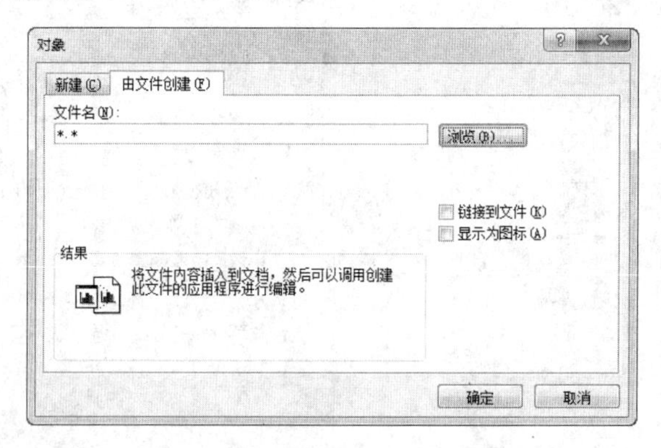

图 4.124　插入“Excel”对象

2. 编辑表格

表格的列通常为表格管理各个项目的序列，行一般记录一组相关的信息，通过编辑表格结构可让表格信息更易阅读。

（1）表格中鼠标指针的形状

鼠标指针在表格中的位置不同，其显示的形态和功能则不同，表格的鼠标指针如表 4.3 所示。

表 4.3　表格的鼠标指针

光标形状	位　置	用　途	光标形状	位　置	用　途
	表格外侧左上角	选择整张表格		单元格左侧线内部	选择单元格
	表格外左侧线外	选择整行		当前列顶部的横线外	选择整列
	当前列右侧列线上	改变列宽		当前行底部行线上	改变行高

（2）调整行高与列宽

① 通过鼠标调整

将鼠标指针移到表内表格线行线或列线上，选中待调整的行或列，当鼠标变为纵向双向箭头时，按住鼠标左键不放，上下拖动鼠标即可改变行高；当鼠标变为横向双向箭头时，按住鼠标左键不放，左右拖动鼠标即可改变列宽。

② 通过输入数值精确调整

选中待调整的某一单元格，在【布局】选项卡的"单元格大小"分组中的【高度】和【宽度】数字框中输入数值调整行高与列宽，可改变行高或列宽，如图 4.125 所示。

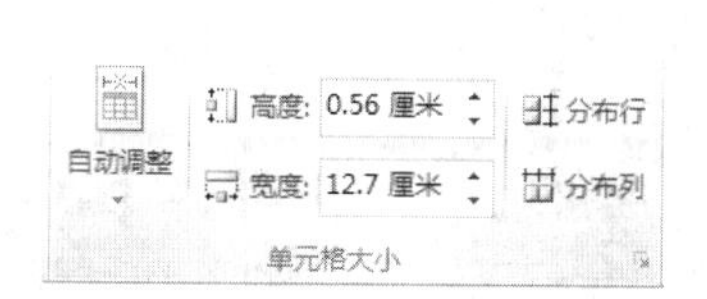

图 4.125 输入数值调整行高与列宽

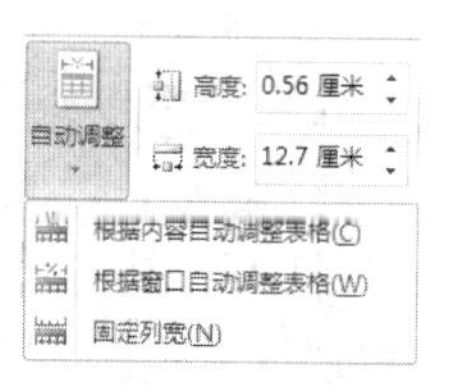

图 4.126 自动调整

③ 自动调整

单击表格中任意单元格，在【布局】选项卡的"单元格大小"分组中单击【自动调整】按钮，打开的自动调整菜单，如图 4.126 所示。

【根据内容自动调整表格】 选项表示表格中的每个单元格根据内容多少自动调整高度和宽度。

【根据窗口自动调整表格】 选项表示表格尺寸根据 Word 页面的大小（例如不同的纸张类型）而自动改变。

【固定列宽】选项表示每个单元格保持当前尺寸，除非用户改变其尺寸。

（3）插入行、列与表格

① 将光标定位在插入行或列的单元格中。

② 选择"表格工具"中【布局】选项卡的"行和列"分组中单击相应按钮即可在"在上方插入"或"在下方插入"插入新行，"在左侧插入"或"在右侧插入"插入新列，如图 4.127 所示。

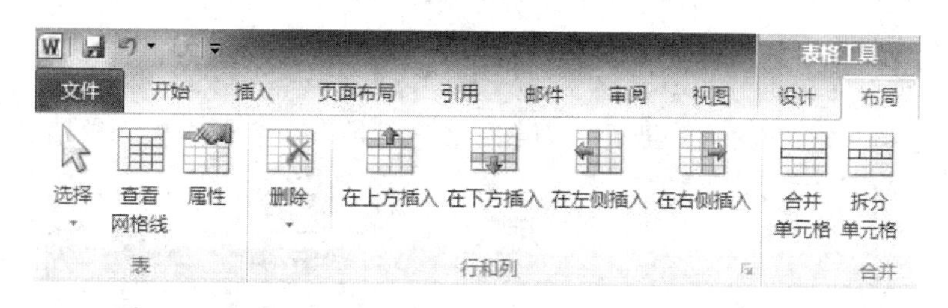

图 4.127 插入行或列

③ 以选择上下两个单元格（或两条整行）为例，如图 4.128 所示，执行上述第②步操作中的"在上方插入"，即可插入选中单元格行数的相同的新行，在本例中为两行，如图 4.129 所示。

图 4.128　选中上下两个单元格

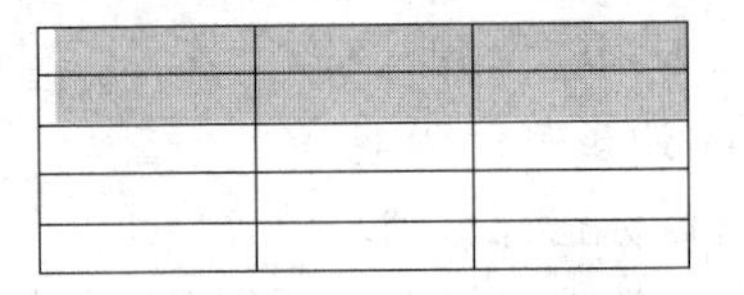

图 4.129　插入两行

④ 在单元格中再嵌入表格，可执行上述“插入表格“相同的操作方法。

提示：也可把光标移到待插入行的最后一个单元格外，然后按【Enter】键，即可插入一行。

（4）删除行、列与表格

① 将光标定位在待删除行或列的单元格中。

② 选择“表格工具”中【布局】选项卡的“行和列”分组中【删除】删除按钮，从下拉菜单中单击相应按钮即可完成“删除单元格”、“删除行”、“删除列”和“删除表格”，如图 4.130 所示。

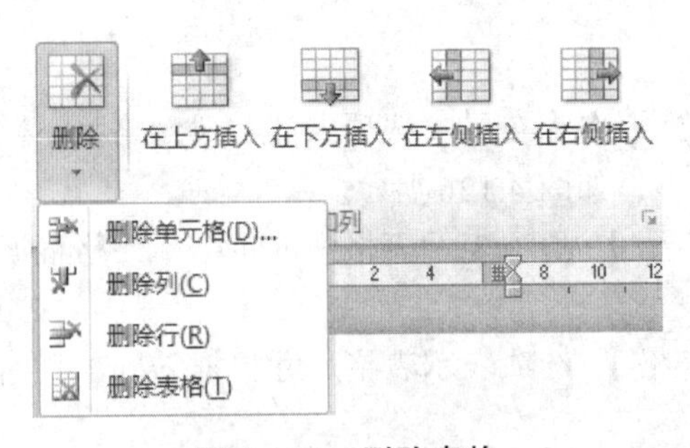

图 4.130　删除表格

③ 也可选中待删除的行、列或表格，按【BackSpace】键，即可删除相应的行、列或表格。

提示：选中单元格或整个表格后按【Delete】键仅删除其内容，而不是删除单元格或表格。

（5）合并与拆分单元格

① 选中待合并的单元格，选择【布局】选项卡“合并”分组中【合并单元格】按钮即可，如图 4.131 所示。

② 将光标定位在待拆分的单元格，选择【布局】选项卡“合并”分组中【拆分单元格】按钮弹出“拆分单元格”，根据需要在“列数”和“行数”数字框中输入数值，然后单击“确定”按钮即可，如图 4.132 所示。

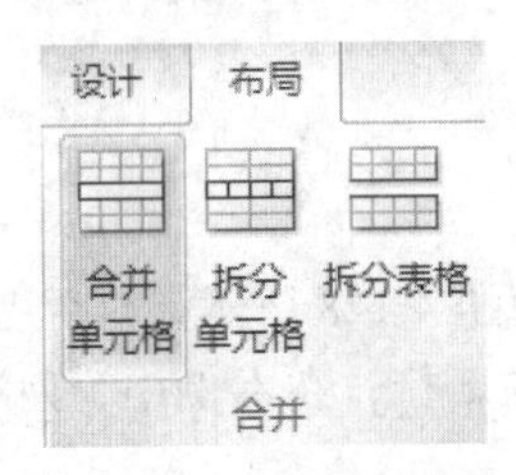

图 4.131　合并单元格

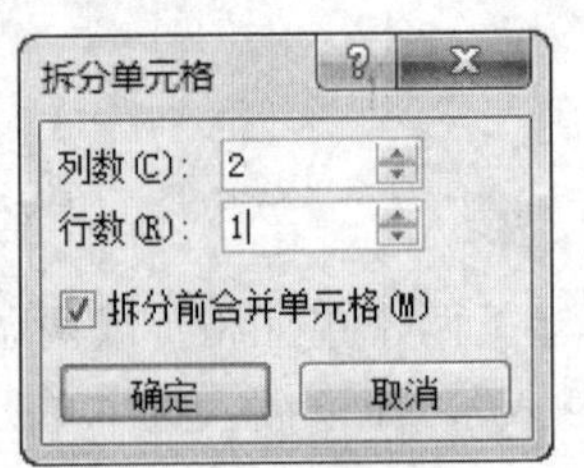

图 4.132　拆分单元格

③ 将光标定位在表格中，选择【布局】选项卡“合并”分组中【拆分表格】按钮可将一个表格拆分成两个表格，光标所在行成为新表格的首行。

（6）绘制斜线表头

① 如果绘制一根斜线表头的话，选择需要绘制斜线的单元格，选择【设计】→【边框】→【斜下框线】，如图 4.133 所示，然后通过空格和回车控制到适当的位置，输入表头中的文字，如图 4.134 所示。

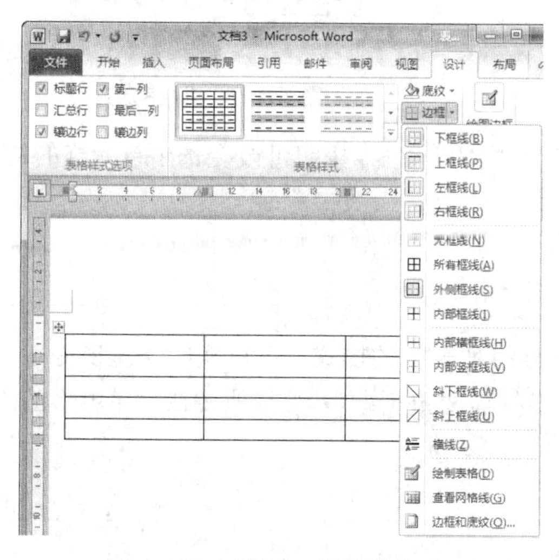

图 4.133 绘制一根斜线表头

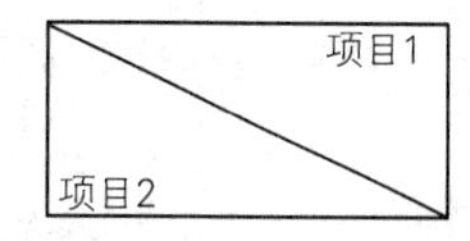

图 4.134 添加文字

② 要绘制多根斜线的话就只能手动去画了，选择【插入】→【形状】→【斜线】，如图 4.135 所示，根据需要直接拖动光标绘制斜线即可，如图 4.136 所示。

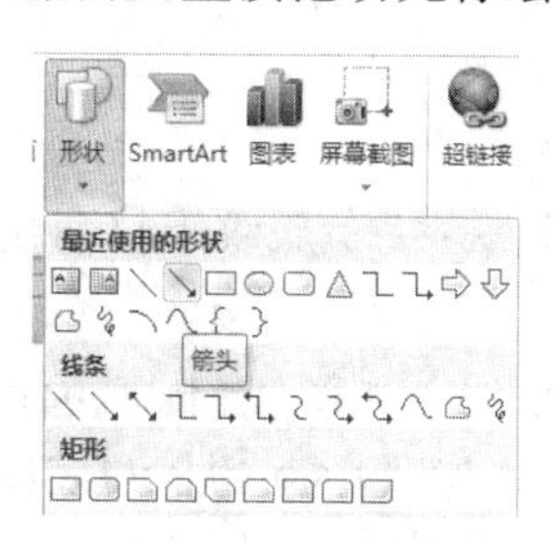

图 4.135 用自选形状绘制

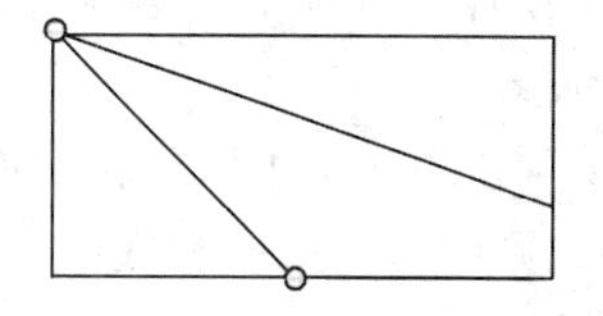

图 4.136 绘制多根斜线表头

（7）调整表格位置

① 单击表格任意单元格。

② 单击【布局】→【属性】属性按钮，在弹出的“表格属性”对话框中单击“表格”选项卡，根据需要在“对齐方式”和“文字环绕”分组中选择相应对齐方式和环绕方式即可，如图 4.137 所示。

（8）设置对齐方式和文字方向

① 选择待调整的单元格。

② 在【布局】选项卡“对齐方式”分组中的单击相应对齐方式按钮即可调整表格中内容的对齐方式，如图 4.138 所示。

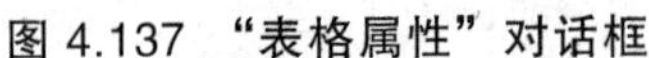
图 4.137 “表格属性”对话框

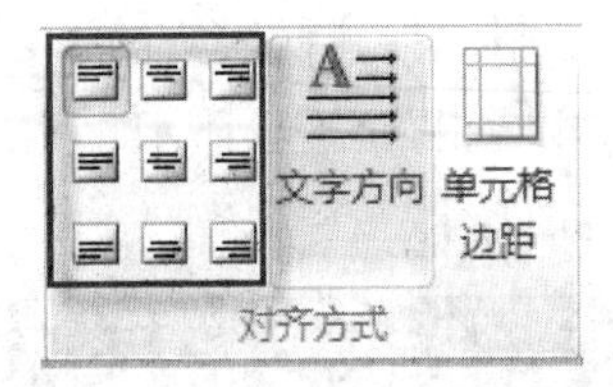

图 4.138 对齐方式

③ 选择【布局】选项卡“对齐方式”分组中的【文字方向】按钮可改变选中单元格的文字方向。

3. **修饰表格**

（1）自动套用格式

① 单击任意单元格。

② 选择【设计】选项卡“表格样式”分组列表中的样式，可以实时预览实际效果，确定使用哪种样式后单击该样式即可，还可以根据需要单击【▾】其他按钮，在更多的表格样式列表中选择合适的样式，如图 4.139 所示。

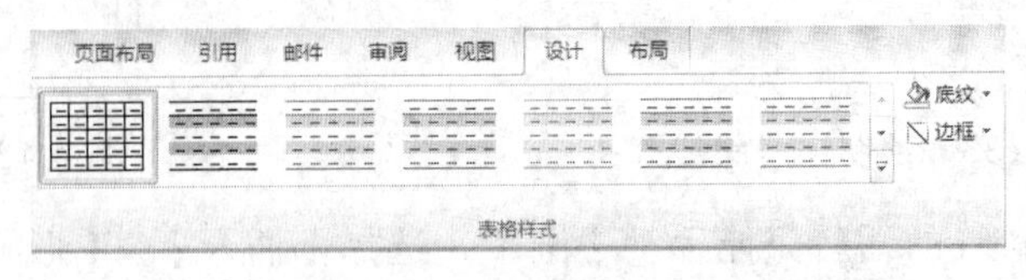

图 4.139 “表格样式”列表及“其他”按钮

（2）设置边框和底纹

① 单击任意单元格。

② 选择【设计】选项卡“表格样式”分组中【底纹▾】底纹下拉列表中选择颜色，如图 4.140 所示。

③ 选择【边框▾】边框下拉菜单中选择相应边框线，如图 4.141 所示；如果选择“边框和底纹”项，则弹出“边框和底纹”对话框，操作方法与“4.5.4 边框与底纹”所描述的操作相同。

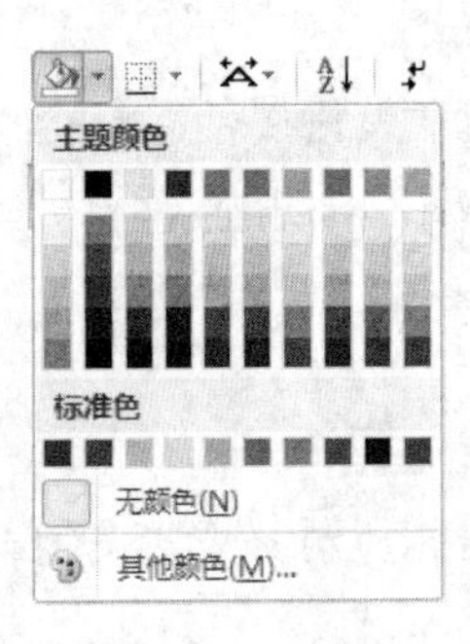

图 4.140 底纹

图 4.141 边框

4. 图　表

图表是一种用图像比例表现数据的图形，使用图表可以比表格更直观地反映数值间的对应关系。添加图表的具体操作如下：

（1）将文本插入点定位在需要插入图表的位置。

（2）单击【插入】选项卡中的【图表】按钮，弹出“插入图表”对话框，如图 4.142 所示。

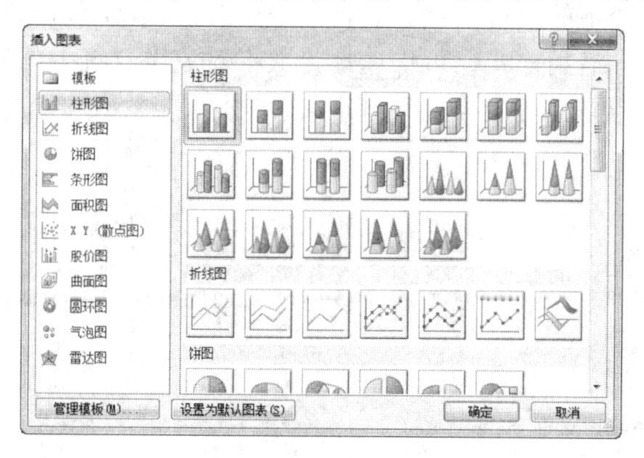

图 4.142　插入图表

（3）选择需要的图表类型，单击“确定”，会自动在文档中插入图表，并出现相对应的数据表，如图 4.143 所示，在该表中的每个单元格中输入图表的数据，即可得到需要的图表。

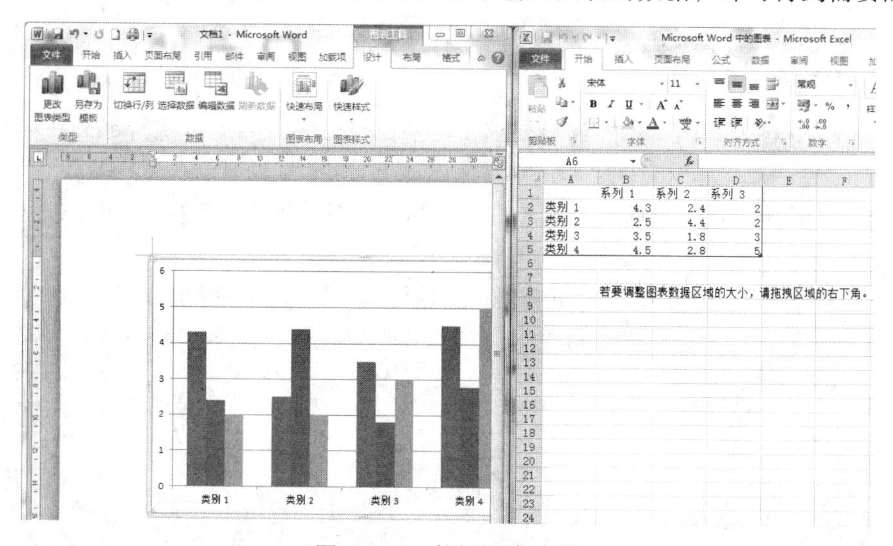

图 4.143　数据图表示例

（4）当选中图表时，菜单中出现“图表工具”的【布局】选项卡，可在该选项卡中对图表做进一步设置或更改，如图 4.144 所示。

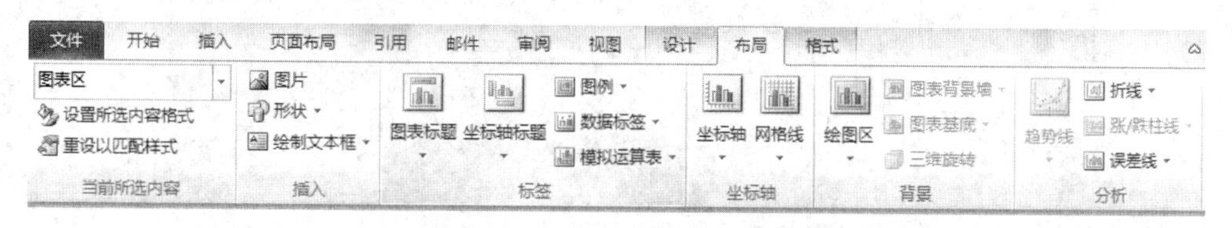

图 4.144　图表【布局】选项卡

4.7 长文档编辑

4.7.1 样式和格式应用

样式就是应用于文档中的具有文本、表格和列表的一套已有格式特征且能让用户方便快捷改变文档外观的格式。运用样式，可快速地为文本对象设置统一的格式，提高文档的编排效率，样式的应用可分为自动套用样式和自定义样式。

1. 自动套用样式

在 Word 2010 中自带一些样式模板，可将其应用于被编辑的文档中，其操作步骤如下：

（1）选中需要设置样式的文本。

（2）单击【开始】选项卡的“样式”分组中的相应按钮，在打开的样式列表框中选择需要的样式即可，如图 4.145 所示。

图 4.145 样式模板

2. 自定义样式

若 Word 2010 自带的样式不能满足要求，可根据自己的需要进行重新定义新样式，其操作步骤如下：

（1）单击【开始】选项卡的“样式”分组中右下角的[ ]按钮，打开“样式”任务窗格，如图 4.146 所示。

（2）单击“样式”任务窗格中左下角的“新建样式” 按钮，弹出如图 4.147 所示的“根据格式设置创建新样式”对话框，可以为新建样式设置字体、字号、对齐方式等格式。

图 4.146 “样式”任务

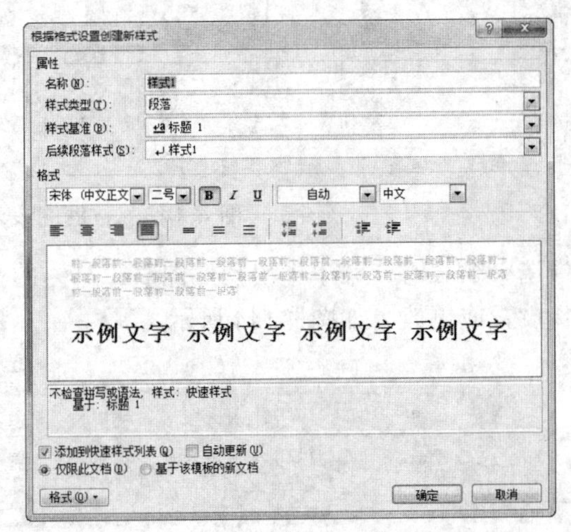

图 4.147 “根据格式设置创建新样式”对话框

（3）如果需要修改样式，可选中需要修改的“样式”，从下三角按钮中选择“修改”，弹出如图 4.148 所示的“修改样式”对话框，为该样式作进一步设置或修改。

（4）如果对某样式不满意，可选中该样式，从下三角按钮中将其删除，如图 4.149 所示。

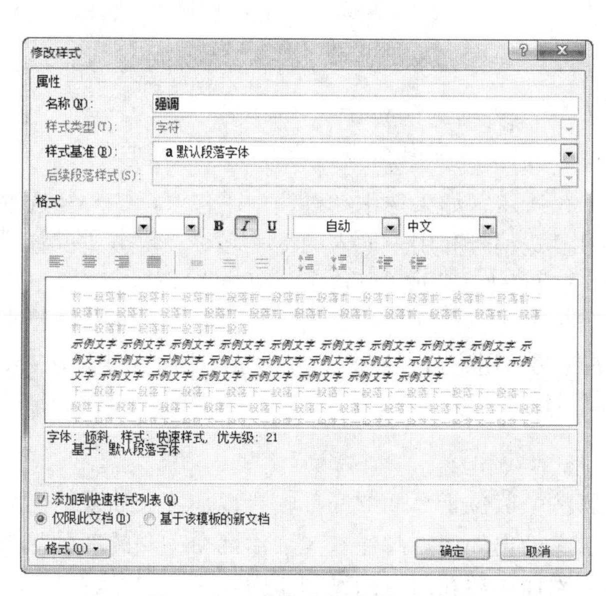

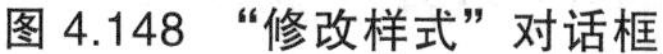
图 4.148　“修改样式”对话框

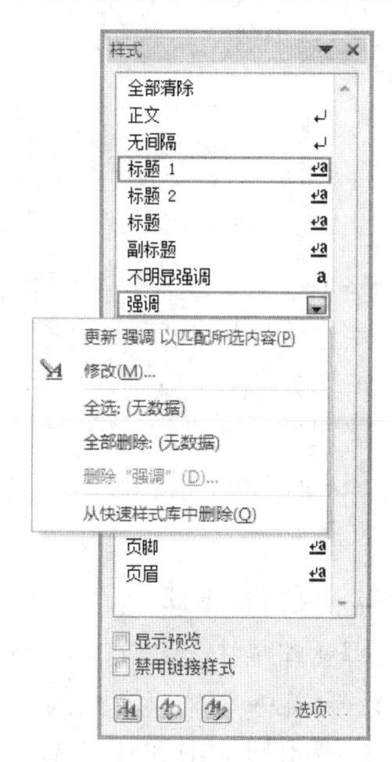

图 4.149　“样式”下拉列表

3. **样式或格式的清除**

对于已经应用了样式或已经设置了格式的文档，可以随时将其样式或格式清除。先选中需要清除样式或格式的文本或段落，然后在如图 4.145 所示中选择“清除格式”按钮即可清除其样式和格式。

4.7.2 题注、脚注与尾注

1. **题　注**

题注就是给图片、表格、图表、公式等项目添加的名称和编号。使用题注功能可以保证长文档中图片、表格或图表等项目能够顺序地自动编号。给文档中已有的图片、表格和公式添加题注的操作步骤如下：

（1）选中准备插入题注的图片。在【引用】的“题注”分组中单击【插入题注】插入题注按钮，也可以选中图片后右键单击鼠标，在打开的快捷菜单中选择“插入题注”命令，打开“题注”对话框，如图 4.150 所示。

（2）在“题注”编辑框中会自动出现“Figure 1”字样，用户可以在其后输入被选中图片的名称。然后单击“编号”按钮，打开的“题注编号”对话框，如图 4.151 所示。

（3）在打开的“题注编号”对话框中，单击“格式”下拉三角按钮，选择合适的编号格式。如果选中“包含章节号”复选框，则标号中会出现章节号。设置完毕单击“确定”按钮即可。

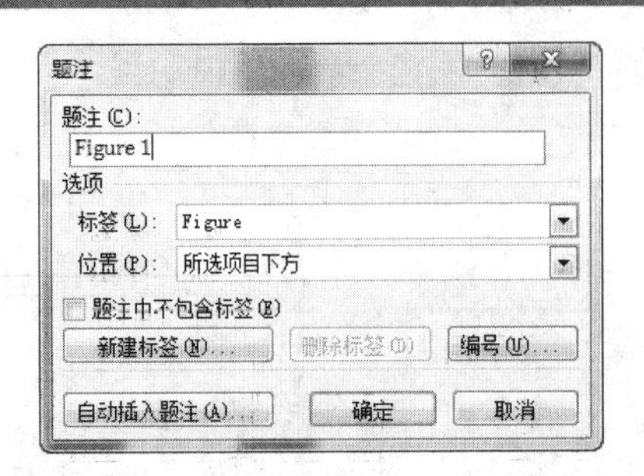

图 4.150 “题注”对话框图

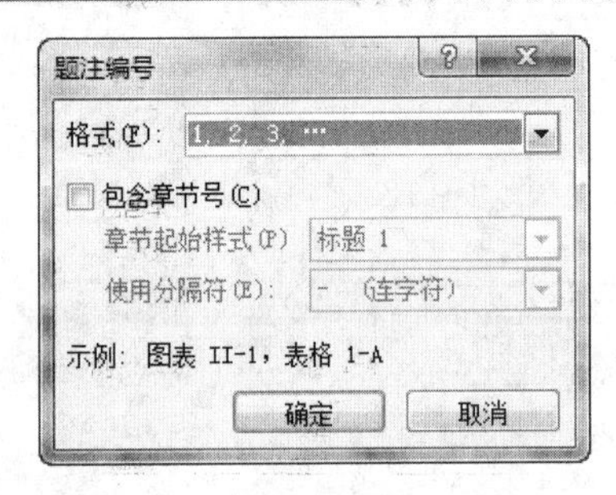

图 4.151 “题注编号”对话框

（4）返回“题注”对话框，如图 4.150 所示，如果选中“题注中不包含标签”复选框，则图片题注中将不显示“图”字样，而只显式编号和用户输入的图片名称；单击“位置”下拉三角按钮，在位置列表中可以选择“所选项目上方”或“所选项目下方”，设置完毕单击“确定”按钮。

（5）插入的图片题注默认位于图片左下方，用户可以在【开始】功能区设置对齐方式（如居中对齐）。

2. 脚注和尾注

脚注和尾注是对文本的补充说明。脚注一般位于页面的底部，可以作为文档某处内容的注释；尾注一般位于文档的末尾，列出引文的出处等。脚注和尾注由两个关联的部分组成，包括注释引用标记和其对应的注释文本。添加脚注和尾注的操作步骤如下：

（1）将插入点定位在待插入脚注和尾注的位置。

（2）在【引用】的“题注”分组中单击【插入脚注】插入脚注或【插入尾注】按钮，在定位处生成自动编号，在插入点处输入文本即可添加脚注和尾注。

（3）也可在【引用】的“题注”分组中单击右下角的【 】按钮，打开“脚注和尾注”对话框，如图 4.152 所示选择“脚注”或“尾注”单选按钮即可插入，还可根据需要设置“格式”等选项，完成尾注后如图 4.153 所示。

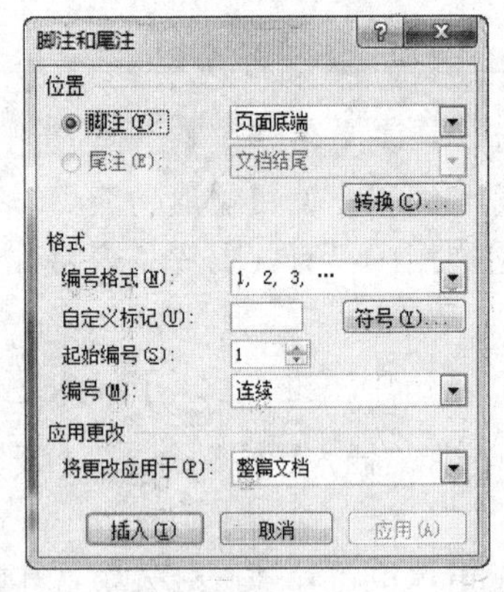

图 4.152 “脚注和尾注”对话框

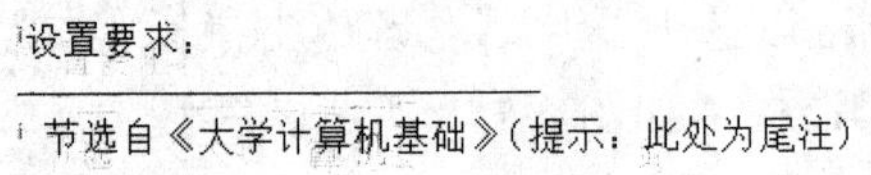

i设置要求：

i 节选自《大学计算机基础》（提示：此处为尾注）

图 4.153 添加尾注示例

4.7.3 批注、修订与限制编辑

在用 Word 2010 编辑文档时，可方便地对文档内容进行批注和修订，实现审阅、交流文档内容，对文档中部分内容的修改，并添加批注。

1. 添加批注

批注是作者或审阅者给文档添加的注释或注解信息。

在【审阅】选项卡“修订”分组中单击“显示标记”图标中的下三角按钮，得到如图 4.154 所示界面，勾选“批注”项，即实现了显示批注内容。添加批注的方法是：

（1）选择待添加批注的文本，或是将插入点移至待批注文本的末尾处。

（2）在功能区“审阅”，选项卡的“批注”分组中，单击“新建批注”按钮，在批注编辑框中或在“审阅窗格”中输入批注的文本内容即可，如图 4.155 所示。

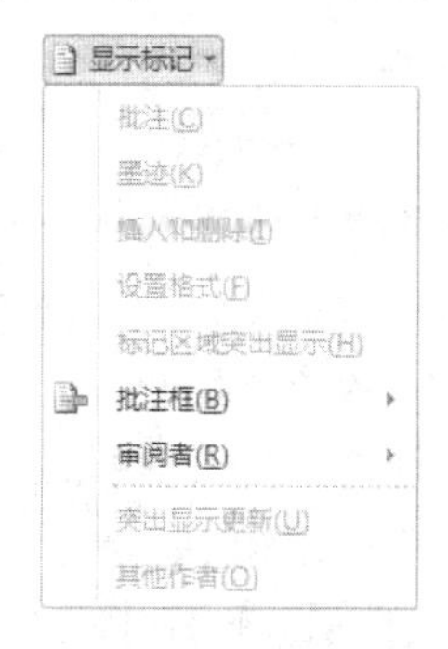

图 4.154　显示标记

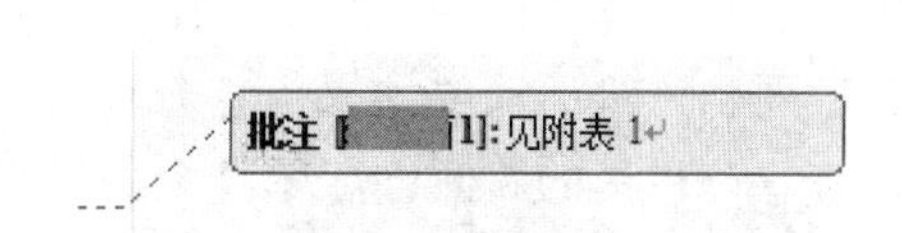

图 4.155　批注示例

2. 删除批注中的属性信息

如果文档中已插入了批注，有时又希望将批注中那些自动显示的批注内容如作者姓名、文档属性等删除，但批注仍然保留，在 Word 编辑中实现的操作方法如下：

（1）单击【文件】选项卡，选择【信息】选项中的“检查问题”功能，在弹出的快捷菜单中选择“检查文档”菜单项，如图 4.156 所示。

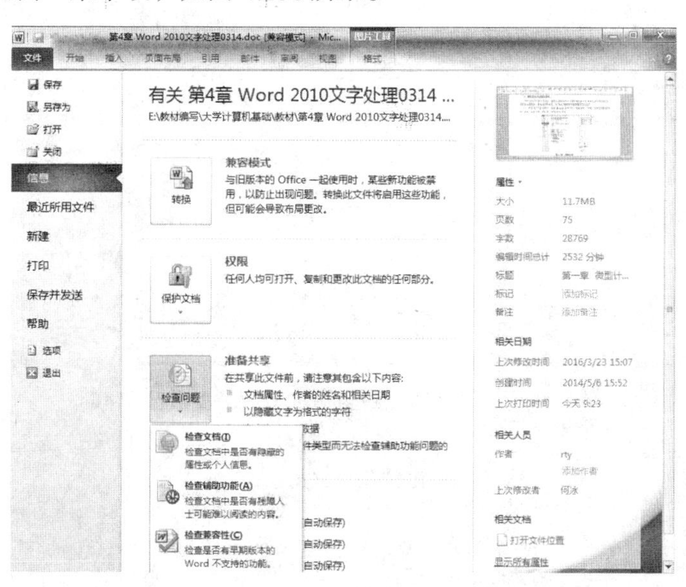

图 4.156　检查文档

（2）单击“是”按钮实现文档保存后，打开如图 4.157 所示“文档检查器”对话框。

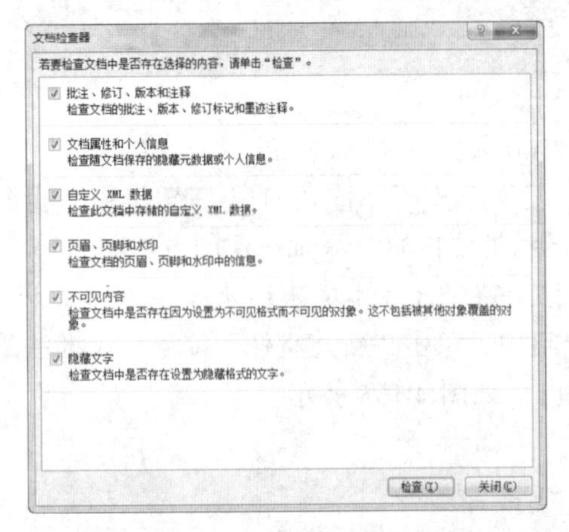

图 4.157 “文档检查器”对话框

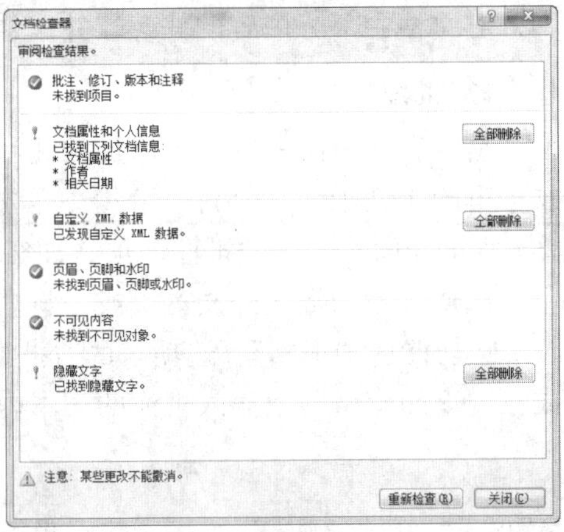

图 4.158 “审阅检查结果”对话框

（3）在“文档检查器”对话框中，确定“文档属性和个人信息”复选框处于选中状态，然后单击右下角的“检查”按钮，打开如图 4.158 所示的“审阅检查结果”对话框，根据文档中的内容的不同，该对话框的结果信息会有所不同，如果是文档中含有批注，那么在“文档属性和个人信息”栏目的右侧会显示“全部删除”按钮，单击该按钮，并单击下方的“重新检查”按钮，然后保存文档并将文档关闭，当再次打开该文档后，批注中的批注信息存在，但文档属性中的个人信息就会被删除，不再呈现，如图 4.159 和图 4.160 所示。

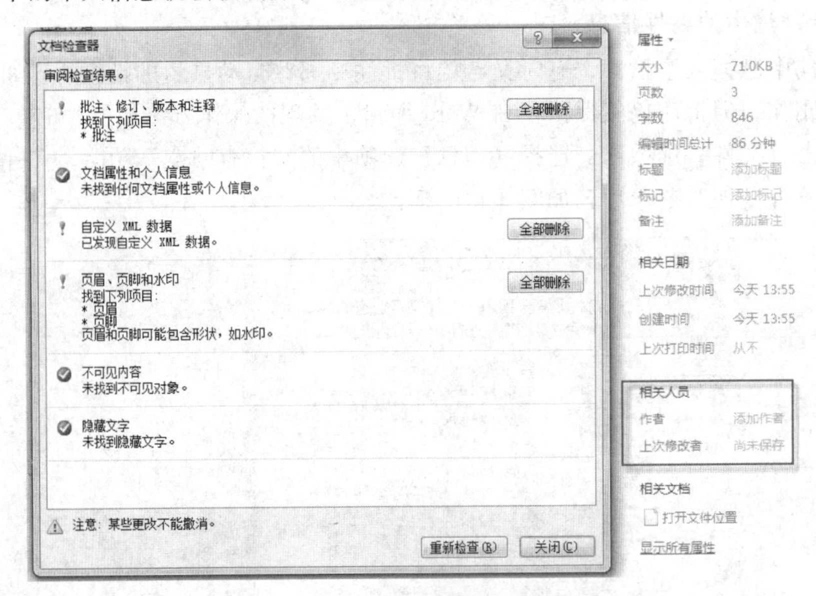

图 4.159　删除后的文档属性

图 4.160　删除后正文中的批注属性

3. 修　订

（1）在【审阅】选项卡“修订”分组中单击【修订】修订图标，使之为黄色高亮的选中状态“ ”即可打开修订，再次单击它则关闭修订。

（2）在其下三角按钮中选择“修订选项”，打开“修订选项”对话框，可设置个性化的修订信息，如图4.161所示。

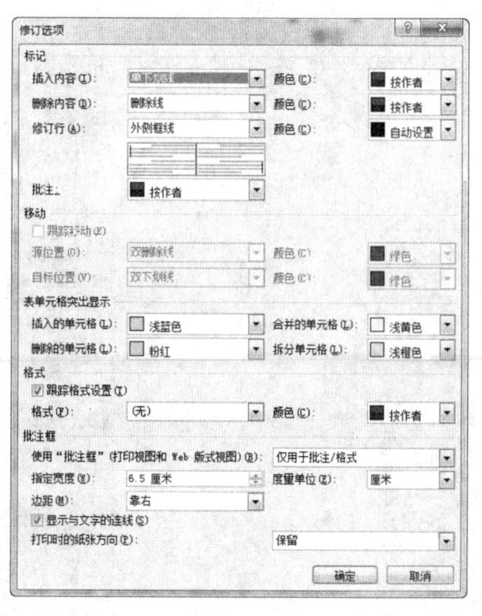

图4.161 “修订选项”对话框

（3）如果接受修订，可在【审阅】选项卡“修订”分组中单击【接受】图标中的下三角按钮，选择相应的接受修订内容，如图4.162所示。

（4）如果不接受修订，可单击【拒绝】图标中的下三角按钮，选择相应的拒绝修订内容，如图4.163所示。

图4.162 “接受”修订

图4.163 “拒绝”修订

（5）修订完毕后，可根据需要选择标记的显示状态，如图4.164所示。

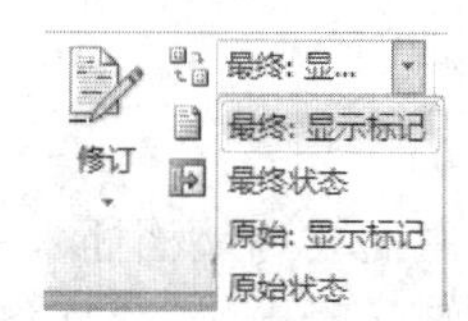

图4.164 标记的显示状态

4. **限制编辑**

在线协作是Office 2010中一个非常重要的功能，也符合当今办公趋势。在Office 2010中，新增了“限制编辑”功能，限制人员对文档的特定部分进行编辑或设置格式，用户可以防止格式更改、强制跟踪所有更改或仅启用备注。旁边还增加了“阻止作者”按钮，用于阻止任何人对文档进行修改。

（1）单击【审阅】→【限制编辑】限制编辑按钮，在 Word 界面的右侧出现“限制格式和编辑”任务窗格，如图 4.165 所示，可勾选“格式设置限制”复选框，然后单击“设置”可根据需要进一步设置。

（2）在“编辑限制”复选框勾选，选择“不允许任何更改（只读）”，如图 4.166 所示。

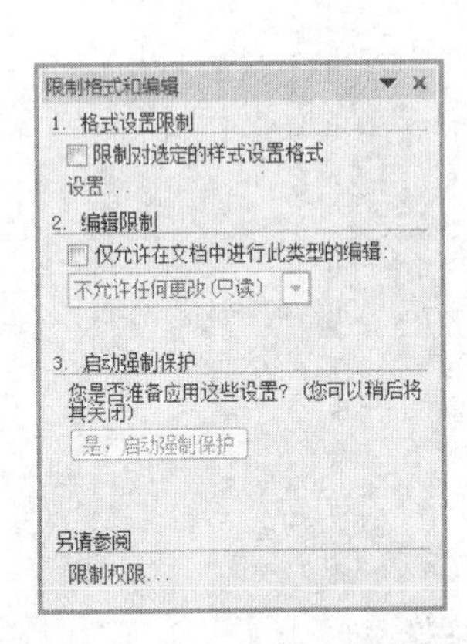

图 4.165　限制格式和编辑

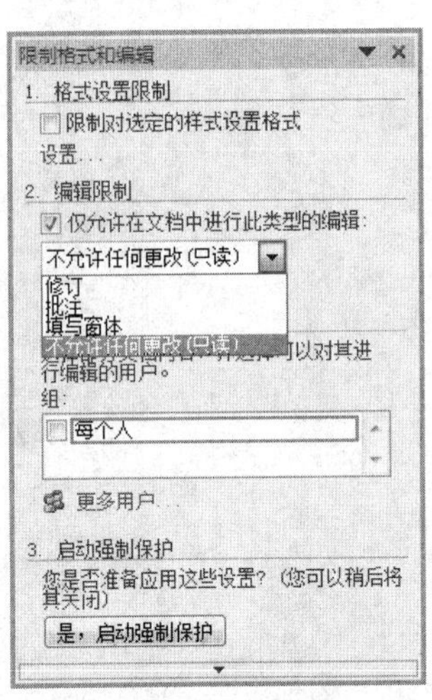

图 4.166　编辑限制

（3）单击下方的“是，启动强制保护”，弹出“启动强制保护”对话框后输入密码，点击“确定”按钮即可，如图 4.167 所示。

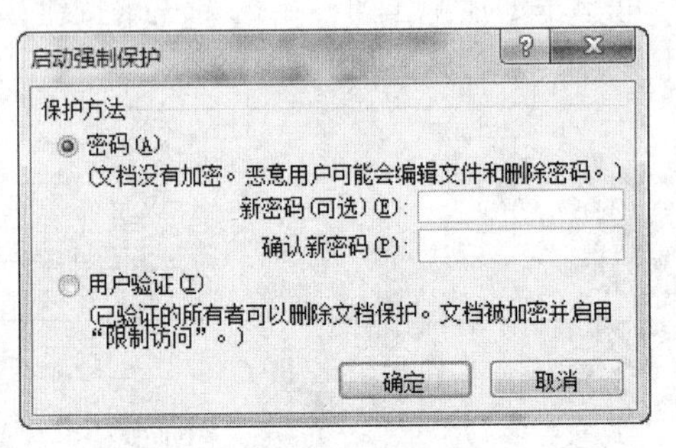

图 4.167　“启动强制保护”对话框

4.7.4　封面制作和添加文档属性

在 Word 编辑文档的过程中，常常需要为文档插入一张漂亮的封面，有时还需要在文档中添加作者、关键词、发布日期等文档属性。插入封面和添加文档属性内容的方法如下：

1. 制作封面

单击【插入】→【封面】封面按钮，在“封面”列表中选择合适的封面样式，如图 4.168 所示，根据所选模板编辑封面内容即可。

图 4.168 封面

2. **添加文档属性**

将光标移动到合适位置，并单击【插入】→【文档部件】文档部件按钮，在“文档属性”列表中选择需要的属性后编辑文档属性内容即可，如图 4.169 所示。根据需要编辑封面并添加文档属性后如图 4.170 所示。

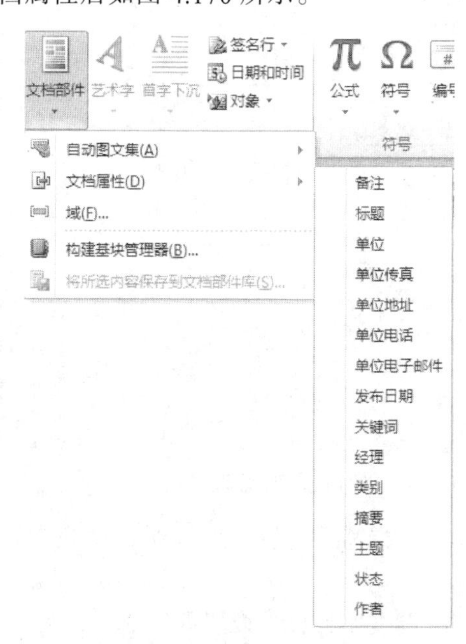

图 4.169 添加文档属性

图 4.170 封面示例

4.7.5　生成目录

Word 2010 跟之前版本一样，会根据用户编辑的文档自动生成目录，并可通过目录直接定位到某个段落，以便阅览。生成目录的步骤如下：

（1）对文档标题进行等级排序。选中相应层次的标题，然后单击【引用】“目录”分组中的【添加文字】下拉列表选择相应层次的级别，在此选择 1 级为例，如图 4.171 所示。

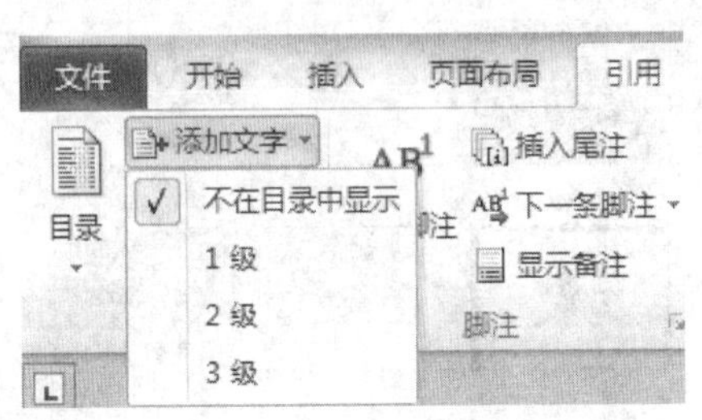

图 4.171　添加文字

提示：根据文档的实际情况选择 1、2、3 级，文档的分级不要太多，以免目录变得很冗长）。

（2）选择【引用】→【目录】目录按钮，在弹出的下拉列表中选择相应目录模式，如选择“手动目录”则需要手动输入每章节的标题，选择“自动目录”则在文档的开头自动添加目录，如图 4.172 所示。

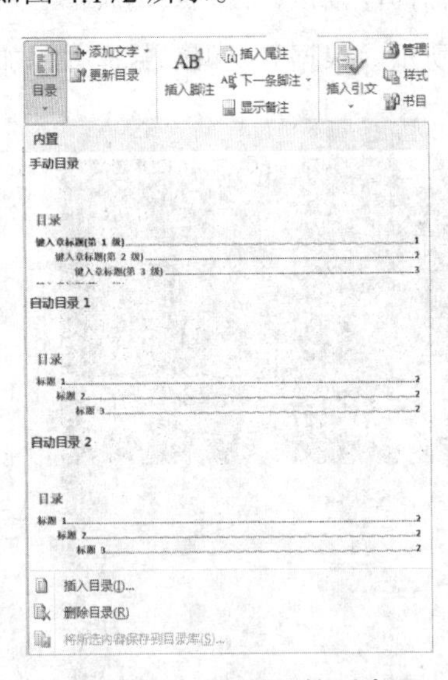

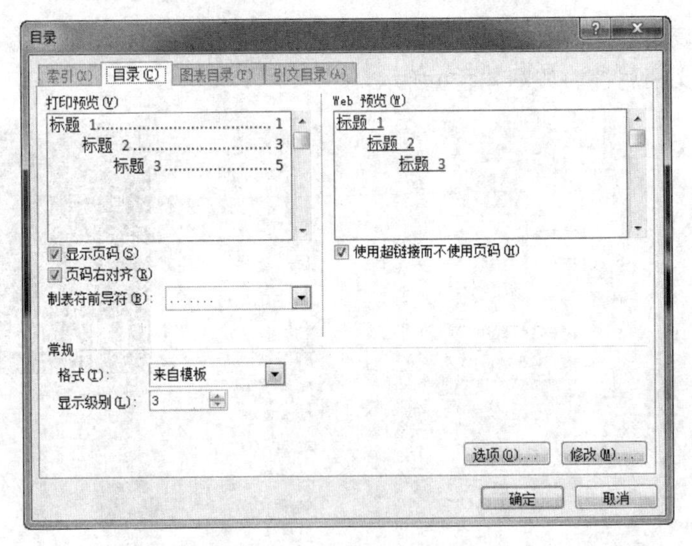

图 4.172　目录下拉列表　　　　图 4.173　“目录”对话框

（3）也可选择【插入目录】，弹出“目录”对话框，根据需要设置相应选项后单击“确定”即可在文档的开头自动生成目录，如图 4.173 所示。

（4）如果想让目录更醒目，可手动添加“目录”标题文字，目录设置即完成，如图 4.174 所示。

目录

1 概述 ………………………………………………………… 1
2 阅读指南 ……………………………………………………… 1
3 项目概述 ……………………………………………………… 2
  3.1 前言 ……………………………………………………… 2
  3.2 目标 ……………………………………………………… 2
  3.3 产品组成 ………………………………………………… 2
  3.4 开发环境 ………………………………………………… 2
4 功能描述 ……………………………………………………… 4

图 4.174 添加目录示例

（5）添加完目录后，如果对文档进行了修改，则可以选择【引用】，【更新目录】更新目录按钮或直接选中整个目录点击鼠标右键，在菜单中选择【更新域】，弹出“更新目录”对话框，根据需要选择相应选项即可，如图 4.175 所示。

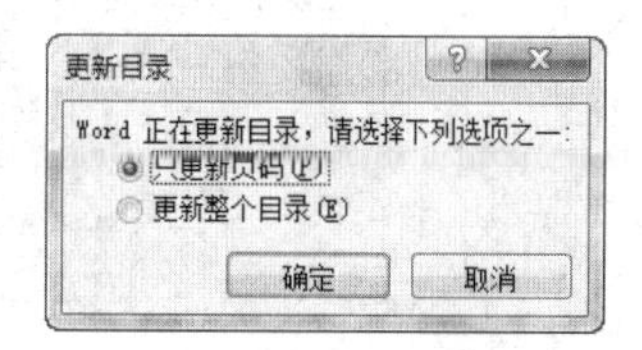

图 4.175 更新目录

4.7.6 页眉与页脚

页眉和页脚位于页面的顶部和底部的区域，通常用于显示文档的附加信息，例如单位、名称、作者、日期、页码及章节名称等，可根据需要在页眉和页脚中插入文本或图片。

1. 设置页眉

（1）在【插入】选项卡“页眉和页脚”分组中单击的【页眉】页眉按钮，如图 4.176 所示。

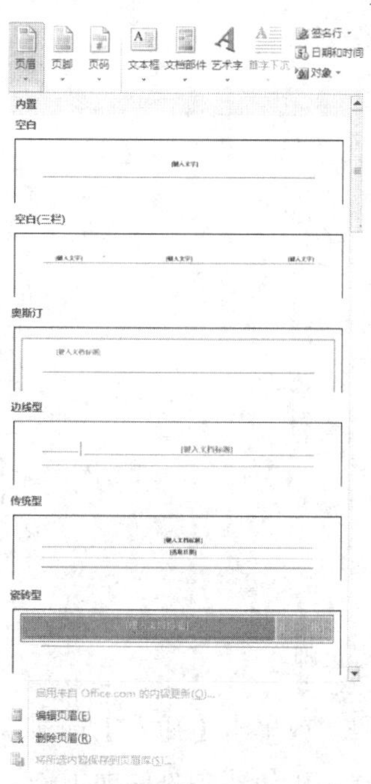

图 4.176 内置页眉

（2）在弹出的“内置页眉”设置窗口中，选择“编辑页眉”，此时激活页眉页脚的【设计】选项卡，并可对页眉进行编辑，完成后如图 4.177 所示。

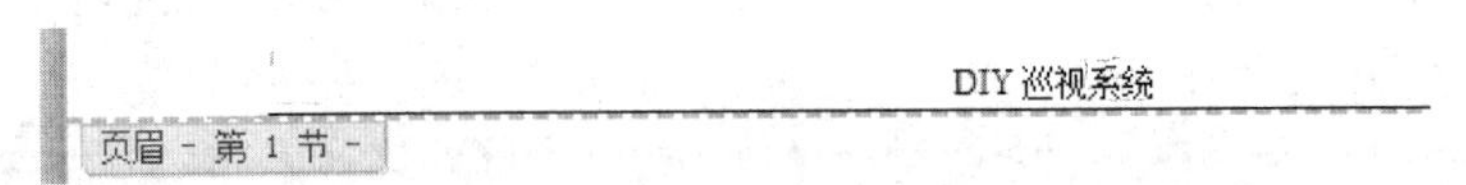

图 4.177　页眉示例

（3）还可在【设计】选项卡中根据需要点击相应按钮设置插图、“首页不同”和“奇偶页不同”等个性化的页眉页脚，如图 4.178 所示。退出对页眉页脚的编辑则单击【关闭页眉和页脚】即可。

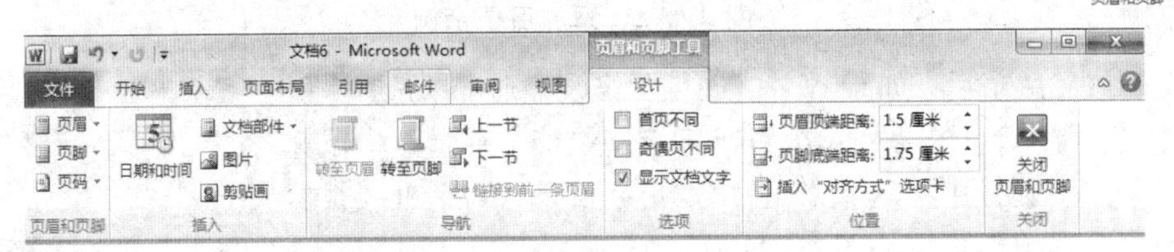

图 4.178　页眉设置相关选项

2. 设置页脚

在当前页眉页脚设置状态下，即未退出页眉页脚操作时，单击“页眉和页脚工具设计”选项卡中的“导航”分组中的“转至页脚”图标即可转入页脚的编辑状态；也可在关闭了页眉页脚功能后，直接单击【插入】选项卡“页眉和页脚”分组中单击的【页脚】页脚图标，在其列表框中根据需要选择相应页脚样式，如图 4.179 所示。

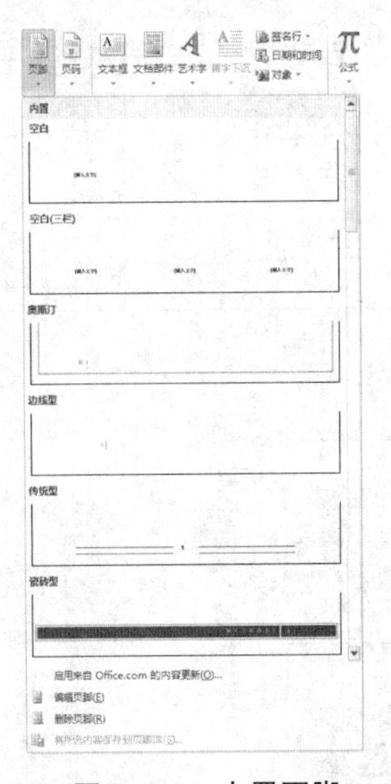

图 4.179　内置页脚

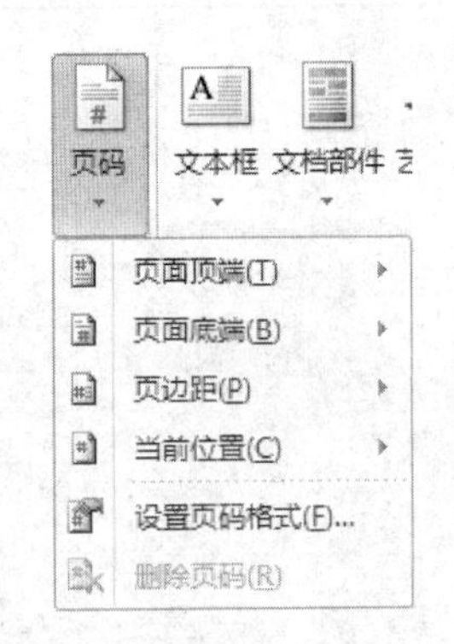

图 4.180　页码

在当前插入点可直接输入页码，或单击【插入】选项卡“页眉和页脚”分组中的【页码】页码图标，如图 4.180 所示，进行相应的选择设置即可输入页码。要删除页眉、页脚或页码则单击其按钮中的“删除”即可。

4.8　文档打印及 Word 其他应用

4.8.1　页面设置

文档编辑前或编辑后，免不了要对文档进行页面设置，可在【页面布局】选项卡中选择相应按钮进行相关设置，如图 4.181 所示。

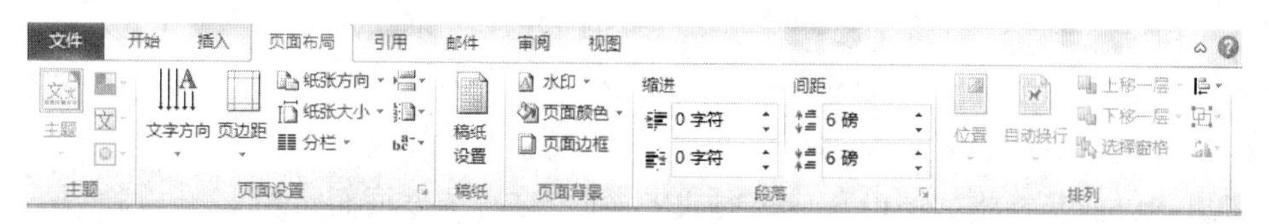

图 4.181 【页面布局】选项卡

在【页面布局】选项卡“页面设置”分组中单击右下角的按钮，打开如图 4.182 所示的“页面设置”对话框，有“页边距”、“纸张”、“版式“和”“文档网格“四个选项卡，可对页边距、纸张方向、纸张大小、页眉页脚版式等项进行详细设置。

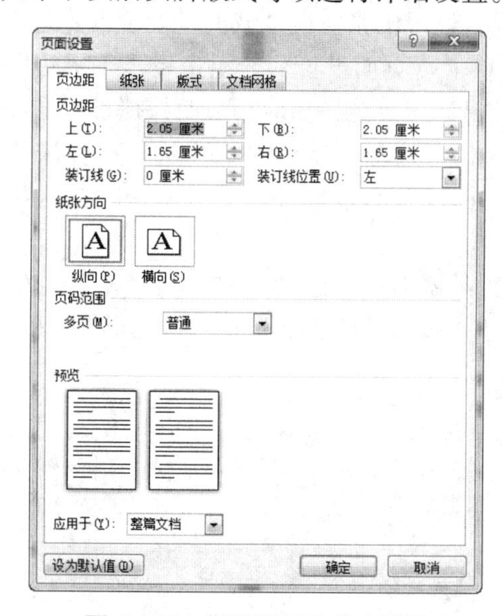

图 4.182 “页面设置“对话框

（1）设置文字方向

Word 中文字方向的改变有两种，一种是改变整篇文档的文字方向,另一种是改变局部文档的文字方向。

① 改变整篇文档的文字方向：在【页面布局】选项卡“页面设置”分组中单击【文字方向】按钮，在弹出的下拉菜单中可根据需要选择文字方向。

② 改变局部文档的文字方向：选中需要设置的文字，然后在【页面布局】选项卡“页面设置”分组中单击【文字方向】按钮，选择“文字方向选项”命令，弹出的“文字方向”对话框中，进行其他设置，如图 4.183 所示。在该对话框中可以选择文字的方向，例如选择中间的样式，在“应用于”下拉列表中选择应用的范围，单击“确定”按钮。

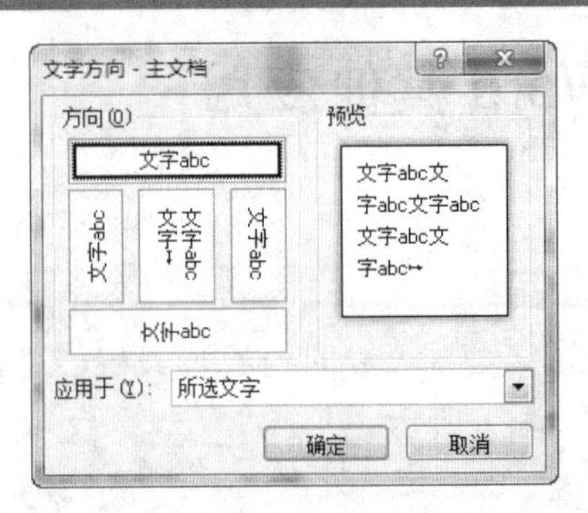

图 4.183 “文字方向”对话框

（2）设置纸张方向

设置纸张方向是指将文档设置成纵向或者横向布局。在【页面布局】选项卡“页面设置”分组中单击【纸张方向】选项，选择“纵向”或“横向”即可，默认为“纵向”，如图 4.184 所示。

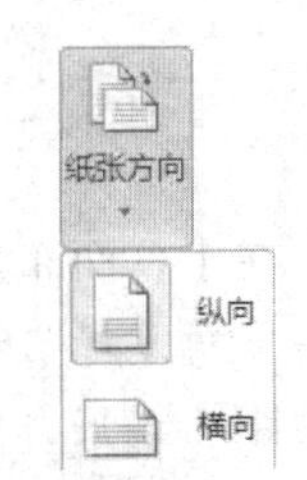

图 4.184　纸张方向

（3）页边距

Word 文档在版心的四周会留出一定的空白区域,这样的效果使编排和打印出来的文档显得美观，设置纸张空白区域就是设置页面边距。

① 在【页面布局】选项卡“页面设置”分组中单击【页边距】选项，在弹出的下拉菜单中可根据需要选择相应页边距快捷设置选项，如图 4.185 所示。

② 也可选择“自定义边距”命令，弹出“页面设置”对话框，在“页边距”选项卡中进行进一步设置，如图 4.185 所示。

（4）纸张大小

在创建文档时，由于文件类型不同，纸张大小往往也不一样。在【页面布局】选项卡“页面设置”分组中单击【纸张大小】按钮，可更改纸张大小，如图 4.186 所示，常用的为 A4 纸型。

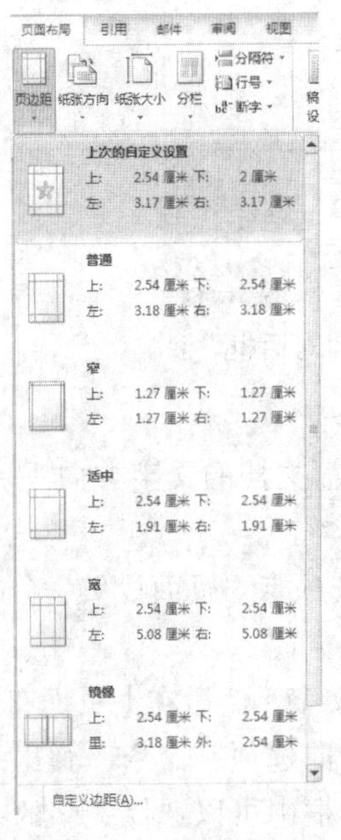

图 4.185　页边距设置

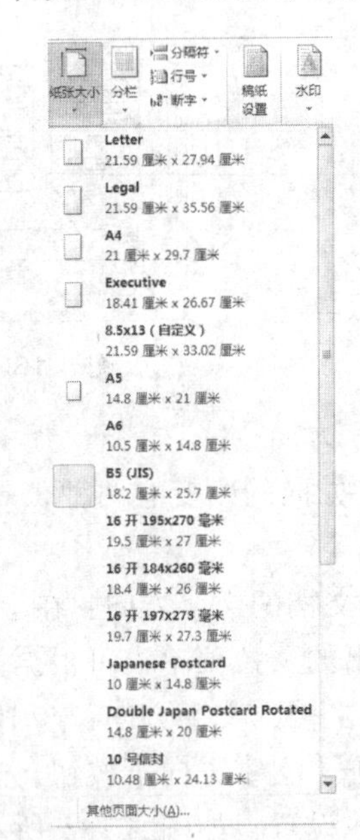

图 4.186　纸张大小

4.8.2 打印预览及打印

文档经过编辑、排版以及页面设置等操作后，若已形成了一份较理想的文档，就可以进行文档的打印。打印文档前应进行打印设置与打印效果预览，确认满意后，再下达打印命令。尤其是文档较长、打印多份时，一般是先打印一份，确认后再打印剩余的份数。

在【文件】选项卡中选择【打印】选项，出现打印设置界面，如图 4.187 所示。

图 4.187 打印设置界面

Word 2010 中打印选项的各个参数全部显示在选项卡中，成为一个控制面板。打印设置界面左侧部分为打印设置，可设置打印份数、打印范围、方向、纸张大小、自定义边距等。右侧部分为打印预览，可拖动右下角显示比例以实现对文档的单页及多页预览。

4.8.3 屏幕截图、保护文档及 Word 的其他应用

在 Word 2010 中，对编辑与排版还提供了一些其他的功能，如添加拼音、插入大写数字、公式编辑、屏幕截图、保护文档等。

1. 添加拼音效果

使用 Word 2010 拼音指南功能可以轻松地为文中的汉字添加拼音。

（1）选中需要添加拼音的内容。

（2）然后单击【开始】→【 】拼音指南按钮，弹出“拼音指南”对话框，在该对话框中可以对拼音的对齐方式、字体、字号进行设置，如图 4.188 所示，单击“确定”按钮即可为选择的文字标注拼音。

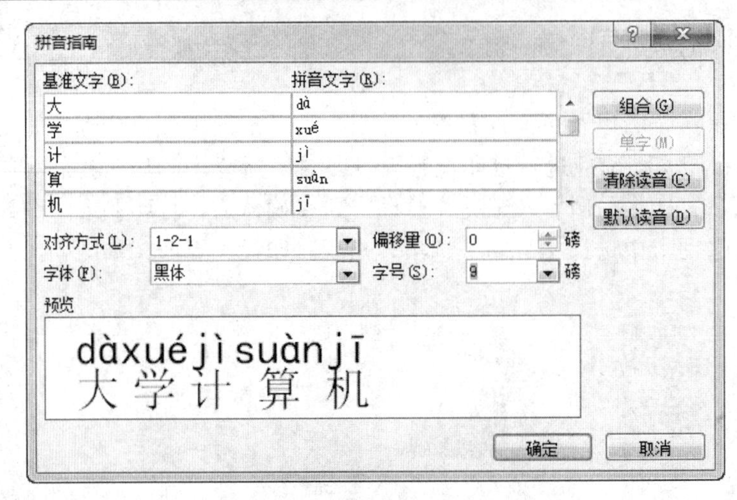

图 4.188 “拼音指南”对话框

（3）在“拼音指南”对话框中，单击“清除读音”按钮可将默认的拼音清除，然后可以按照个人的要求输入拼音。

2. 插入编号或大写数字

执行【插入】→【编号】命令弹出如图 4.189 所示的对话框，如在“编号”中输入“4”，在“编号类型”中选择“壹，贰，叁…”，单击“确定”后，大写数字“肆”则插入到文档插入点处。

图 4.189 “编号”对话框

3. 公式编辑

插入公式可以插入普通的数学公式，也可以使用数学符号库构建自己的公式。执行【插入】→【公式】按钮，在“设计”选项卡下会出现各种各样的公式工具，如图 4.190 所示。

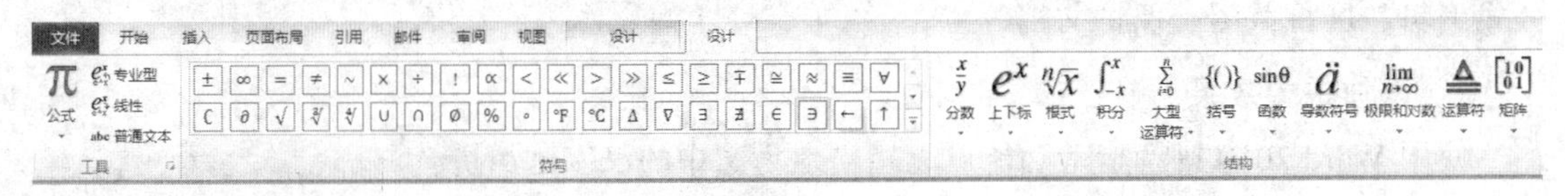

图 4.190 公式设计

除使用常用公式按钮外，选择“公式”选项，在弹出的下拉列表下有很多系统内置公式模式，如图 4.191 所示。选中相应的公式模式即可插入到文档中并可根据需要自行修改。

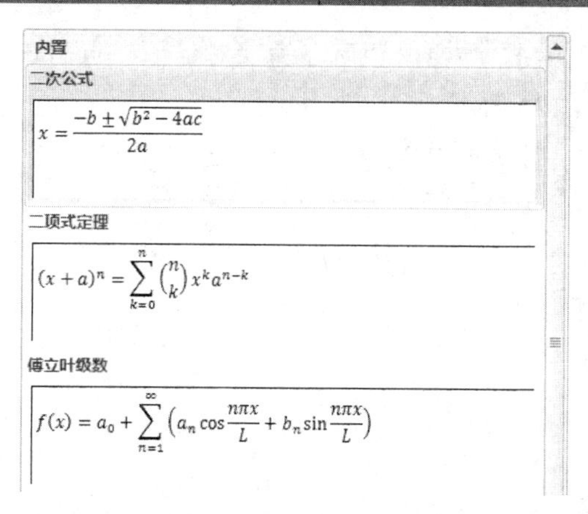

图 4.191　内置公式

4. **屏幕截图**

Word 2010 的新增的“屏幕截图”功能可以方便地将已经打开且未处于最小化状态的窗口截图插入到当前 Word 文档中。在文档中插入屏幕截图的步骤如下：

（1）将准备插入到文档中的窗口处于非最小化状态，然后在【插入】选项卡“插图”分组中单击【 屏幕截图 】屏幕截图按钮。

（2）打开“可用视窗”面板，Word 2010 将显示智能监测到的可用窗口，单击需要插入截图的窗口即可，如图 4.192 所示。

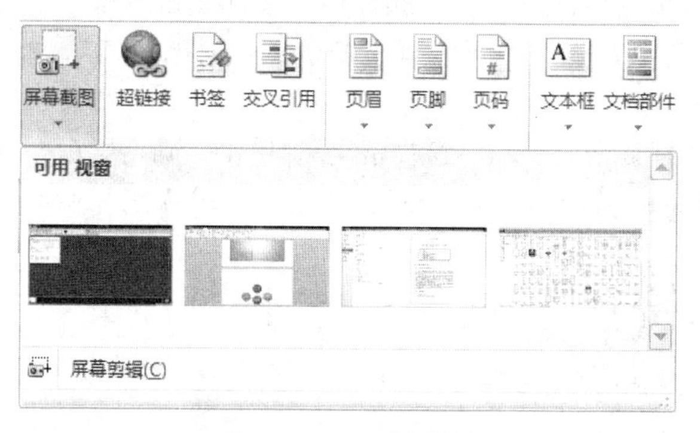

图 4.192　屏幕截图

也可在弹出的列表框中，选择“屏幕剪辑”选项，即可进入截屏界面，在屏幕任何部分拖拽鼠标进行屏幕剪辑，释放鼠标后，即可完成屏幕截图操作。

提示：“屏幕截图”功能只能应用于文件扩展名为.docx 的 Word 2010 文档中，在文件扩展名为.doc 的 Word 兼容文档中是无法实现的。

5. **保护文档**

为避免不经过自己的允许被查看或修改文档，可以对文档进行保护，从而保护文档安全及个人隐私。保护 Word 文档有两种方法，一种是对文档进行“限制编辑”，另一种则是为文档设置密码。为文档设置密码的操作方法是：

（1）【文件】→【另存为】，将弹出“另存为”对话框，点击该窗口左下角的“工具”并选择“常规选项”，如图 4.193 所示。

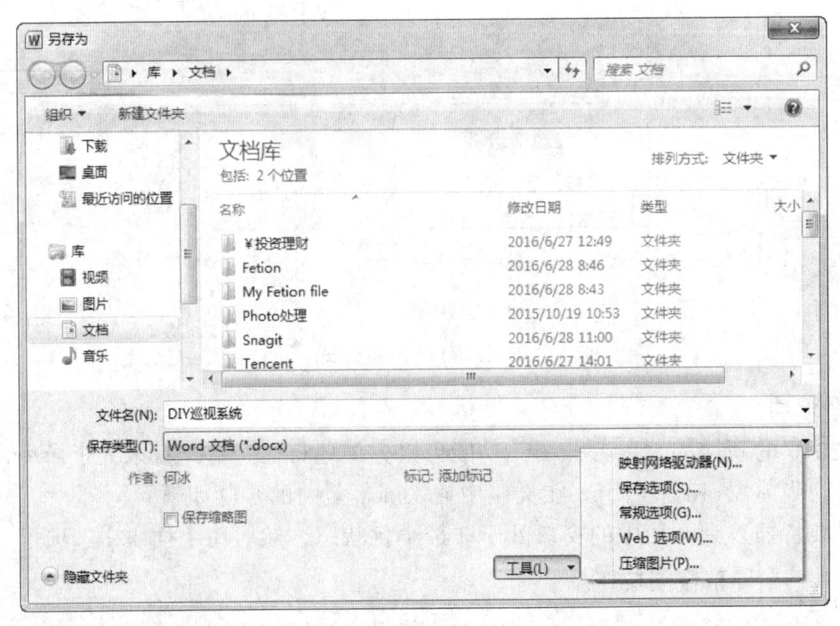

图 4.193　常规选项

（2）弹出“常规选项”对话框，在“此文档的文件加密选项”下设置“打开文件时的密码”，在“此文档的文件共享选项”下设置“修改文件时的密码”，然后单击“确定”，如图 4.194 所示。

（3）如果设置了“打开密码”和“修改密码”，单击“确定”后会分别弹出打开和修改密码的“确认密码”对话框，如图 4.195 所示，再次正确输入刚才所设置的密码，即给文档设置密码成功。

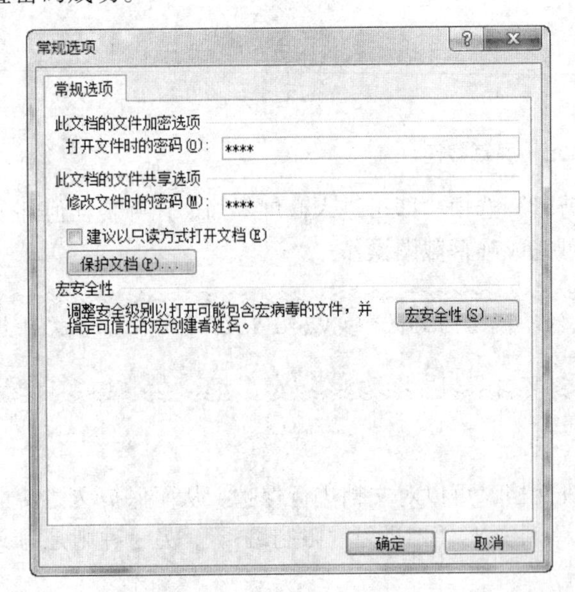

图 4.194　设置密码

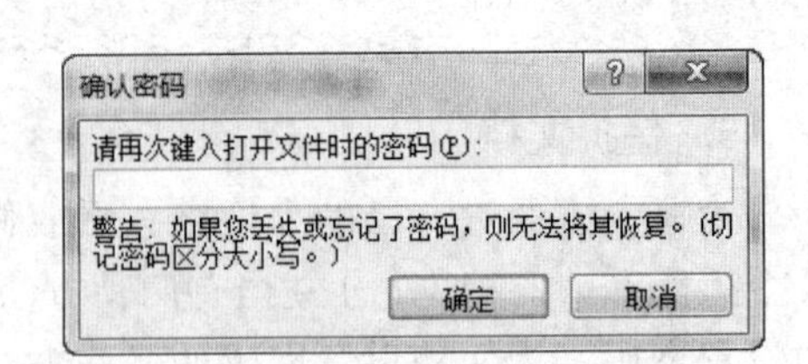

图 4.195　确认“打开”密码

提示：可以同时指定“打开”和“修改”的两个权限密码：一个用于访问文件，另一个用于为特定审阅者提供修改文件内容的权限。

练习题

一、判断题

1. 在 Word 2010 中，能打开*.dox 扩展名格式的文档，并可以进行格式转换和保存。(　　)

2.“自定义功能区”和“自定义快速工具栏”中其他工具的添加，可以通过“文件”—“选项”—“word 选项”进行添加设置。(　　)

3. 在 Word 2010 中可以插入表格，而且可以对表格进行绘制、擦除、合并和拆分单元格、插入和删除行列等操作。(　　)

4. 在 Word 2010 中，不但可以给文本选取各种样式，而且可以更改样式。(　　)

5. 在 Word 2010 中，“行和段落间距”或“段落”提供了单倍、多倍、固定值、多倍行距等行间距选择。(　　)

6. 在 Word 2010 中，可以插入“页眉和页脚”，但不能插入“日期和时间”(　　)。

7. 在 Word 2010 中，通过“文件”按钮中的“打印”选项同样可以进行文档的页面设置。(　　)

8. 在 Word 2010 中，不但能插入内置公式，而且可以插入新公式并可通过“公式工具”功能区进行公式编辑。(　　)

9. 在 Word 2010 中，通过“屏幕截图”功能，不但可以插入未最小化到任务栏的可视化窗口图片，还可以通过屏幕剪辑插入屏幕任何部分的图片。(　　)

10. 在 Word 2010 中，“文档视图”模式和“显示比例”除在“视图”等选项卡中设置外，还可以在状态栏右下角进行快速设置。(　　)

二、单项选择题

1. 用户想保存一个正在编辑的文档，但希望以不同文件名存储，可用(　　)命令。

A. 保存　　B. 另存为　　C. 比较限制　　D. 编辑

2. 下面有关 Word 2010 表格功能的说法不正确的是(　　)。

A. 可以通过表格工具将表格转换成文本

B. 表格的单元格中可以插入表格

C. 表格中可以插入图片

D. 不能设置表格的边框线

3. 在 Word 2010 中，如果在输入的文字或标点下面出现红色波浪线，表示(　　)，可用“审阅”功能区中的“拼写和语法”来检查。

A. 拼写错误　　B. 语法错误　　C. 系统错误　　D. 其他错误

4. 在 Word 2010 中，可以通过(　　)功能区对所选内容添加批注。

A. 插入　　B. 页面布局　　C. 引用　　D. 审阅

5. 在 Word 2010 中，默认保存后的文档格式扩展名为（　）。

A. *.dos　　B. *.docx　　C. *.html　　D. *.txt

6. Word 2010 在（　）方式下，可以显示出页眉和页脚。

A. 普通视图　　B. WEB 版式视图　　C. 大纲视图　　D. 页面视图

7. Word 中，新建一个文档“文档 1”，并输入内容，当执行“保存”命令后（　）。

A. 打开“另存为”对话框，供用户进一步操作

B. 该文档以第一个段落的前几个字作为文件名自动被存盘

C. 自动以“Word”为名存盘

D. 自动以“文档 1”为名存盘

8. Word 中，准备打印第 5、9、12 至 20 页，在打印页码范围选项中输入（　）。

A. 5,9,12-20　　B. 5912-20　　C. 5、9、12-20　　D. 5-9-12-20

9. 以下关于“在 Word 中复制一段文本”的说法中，错误的是（　）。

A. 可以使用剪贴板　　B. 必须首先选定需要复制的文本

C. 可以使用鼠标拖动　　D. 用鼠标右键无法操作

10. 在 Word 中，下列说法中，（　）是正确的。

A. 加大字间距必须用空格

B. 加大段落间的距离必须用多个回车符

C. 同一段落可以使用不同的字体、字号

D. 页面设置与段落设置功能完全相同

三、多项选择题

1. 在 Word 2010 中，“文档视图”方式有（　）。

A. 页面视图　　B. 阅读版式视图

C. Web 版式视图　　D. 大纲视图　　E. 草稿

2. 插入图片后，可以通过出现的“图片工具”功能区对图片进行（　）操作进行美化设置。

A. 删除背景　　B. 艺术效果　　C. 图片样式　　D. 裁剪

3. 在 Word 2010 中，可以进行插入（　）元素。

A. 图片　　B. 剪贴画　　C. 形状　　D. 屏幕截图

E. 页眉和页脚　　F. 艺术字

4. “开始”功能区的“字体”组可以对文本进行（　）操作设置。

A. 字体　　B. 字号　　C. 消除格式　　D. 样式

5. 在 Word 2010 的“页面设置”中，可以设置的内容有（　）。

A. 打印份数　　B. 打印的页数　　C. 打印的纸张方向　　D. 页边距

6. Word 中，关于表格叙述正确的是（　）。

A. 既可以改变行高也可以改变列宽

B. 可以对数据进行简单计算

C. 表格可以实现以文字间的相互转换

D. 表格的边框可以实现外边框与内边框线条的不同

7. 退出 Word，可以用的方法有（　　）。

A. 点击 Word 窗口右上角的关闭按钮

B. 点击 Word 窗口右上角的最小化按钮

C. 从菜单中选择退出

D. 按下 Alt 键不放，同时按下 F4 键

8. 在 Word 中，当多个图形或文字重叠在一起时，可以通过叠放次序来调整它们的相对关系，叠放次序包括（　　）。

A. 置于顶层　　B. 置于底层　　C. 上移一层　　D. 下移一层

9. Word 中要将选定的文本块设置为“粗体”，可用的方法有（　　）。

A. 用开始选项卡中“B”按钮　　B. 在字体对话框中设置“字形”选项

C. 用浮动工具栏中“B”按钮　　D. 用开始选项卡中“U”按钮

10. 关于 Word 的文本框，下面哪些叙述是不正确的（　　）。

A. 文本框内只能是文字，表格等，不能有图形图像

B. 文本框的边框是不能隐藏的

C. 在文档中，正文文字不能和文本框处于同一行

D. 文本框中的文字也允许有多种排版格式（如左对齐，右对齐等）

四、填空题

1. 在 Word 2010 中，选定文本后，会显示出____________________，可以对字体进行快速设置。

2. 在 Word 2010 中，想对文档进行字数统计，可以通过__________功能区来实现。

3. 在 Word 2010 中，给图片或图像插入题注是选择_______功能区中的命令。

4. 在“插入”功能区的“_______”组中，可以插入公式、符号和编号等。

5. 在 Word 2010 中插入了表格后，会出现“_______”选项卡，对表格进行“设计”和“布局”的操作设置。

6. 在 Word 编辑状态下，选中一段文字，字体栏中显示“黑体”，选择“宋体”后，再单击“撤销”按钮，此时的字体是____________。

7. 在 Word 中，复制某些文字的格式信息的快捷方式是使用_______（3 个汉字）。

8. Word 有两种编辑状态，分别是插入状态和_________状态，可以按【Insert】键进行切换。

9. 在 Word 环境下，_______（4 个汉字）将会提供文档在纸上的打印效果的模拟。

10. 运用_______，可快速地为文本对象设置统一的格式，提高文档的编排效率。

五、简答题

1. 如何将文档中的多余空行删除，并将文档中的英文单词“WORD”和“word”统一成“Word”？

2. 如何使用格式刷进行一次或多次复制格式？

3. 长文档编辑时，如何将 1、2、3 级标题、正文统一样式？

4. 如何设置一篇文章的起始页码从 5 开始？

第 4 章　参考答案

第5章　Excel 2010 电子表格

本章要点

✧掌握 MS Excel 2010 的基本操作。

✧掌握数据录入及格式化工作表。

✧掌握公式和常用函数的使用。

✧掌握图表的创建和编辑。

✧熟悉 Excel 的数据管理方法。

5.1　MS Excel 2010 电子表格简介

与 MS Word 2010 文档处理软件一样，MS Excel 2010 电子表格软件也是 MS Office 2010 办公软件的一个组件，用于对表格式的数据进行组织、计算、分析和统计，可以通过多种形式的图表形象地表现数据，也可以对数据表进行诸如排序、筛选和分类汇总等数据库操作。

5.1.1　Excel 2010 的主要功能

1. 数据记录与整理

孤立的数据包含的信息量太少，而过多的数据又难以理清头绪。利用表格的形式将数据记录下来并加以整理，将获得超过数据本身的更多的信息。作为电子表格软件，大到多表格视图的精确控制，小到一个单元格的格式设置，Excel 几乎能为用户做到在处理表格时想做的一切。除此以外，利用条件格式功能，用户可以快速地标识出表格中具有指定特征的数据而不必用肉眼去逐一查找；利用数据有效性功能，用户可以设置允许输入何种数据，不允许输入何种数据；利用数据分级显示功能可以帮助用户随心所欲地调整表格阅读模式等。

2. 数据计算

Excel 的计算功能非常强大。四则运算、开方乘幂这样的计算只需用简单的公式即可完成，而一旦借助了函数，则可执行非常复杂的运算。

函数其实就是预先定义的、能按一定规则进行计算的功能模块。在执行复杂计算时，只需要先选择正确的函数，然后为其指定参数，它就能在瞬间返回结果。Excel 内置了 300 多个函数，分为多个类别。利用不同的函数组合，用户几乎可以完成绝大多数领域的常规计算任务。

3. 数据分析

要从大量的数据中获取信息，仅仅依靠计算是不够的，还需要利用某种思路和方法进行科学的分析。数据分析也是 Excel 的一大功能特点。

排序、筛选和分类汇总只是最简单的数据分析方法，能够合理地对表格中的数据做进一步的归类与组织。“表”则是 Excel 新增的一项非常实用的功能，它允许用户在一张工作表中创建多个独立的数据列表，进行不同的分类和组织。数据透视表就是 Excel 中最具特色的数据分析功能，只需几步操作，它就能灵活地以多种不同方式展示数据的特征，变换出各种类型的报表，实现对数据背后的信息透视。

4. 图表制作

一份精美切题的图表可以让原本复杂枯燥的数据表格和总结文字立即变得生动起来。Excel 的图表图形功能可以帮助用户迅速创建满足各种需求的图表，直观形象地传达信息。

5. 信息传递和共享

Excel 不但可以与其他 Office 组件无缝连接，而且可以帮助用户通过 Intranet 或 Internet 与其他用户进行协同办公，方便地交换信息。

6. 自动化定制 Excel 的功能和用途

尽管 Excel 自身的功能已经能够满足绝大多数用户的需要，但用户对计算和分析的需求是不断提高的。为此，Excel 内置了 VBA 编程语言，允许用户可以定制 Excel 的功能，开发自己的自动化解决方案。

5.1.2 Excel 2010 的主要新增功能

1. 用户界面

Excel 2010 使用了与 Excel 2007 相同的用户界面，即不再是 Excel 2003 及其更早版本中一贯使用的菜单和工具栏界面，而以功能区取而代之。新界面能让用户更便捷地使用 Excel 中越来越多的命令与功能，提高工作效率。

2. 超大的表格空间

使用较早版本的用户常常抱怨 Excel 的一张工作表只能存储 65 536 行 × 256 列数据，当数据量较大时，因为表格空间受限，不得不分多个工作表来处理。而 Excel 2010 的每张工作表拥有 1 048 576 行 × 16 384 列，单元格总数相当于 Excel 2003 的 1024 倍。表 5.1 列出了 Excel 2003 与 Excel 2010 一些主要项目的对比。

表 5.1 Excel 2003 与 Excel 2010 部分规范限制对比

项　目	Excel 2003	Excel 2010
行	65 536	1 048 576
列	256	16 384
可使用内存	1G	无限
可使用 CPU 线程	1	全部
颜色数量	56	32 位（约 1 677 万）
每个单元格的条件格式数量	3	无限
可同时设置的排序关键字数量	3	64
可撤销操作的数量	16	100
自动筛选下拉列表的内容项目数量	1 000	10 000
单元格字数数量	1 000	32 767
公式字符最大数量	1 024	8 192
公式可嵌套层数	7	64

5.1.3 Excel 的文件

在 Windows 操作系统中，不同类型的文件通常会显示为不同的图标，以帮助用户直观地进行区分。除了图标以外，用于区别文件类型的另一个重要依据就是文件的“扩展名”。扩展名也称为后缀名，或者后缀，事实上是完整文件名的一部分。

通常情况下，Excel 文件是指 Excel 的工作簿文件，即扩展名为.xlsx 的文件（Excel 97—2003 默认的扩展名为.xls），这是 Excel 最基础的电子表格文件类型。但与 Excel 相关的文件类型并非仅此一种，其他几种主要由 Excel 程序所创建的文件类型如表 5.2 所示。

表 5.2 Excel 文件格式简要说明

扩展名	格式	存储机制和限制说明
.xlsx	Excel 工作簿	Excel 2010 和 2007 默认的基于 XML 的文件格式。不能存储 Microsoft Visual Basic for Applications（VBA）宏代码
.xlsm	Excel 启用宏的工作簿	Excel 2010 和 2007 基于 XML 和启用宏的文件格式。存储 VBA 代码
.xltx	Excel 模板文件	Excel 2010 和 2007 的 Excel 模板默认的文件格式。不能存储 VBA 代码
.xltm	Excel 启用宏的模板	Excel 2010 和 2007 启用宏的文件格式。能存储 VBA 代码
.xlam	Excel 加载项	Excel 2010 和 2007 基于 XML 和启用宏的加载项格式。加载项是用于运行其他代码的补充程序。支持 VBA 项目
.xls	Excel 97-2003 工作簿	Excel 97—2003 二进制文件格式（BIFF8）
.xlt	Excel 97-2003 模板	Excel 模板的 Excel 97—2003 二进制文件格式（BIFF8）
.xla	Excel 97-2003 加载项	Excel 97—2003 加载项，设计用于运行其他代码的补充程序。支持 VBA 项目的使用

5.1.4 Excel 工作簿和工作表

前面已提到，扩展名为.xlsx 的文件就是我们通常所称的 Excel 工作簿文件，它是用户进行 Excel 操作的主要对象和载体。用户使用 Excel 创建数据表格、在表格中进行编辑以及操作完成后进行保持等一系列操作的过程，大都是在工作簿这个对象上完成的。在 Excel 2010 程序窗口中，可以同时打开多个工作簿。

工作簿的英文是 Book，工作表的英文是 Sheet，如果把工作簿比作书本，那么工作表就类似书本中的页，工作表是工作簿的组成部分。工作簿中的工作表可以根据需要增加、删除和移动，但一个工作簿中至少需要包含一个可视工作表，而一个工作簿可以包括的最大工作表数量只与当前所使用计算机的内存有关，也就是说在内存充足的前提下可以是无限多个的。

5.1.5　Excel 工作窗口

Excel 2010 继续沿用了前一版本的功能区界面风格，将 Excel 2003 及之前版本的传统风格菜单和工具栏以多页选项卡功能面板代替。

Excel 应用程序工作窗口由位于窗口上部呈带状区域的功能区和下部的工作表窗口组成。功能区包含所操作文档的工作簿标题、一组选项卡及相应命令；工作表区包含名称框、数据编辑区、状态栏、工作表区等。选项卡中集成了相应的操作命令，根据命令功能的不同每个选项卡内又划分了不同的命令组。Excel 工作窗口如图 5.1 所示。

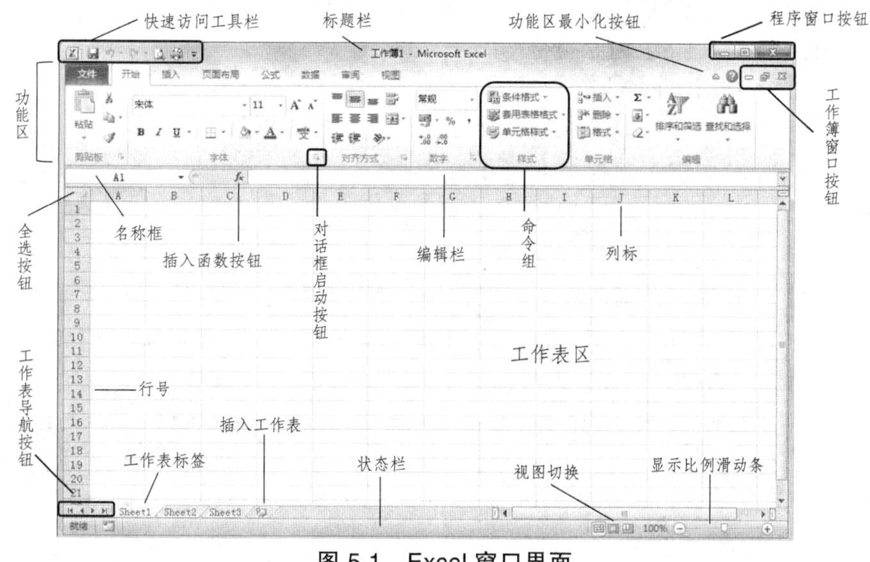

图 5.1　Excel 窗口界面

5.2　Excel 2010 基本操作①

5.2.1　工作簿和工作表的操作

1. 工作簿的操作

（1）创建工作簿

有以下 2 种方法可以创建新的工作簿：

① Excel 的启动与退出在“第 4 章　4.1.2　MS Office 2010 的启动与退出”中已讲。

① 在 Excel 工作窗口中创建

由系统开始菜单或者桌面快捷方式启动 Excel，启动后的 Excel 工作窗口中自动创建了一个名为“Book1”或“工作簿 1”的空白工作簿，如果多次重复启动动作，则名称中的编号依次增大。这个工作簿在进行保存操作之前都只存在于内存中，没有实体文件存在。

在现有的工作窗口中，可以使用以下 2 种方法创建新的工作簿：

方法 1：在功能区上依次单击【文件】→【新建】，选择【空白工作簿】后单击右侧的【创建】按钮；

方法 2：在键盘上按【Ctrl+N】组合键。

② 在系统中创建工作簿文件

在安装了 Excel 2010 的 Windows 系统中，会在鼠标右键的快捷菜单中的【新建】中自动添加【Microsoft Excel 工作表】快捷命令，通过这一快捷命令也可以创建新的 Excel 工作簿文件，并且所创建的工作簿是一个存在于磁盘空间内的真实文件。

（2）保存工作簿

①保存工作簿的方法

· 在功能区中依次单击【文件】→【保存】（或【另存为】）。

· 单击快速启动工具栏上的【 】图标（【保存】按钮）。

· 在键盘上按【Ctrl + S】组合键。

· 在键盘上按【Shift + F12】组合键。

在经过编辑修改未经保存的工作簿在被关闭时会自动弹出警告信息，询问用户是否要求保存，单击【保存】按钮就可以保存此工作簿。

②“保存”与“另存为”的区别

Excel 中有两个和保存功能有关的菜单命令，分别是“保存”和“另存为”。

对于新创建的工作簿，在第一次执行保存操作时，“保存”和“另存为”命令的功能完全相同，它们都是打开【另存为】对话框，供用户进行路径定位、文件命名和格式选择等一系列设置。【另存为】对话框如图 5.2 所示。

图 5.2 Excel “另存为”对话框

在【另存为】对话框左侧列表框中选择具体的文件存放路径。如果需要新建一个文件夹，可以单击【新建文件夹】按钮，在当前路径中创建一个新的文件夹。

用户可以在【文件名】文本框中为工作簿命名，默认名称为“工作簿 1”，文件保存类型一般默认为“Excel 工作簿（.xlsx）”。用户可以自定义文件保存的类型。最后单击【保存】按钮关闭【另存为】对话框，完成保存操作。

对于之前已经被保存过的现有工作簿，执行“保存”和“另存为”保存操作时则有一定的区别。执行“保存”命令不会打开【另存为】对话框，而是直接将编辑修改后的内容保存到当前工作簿中。工作簿的文件名、存放路径不会发生任何改变。而执行“另存为”命令将打开【另存为】对话框，允许用户重新设置存放路径、命名和其他保存选项，以得到当前工作簿的一个副本。

（3）保存选项

在【另存为】对话框底部工具栏上依次单击【工具】→【常规选项】，将弹出【常规选项】对话框，如图 5.3 所示。

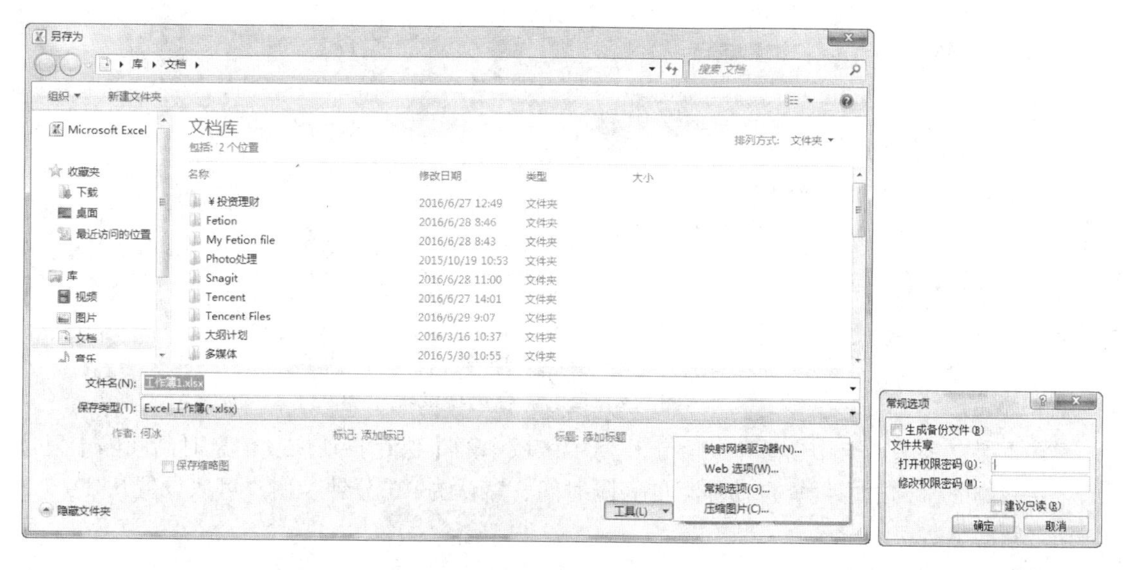

图 5.3 “保存常规选项”对话框

生成备份文件：勾选此复选框则每次保存工作簿时都会自动创建备份文件，Excel 将磁盘上前次保存过的同名文件重命名为“×××的备份”，扩展名改为“.xlk”，同时将当前工作窗口中的工作簿保存为与原文件同名的工作簿文件。备份文件只会在保存时生成，不会自动生成。备份文件只能有一个，再次保存时新的备份文件会自动覆盖以前的备份文件。

打开权限密码：在这个文本框内输入密码可以为保存的工作簿设置打开文件的密码保护，没有正确地输入密码则无法用常规方法读取所保存的工作簿文件。

修改权限密码：在这个文本框内输入密码可以保护工作簿不被意外地修改。若没有受保护工作簿的修改权限密码仍可以以只读方式打开工作簿，只是对该工作簿的修改不能直接保存在当前工作簿中，只能以“另存为”的方式保存为其他副本。

建议只读：勾选此复选框并保存工作簿后，再次打开此工作簿时会弹出警示对话框，建议用户以“只读方式”打开工作簿。

（4）自动保存功能

由于断电、系统不稳定、Excel 程序本身问题、用户误操作等原因，Excel 程序可能会在用户保存文档之前就意外关闭，使用“自动保存”功能可以减少这些意外情况所造成的损失。具体设置方法为：在功能区中依次单击【文件】→【选项】，弹出【Excel 选项】对话框，在弹出的【Excel 选项】对话框中单击【保存】选项卡，显示如图 5.4 所示。

图 5.4　自动保存选项设置

在【保存】选项卡中勾选【保存工作簿】区域中的【保存自动恢复信息时间间隔】复选框，在右侧的微调框内设置自动保存的间隔时间，默认为 10 分钟，用户可以设置从 1 ~ 120 分钟之间的整数。

（5）打开现有工作簿

对于计算机中已有的 Excel 工作簿，可以通过以下几种方法打开：

① 直接通过文件打开

如果知道 Excel 工作簿文件所保存的位置，可以利用 Windows 的资源管理器找到该文件后，直接双击文件图标即可打开。或是将 Excel 工作簿文件直接拖到桌面上的 Excel 快捷启动图标上也可以打开此工作簿。

② 使用【打开】对话框

如果用户已经启动了 Excel 程序，那么可以通过执行【打开】命令，在弹出的【打开】对话框中选择要打开的工作簿。打开【打开】对话框有如下 2 种方法：

· 在功能区中依次单击【文件】→【打开】。

· 或使用【Ctrl+O】组合键。

③ 通过历史记录打开

用户近期曾经打开过的工作簿文件，通常情况下都会在 Excel 程序中留有历史记录，如果用户需要打开最近曾经操作过的工作簿文件，可以通过历史记录来快速打开文件，有如下2种方法：

· 在Excel功能区中单击【文件】→【最近所用文件】，即可打开。

· 在任务栏上的Excel程序图标上单击鼠标右键，在弹出的快捷菜单上选择最近所用文件。

（6）显示和隐藏工作簿

在Excel程序中可以同时打开多个工作簿，如需隐藏其中某个工作簿，可在当前工作簿程序窗口的功能区单击【视图】选项卡上【窗口】组中的【隐藏】按钮，则可将该工作簿隐藏。

隐藏后的工作簿并没有退出或关闭，而是继续驻留在Excel程序中，但无法通过正常的窗口切换方法来显示。

如需取消隐藏，恢复显示工作簿，则可在功能区中单击【视图】选项卡上【窗口】组中的【取消隐藏】按钮，在弹出的【取消隐藏】对话框中选择需要取消隐藏的工作簿名称，最后单击【确定】按钮完成。

2. 工作表的操作

（1）创建工作表

工作表的创建通常有两种情况，一种是随着工作簿的创建而一同创建，另一种是从现有的工作簿中创建新的工作表。

① 随着工作簿一同创建

在默认情况下，Excel在创建工作簿时，自动包含了名为“sheet1”、“sheet2”、“sheet3”的3张工作表。用户可以通过设置来改变新建工作簿时默认包含的工作表数量。

在功能区上依次单击【文件】→【选项】，打开【Excel选项】对话框，选择【常规】选项卡，在【包含的工作表数】中可以设置新工作簿默认所包含的工作表数量，数值范围为1～255，单击【确定】按钮保存设置并退出【Excel选项】对话框。

② 从现有工作簿中创建

从现有工作簿中创建新的工作表有如下几种方式：

· 在功能区单击【开始】选项卡，在【单元格】命令组中单击【插入】下拉按钮，在扩展菜单中单击【插入工作表】命令，在当前工作表之前插入一个新的工作表。

· 在当前工作表标签上单击鼠标右键，在弹出的快捷菜单上选择【插入】，在弹出的【插入】对话框中选择【工作表】，再单击【确定】按钮，在当前工作表之前插入一个新的工作表。

· 单击工作表标签右侧的【插入工作表】按钮，在工作表末尾快速插入一个新的工作表。

· 使用【Shift + F11】组合键，在当前工作表前插入一个新的工作表。

（2）设置当前工作表

在Excel的操作过程中，始终有一个“当前工作表”作为用户输入和编辑等操作的对象和目标，用户的大部分操作都是在“当前工作表”中完成的。在工作表标签上，“当前工作表”的标签会以反白显示。要切换其他工作表为“当前工作表”，可以直接单击目标工作表标签。

如果工作簿内包含的工作表较多，标签栏上不一定能够全部显示所有工作表标签，用户可以拖动工作窗口上的水平滚动条边框，改变标签栏的显示宽度以方便显示更多的工作表标签。若还是不能完全显示所有工作表标签，则可以通过单击标签栏左侧的工作表导航按钮来滚动显示工作表标签。

若工作簿中的工作表实在太多，需要滚动很久才能看到目标工作表，则可以在工作表导航按钮上单击鼠标右键，此时会显示一个工作表标签列表，单击其中任何一个工作表名称即可将“当前工作表”切换为选中的工作表。但此工作表标签列表最大只能显示 15 个工作表标签，如果要寻找的工作表不在列表中时可点击列表底部的【其他工作表】选项，此时会弹出【活动文档】对话框并显示出所有工作表标签，双击其中的工作表名称或选中后点击【确定】按钮，可以将“当前工作表”切换为选中的工作表，如图 5.5 所示。

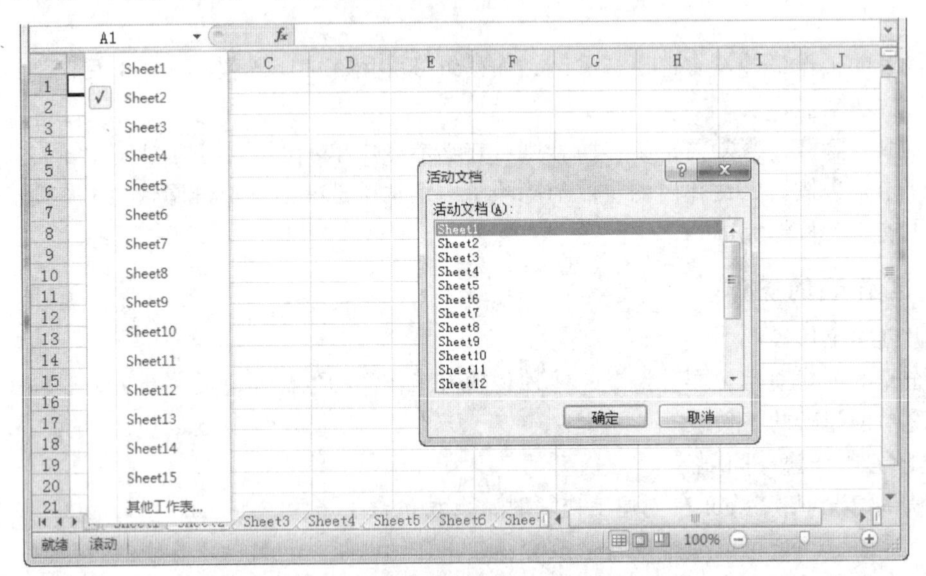

图 5.5　工作表标签列表和活动文档对话框

（3）同时选定多张工作表

除了选定某个工作表作为“当前工作表”外，用户还可以同时选中多个工作表形成“工作组”。在工作组模式下，用户可以方便地同时对多个工作表对象进行复制、删除等操作。

同时选定多张工作表形成工作组有如下几种方式：

· 在键盘上按住【Ctrl】键，同时用鼠标依次单击需要的工作表标签就可以同时选定多个工作表。

· 如果需要选定的工作表是连续的工作表，则可以先单击其中的第一个工作表标签，然后按住【Shift】键，再单击连续工作表中的最后一个工作表标签，即可同时选定。

· 如果要选定当前工作簿中的所有工作表，则可在任意工作表标签上单击鼠标右键，在弹出的快捷菜单上选择【选定全部工作表】。

多个工作表被同时选中后，Excel 窗口标题栏上会显示“[工作组]”字样。被选定的工作表标签都会反白显示。

若要取消工作组模式，可以单击工作组外的任一工作表标签，或者在工作表标签上单击鼠标右键，在弹出的快捷菜单上选择【取消组合工作表】。若工作表都在工作组内，则单击任意工作表标签即可取消工作组模式。

（4）工作表的复制和移动

通过复制操作，可以把工作表在当前工作簿或不同工作簿中创建一个副本。通过移动操作，可以在同一个工作簿中改变排列顺序，也可以在不同的工作簿之间转移。工作表的复制和移动主要有以下 2 种方式。

① 启动【移动或复制工作表】对话框

启动【移动或复制工作表】又有 2 种方式，如图 5.6 所示。

· 在工作表标签上单击鼠标右键，在弹出的快捷菜单上选择【移动或复制工作表】。

· 在 Excel 窗口功能区单击【开始】选项卡，在【单元格】命令组中单击【格式】下拉按钮，在扩展菜单中选择【移动或复制工作表】命令。

图 5.6 “移动或复制工作表”对话框

在【移动或复制工作表】对话框中，【工作簿】下拉列表中可选择复制或移动的目标工作簿。可以选择当前 Excel 程序中所有打开的工作簿或新建工作簿，默认为当前工作簿。下面的列表框中显示了指定工作簿中所包括的全部工作表，可以选择复制或移动工作表的目标排列位置。

勾选【建立副本】复选框则为“复制”方式，会创建一个“当前工作表”的副本，若取消勾选则为“移动”方式。在复制和移动操作中，如果“当前工作表”与目标工作簿中的工作表名称相同，则会被自动重命名。

设置完成后，单击【确定】按钮退出【移动或复制工作表】对话框，完成工作表的复制和移动工作。

② 拖动工作表标签

在当前工作簿中直接拖动工作表标签也可以实现工作表的移动和复制。

将光标移至需要移动的工作表标签上，按下鼠标左键不放，鼠标指针显示出文档的图标，此时就可以拖动鼠标将此工作表移动至其他位置，标签前出现的黑色三角箭头图标标识了工作表的插入位置。此时松开鼠标按键即可完成移动。

移动过程中若按住键盘的【Ctrl】键，则执行“复制”操作。

（5）工作表的删除

用户可以选择将当前工作簿中的一个或多个工作表删除，有以下 2 种方法：

· 选中要删除的工作表，在工作表标签上单击鼠标右键，在弹出的快捷菜单中选择【删除】命令。

· 选中要删除的工作表，在 Excel 窗口功能区，单击【开始】选项卡，在【单元格】命令组中单击【删除】下拉按钮，在其扩展菜单中选择【删除工作表】命令。

工作簿中至少包含一张可视工作表，所以当工作窗口只剩下一张工作表时无法删除此工作表。

提示：删除工作表操作在 Excel 中无法进行撤销操作，如果不慎误删除了工作表将无法恢复。此时可以选择关闭当前 Excel 工作簿文件，并选择不保存刚才所做的修改才能“撤销”刚才所做的删除工作表操作。

（6）重命名工作表

用户可以修改当前工作簿中的工作表名称，选定待修改名称的工作表后，有以下几种方式可以为工作表重命名。

· 在 Excel 窗口功能区单击【开始】选项卡，在【单元格】命令组中单击【格式】下拉按钮，在其扩展菜单中选择【重命名工作表】命令。

· 在工作表标签上单击鼠标右键，在弹出的快捷菜单中选择【重命名】命令。

· 在工作表标签上双击鼠标左键，进入编辑状态后直接进行修改。

提示：为工作表命名时不得与当前工作簿中已有的工作表重名，工作表名称不区分英文大小写，工作表名称不得包含以下英文字符“ * / : ? [ ] \”。

（7）显示和隐藏工作表

用户可以通过以下 2 种方式将选定的工作表隐藏不显示出来：

· 在 Excel 窗口功能区单击【开始】选项卡，在【单元格】命令组中单击【格式】下拉按钮，在其扩展菜单中依次选择【隐藏和取消隐藏】→【隐藏工作表】命令。

· 在工作表标签上单击鼠标右键，在弹出的快捷菜单中选择【隐藏】命令。

如果要取消隐藏的工作表，可以使用以下 2 种方式进行取消隐藏：

· 在 Excel 窗口功能区单击【开始】选项卡，在【单元格】命令组中单击【格式】下拉按钮，在其扩展菜单中依次选择【隐藏和取消隐藏】→【取消隐藏工作表】命令，在弹出的【取消隐藏】对话框中选择需要取消隐藏的工作表。

· 在任一工作表标签上单击鼠标右键，在弹出的快捷菜单中选择【取消隐藏】命令，在弹出的【取消隐藏】对话框中选择需要取消隐藏的工作表。

提示：隐藏工作表时可以选中多个工作表同时隐藏，但取消隐藏时只能一个一个的取消隐藏。

5.2.2 行、列和单元格的操作

1. 行与列的概念

Excel 电子表格是由行和列组成的二维表，行也称为记录，列也称为字段。在 Excel 窗口中，一组垂直的灰色标签中的阿拉伯数字标识了电子表格的行号，行号从数字 1 开始；而另一组水平的灰色标签中的英文字母，则标识了电子表格的列号，列号从英文字母 A 开始。这

两组标签在 Excel 中分别被称为“行号”和“列标”。

在 Excel 2010 中，工作表的最大行号为 1 048 576，最大列标为 XFD（A~Z、AA ~ XFD，即 16 384 列）。在一张空白工作表中，选中任意单元格，在键盘上按【Ctrl+方向键↓】组合键，就可以迅速定位到选定单元格所在列向下连续非空的最后一行（若整列为空或者选择单元格所在列下方均为空，则定位到当前列的 1 048 576 行）；按【Ctrl+方向键→】组合键，则可以迅速定位到选定单元格所在行向右连续非空最后一列（若整行为空或者选择单元格所在行右方均为空，则定位到当前行的 XFD 列）。

2. 行与列的基本操作

（1）选择行和列

鼠标单击某个行号标签或列标标签即可选中相应的整行或整列。当选中某行/列后，此行/列的行号/列标标签会改变颜色，所有的列标签/行标签会加亮显示，此行/列的所有单元格也会加亮显示，以此来表示此行/列当前处于选中状态。

选定连续的多行/多列可先用鼠标左键单击第一行/列，按住左键不放向上或向下/向左或向右拖动，即可选中此行/列相邻的多行/多列。拖动鼠标时，行或者列标签旁会出现一个带数字和字母内容的提示框，显示当前选中的区域有多少行或者多少列。如提示框显示“3C”即表示选中了 3 列。或者先用鼠标左键单击第一行/列，然后将鼠标移动到最后一行/列的标签上，按住【Shift】键后再单击鼠标左键也可同时选择连续的行/列。

要选定不相邻的多行/列，可以先选中单行/列后，按住【Ctrl】键不放，继续使用鼠标左键单击多个行/列标签，直至选择完所有需要选择的行/列，然后松开【Ctrl】键，即可完成不相邻的多行/列的选择。

（2）设置行高和列宽

① 精确设置行高和列宽

设置行高/列宽前先选定需要设置行高/列宽的整行/整列或整行/整列中的单元格，然后在 Excel 功能区单击【开始】选项卡，在【单元格】命令组中单击【格式】下拉按钮，在其扩展菜单中单击【行高】/【列宽】命令，在弹出的【行高】/【列宽】对话框中直接输入所需设定的行高/列宽的具体数值，最后单击【确定】按钮完成操作。

或者是选中整行/整列后，单击鼠标右键，在弹出的快捷菜单中选择【行高】/【列宽】命令，然后完成相应的操作。

提示：Excel 中行高的单位是磅（Point），是印刷业的一种单位。1 磅近似等于 1/72 英寸，1 英寸等于 25.4 mm，所以 1 磅近似等于 0.353 mm。行高的最大限制为 409 磅，即 144.3 mm。列宽的单位是字符，列宽的数值是指适用于单元格的“标准字体”（在【Excel 选项】对话框【常规】选项卡中设置）的数字 0~9 的平均值。由于列宽单位与标准字体的字体和字号有关，所以将列宽转换成常用的公制长度单位没有实际意义。

② 直接改变行高和列宽

除了精确设置行高和列宽外，还可以直接在工作表中拖动鼠标来改变行高和列宽。

在工作表中选中单列或多列，当鼠标指针放置在列与相邻的列标签之间，此时在列标签之间的中线上鼠标指针显示为一个黑色双向箭头，按住鼠标左键不放，向左或右拖动鼠标，此时在列标签上方会显示一个提示框，里面显示当前的列宽。调整到所需的列宽时，松开鼠标左键即可完成对列宽的设置。

行高的设置方法与此操作类似。

③ 设置最合适的行高和列宽

如果一个表格中设置了多种行高和列宽，或者是表格中的内容长短参差不齐，会使得表格看上去比较凌乱，针对这一情况，有一项命令可以让用户快速地设置合适的行高或者列宽，使得设置后的行高和列宽自动适应于表格中的字符长度，这项命令称为“自动调整行高（或者列宽）”。具体有以下 2 种操作方式：

· 选中需要调整列宽的多列，然后在 Excel 功能区单击【开始】选项卡，在【单元格】命令组中单击【格式】下拉按钮，在其扩展菜单中单击【自动调整列宽】命令。

· 同时选中需要调整列宽的多列，将鼠标放置在列标签之间的中线上，此时鼠标箭头显示为一个黑色双向箭头的图形，双击鼠标左键即可完成设置“自动调整列宽”的操作。

“自动调整行高”的方式与此类似。

（3）插入行或列

有时需要在表格中新增一些内容，并且这些内容不是添加在现有表格的末尾，而是插入到现有表格的中间，这就需要使用到插入行或列的功能。插入行或列同样有以下 2 种方式来实现：

· 选中某行/列（或某个单元格），在 Excel 功能区单击【开始】选项卡，在【单元格】命令组中单击【插入】下拉按钮，在其扩展菜单中单击【插入工作表行】/【插入工作表列】命令，则会在当前选中的行/列（或单元格）的上方/左侧插入一行/一列。

· 选中某行/列，单击鼠标右键，在弹出的快捷菜单中选择【插入】命令，则会在当前选中的行/列的上方/左侧插入一行/一列。

在以上操作中，若选中多行/多列进行操作，则会在选中行/列的上方/左侧插入选中数量的行/列。

插入行/列的操作不会增加工作表行/列的数量，执行插入行/列操作后，位于工作表最后的行/列会被移出，因此如果工作表的最后一行/列不为空，则不能进行插入行/列操作。

（4）移动和复制行或列

① 移动行或列

· 选中需要移动的行/列，在 Excel 功能区单击【开始】选项卡，在【剪贴板】命令组中单击【剪切】按钮（或者使用鼠标右键快捷菜单上的【剪切】命令，或者使用【Ctrl+X】组合键），此时当前选中的行/列会显示出虚线框，再选定需要移动的目标位置的下一行/列，在 Excel 功能区单击【开始】选项卡，在【单元格】命令组中单击【插入】下拉按钮，在其扩展菜单中单击【插入剪切的单元格】命令（或者使用鼠标右键快捷菜单上的【插入剪切的单元格】命令，或者使用【Ctrl+V】组合键），完成行/列的移动操作。

· 选中需要移动的行/列，将鼠标移至选定行/列的黑色边框上，当鼠标指针显示为黑色十字箭头图标时，按住鼠标左键不放，并按住键盘的【Shift】键，此时拖动鼠标直到工字形虚线位于需要移动到的目标位置，松开鼠标左键完成移动操作。

② 复制行或列

复制行或列的操作与移动非常类似，也有以下 2 种方式：

· 选中需要复制的行/列，在 Excel 功能区单击【开始】选项卡，在【剪贴板】命令组中单击【复制】按钮（或者使用鼠标右键快捷菜单上的【复制】命令，或者使用【Ctrl+C】组合键），此时当前选中的行/列会显示出虚线框，再选定需要复制的目标位置的下一行/列，在 Excel 功能区单击【开始】选项卡，在【单元格】命令组中单击【插入】下拉按钮，在其扩展菜单中单击【插入复制的单元格】命令（或者使用鼠标右键快捷菜单上的【插入复制的单元格】命令，或者使用【Ctrl+V】组合键），完成行/列的复制操作。

· 选中需要移动的行/列，将鼠标移至选定行/列的黑色边框上，当鼠标指针显示为黑色“十”字箭头图标时，按住鼠标左键不放，并按住键盘的【Ctrl】键，鼠标指针旁显示“+”图标，此时拖动鼠标直到虚线框位于需要移动到的目标位置，松开鼠标左键完成复制操作，此时复制的数据将覆盖原来区域中的数据。若是想以“插入”的方式进行复制，则在拖动鼠标时同时按住键盘的【Ctrl+Shift】组合键进行移动，鼠标指针旁边显示“+”图标，目标位置出现“工”字形虚线条，表示复制的数据将插入在虚线所示位置，此时松开鼠标即可完成复制并插入行的操作。

以上对行/列的移动和复制操作也可以同时对多行/列进行操作，但这些多行/列必须是连续的多行/列。

（5）删除行或列

对于一些不再需要的行列内容，可以选择删除整行或整列来进行删除。

·选中需要删除的行/列或行/列中的单元格，在 Excel 功能区单击【开始】选项卡，在【单元格】命令组中单击【删除】下拉按钮，在其扩展菜单中单击【删除工作表行】/【删除工作表列】命令。

· 选中需要删除的行/列，单击鼠标右键，在弹出的快捷菜单中选择【删除】命令，则会删除选中的行/列。如果删除时选中的不是整行/整列而是选中的单元格，则在执行【删除】命令时会弹出【删除】对话框，选中【整行】/【整列】后点【确定】按钮完成删除操作，如图 5.7 所示。

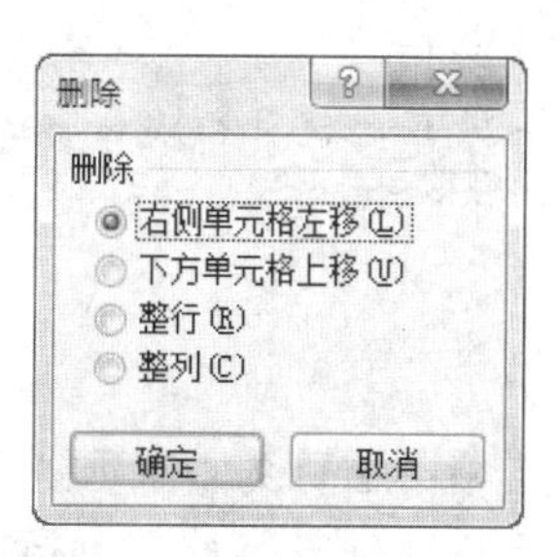

图 5.7 “删除”对话框

以上操作可以对多行/列进行操作，操作前先选中多行/列即可。

提示：① 与插入行/列的操作类似，删除行/列的操作也不会减少工作表的行/列数量，执行删除行/列操作后，Excel 会在工作表最后自动增加新的空白行/列，使得工作表行/列总数不变。

② 在执行删除行/列操作时，若使用键盘上的【Delete】键删除的是行/列里面的内容而不是删除的行/列。

（6）隐藏和显示行或列

① 隐藏行或列

对于暂时不需要显示或不想让其他用户看到的行/列的内容，在 Excel 中可以执行隐藏行/列的操作。

· 选中需要隐藏的整行/列或行/列中的单元格，在 Excel 功能区单击【开始】选项卡，在【单元格】命令组中单击【格式】下拉按钮，在其扩展菜单中选择【隐藏和取消隐藏】，在其子菜单中选择【隐藏行】/【隐藏列】命令。

· 选中需要隐藏的整行/列，单击鼠标右键，在弹出的对话框中选择【隐藏】命令。

从实质上来说，被隐藏的行/列实际上是将行高/列宽设置为 0 的行/列。

② 显示被隐藏的行或列

在行/列被隐藏后，行/列的标签也会被隐藏，此时工作表的行号/列标标签不再连续，因此若发现行号/列标不连续时即可知道此处有行/列被隐藏。取消被隐藏的行/列可以通过以下几种方式实现：

· 选中包含被隐藏行/列的区域（即选中被隐藏行/列的前后两行/列），在 Excel 功能区单击【开始】选项卡，在【单元格】命令组中单击【格式】下拉按钮，在其扩展菜单中选择【隐藏和取消隐藏】，在其子菜单中选择【取消隐藏行】/【取消隐藏列】命令。

· 选中包含被隐藏行/列的区域（即选中被隐藏行/列的前后两行/列），单击鼠标右键，在弹出的快捷菜单中选择【取消隐藏】命令。

· 选中包含被隐藏行/列的区域（即选中被隐藏行/列的前后两行/列），通过设置行高/列宽的方法显示被隐藏的行/列。

若是首行/列或末行/列被隐藏，在选择包含被隐藏行/列的区域时，选中首行/列或末行/列后向工作表外侧拖动鼠标即可选中被隐藏的行/列，或者通过点击【全选按钮】（或者通过使用【Ctrl+A】组合键）选中整个工作表后再进行取消隐藏操作。

3. 单元格的操作

（1）单元格的基本概念

行和列相互交叉所形成的一个个格子被称为“单元格”，单元格是构成工作表最基础的组成元素。每个单元格都可以通过单元格地址进行标识，单元格地址由它所在列的列标和所在行的行号构成，其形式通常为“字母+数字”形式。例如“A1”单元格就是位于第 1 行第 1 列的单元格。

在“当前工作表”中，无论是否曾经用鼠标单击过工作表区域，工作表中都存在一个被激活的“活动单元格”。如图 5.8 所示，D8 单元格即为当前被激活的“活动单元格”。“活动单元格”的边框显示为黑色矩形线框，在 Excel 工作窗口的名称框中会显示此“活动单元格”的地址，在编辑栏中则会显示此单元格中的内容。活动单元格所在的行列标签会高亮显示。

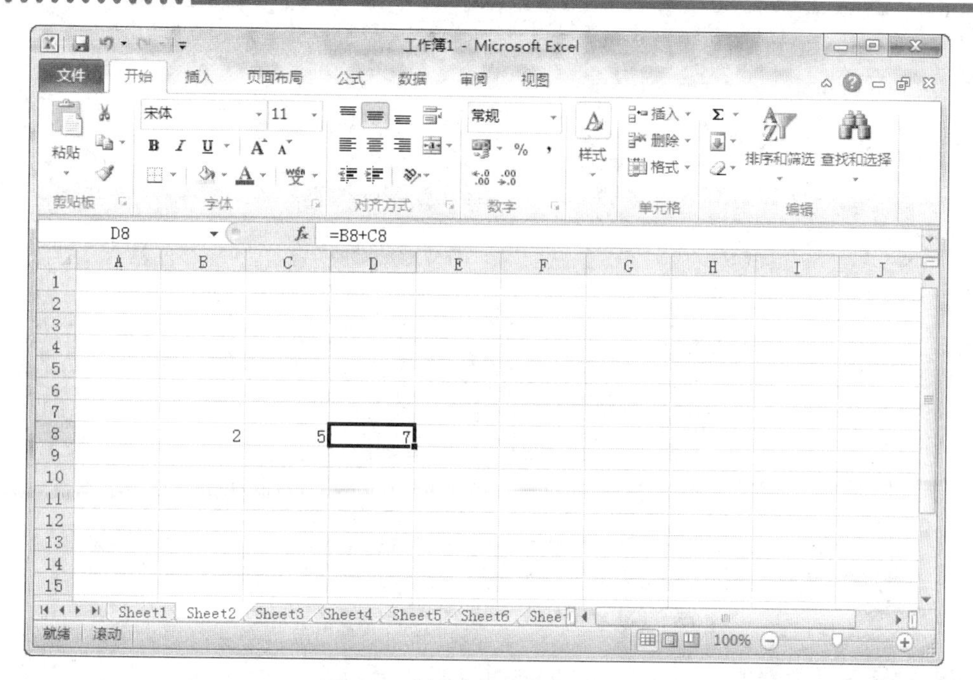

图 5.8 “活动单元格”示意图

要选取某个单元格成为“活动单元格”有以下几种方法：

· 使用鼠标左键单击目标单元格即可。

· 使用键盘上的方向键移动选取“活动单元格”。

· 直接在 Excel 工作窗口的名称框中输入目标单元格的地址。

· 在 Excel 功能区单击【开始】选项卡，在【编辑】命令组中单击【查找和选择】下拉按钮，在其扩展菜单中选择【转到】命令，在弹出的【定位】对话框中的【引用位置】中直接输入目标单元格地址，然后单击【确定】按钮。

· 在键盘上单击【F5】功能键或使用【Ctrl+G】组合键，在弹出的【定位】对话框中的【引用位置】中直接输入目标单元格地址，然后单击【确定】按钮。

（2）区域的概念及选取

多个单元格所构成的单元格群组就被称为“区域”。构成区域的多个单元格之间若是相互连续的，它们构成的区域就是连续区域，连续区域的形状总为矩形。多个单元格之间若是相互独立不连续的，则他们所构成的区域就称为不连续区域。

对于连续区域，可以使用矩形区域左上角和右下角的单元格地址进行标识，形式为“左上角单元格地址:右下角单元格地址”（注意冒号为英文字符）。例如连续单元格地址“B3:C5”表示此区域包含了从 B3 单元格到 C5 单元格的矩形区域。特殊的，若区域地址中只有字母则表示整列，若只有数字则表示整行，例如在名称框中输入“B:B”则自动选中整个 B 列，在名称框中输入“2:3”则选中整个第 2 行和第 3 行。

“活动单元格”与区域中的其他单元格显示不同，区域中所包含的其他单元格会高亮显示，而当前“活动单元格”还是保持正常显示，以此来标识活动单元格的位置。选定区域后，区域所包含的单元格所在的行标签和列标签也会高亮显示，如图 5.9 所示，选定区域范围为“C5:F11”，“活动单元格”地址为 C5。

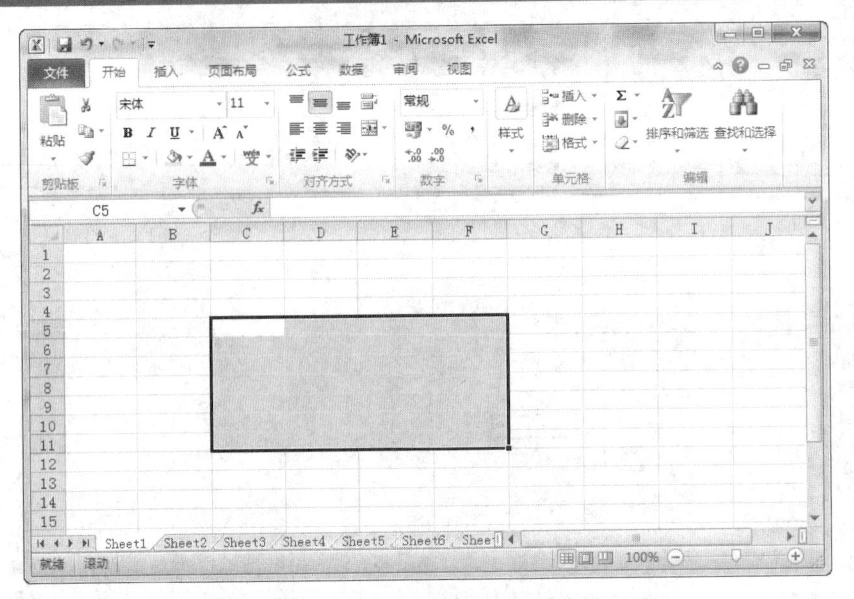

图 5.9　选定区域与区域中的“活动单元格”

对于连续区域的选取，有以下几种方法可以实现：

·选定一个单元格，按住鼠标左键不放，直接在工作表中拖动来选取相邻的连续区域。

·选定一个单元格，按住【Shift】键，使用键盘上的方向键在工作表中选择相邻的连续区域。

·选定一个单元格，按住【Shift】键，再在目标区域的右下角单元格单击鼠标左键。

·选定一个单元格，按【F8】功能键，进入“扩展”模式（Excel 窗口状态栏上会显示“扩展式选定”字样），此时再用鼠标单击另一个单元格，则会自动选中此单元格与前面选中的单元格之间所构成的连续区域，再按一次【F8】（或【Esc】）键，退出“扩展”模式。

·在工作窗口的名称框中直接输入区域地址。

·在 Excel 功能区单击【开始】选项卡，在【编辑】命令组中单击【查找和选择】下拉按钮，在其扩展菜单中选择【转到】命令（或按【F5】功能键，或按【Ctrl+G】组合键），在弹出的【定位】对话框中的【引用位置】中直接输入区域地址，然后单击【确定】按钮。

对于不连续区域的选取，也有以下几种方法可以实现选取的操作。

·选定一个单元格，按住【Ctrl】键，然后使用鼠标左键单击或者拖拉选择多个单元格或者连续区域，来选择不连续区域。

·在工作窗口的名称框中直接输入多个单元格或者区域地址，地址之间使用半角英文逗号隔开，例如“D2,E5:F9,H11”，按【Enter】键确认后即可选取并定位到目标区域。

·与选择连续区域类似，在【定位】对话框中的【引用位置】中直接输入区域地址，地址之间同样使用半角英文逗号隔开，然后单击【确定】按钮。

（3）单元格的插入和删除

单元格的插入和删除与工作表行/列的插入和删除类似，主要有以下两种方式：

·选中单元格或区域，在 Excel 功能区单击【开始】选项卡，在【单元格】命令组中单击【插入】/【删除】下拉按钮，在其扩展菜单中单击【插入单元格】/【删除单元格】命令，在弹出的【插入】/【删除】对话框中进行操作，即可完成单元格的插入/删除。

·选中单元格或区域，单击鼠标右键，在弹出的快捷菜单上选择【插入】/【删除】命令，在弹出的【插入】/【删除】对话框中进行操作，即可完成单元格的插入/删除。

5.2.3 数据的录入和编辑

1. 数据类型的认识

在工作表上输入和编辑数据是用户使用 Excel 最基本的操作之一，在单元格中可以输入和保存的数据主要包括数值、日期、文本、公式 4 种基本类型和逻辑值、错误值 2 种特殊类型。

（1）数 值

数值是指所有代表数量的数字形式，可以是正数，也可以是负数。除了普通的数字以外，还有一些带有特殊符号的数字也被 Excel 理解为数值，主要有百分号（%）、货币符号（$、¥）、千分间隔符（,）以及科学记数符号（E）等。

在自然界中数字的大小可以是无穷无尽的，但在 Excel 中，由于软件系统的自身显示，Excel 可以表示和存储的数字最大精度只有 15 位有效数字。对于超过 15 位的整数，Excel 会自动将 15 位以后的数字变为 0，因此无法用数值形式存储 18 位的身份证号码，只能以文本形式来保存位数超过 15 位的数字。

对于一些很大或者很小的数字，Excel 会自动以科学计数法表示（用户也可以设置将所有数值以科学计数法表示）。

（2）日期和时间

在 Excel 中，日期和时间是以一种特殊的数值形式存储的，这种数值形式被称为“序列值”。在 Windows 系统上使用的 Excel 软件中，.日期系统默认为“1900 年日期系统”，即以 1900 年 1 月 1 日作为序列值的基准日，当日的序列值为 1，这之后的日期均以距离基准日期的天数作为序列值，在 Excel 中可表示的最后一个日期是 9999 年 12 月 31 日，当日的序列值为 2958465。

要查看一个日期的序列值，在单元格内输入日期后将单元格格式设置为“常规”，此时就会在单元格内显示日期的序列值。

由于日期存储为数值的形式，因此它继承着数值的所有运算功能，例如日期可以参加加减等数值运算，要计算两个日期之间相距的天数，可以直接在单元格中输入两个日期，再用减法运算的公式求得。

日期系统的序列值是一个整数数值，一天的数值单位是 1，则 1 小时可以表示为 1/24 天，1 分钟就可以表示为 1/（24×60）天，一天中的每一个时刻都可以由小数形式的序列值来表示。Excel 2010 中允许输入的最大时间为 9999:59:59.9999。

将小数部分表示的时间和整数部分表示的日期结合起来，就可以以序列值表示一个完整的日期时间点。

（3）文 本

文本通常是指一些非数值性的文字、符号等，但许多不代表数量的、不需要进行数值计算的数字也可以保存为文本形式，例如电话号码、身份证号码等。事实上，Excel 将许多不能理解为数值（包括日期和时间）和公式的数据都视为文本。文本不能用于数值计算，但可以比较大小。

在 Excel 2010 中，单元格中最大可显示 2 041 个字符，在编辑栏中最多可以显示 32 767 个字符。

（4）公　式

公式是 Excel 中一种非常重要的数据，Excel 作为一种电子表格数据，它许多强大的计算机功能都是通过公式来实现的。

公式通常是以等号“=”开头，它的内容可以是简单的数学公式，也可以包含 Excel 的内嵌函数，甚至是用户自定义函数。

除了等号以外，使用“+”或者“－”开头也可以使 Excel 识别其内容为公式，但是在按【Enter】键确认输入后，Excel 还是会把公式开头自动加上等号“=”。

当用户在单元格内输入公式并确认后，默认情况下会在单元格内显示公式的运算结果，在工作窗口的编辑栏中显示公式内容。

有以下 2 种方法可以使单元格显示方式在“公式运算结果”和“公式内容”之间切换。

· 在 Excel 功能区单击【公式】选项卡，在【公式审核】命令组中单击【显示公式】切换按钮，每点击一次此按钮，单元格显示方式在“公式运算结果”和“公式内容”之间切换一次。

· 使得【Ctrl+ ~ 】组合键，可以使单元格显示方式在“公式运算结果”和“公式内容”之间切换。

公式类型在单元格中的默认对齐方式取决于公式的运算结果，如运算结果是数值则右对齐，运算结果为文本则左对齐。

（5）逻辑值

逻辑值是比较特殊的一类参数，它只有 True（真）和 False（假）两种类型。可以直接在单元格中输入逻辑值“True”或“False”，也可以是通过公式得到计算的结果为逻辑值。

逻辑值类型在单元格中的默认对齐方式为居中对齐。

（6）错误值

在单元格输入或编辑公式后，有时会出现“####”或“#VALUE!”等错误信息。错误信息一般以“#”符号开头，出现这些错误的原因有很多种，如果公式不能计算正确结果，Excel 将显示一个错误值。以下是几种常见的错误值。

① #####　如果单元格所含的数字、日期或时间比单元格宽，或者单元格的日期、时间格式中出现了负值。

② #VALUE!　当公式中使用不正确的参数时，将产生该错误信息。

③ #DIV/0!　当公式被 0 除时将会产生该错误。

④ #NAME?　在公式中使用了 Excel 不能识别的文本将产生该错误。

⑤ #N/A　当在函数或公式中没有可用数值时将产生该错误。

⑥ #REF!　当单元格引用无效时将产生该错误。

⑦ #NUM! 当公式或函数中某个数字有问题时将产生该错误。

⑧ #NULL! 当试图为两个并不相交的区域指定交叉点时将产生该错误。

2. 数据的输入和编辑

（1）在单元格中输入数据

要在单元格中输入数据，可以先选中目标单元格，使其成为当前“活动单元格”后即可直接向单元格内输入数据。数据输入完毕后按【Enter】键或是使用鼠标单击其他单元格即可确认完成输入。要在输入过程中取消本次输入内容，则可按【Esc】键退出输入状态。

当用户输入数据时，Excel 工作窗口底部状态栏的左侧会显示“输入”两个字，原有编辑栏的左侧会出现两个新的图标，分别是“×”和“√”按钮。在输入过程中，可以单击“×”按钮取消输入，或者按“√”按钮确认当前输入内容。

① 数值的输入

数值数据的特点是可以对其进行算术运算。输入数值时，默认形式为常规表示法。

当单元格的列宽无法完整显示数据所有部分时，Excel 会自动以四舍五入的方式对数值的小数部分进行截取显示。如果将单元格的列宽调大，显示的位数相应增多，但最大也只能显示到保留 10 位有效数字。

若单元格的列宽无法完整显示数据的整数部分，或对于小数无法显示出 1 位有效数字，则 Excel 会自动将该数据转换成科学记数法来表示。

需要注意的是：

· 负数在 Excel 中有 2 种方法，除了通常的数字前面加个“－”号外，在数字外加一对英文括号也表示负数，即“(1)”代表的是“－1”，在单元格中输入“(1)”单击【Enter】键确认输入后 Excel 会自动将“(1)”转换为“－1”。

· 在单元格中输入分数，必须先输入整数和一个英文空格后再输入分数部分，若无整数部分则必须先输入 0 和一个英文空格后再输入分数。

· 输入的数据必须遵守 Excel 的系统规范，当输入整数部分以 0 开头或小数部分以 0 结尾的数字时，系统会自动将非有效位数上的 0 清除。若要输入该类数据只能将数据类型转换为文本类型。

数值类型在单元格中的默认对齐方式为右对齐。

② 日期和时间的输入

在单元格中输入 Excel 可识别的日期和时间数据时，单元格的格式自动转换为相应的“日期”或“时间”格式。

输入日期时，年、月、日之间可以使用“/”或“-”进行分隔，也可直接输入中文的“年”、“月”、“日”进行分隔；输入时间时，时、分、秒之间使用“:”进行分隔；若同时输入日期和时间，则在日期和时间之间用英文空格进行分隔。

需注意的是：

· 如果不能识别输入的日期或时间格式，则输入的内容将被视为文本。

· 如果单元格首次输入的是日期，则该单元格就格式化为日期格式，删除日期后输入的数值仍然会被转换成日期。

日期和时间类型在单元格中的默认对齐方式为右对齐。

③ 文本的输入

文本数据的特点是可以进行字符串运算，不能进行算术运算。如果输入的文本长度超过单元格宽度，当右侧单元格为空时，超出部分延伸到右侧单元格，当右侧单元格有内容时，超出部分隐藏。

需要注意的是：

· 若单元格格式被设置为文本格式，则单元格中输入的数字也将被作为文本数据处理。

· 在输入的数字前加一个英文单引号“'”后，Excel 将按文本数据处理。

· 如果文本数据出现在公式中，文本数据需用英文双引号括起来。

文本类型在单元格中的默认对齐方式为左对齐。

（2）编辑单元格内容

对于已经存在数据的单元格，用户可以激活目标单元格后重新输入新的内容来替换原有数据，但是如果只想对其中部分内容进行修改，则可激活单元格进入编辑模式信息修改。

· 双击单元格，在单元格中原有内容后会出现竖线光标显示，提示当前进入编辑模式，可在单元格中直接对其内容进行编辑修改。

· 选中单元格，按【F2】键进入编辑模式，对单元格内容进行修改。

· 选中单元格，鼠标左键单击工作窗口的编辑栏内容，进入编辑模式，直接在编辑栏进行修改。

（3）复制和移动单元格内容

对单元格内容的复制，主要是通过【复制】和【粘贴】操作来完成的；对单元格内容的移动则是通过【剪切】和【粘贴】操作来完成的。

复制/移动单元格可以是将一个单元格的内容复制/移动到另一个单元格或另一个区域，也可以将一个区域的内容复制/移动到另一个区域。具体有以下几种操作方式：

· 选中源单元格或区域，在 Excel 功能区单击【开始】选项卡，在【剪贴板】命令组中单击【复制】/【剪贴】按钮，再选中目标单元格或区域（或区域的左上角单元格），单击【剪贴板】命令组中的【粘贴】命令按钮，即可完成单元格的复制/移动。

· 选中源单元格或区域，在任一单元格上点击鼠标右键，在弹出的快捷菜单上点击【复制】/【剪切】命令，再选中目标单元格或区域（或区域的左上角单元格）点击鼠标右键，在弹出的快捷菜单上选择【粘贴】命令（选择适用的粘贴选项），即可完成单元格的复制/移动。

· 选中源单元格或区域，使用【Ctrl+C】/【Ctrl+X】组合键，再选中目标单元格或区域（或区域的左上角单元格）使用【Ctrl+V】组合键。

若是对连续单元格的复制，还可以通过对源单元格的“填充柄”进行拖放的操作来完成连续单元格内容的自动填充，以达到单元格内容复制的目的。

（4）为单元格添加批注

除了可以在单元格中输入数据内容外，用户还可以为单元格添加批注。有以下几种方法可以为单元格添加批注。

· 选定单元格，在 Excel 功能区单击【审阅】选项卡，在【批注】命令组中单击【新建批注】按钮。

· 选定单元格，单击鼠标右键，在弹出的快捷菜单中选择【插入批注】命令。

· 选定单元格，按【Shift+F2】组合键。

插入批注后，在目标单元格的右上角出现红色三角符号，表示当前单元格包含批注。右侧矩形文本框通过引导箭头与红色标识符相连，此矩形文本框即为批注内容的显示区域，用户可以在此输入文本内容作为当前单元格的批注，如图 5.10 所示。

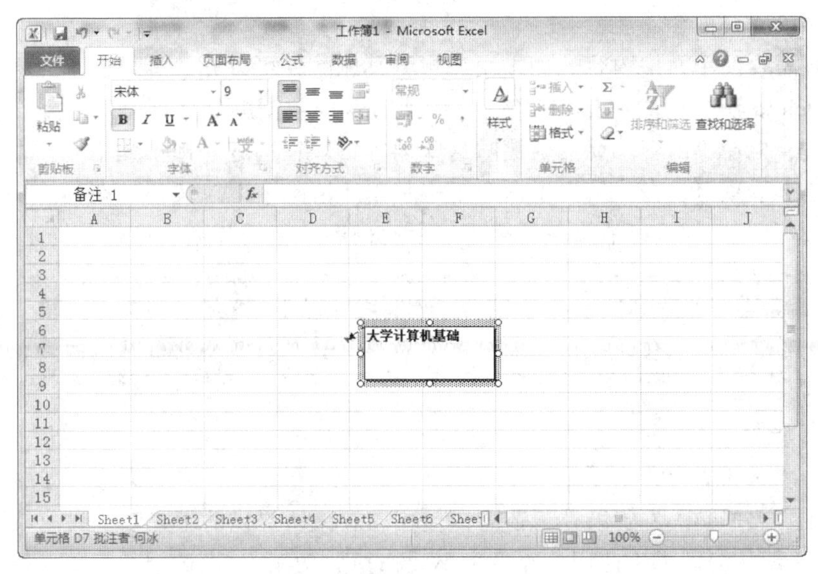

图 5.10 插入批注

完成批注内容的输入后，用鼠标点击其他单元格即可完成添加批注的操作，此时批注内容呈隐藏状态，只显示出红色标识符。当用户将鼠标移至包含标识符的目标单元格上时，批注内容会自动显示出来。用户可以通过在含有批注的单元格上点击鼠标右键，在弹出的快捷菜单上选中【显示/隐藏批注】命令来取消隐藏状态，使批注文本框固定显示在单元格上方。或者在 Excel 功能区单击【审阅】选项卡，在【批注】命令组中单击【显示/隐藏批注】按钮来切换批注的“显示”和“隐藏”状态。

要对现有单元格的批注内容进行编辑修改，可以使用以下几种方法：

· 选定含有批注的单元格，在 Excel 功能区单击【审阅】选项卡，在【批注】命令组中单击【编辑批注】按钮。

· 选定含有批注的单元格，单击鼠标右键，在弹出的快捷菜单中选择【编辑批注】命令。

· 选定单元格，按【Shift+F2】组合键。

要删除一个现有的批注，可以先选中包含批注的目标单元格，然后单击鼠标右键，在弹出的快捷菜单中选择【删除】命令。或者在 Excel 功能区单击【审阅】选项卡，在【批注】命令组中单击【删除批注】按钮。

如果需要一次性删除当前工作表中的所有批注，可以按如下方法进行操作：

① 在 Excel 功能区单击【开始】选项卡，在【编辑】命令组中单击【查找和选择】下拉按钮，在其扩展菜单中单击【转到】命令（或在键盘上按【F5】功能键，或使用【Ctrl+G】组合键），在弹出的【定位】对话框中单击【定位条件】命令按钮，在弹出的【定位条件】对话框中选择【批注】单选按钮，然后单击【确定】按钮。

② 在 Excel 功能区单击【审阅】选项卡，在【批注】命令组中单击【删除】按钮。

此外，若用户需要删除某个区域中的所有批注则可按如下方法进行操作：

① 选中需要删除批注的区域。

② 在 Excel 功能区单击【开始】选项卡，在【编辑】命令组中单击【清除】下拉按钮，在其扩展菜单中单击【清除批注】命令。

（5）删除单元格内容

对于不再需要的单元格内容，如果用户想将其删除，可以先选定目标单元格，然后再按键盘上的【Delete】键，这样可以将单元格中所包含的数据删除。但是这样操作并不会影响单元格中格式、批注等内容。要彻底删除这些内容可以在选定目标单元格后，在 Excel 功能区单击【开始】选项卡，在【编辑】命令组中单击【清除】下拉按钮，在其扩展菜单中单击【全部清除】命令，这样可以清除单元格中的所有内容，包括数据、格式、批注等。

注意："删除单元格内容"并不等同于"删除单元格"，虽然"删除单元格"也能彻底清除单元格或者区域中所包含的一切内容，但它的操作会引起整个表格结构的变化。

3. 填充与序列

（1）自动填充功能

除了通常的数据输入方式以外，还可以使用 Excel 所提供的填充功能进行快速地批量录入数据。Excel 默认启用了【使用填充柄和单元格拖放功能】，当选中一个单元格（或区域）时，单元格黑色边框的右下角有一个黑色小方块，此即为"填充柄"。将鼠标移动至"填充柄"上时鼠标指针会变成黑色加号，此时按住鼠标左键向下拖动（也可向其他方向拖动），Excel 会完成对拖动到的单元格的自动填充，如图 5.11 所示。

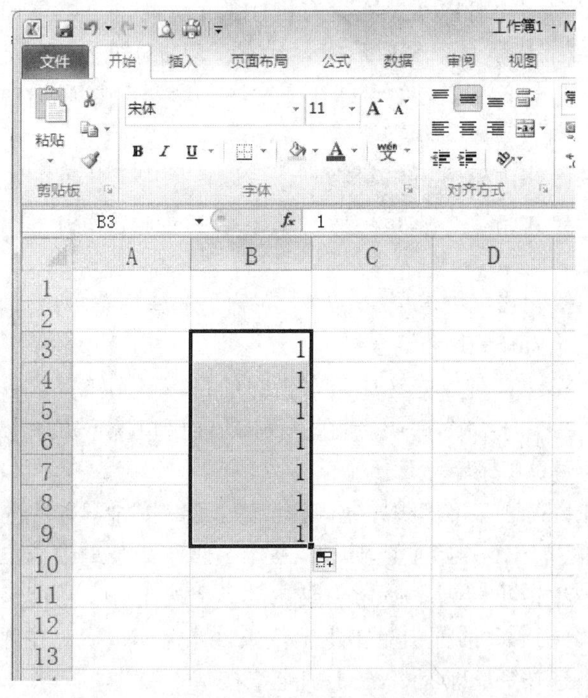

图 5.11　单元格的自动填充

对于数值型数据，Excel 将拖放处理为复制方式，对于文本型数据（包括数值型文本）

和日期型数据，Excel 将拖放处置为顺序填充。如果按住【Ctrl】键再进行拖放，则以上默认方式会发生逆转，即原来处理为复制方式的将改为顺序填充方式，原来处理为顺序填充方式的会改为复制方式。

对于数值型数据，如果只选定单个数据开始填充，Excel 会自动以“步长值”为 1 的等差序列进行填充，如图 5.12 所示。如果选定两个数值数据开始填充，Excel 会以等差序列的方式自动计算出“步长值”并进行填充，如图 5.13 所示。

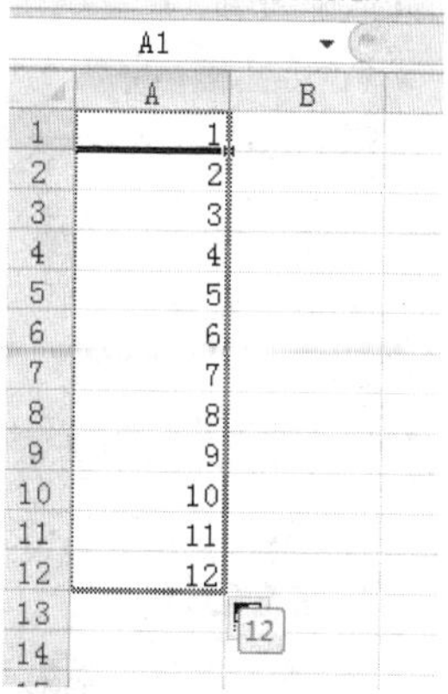

图 5.12　“步长值”为 1 的等差序列填充

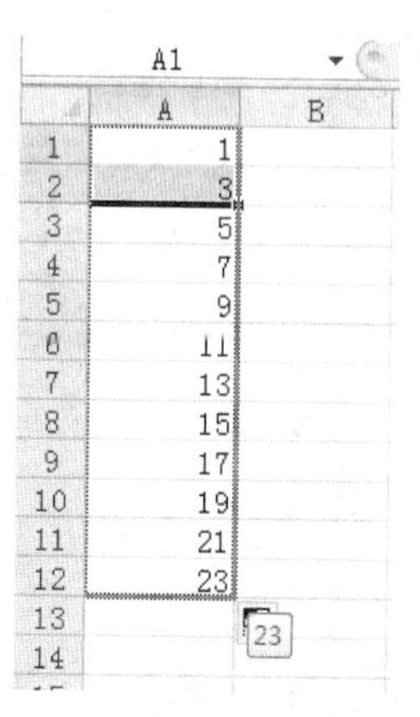

图 5.13　自动计算“步长值”按等差序列填充

（2）序　列

前面提到可以实现自动填充的“顺序”数据在 Excel 中被称为序列。在单元格中输入序列中的元素，就可以为 Excel 提供识别序列内容及顺序信息，以便 Excel 在使用自动填充功能时，自动按照序列中的元素、间隔顺序来依次填充。

Excel 能自动按照序列中的元素、间隔来填充，是因为 Excel 系统中默认包含了这些序列，若 Excel 系统没有的序列，对单元格的拖放只能是对单元格的复制，而无法完成序列的自动填充。

用户可以查看 Excel 中包含的默认序列。在 Excel 功能区单击【文件】→【选项】，在弹出的【Excel 选项】对话框中单击【高级】选项卡，单击【常规】区域中的【编辑自定义列表】按钮，弹出的【自定义序列】对话框内显示了当前 Excel 中可以被识别的序列（所有的数值型、日期型数据都是可以被自动填充的序列，不再显示于列表中），如图 5.14 所示。

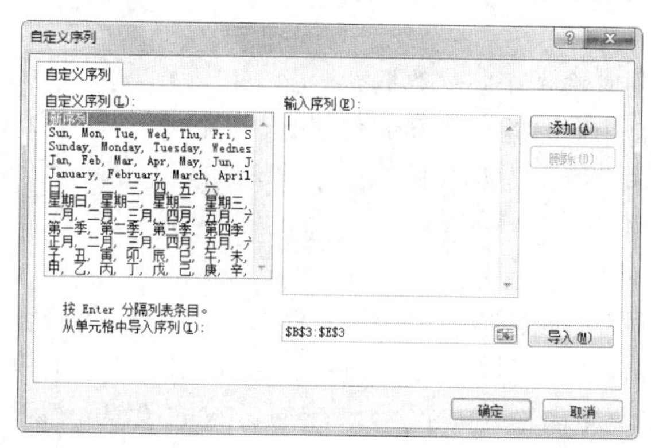

图 5.14　“自定义序列”对话框

用户也可以在右侧的【输入序列】文本框中手动添加新的数据序列作为自定义序列，输入完成后再点击右边的【添加】按钮完成自定义序列的添加，或者引用表格中已经存在的数据列表作为自定义数据，选择好引用区域后点击右边的【导入】按钮完成自定义序列的添加。

（3）填充选项

自动填充完成后，填充区域的右下角会显示“填充选项”按钮，用鼠标左键单击此按钮，在其扩展菜单中可显示更多的填充选项。数值型、文本型数据的填充选项菜单中有“复制单元格”、“填充序列”、“仅填充格式”、“不带格式填充”4 个选项，如图 5.15 所示。而日期型数据的填充选项菜单中还多了“以天数填充”等日期型数据特有的选项，如图 5.16 所示。

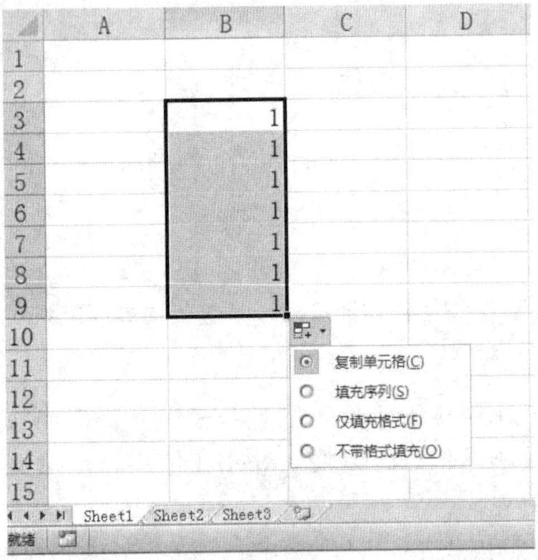

图 5.15　数字文本型数据填充选项按钮菜单

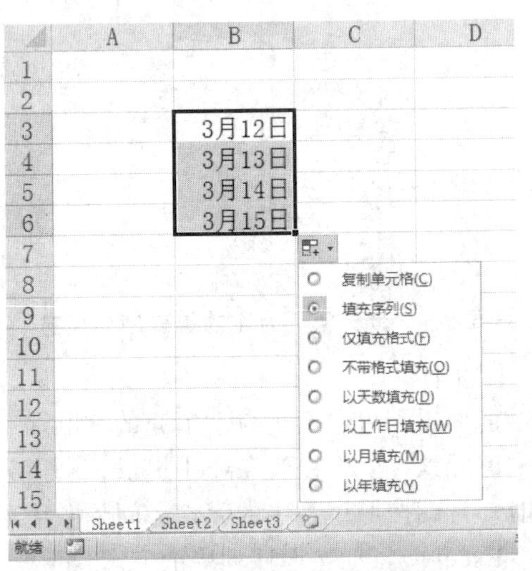

图 5.16　日期型数据填充选项按钮菜单

4. 数据输入技巧

（1）强制换行

有时需要在一个单元格内输入大量文本信息，虽然 Excel 有自动换行功能，但是换行位置并不受用户控制，如果希望控制单元格中文本信息的换行位置，可以使用“强制换行”功能。“强制换行”功能即当单元格处于编辑状态时，在需要换行的位置按【Alt+Enter】组合键，为文本添加强制换行符。

（2）在多个单元格同时输入相同的数据

当需要在多个单元格中同时输入相同的数据时，可以选中需要输入相同数据的多个单元格，在输入所需要的数据之后，按【Ctrl+Enter】组合键来确认输入，此时会在选定的所有单元格中出现相同的输入内容。

（3）记忆式输入

Excel 默认启用了“为单元格值启用记忆式键入”功能，启用此功能的目的是当用户在同一列输入相同信息时，可以利用“记忆性键入”来简化输入。例如在 A1 单元格内输入了“大学一年级”，在 A2 单元格内输入一个“大”字时，Excel 会从上面已有的信息中找到“大”字开头的一条记录“大学一年级”，然后自动显示在用户正在键入的单元格中提示用户，此时用户直接按下【Enter】键即可完成“大学一年级”的输入。

需要注意的是，如果用户输入的第一个文字在已有信息中存在着多条记录，则用户必须增加文字信息，直到能够仅与一条单独信息匹配为止。

记忆式输入只适用于当前列且上方无空白单元格的列。

“记忆式输入”功能只对文本型数据适用，对数字型数据和公式无效。

（4）数据有效性检查

数据有效性可以控制单元格可接受数据的类型和范围，防止用户输入无效数据。具体操作如下：

选中需要设置数据有效性的单元格或区域，在 Excel 功能区单击【数据】选项卡，在【数据工具】命令组中单击【数据有效性】下拉按钮，在其扩展菜单中单击【数据有效性】命令，在弹出的【数据有效性】对话框中的【设置】选项卡中的【有效性条件】中进行设置。默认允许输入“任何值”，可设置允许输入“整数”、“小数”、“序列”、“日期”、“时间”、“文本长度”、“自定义”的限制。

在某些情况下，单元格中输入的数据只能是某个序列中的一个内容项，例如性别只能是“男，女”这个序列中的某一项，此时可以使用【数据有效性】中允许输入“序列”来进行限制。在【来源】编辑框中手动输入“男”和“女”，使用半角英文逗号进行间隔，如图 5.17 所示。

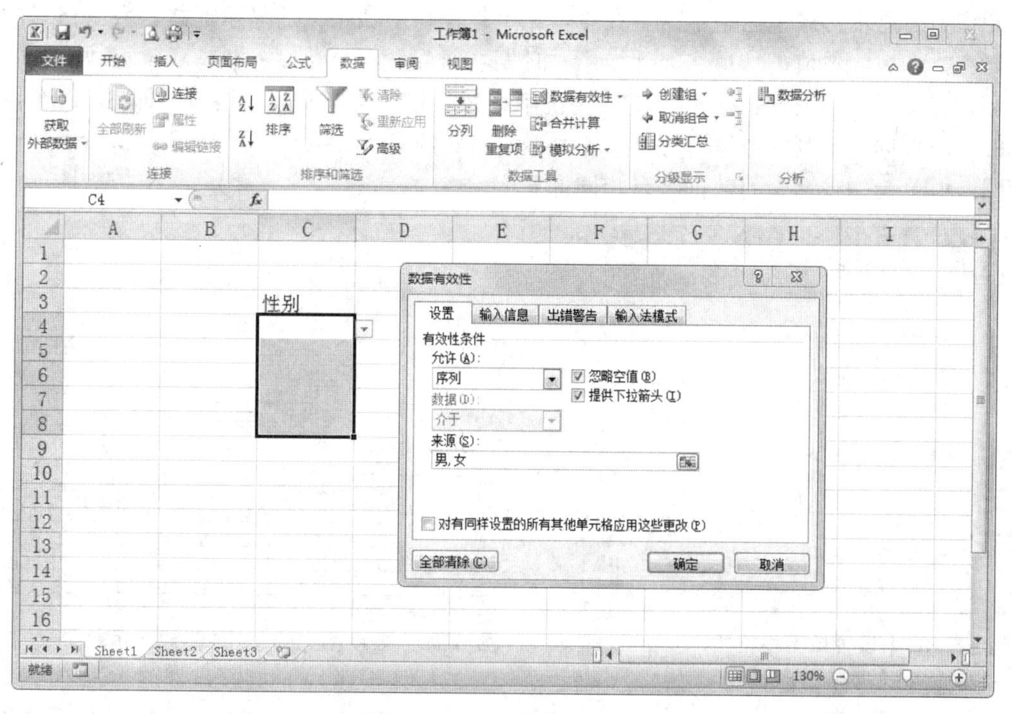

图 5.17　设置数据有效性

此时选中的单元格被限定了只能输入“男”或“女”。系统默认勾选了【提供下拉箭头】，也可通过点击单元格右侧的箭头，从弹出的下拉菜单中选择“男”或“女”来完成输入。

5.3 格式化工作表

在 Excel 工作表中实现了所有文本、数据、公式和函数的输入后，为了使创建的 Excel 工作表更加直观和美观，可以对其进行必要的格式编排，如改变数据的格式、对齐方式、添加边框和底纹等。

5.3.1 设置单元格格式

对于单元格格式的设置和修改，可以通过“功能区命令组”、“浮动工具栏”和“设置单元格格式”对话框等多种方式来操作。

打开【设置单元格格式】对话框的方法有如下几种：

· 在 Excel 功能区单击【开始】选项卡，鼠标左键单击【字体】、【对齐方式】、【数字】等命令组右下角的【对话框启动】按钮，即可打开。

· 使用【Ctrl+1】组合键。

· 对任意单元格单击鼠标右键，在弹出的快捷菜单中，单击【设置单元格格式】命令。

1. 设置数字格式

利用【设置单元格格式】对话框中【数字】标签下的选项卡，可以改变数字（包括日期）在单元格中的显示形式，但是不改变在 Excel 工作窗口中编辑区的显示形式。数字格式的分类主要有：常规、数值、货币、会计专用、日期、时间、百分比、分数、科学记数、文本、特殊和自定义等，如图 5.18 所示。默认情况下，数字格式是【常规】格式，即 Excel 会根据用户输入的数据自动判断数据的类型。各种不同格式的显示效果如图 5.19 所示，虽然显示效果不同，但单元格中存储的数据却是相同的。

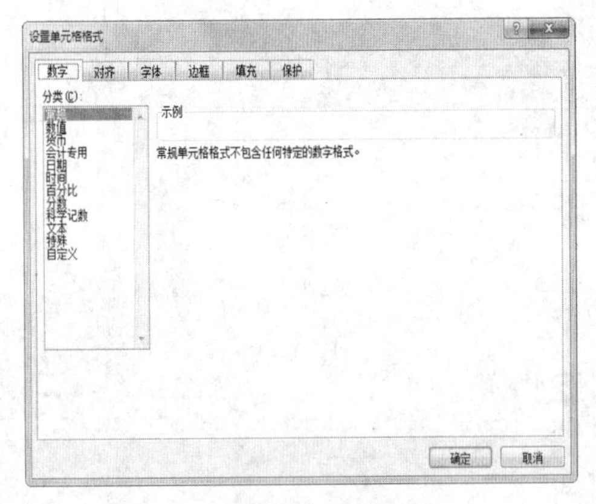

图 5.18 【设置单元格格式】对话框【数字】选项卡

	A	B	C	D
1	格式类型	数据1	数据2	数据3
2	常规	12345.6	51234.567	0.12345
3	数值	12345.60	51234.57	0.12
4	货币	¥12,345.60	¥51,234.57	¥0.12
5	会计专用	¥ 12,345.60	¥ 51,234.57	¥ 0.12
6	短日期	1933/10/18	2040/4/8	1900/1/0
7	长日期	1933年10月18日	2040年4月8日	1900年1月0日
8	时间	14:24:00	13:36:29	2:57:46
9	百分比	1234560.00%	5123456.70%	12.35%
10	分数	12345 3/5	51234 4/7	1/8
11	科学记数	1.23E+04	5.12E+04	1.23E-01

图 5.19 数字格式的 10 种不同显示效果

2. 设置对齐格式

利用【设置单元格格式】对话框中【对齐】标签下的选项卡，如图 5.20 所示，可以设置单元格中内容的水平对齐、垂直对齐和文本方向。

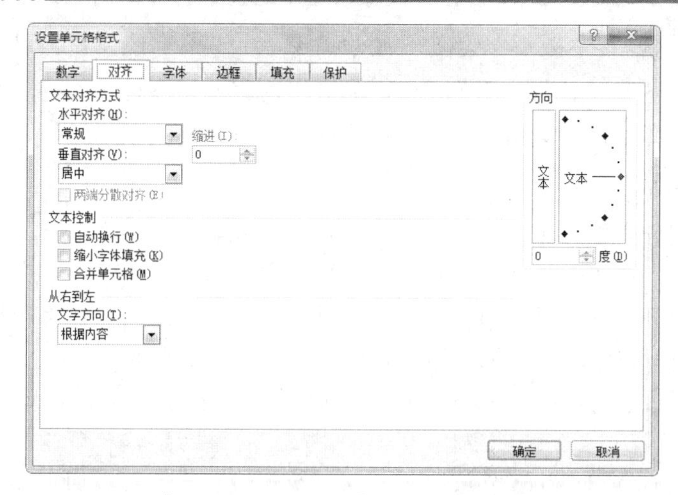

图 5.20 【设置单元格格式】对话框【对齐】选项卡

在设置文本对齐的同时，还可以对文本进行输出控制，包括“自动换行”、“缩小字体填充”、“合并单元格”。当文本内容长度超出单元格宽度时，可勾选【自动换行】复选框使文本内容分成多行显示出来，此时若调整单元格宽度，文本内容的换行位置也随之调整。也可以勾选【缩小字体填充】复选框使文本内容自动缩小显示，以适应单元格的宽度大小。

注意：【自动换行】和【缩小字体填充】不能同时使用。

此外，还可以将两个或两个以上的连续单元格区域合并成占有两个或多个单元格空间的“超大”单元格，合并后只有选定区域左上角的内容放到合并后的单元格中。如果要取消合并单元格，可以选定已合并的单元格后，清除【对齐】标签下的【合并单元格】前方的复选框即可。

3. 设置字体格式

利用【设置单元格格式】对话框中【字体】标签下的选项卡，可以设置单元格内容的字体、字形、字号、颜色、下划线和特殊效果，如图 5.21 所示。

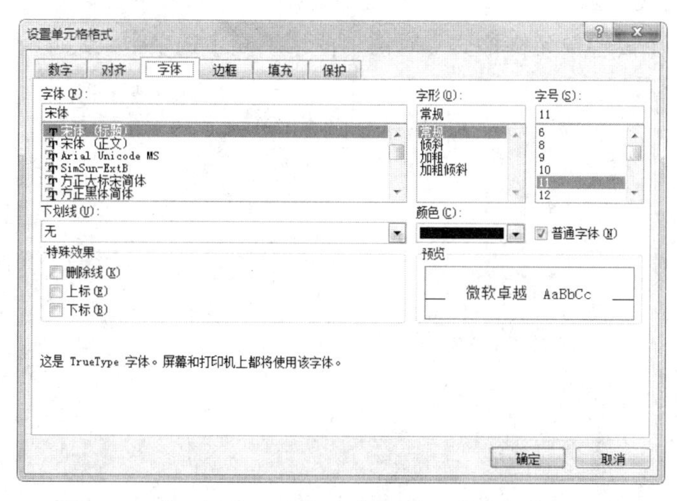

图 5.21 【设置单元格格式】对话框【字体】选项卡

Excel 中文版的默认字体为“宋体”，默认字号为 11 号。除了可以对整个单元格的内容设置字体格式外，还可以对同一个单元格内的文字内容设置多种字体格式。用户只需选中单元格文本中的某一部分，设置相应的字体格式即可。

4. **设置边框格式**

边框常用于划分表格区域，增加单元格的视觉效果。

边框的设置可以在 Excel 功能区单击【开始】选项卡，在【字体】命令组中单击设置边框按钮【田 ▾】，在下拉列表中提供了 13 种边框设置方案，绘制及擦除边框的工具，边框的颜色以及 13 种边框线型等丰富的边框设置选项，如图 5.22 所示。

用户也可以通过【设置单元格格式】对话框中的【边框】选项卡来设置更多的边框效果，如图 5.23 所示。

有时在制作表格时需要用到斜线表头，对于单斜线表头，可以通过在单元格中设置斜线来实现，而双斜线表头，则需要通过插入线条的辅助手段来实现。

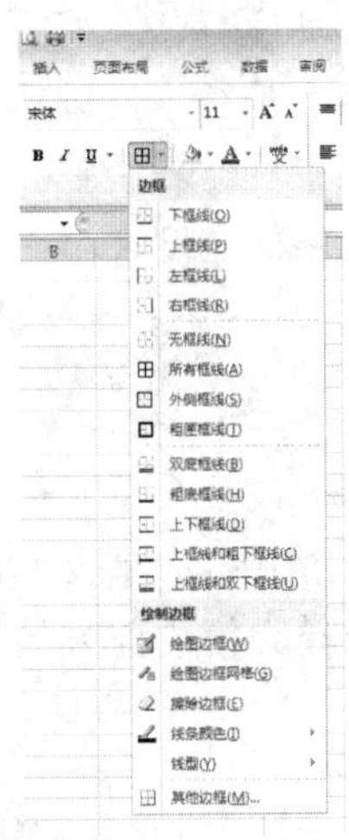

图 5.22　边框设置菜单

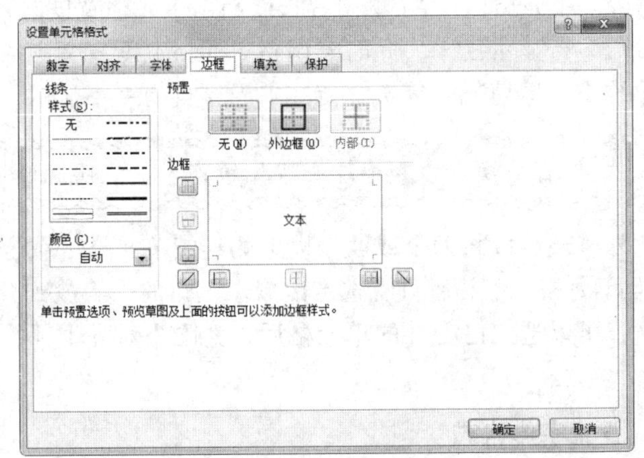

图 5.23 【设置单元格格式】对话框【边框】选项卡

5. **设置填充格式**

用户可以通过【设置单元格格式】对话框的【填充】选项卡，对单元格的底色进行填充修饰，如图 5.24 所示。

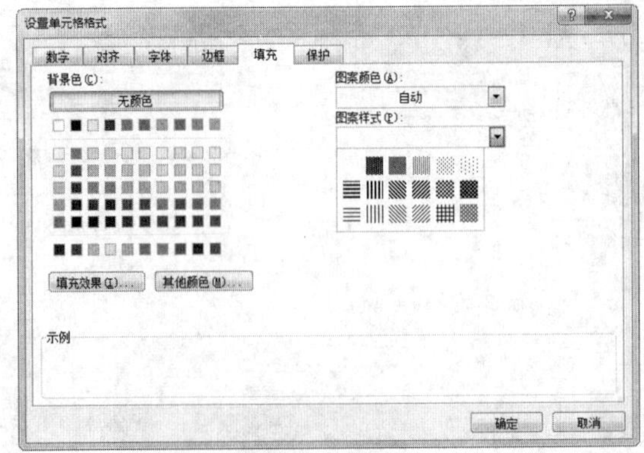

图 5.24 【设置单元格格式】对话框【填充】选项卡

用户可以在【背景色】区域中选择多种填充颜色，或单击【填充效果】按钮，在【填充效果】对话框中设置渐变色。此外，用户还可以在【图案样式】下拉列表中选择单元格图案填充，并可以单击【图案颜色】按钮设置填充图案的颜色。

5.3.2　设置条件格式

使用 Excel 的条件格式功能，用户可以预置一种单元格格式或者单元格内的图形效果，并在指定的某种条件被满足时自动应用于目标单元格。可预置的单元格格式包括边框、底纹、字体颜色等，单元格图形效果包括“数据条”、“色阶”、“图标集”等。

【例 5.1】 某班同学成绩表如图 5.25 所示，将单科成绩低于 70 分的单元格设置“浅红色填充”。

	A	B	C	D	E	F	G
1	学号	姓名	语文	数学	英语	政治	总分
2	20070101	钟世文	79	84	56	81	300
3	20070102	冯小燕	84	75	75	83	317
4	20070103	刘刚强	82	69	93	69	313
5	20070104	阮慈英	90	83	66	70	309
6	20070105	蒋雯娴	86	84	88	84	342
7	20070106	郑佳	75	64	60	76	275
8	20070107	陈燕	88	81	84	75	328
9	20070108	顾万金	60	83	84	84	311
10	20070109	陈相静	87	69	75	91	322
11	20070110	高长建	77	77	69	88	311
12	20070111	孔洁	82	84	83	95	344
13	20070112	陈勇	77	76	84	84	321
14	20070113	金飞	66	75	64	91	296

图 5.25　待设定格式的成绩表

操作方法如下：

（1）选中 C2:F91 单元格区域，在 Excel 功能区单击【开始】选项卡，在【样式】命令组中单击【条件格式】下拉按钮，在其扩展菜单中选择【突出显示单元格规则】命令，在其子菜单中单击【小于】命令，弹出【小于】对话框。

（2）在【小于】对话框中左侧的文本框中输入“70”,【设置为】下拉菜单选择【浅红色填充】，单击【确定】按钮即可完成条件格式的设置，如图 5.26 所示。

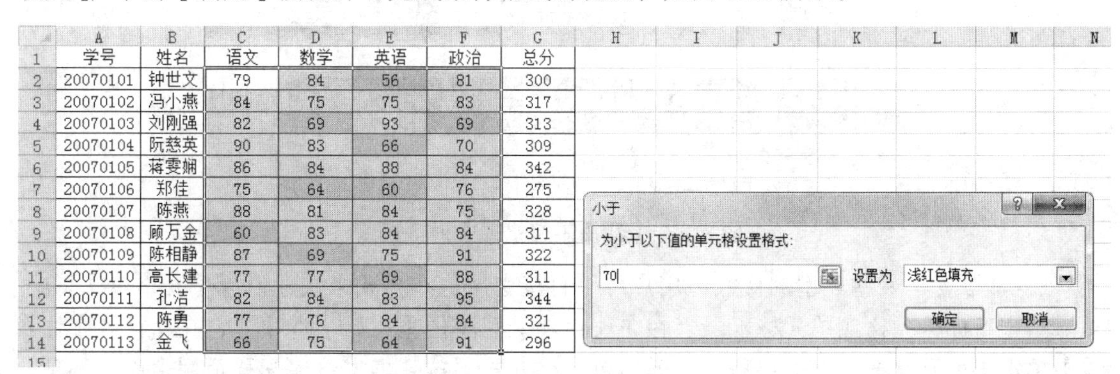

	A	B	C	D	E	F	G
1	学号	姓名	语文	数学	英语	政治	总分
2	20070101	钟世文	79	84	56	81	300
3	20070102	冯小燕	84	75	75	83	317
4	20070103	刘刚强	82	69	93	69	313
5	20070104	阮慈英	90	83	66	70	309
6	20070105	蒋雯娴	86	84	88	84	342
7	20070106	郑佳	75	64	60	76	275
8	20070107	陈燕	88	81	84	75	328
9	20070108	顾万金	60	83	84	84	311
10	20070109	陈相静	87	69	75	91	322
11	20070110	高长建	77	77	69	88	311
12	20070111	孔洁	82	84	83	95	344
13	20070112	陈勇	77	76	84	84	321
14	20070113	金飞	66	75	64	91	296

图 5.26　设置“条件格式”后的成绩表及【条件格式】设置对话框

5.3.3 自动套用格式

Excel 2010 的【套用表格格式】功能提供了多达 60 种表格格式，为用户格式化数据表提供了更为丰富的选择。

选中需要套用格式的区域，在 Excel 功能区单击【开始】选项卡，在【样式】命令组中单击【套用表格格式】下拉按钮，在其展开的下拉列表中单击需要的表格格式，如图 5.27 所示，在弹出的【套用表格式】对话框中，确认好表数据的来源后，单击【确定】按钮即可完成表格格式的套用。

5.3.4 使用单元格样式

单元格样式是指一组特定单元格格式的组合。使用单元格样式可以快速对应用相同样式的单元格或单元格区域进行格式化，从而提高工作效率并使工作表格式规范统一。

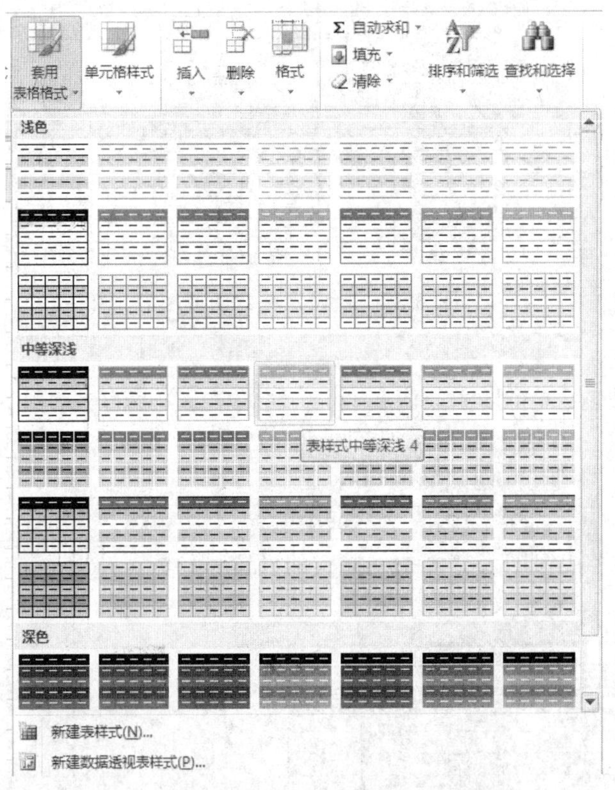

图 5.27 【套用表格格式】对话框

Excel 预置了一些典型的样式，用户可以直接套用这些样式来快速设置单元格格式。

选中目标单元格或单元格区域，在 Excel 功能区单击【开始】选项卡，在【样式】命令组中单击【单元格样式】下拉按钮，弹出单元格样式下拉列表，将鼠标移至列表库中某项样式上，目标单元格会立即显示应用此样式的效果，单击所需的样式即可确认应用此样式，如图 5.28 所示。

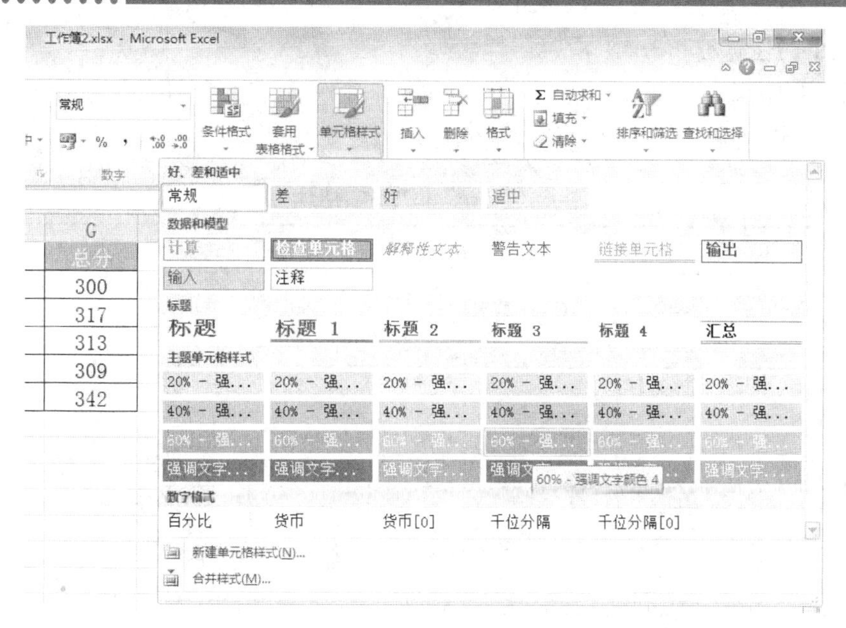

图 5.28　使用【单元格样式】

5.4　公式和函数

5.4.1　使用公式

1. 认识公式

公式是以“=”号为引导，通过运算符按照一定的顺序组合进行数据运算处理的等式，使用公式的目的是为了有目的的计算结果，因此 Excel 公式必须返回值。

公式的组成要素为等号“=”、运算符和常量、单元格引用、函数等。

除了单元格格式被事先设置为“文本”外，当以“=”号作为开始在单元格输入时，Excel 将自动变为输入公式状态，以“+”、“－”号作为开始输入时，系统会自动在前面加上等号变为输入公式状态。

在输入公式状态下，鼠标选中其他单元格区域时，被选区域将作为引用自动输入到公式中，此时被选区域边框显示为虚线框，按下【Enter】键可结束公式输入或编辑状态。

如果需要对既有公式进行编辑修改，可通过以下 3 种方式进入单元格编辑状态。

· 选中公式所在单元格，按下【F2】功能键。

· 鼠标左键双击公式所在单元格。

· 选中公式所在单元格，鼠标左键单击 Excel 工作窗口上的编辑栏。

若需要删除公式只需选中公式所在单元格，按下键盘上的【Delete】键即可清楚单元格中的全部内容。

当需要使用相同的计算方法时，可以像一般单元格内容一样，通过【复制】和【粘贴】的方法予以实现，而不必逐个单元格编辑公式。

2. 公式中的运算符

运算符是构成公式的基本元素之一，每个运算符分别代表一种运算。Excel 主要包含算术运算符、比较运算符、文本运算符等运算符，如表 5.3 所示。

表 5.3　公式中的运算符

运算符	说　明	实　例
-	算术运算符：负号	=2*-1=-2
%	算术运算符：百分号	=100*5%=5
^	算术运算符：乘幂	=3^3=27；=4^(1/2)=2
*和/	算术运算符：乘和除	=6*8/2=24
+和-	算术运算符：加和减	=1+2-3=0
=,<> >,>= <,<=	比较运算符：等于、不等于、大于、大于等于、小于、小于等于	=1=2，返回值为 False =1<>2，返回值为 Ture =1>=2，返回值为 Fasle
&	文本运算符：连接文本	="China"&"2016"，返回值为"China2016"

通常情况下 Excel 按照从左向右的顺序进行公式运算，当公式中使用多个运算符时，Excel 将根据各个运算符的优先级进行运算，对于同一级的运算符，则按照从左向右的顺序运算。各运算符的优先顺序如表 5.4 所示。

表 5.4　运算符的优先顺序

顺　序	运算符	说　明
1	-	算术运算符：负号（取得与原值正负号相反的值）
2	%	算术运算符：百分号
3	^	算术运算符：乘幂
4	*和/	算术运算符：乘和除
5	+和-	算术运算符：加和减
6	&	文本运算符：连接文本
7	=,<>,>,>=,<,<=	比较运算符：比较两个值

在公式中可以使用括号来改变公式计算的优先顺序，也可以使用多组括号进行嵌套，但在 Excel 公式中使用的括号只能是英文半角小括号，其计算顺序由最内层的括号逐级向外进行运算。

3. 单元格的引用

单元格是工作表的最小组成元素，以左上角第一个单元格为原点，向下向右分别为行、列坐标的正方向，由此构成单元格在工作表上所处位置的坐标集合。在公式中使用坐标方式表示单元格在工作表中的“地址”实现对存储于单元格中的数据的调用，这种方法称为单元格引用。

在公式中的引用具有以下关系：如果 A1 单元格包含公式“=B1”，则 B1 是 A1 的引用单元格，A1 是 B1 的从属单元格。从属单元格与引用单元格之间的位置关系称为单元格引用的相对性，可分为 3 种不同的引用方式，即相对引用、绝对引用和混合引用。

（1）相对引用

当复制公式到其他单元格时，Excel 保存从属单元格与引用单元格的相对位置不变，称为相对引用。例如，在 B2 单元格输入公式“=A1”，当向右复制公式时，将依次变为：=B1，=C1，=D1 等；当向下复制公式时，将依次变为：=A2，=A3，=A4，始终保持引用公式所在单元格的左侧 1 列、上方 1 行的位置，如图 5.29 所示。

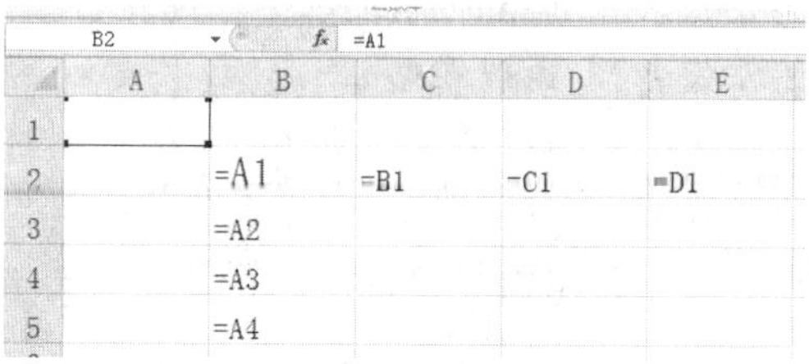

B2 fx =A1

	A	B	C	D	E
1					
2		=A1	=B1	-C1	=D1
3		=A2			
4		=A3			
5		=A4			

图 5.29 单元格的相对引用

（2）绝对引用

当复制公式到其他单元格时，Excel 保持公式引用的单元格绝对位置不变，称为绝对引用。要实现单元格的绝对引用，需要在单元格地址的行号和列标前加上“$”符号。例如，在 B2 单元格中输入公式“=$A$1”，则无论公式向右还是向下复制，都始终保持为=$A$1 不变，如图 5.30 所示。

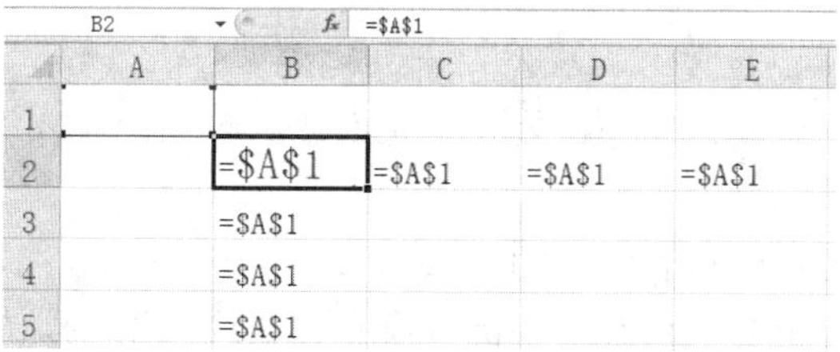

B2 fx =$A$1

	A	B	C	D	E
1					
2		=$A$1	=$A$1	=$A$1	=$A$1
3		=$A$1			
4		=$A$1			
5		=$A$1			

图 5.30 单元格的绝对引用

（3）混合引用

当复制公式到其他单元格时，Excel 仅保持所引用单元格的行或列方向之一的绝对位置不变，而另一方向位置发生变化，这种引用方式称为混合引用，可分为“行绝对列相对引用”和“行相对列绝对引用”。例如，在 B2 单元格中输入公式“=$A1”，则公式向右复制时始终保持为=$A1 不变，向下复制时行号将发生变化，如图 5.31 所示。

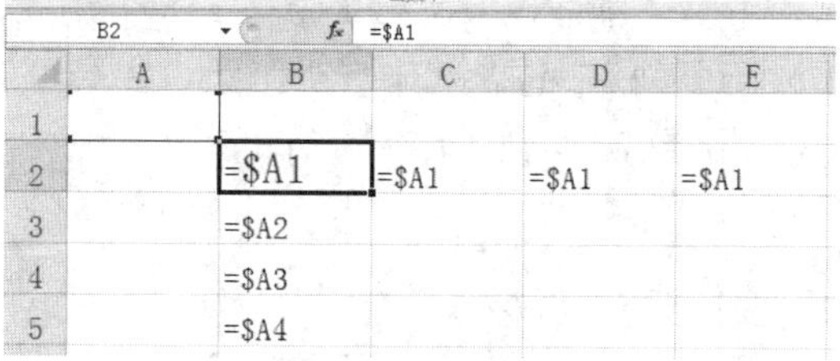

B2 fx =$A1

	A	B	C	D	E
1					
2		=$A1	=$A1	=$A1	=$A1
3		=$A2			
4		=$A3			
5		=$A4			

图 5.31 单元格的混合引用

使用【F4】功能键可以在4种不同引用类型中循环切换，其顺序为：绝对引用→行绝对列相对引用→行相对列绝对引用→相对引用。

4. 跨工作表的单元格地址引用

若希望在公式中引用其他工作簿中工作表的单元格区域，可以在公式编辑状态下，通过鼠标单击相应工作簿中工作表标签，然后选取相应的单元格区域。

单元格地址的一般形式为：[工作簿文件名]工作表名！单元格地址

在引用当前工作簿的各工作表单元格地址时“[工作簿文件名]”可以省略，在引用当前工作表单元格的地址时“工作表名!”可以省略。

对跨工作簿的单元格引用，当被引用单元格所在工作簿关闭时，公式中将在工作簿名称前自动加上文件的路径。当路径或工作簿名称、工作表名称中包含空格或相关特殊字符时，感叹号之前的部分需要使用一对半角单引号包含。

5.4.2 函数的应用

Excel 函数是由 Excel 内部预先定义并按照特定的顺序、结构来执行计算、分析等数据处理任务的功能模块。因此，Excel 函数也常被人们称为“特殊公式”。与公式一样，Excel 函数的最终返回结果为值。

1. 函数的格式

在公式中使用函数时，通常由表示公式开始的“=”号、函数名称、左括号、以半角逗号相间隔的参数和右括号构成，此外，公式中允许使用多个函数或计算式，通过运算符进行连接。

故函数的一般形式为：函数名(参数 1，参数 2，……)

有的函数可以允许多个参数，有一些函数没有参数或可以不需要参数。函数的参数可以由数值、日期和文本等元素组成，也可以使用常量、数组、单元格引用或其他函数。当使用函数作为另一个函数的参数时，称为函数的嵌套。

注意：对于不需要参数的函数，函数名后面的括号也不能省略。如 Now ( )，返回日期时间格式的当前系统的日期和时间。

有的函数可以仅使用部分参数，例如 SUM 函数可支持 255 个参数（Excel 2003 版为 30 个），其中第一个参数为必需参数不能省略，而第 2 至第 255 个参数都可以省略。在函数语法中，可选参数一般用一对方括号“[ ]”包含起来，当函数有多个可选参数时，可从右向左依次省略参数。其表现形式为：函数名(参数 1 [,参数 2] [,参数 3]……[,参数 255])

2. 函数的输入

（1）使用“自动求和”按钮插入函数

① 在 Excel 功能区单击【开始】选项卡，在【编辑】命令组中单击【Σ 自动求和】右侧

的下拉菜单按钮。

② 在 Excel 功能区单击【公式】选项卡，在【函数库】命令组中单击一个显示Σ字样的【自动求和】的下拉按钮。

以上 2 种方式都会弹出一个下拉菜单，其中包括求和、平均值、计数、最大值、最小值和其他函数 6 个备选项。单击【其他函数】按钮时将弹出【插入函数】对话框，单击其他 5 个按钮时，Excel 将智能地根据所选取单元格区域和数据情况，自动选择公式统计的单元格范围，以实现快捷输入。

（2）使用函数库插入已知类别的函数

在 Excel 功能区【公式】选项卡【函数库】命令组中，Excel 按照内置函数分类提供了财务、逻辑、文本、日期和时间、查找与引用、数学和三角函数、其他函数等多个下拉按钮，在【其他函数】下拉按钮中提供了统计、工程、多维数据集、信息、兼容性函数等扩展菜单，如图 5.32 所示。

用户可以根据需要和分类插入内置函数，还可以从【最近使用的函数】下拉按钮中选取 10 个最近使用过的函数。

（3）使用“插入函数”向导搜索函数

如果对函数所属的类别不太熟悉，可以使用“插入函数”向导选择或搜索所需函数。以下 4 种方法均可以打开“插入函数”对话框。

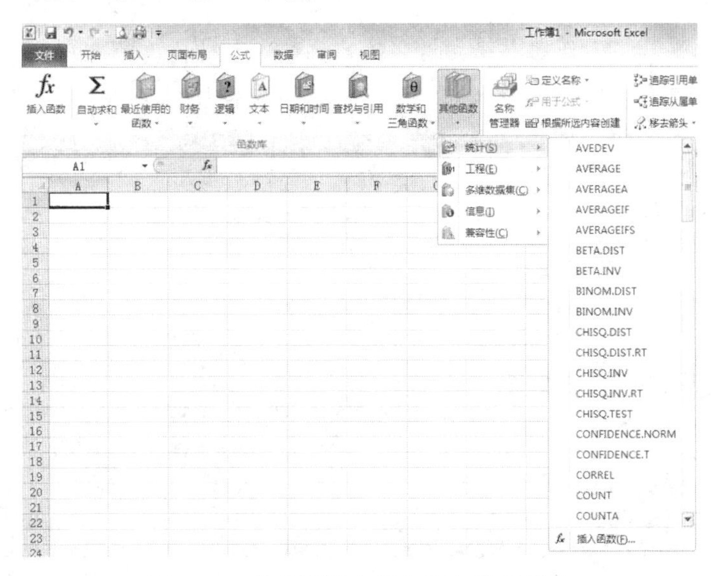

图 5.32 使用函数库插入已知类别函数

① 在 Excel 功能区单击【公式】选项卡，在【函数库】命令组中单击【插入函数】按钮。

② 在 Excel 功能区单击【公式】选项卡，在【函数库】命令组中各个下拉按钮的扩展菜单中，单击【插入函数】按钮；或单击【自动求和】下拉按钮，在扩展菜单中单击【其他函数】命令。

③ 单击 Excel 工作窗口“编辑栏”左侧的【插入函数】按钮。

④ 使用【Shift+F3】组合键。

“插入函数”对话框如图 5.33 所示，在【插入函数】对话框中“搜索函数”编辑框中输入“平均”，单击【转到】按钮，对话框中将显示“推荐”的函数列表，选择具体函数后，单击【确定】按钮，即可插入该函数并切换到【函数参数】对话框。

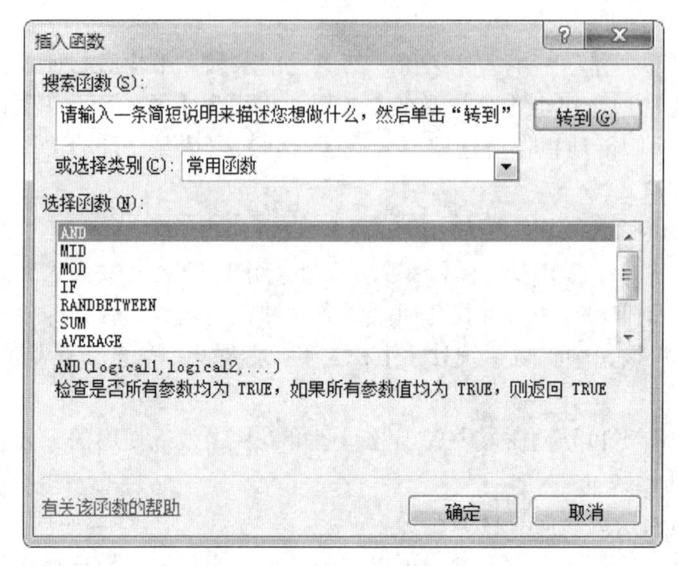

图 5.33　插入函数对话框

在【函数参数】对话框中，从上而下主要由函数名、参数编辑框、函数简介及参数说明、计算结果等几部分组成。其中参数编辑框允许直接输入参数值或单击其右侧折叠按钮以选取单元格区域，其右侧将实时显示输入的参数值，如图 5.34 所示。

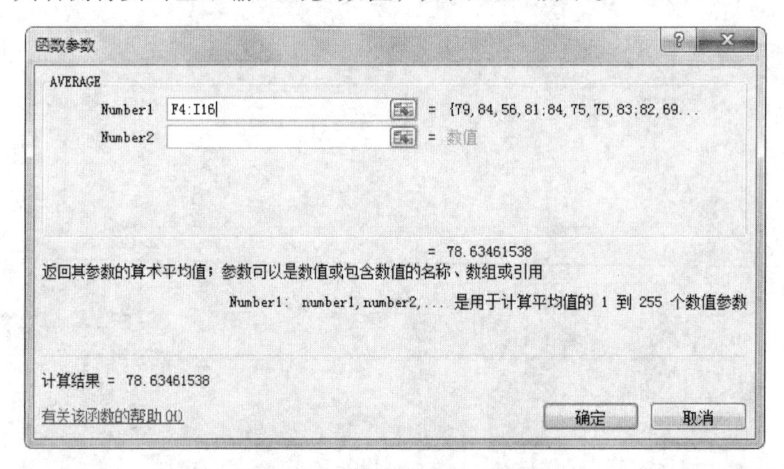

图 5.34　“函数参数”对话框

（4） 使用公式记忆式键入手工输入函数

Excel 2010 增加了“公式记忆式键入”功能，可以在用户输入公式时出现备选的函数和已定义的名称列表，帮助用户自动完成公式。如果用户知道所需函数的全部或开头部分字母的正确拼写方法，则可以直接在单元格或编辑栏中手工输入函数。

例如在单元格中输入“=SU”后，Excel 将自动显示所有以“SU”开头的函数的扩展下拉菜单。在扩展下拉菜单中选择不同的函数，其右侧将显示此函数的功能介绍，双击鼠标左键即可将此函数添加到当前的编辑位置，如图 5.35 所示。

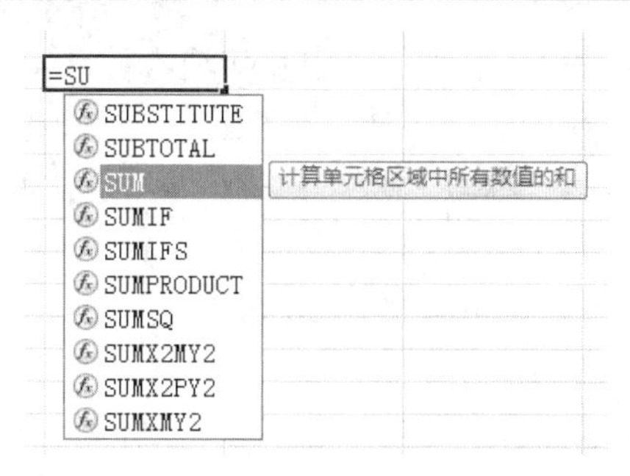

图 5.35　公式记忆式键入

3. **常用函数**

（1） SUM()函数（求和函数）

语法：SUM (number 1 [,number 2]……)

功能：计算单元格区域中所有数值的和。

参数：number1 为必需参数，要相加的第 1 个数字。可以为一个具体的数字，也可以是一个单元格地址或一个区域地址。

number2 为可选参数，要相加的第 2 个数字。可以按照这种方式最多指定 255 个参数。

【例 5.2】 某班同学成绩表如图 5.36 所示，计算每位同学的总分。

	A	B	F	G	H	I	J
1	200701班	成绩单					
2	第一学期						
3	学号	姓名	语文	数学	英语	政治	总分
4	20070101	钟世文	79	84	56	81	
5	20070102	冯小燕	84	75	75	83	
6	20070103	刘刚强	82	69	93	69	
7	20070104	阮慈英	90	83	66	70	

图 5.36　学生成绩表

计算第 1 位同学的总分，可以选中 J4 单元格，再使用“插入函数”向导选则 SUM 函数，在弹出的参数对话框中设置函数参数，如图 5.37 所示。

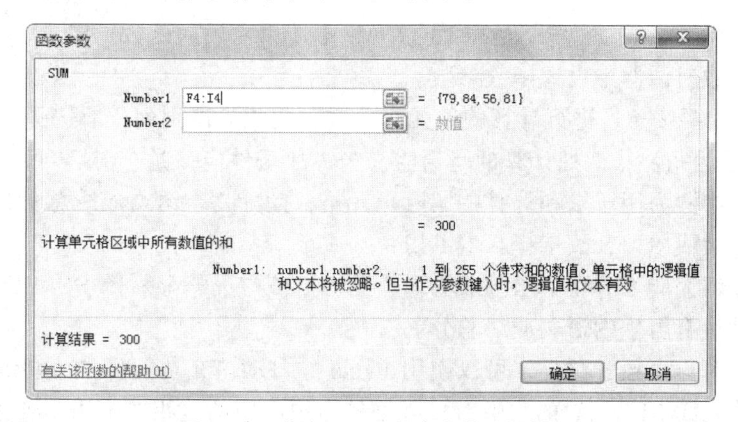

图 5.37　“SUM()函数参数”对话框

可以在 Number1 参数右侧的文本对话框中直接输入需要求和的区域地址 F4:I4，也可以单击文本框右侧的折叠按钮，在工作表中使用鼠标拖动来选取需要求和的单元格区域，文本框右侧实时显示了输入的参数值，单击【确定】按钮即可完成函数的输入。此时 J4 单元格将显示 SUM 函数返回的值 300。

也可选中 J4 单元格后在编辑栏或直接在 J4 单元格中输入公式“=SUM（F4:I4）”，然后敲【Enter】完成公式的输入。

计算完第 1 位同学的总分后，选中 J4 单元格，将鼠标指针移动至 J4 单元格的填充柄上，点住鼠标左键不放往下拖动鼠标至 J7 单元格，可使用 Excel 的自动填充功能完成其他同学的总分求和。

（2）SUMIF()函数（条件求和函数）

语法：SUMIF (range, criteria[, sum_range])

功能：对满足条件的单元格求和。

参数：range 为必需参数，要按条件进行计算的单元格区域。

criteria 为必需参数，以数字、表达式或文本形式定义的条件。

sum_range 为可选参数，用于求和计算的实际单元格，如果省略则对条件区域进行求和。

【例 5.3】 用 SUMIF()函数计算如图 5.38 所示的学生成绩表中男女生各科成绩的总和。

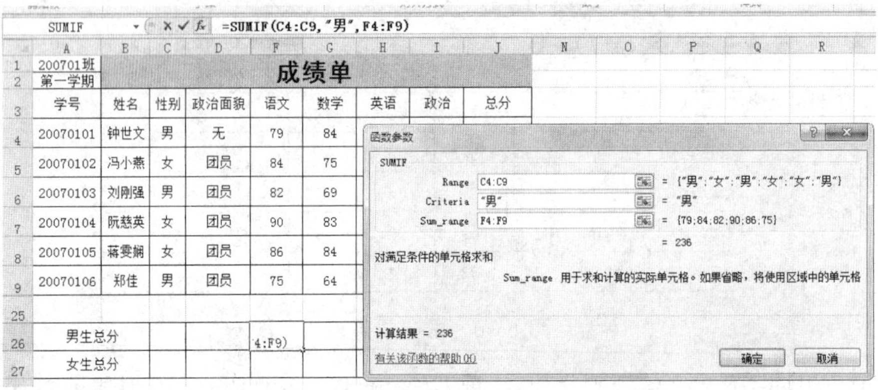

图 5.38 “SUMIF()函数参数”对话框

首先计算男生语文成绩总分，在 F26 单元格中使用“插入函数”向导，选择 SUMIF 函数，在弹出的参数对话框中设置函数参数。

Range 参数为要按条件进行计算的单元格区域，此处为性别列，故选择区域 C4:C9。

Criteria 参数为条件，此处计算的是男生总分，故条件应该是“男”。

Sum_range 参数为用于求和计算的实际单元格，此处是求语文成绩总分，故此参数不能省略，应选择语文成绩列，故选择区域 F4:F9。

单击确定按钮完成 SUMIF()函数的输入，此时 F26 单元格显示的 SUMIF()函数返回的结果。计算出的是所有男生的语文成绩总分。

此时若要计算男生数学总分，可以使用 Excel 的自动填充功能将 F26 单元格向右拖动，但 F26 单元格中 SUMIF()函数的参数对单元格的引用使用的是相对引用，若使用 Excel 的自动填充功能将 F26 单元格往右边拖动，则 SUMIF()函数中的 Range、Sum_range 两个参数的引用地址均会发生变化，而实际 Range 参数区域不应发生变化，所以 Range 参数中对单元格的引用应使用绝对引用。

故 F26 单元格中的公式应为“=SUMIF($C$4:$C$9,"男",F4:F9)”，此时再使用 Excel 的自动填充功能即可计算出男生的其他科的总分。女生总分的计算方法与男生类似，只需将公式中的 Criteria 参数由“男”改为“女”即可。

（3）AVERAGE()函数（求平均值函数）

语法：AVERAGE (number 1 [,number 2]……)

功能：返回其参数的算术平均值。

参数：number1 为必需参数，要计算平均值的第 1 个数字。可以为一个具体的数字，也可以是一个单元格地址或一个区域地址。

number2 为可选参数，要计算平均值的第 2 个数字。可以按照这种方式最多指定 255 个参数。

该函数的使用与 SUM()函数类似，其功能为求若干单元格的算术平均值。在如图 5.36 所示的学生成绩表中，若要求第一个学生的平均成绩，在 J4 单元格中输入公式“=AVERAGE（F4：I4）”，再按【Enter】键即可在 J4 单元格计算出第一个学生的平均成绩。

（4）MAX()函数和 MIN()函数（求最大值、最小值函数）

语法：MAX (number 1 [,number 2]……)

功能：返回一组数字的最大值，忽略逻辑值和文本。

参数：number1 为必需参数，要计算最大值的第 1 个数字。可以为一个具体的数字，也可以是一个单元格地址或一个区域地址。

number2 为可选参数，要计算最大值的第 2 个数字。可以按照这种方式最多指定 255 个参数。

MIN()函数与 MAX()函数完全类似，其功能为求最小值。

（5）COUNT()函数（计数函数）

语法：COUNT (value1 [,value 2]……)

功能：计算区域中包含数字的单元格个数。

参数：value1 为必需参数，要计算其中数字的个数的第一项、单元格引用或区域。

value2，……可选参数，要计算其中数字的个数的其他项、单元格引用或区域，最多可包含 255 个。

这些参数可以包含或引用各种类型的数据，但只有数字类型的数据才被计算在内。如图 5.39 所示的数据表，则：

COUNT(A1:E1)返回 3；

COUNT(A1:E1，1，2)返回 5；

COUNT(A1:E1，"China"，2)返回 4。

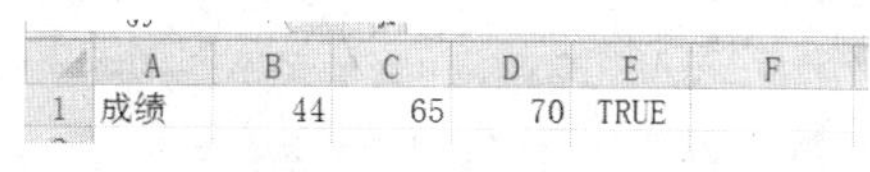

	A	B	C	D	E	F
1	成绩	44	65	70	TRUE	

图 5.39　数据表

（6）COUNTIF()函数（条件计数函数）

语法：COUNTIF(range, criteria)

功能：计算某个区域满足给定条件的单元格个数。

参数：range 为必需参数。要计算其中非空单元格数目的区域。

Criteria 为必需参数。以数字、表达式或文本形式定义的条件。

在如图 5.39 所示的数据表中，若要计算大于 60 的单元格个数则可使用函数=COUNTIF(A1:E1,">60")，返回数字 2。

（7）IF()函数（条件判断函数）

语法：IF(logical_test, value_if_true[, value_if_false])

功能：判断是否满足某个条件，如果满足返回一个值，如果不满足则返回另一个值。

参数：logical_test 为必需参数，是任何可能被计算为 TRUE 或 FALSE 的数值或表达式。

value_if_true 为必需参数，是 logical_test 为 TRUE 时的返回值。

value_if_false 为可选参数，是 logical_test 为 FALSE 时的返回值，如果忽略则返回 FALSE。

IF()函数一次只能做一个逻辑判断，对多条件逻辑判断可以使用 IF()函数的嵌套来实现。Excel 2010 中，一个公式最多可以包含 64 层嵌套（Excel 2003 及之前版本最大允许嵌套层数为 7 层）。

【例 5.4】在如图 5.40 所示的学生成绩表中，在 L4 单元格中输入成绩“等级”。如果“平均分”≥90 分，等级为“优秀”；如果 80≤“平均分”＜90 分，等级为“良”；如果 60≤“平均分”＜80 分，等级为“及格”；如果“平均分”＜60 分，等级为“不及格”。

	A	B	C	F	G	H	I	K	L	M
1	200701班	成绩单								
2	第一学期									
3	学号	姓名	性别	语文	数学	英语	政治	平均分	等级	总分排名
4	20070101	钟世文	男	79	55	56	81	67.75		
5	20070102	冯小燕	女	84	75	75	83	79.25		
6	20070103	刘刚强	男	49	43	67	69	57.00		
7	20070104	阮慈英	女	90	83	66	70	77.25		
8	20070105	蒋雯娴	女	86	84	88	84	85.50		
9	20070106	郑佳	男	75	64	60	76	68.75		

图 5.40 学生成绩表

在 L4 单元格中使用“插入函数”向导，选择 IF()函数，在弹出的 IF()函数参数对话框中设置函数参数。在 logical_test 后的文本框中输入“K4>=90”，表示判断的条件，在 value_if_true 后的文本框中输入“优秀”，表示平均分在 90 分以上（条件为真时）返回“优秀”，如图 5.41 所示。

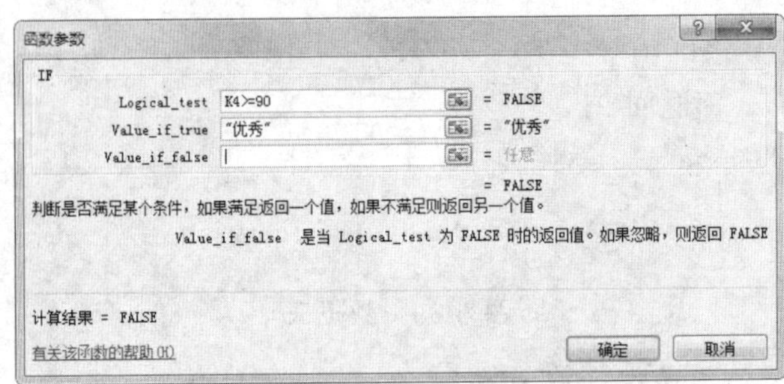

图 5.41 “IF()函数参数”对话框

将光标定位到 value_if_false 后的文本框中，此时 Excel 工作表中原来单元格名称框位置变为函数下拉菜单，单击下拉菜单，点击【IF】函数按钮，在条件为假时嵌入了一个新的 IF()函数，重新弹出一个新的【IF()函数参数对话框】替换掉原参数对话框，此时在 logical_test 后的文本框中输入“K4>=80”，表示判断的条件，在 value_if_true 后的文本框中输入“良”，表示平均分在 80 分以上（条件为真时）返回“良”，如图 5.42 所示。

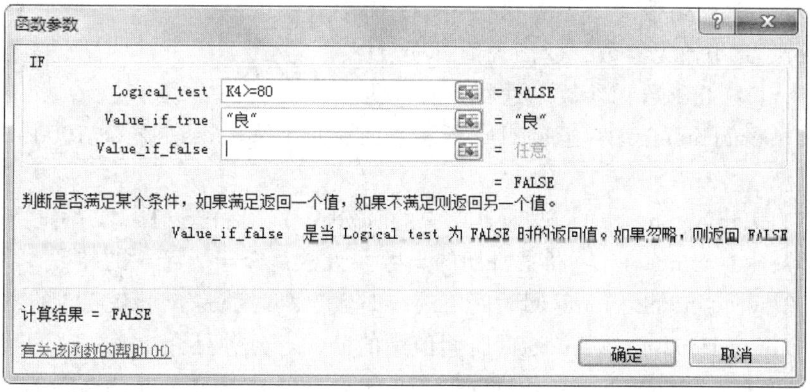

图 5.42　在条件为“假”时嵌入一个 IF()函数

重复以上步骤，在 value_if_false 后的文本框中再次嵌入一个 IF()函数，在弹出的新的【IF()函数参数对话框】中在 logical_test 后的文本框中输入“K4>=60”，在 value_if_true 后的文本框中输入“及格”，表示平均分在 60 分以上（条件为真时）返回“及格”，在 value_if_false 后的文本框中输入“不及格”，表示平均分在 60 分以下（条件为假时）返回“不及格”。

单击【确定】按钮，完成 IF()函数的输入，此时编辑栏中显示该单元格的公式为“=IF(K4>=90,"优秀",IF(K4>=80,"良",IF(K4>=60,"及格","不及格")))”。若对 IF()函数熟悉，也可以直接在编辑栏中输入以上公式。

（8）INT()函数（取整函数）

语法：INT(number)

功能：将数值向下取整为最接近的整数。

参数：number 为必需参数。需要进行向下舍入取整的实数。

如 INT(2.8)返回 2，INT(－2.8)返回－3。

（9）ROUND()函数（四舍五入函数）

语法：ROUND (number, num_digits)

功能：按指定的位数对数值进行四舍五入。

参数：number 为必需参数。需要四舍五入的数字。

num_digits 为必需参数。要进行四舍五入运算的位数。

如 num_digits 大于 0（零），则将数字四舍五入到指定的小数位数；如 num_digits 等于 0，则将数字四舍五入到最接近的整数；如 num_digits 小于 0，则将数字四舍五入到小数点左边的相应位数。

例如 ROUND(2.15,1)返回 2.2，ROUND(21.5,－1)返回 20，ROUND(21.5,0)返回 22。

（10）取子串函数 LEFT()、RIGHT()、MID()

① LEFT(text[, num_chars])，从文本字符串的第一个字符开始返回指定个数的字符。如

果省略 num_chars，则假定其值为 1。如 LEFT("中国人",1)返回“中”。

② RIGHT(text[, num_chars])，根据所指定的字符数返回文本字符串中最后一个或多个字符。如果省略 num_chars，则假定其值为 1。如 RIGHT("中国人",1)返回“人”。

③ MID(text, start_num, num_chars)，返回文本字符串中从指定位置开始的特定数目的字符，该数目由用户指定。如 MID("中华人民共和国",3,2)返回“人民”。

（11）日期、时间函数

① Now()：此函数无参数，返回当前日期和时间。

② TODAY()：此函数无参数，返回当前日期。

③ YEAR(serial_number)：返回对应于某个日期的年份。Year 作为 1900 ~ 9999 的整数返回。

④ MONTH(serial_number)：返回日期中的月份。月份是介于 1 ~ 12 的整数。

⑤ DAY(serial_number)：返回某日期的天数。天数是介于 1 ~ 31 的整数。

⑥ HOUR(serial_number)：返回时间值的小时数。小时数是介于 0 ~ 23 的整数。

⑦ MINUTE(serial_number)：返回时间值中的分钟。分钟是介于 0 ~ 59 的整数。

⑧ SECOND(serial_number)：返回时间值的秒数。秒数是 0 ~ 59 范围内的整数。

5.5 图　表

5.5.1 图表的基本概念

Excel 在提供强大数据处理功能的同时，也提供了丰富使用的图表功能。图表是图形化的数据，图像由点、线、面与数据匹配组合而成。Excel 2010 图表包括 11 种图表类型：柱形图、折线图、饼图、条形图、面积图、XY 散点图、股价图、曲面图、圆环图、气泡图和雷达图。每种图表类型还包括多种子图表类型，共计 73 种图表类型，如图 5.43 所示。

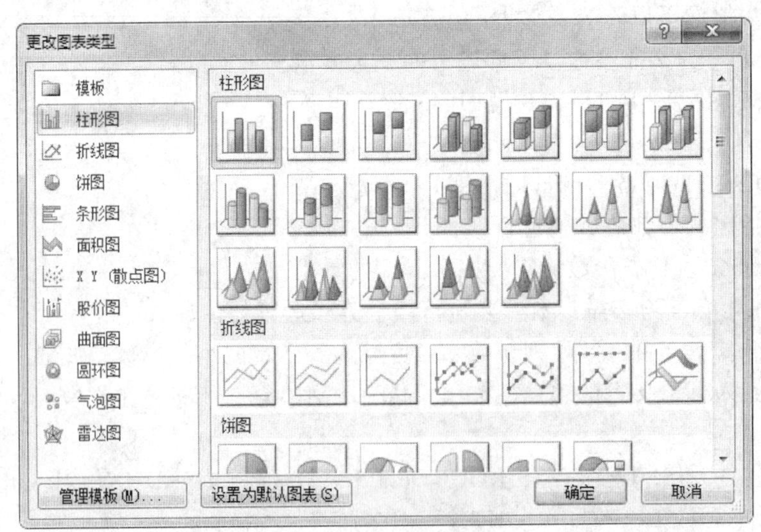

图 5.43　Excel 图表类型

一个图表主要由以下部分构成：

（1）图表标题。描述图表的名称。

（2）坐标轴与坐标轴标题。坐标轴标题是 X 轴和 Y 轴的名称，可有可无。

（3）图例。包含图表中相应的数据系列的名称和数据系列在图中的颜色。

（4）绘图区。以坐标轴为界的区域。

（5）数据系列。一个数据系统对应工作表中选定区域的一行或一列数据。

（6）网格线。从坐标轴刻度延伸出来并贯穿整个“绘图区”的线条系列，可有可无。

（7）背景墙与基底。三维图表中会出现背景墙与基底，是包围在许多三维图表周围的区域，用于显示图表的维度和边界。

5.5.2　创建图表

Excel 创建的图表通常以“嵌入式图表”和“独立图表”这 2 种形式保存于工作簿中。“嵌入式图表”是指图表作为一个对象与其相关的工作表数据存放在同一个工作表中。“独立图表”是以一个工作表的形式插入在工作簿中。

数据是图表的基础，若要创建图表首先需在工作表中为图表准备数据。Excel 2010 提供了 2 种创建图表的方法。

（1）选中目标数据区域，在 Excel 功能区单击【插入】选项卡，在【图表】命令组中单击需要创建的图表类型下拉按钮，在其展开的下拉列表中单击需要的图表样式，创建所选图表类型的图表。此种方法创建的图表为“嵌入式图表”，如图 5.44 所示。

（2）选中目标数据区域，按【F11】快捷键，Excel 会自动创建一个“独立图表”，其默认图表工作表名称为 Chart1，创建的图表样式为簇状柱形图。

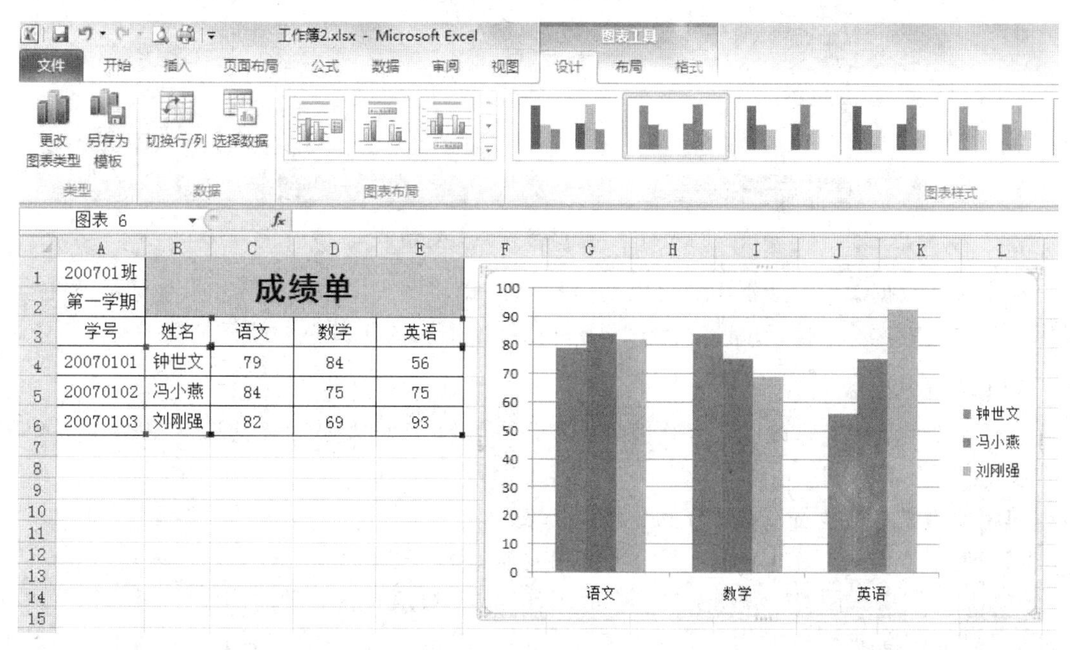

图 5.44　创建嵌入式图表

5.5.3 编辑和修改图表

图表创建完成后，如果对工作表进行了修改，图表的信息也将随之变化。如果工作表没有变化，也可以对图表的“图表类型”、“图表源数据”、“图表位置”等进行修改。

1. 修改图表类型

修改图表类型主要有以下 2 种方法：

（1）选中图表，在功能区的【图表工具】上下文选项卡中，点击【设计】子选项卡，在【类型】命令组单击【更改图表类型】按钮，在弹出的如图 5.43 所示的【更改图表类型】对话框中，选择需要修改的图表类型，单击【确定】按钮完成修改。

（2）选中图表，在图表绘图区单击鼠标右键，在弹出的快捷菜单中选择【更改图表类型】命令，在弹出的【更改图表类型】对话框中完成修改。

2. 修改图表源数据

对图表中的源数据修改有以下 2 种方式：

（1）选中图表，在功能区的【图表工具】上下文选项卡中，点击【设计】子选项卡，在【数据】命令组单击【选择数据】按钮，弹出【选择数据源】对话框，在图表数据区域右侧的文本框中重新选择源数据，单击【确定】按钮完成修改，如图 5.45 所示。

（2）选中图表，在图表绘图区单击鼠标右键，在弹出的快捷菜单中选择【选择数据】命令，在弹出的【选择数据源】对话框中完成修改。

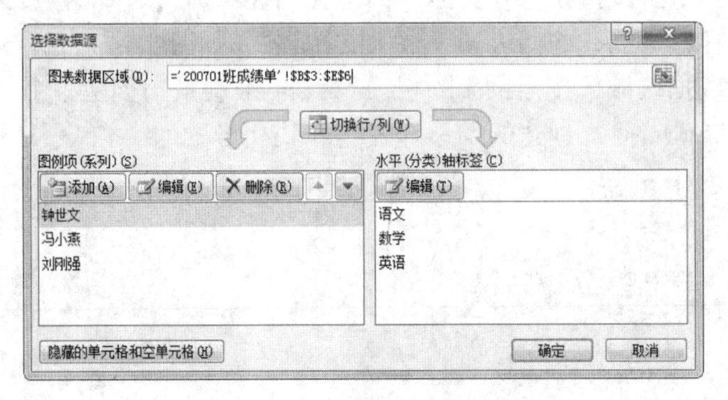

图 5.45 “选择数据源”对话框

在【选择数据源】对话框中还可以切换行/列，即将图表中的横坐标和纵坐标进行交换，鼠标左键单击一次【切换行/列】按钮一次，Excel 将图表的横纵坐标进行对换一次。

3. 修改图表位置

一般情况下，图表是以对象方式嵌入在工作表中的，即“嵌入式图表”。移动图表有以下 3 种方式：

（1）使用鼠标拖放可以在工作表中移动图表。

（2）使用【剪切】和【粘贴】命令可以在不同工作表之间移动图表。

（3）将“嵌入式图表”移动到一个新的工作表中，使其成为“独立图表”。其方法为：选中图表，此时功能区会出现一个【图表工具】上下文选项卡，其中包括了【设计】、【布局】和【格式】3 个子选项卡，单击【设计】子选项卡，在【位置】命令组单击【移动图表】按钮，弹出【移动图表】对话框，如图5.46所示。单击【新工作表】单选按钮，可将选中的“嵌入式图表”移动到一个新的工作表中，使其成为“独立图表”，工作表名可以在右侧的文本框中输入。若单击【对象位于】单选按钮，可以通过右侧的下拉菜单，将选中的“嵌入式图表”移动到其他工作表中去。

图5.46 “移动图表”对话框

5.5.4 修饰图表

图表建立完成后，可以对图表进行修饰，以更好地表现工作表。此时可以利用功能区上【图表工具】上下文选项卡中的【设计】、【布局】和【格式】3个子选项卡上的命令对图表的网格线、数据表、数据标签等进行编辑和设置，可以对图表进行修饰，包括设置图表的颜色、图案、线型、填充效果、边框和图片等，还可以对图表中的图表区、绘图区、坐标轴、背景墙和基底等进行设置。

5.6 工作表中的数据管理

5.6.1 建立数据清单

Excel 提供了较强的数据库管理功能，不仅能够通过记录单来增加、删除和移动数据，还能够按照数据库的管理方式对以数据清单形式存放的工作表进行各种排序、筛选、分类汇总、统计和建立数据透视表等操作。需要注意的是，对工作表数据进行数据库操作，要求数据必须按“数据清单”存放。

数据清单是指包含一组相关数据的一系列工作表数据行。Excel 允许采用数据库管理的方式管理数据清单。数据清单由标题行（表头）和数据部分组成。数据清单中的行相当于数据库中的记录，行标题相当于记录名；数据清单中的列相当于数据库中的字段，列标题相当于字段名，如图5.47所示。

	A	B	C	D	E	F	G	H	I	J	K	L	M
1	学号	姓名	性别	政治面貌	年龄	语文	数学	英语	政治	总分	平均分	等级	总分排名
2	20070101	钟世文	男	无	19	79	84	56	81	300	75.00	中	11
3	20070102	冯小燕	女	团员	18	84	75	75	83	317	79.25	中	6
4	20070103	刘刚强	男	团员	17	82	69	93	69	313	78.25	中	7
5	20070104	阮慈英	女	团员	16	90	83	66	70	309	77.25	中	10

图5.47 “成绩表”数据清单

5.6.2 数据排序

数据排序是按照一定的规则对数据进行重新排列，便于浏览或为进一步处理做准备（如分类汇总）。Excel 提供了多种方法对数据清单进行排序，用户可以根据需要按行或列排序、按升序或降序排序，也可以进行自定义排序。Excel 2010 的【排序】对话框可以指定多达 64 个排序条件，还可以按单元格内的背景颜色及字体颜色进行排序，甚至还可以按单元格内显示的图标进行排序。

1. 简单排序

若要对图 5.47 所示的成绩表按“总分”降序排序，可选中 J 列（总分列）中的任一单元格，在功能区单击【数据】选项卡，在【排序和筛选】命令组中单击【ZA↓】图标（【降序】按钮）即可。这样即可按照“总分”为关键字对表格进行降序排序，如图 5.48 所示。

	A	B	C	D	E	F	G	H	I	J	K	L	M
1	学号	姓名	性别	政治面貌	年龄	语文	数学	英语	政治	总分	平均分	等级	总分排名
2	20070111	孔洁	女	团员	18	82	84	83	95	344	86.00	良	1
3	20070105	蒋雯娴	女	团员	19	86	84	88	84	342	85.50	良	2
4	20070107	陈燕	女	团员	18	88	81	84	75	328	82.00	良	3
5	20070109	陈相静	女	无	19	87	69	75	91	322	80.50	良	4

图 5.48 按“总分”降序排序后的数据清单

2. 按多个关键字排序

在对图 5.47 所示的成绩表按“总分”降序排序后，若“总分”有相同的，则可以设置第二关键字进行排序。如上例中“总分”相同后可再按照“语文”成绩降序排序，若“语文”成绩有相同的，则可继续按“数学”成绩降序排序。此时需设置按多个关键字进行排序。

选中数据清单中的任一单元格，在功能区单击【数据】选项卡，在【排序和筛选】命令组中单击【排序】按钮，此时弹出【排序】对话框，如图 5.49 所示。

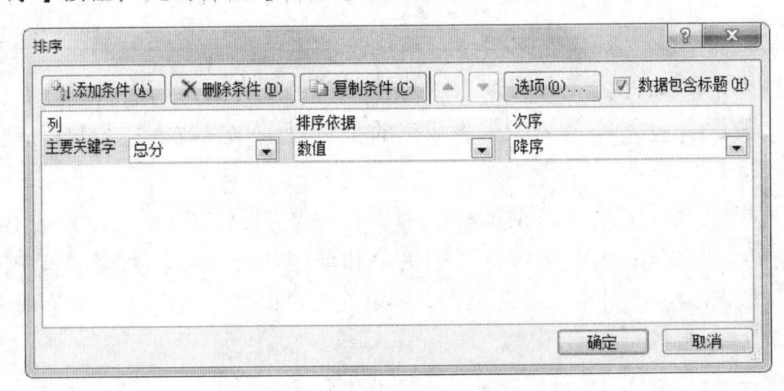

图 5.49 “排序”对话框

在【排序】对话框中选择【主关键字】为“总分”、排序依据为“数值”、次序为“降序”，然后点击【添加条件】按钮，继续在【排序】对话框中设置新的条件，将【次要关键字】设置为“语文”、排序依据为“数值”、次序为“降序”，再点击【添加条件】按钮，将【次要关键字】设置为“数学”、排序依据为“数值”、次序为“降序”，如图 5.50 所示。此时单击【确定】按钮即可完成多关键字的排序设置。

图 5.50 利用“排序”对话框设置多关键字排序

Excel 2010 允许对全部数据区域或部分数据区域进行排序。如果选定的数据区域包含所有的列，则对所有数据区域进行排序；如果所选的数据区域没有包含所有的列，则仅对已选定的数据区域排序，未选定的数据区域不变（此种情况有可能引起数据错误）。

5.6.3 数据筛选

筛选数据清单的意思就是只显示用户指定的特定条件的行，隐藏其他行。Excel 提供了 2 种筛选数据清单的命令：筛选和高级筛选。筛选适用于简单的筛选条件，高级筛选适用于复杂的筛选条件。

1. 筛　选

在管理数据清单时，根据某种条件筛选出匹配的数据是一项常见的需求。Excel 提供的【筛选】功能（Excel 2003 及以前版本称为【自动筛选】）专门帮助用户解决这类问题。对于工作表中的普通数据清单，可以使用下面的方法进入筛选状态。

选中数据清单中的任意一个单元格，在功能区单击【数据】选项卡，在【排序和筛选】命令组中单击【筛选】按钮，即可启用筛选功能。此时功能区中的【筛选】按钮将呈现高亮显示状态，数据列表中所有字段的标题单元格中也会出现下拉箭头，如图 5.51 所示。

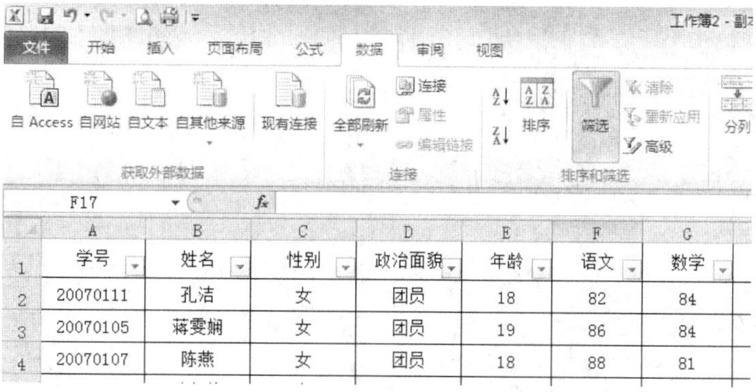

图 5.51 对普通数据清单启用筛选

数据清单进入筛选状态后，单击每个字段的标题单元格中的下拉箭头，都将弹出下拉菜单，在下拉菜单的列表框中罗列了当前字段中的每一个取值（重复取值只显示一次），每个数值前都有一个复选框，默认均为勾选，筛选时将不需要显示的数值前的复选框的勾去掉即可。同时菜单上还提供了【排序】和【筛选】的详细选项，对于数据量大的筛选，可以使用【筛选】选项中的命令来完成。不同数据类型的字段所能使用的筛选选项也不同。图 5.52 所示为文本型数据的筛选选项，图 5.53 所示为数字型数据的筛选选项。

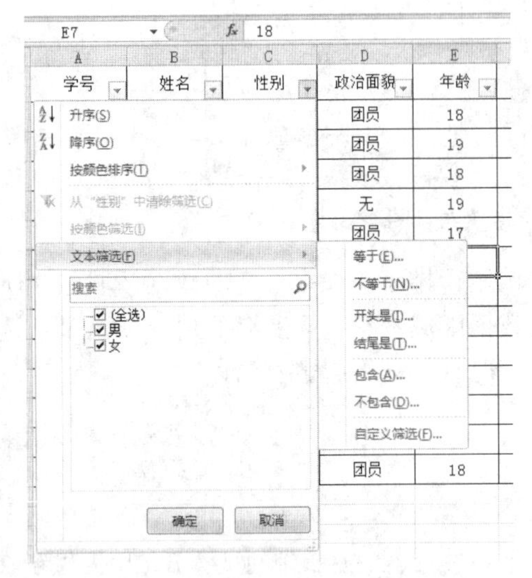

图 5.52　文本型数据字段筛选选项

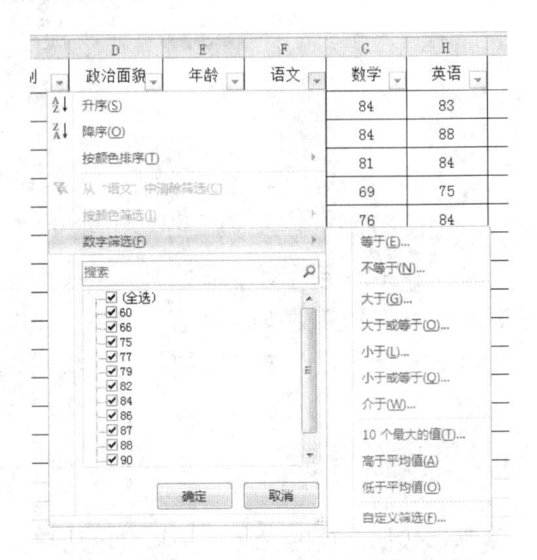

图 5.53　数字型数据字段筛选选项

完成筛选后，被筛选字段的下拉按钮图标会发生改变，在下拉图标上会显示筛选图形，同时数据清单中的行号颜色也会改变。

用户可以对数据清单中的任意多列同时指定“筛选”条件。也就是说，先以数据清单中某一列为条件进行筛选，然后在筛选出的记录中以另一列为条件进行筛选，依此类推。在对多列同时应用筛选时，筛选条件之间是“与”的关系。

如果要取消对指定列的筛选，可以单击该列的下拉按钮，在弹出的下拉列表框中勾选【（全选）】前的复选框即可。

如果要取消数据清单中的所有筛选，则可以在功能区的【数据】选项卡中的【排序和筛选】命令组中单击【清除】按钮，即可取消数据清单中的所有筛选。

如果要取消所有“筛选”下拉按钮，则可以再次在功能区的【数据】选项卡中的【排序和筛选】命令组中单击【筛选】按钮。

2. 高级筛选

高级筛选不仅包含了筛选的所有功能，还可以设置更多更复杂的筛选条件。

高级筛选要求在一个工作表区域内单独指定筛选条件，并与数据清单的数据分开。因为在执行筛选的过程中，所有的行都将被隐藏起来，所以把筛选条件放在数据清单的旁边时，筛选后该条件是看不见的。因此，通常将这些条件区域放置在数据清单的上面或下面。

一个高级筛选的条件区域至少包含两行，第一行是列标题，必须和数据清单中的标题一致，第二行必须由筛选条件值构成。“与”关系的条件必须出现在同一行内，“或”关系的条件不能出现在同一行。

【例 5.5】 以如图 5.54 所示的数据清单为例，运用高级筛选功能将“性别”为“男”并且“政治面貌”为“无”的人员筛选出来。

	A	B	C	D	E	F	G	H	I	J	K	L
1	学号	姓名	性别	政治面貌	语文	数学	英语	政治	总分	平均分	等级	总分排名
2	20070101	钟世文	男	无	79	84	56	81	300	75.00	中	11
3	20070102	冯小燕	女	团员	84	75	75	83	317	79.25	中	6
4	20070103	刘刚强	男	团员	82	69	93	69	313	78.25	中	7
5	20070104	阮慈英	女	团员	90	83	66	70	309	77.25	中	10
6	20070105	蒋雯娴	女	团员	86	84	88	84	342	85.50	良	2
7	20070106	郑佳	男	团员	75	64	60	76	275	68.75	及格	13
8	20070107	陈燕	女	团员	88	81	84	75	328	82.00	良	3
9	20070108	顾万金	男	无	60	83	84	84	311	77.75	中	8
10	20070109	陈相静	女	无	87	69	75	91	322	80.50	良	4
11	20070110	高长建	男	团员	77	77	69	88	311	77.75	中	8
12	20070111	孔洁	女	团员	82	84	83	95	344	86.00	良	1
13	20070112	陈勇	男	团员	77	76	84	84	321	80.25	良	5
14	20070113	金飞	男	团员	66	75	64	91	296	74.00	中	12

图 5.54　成绩表数据清单

在原表格上方插入 4 个空白行用来放置高级筛选的条件，在插入的 1 到 2 行中，写入用于描述条件的文本和表达式，单击数据清单中的任一单元格，点击【数据】选项卡中【排序和筛选】命令组中的【高级】按钮，在弹出的【高级筛选】对话框中选定【列表区域】和【条件区域】，单击确定即可。高级筛选结果如图 5.55 所示。

	A	B	C	D	E	F	G	H	I	J	K	L
1	性别	政治面貌										
2	男	无										
3												
4												
5	学号	姓名	性别	政治面貌	语文	数学	英语	政治	总分	平均分	等级	总分排名
6	20070101	钟世文	男	无	79	84	56	81	300	75.00	中	11
13	20070108	顾万金	男	无	60	83	84	84	311	77.75	中	8

图 5.55　按“关系与”条件筛选的数据

【例 5.6】 以如图 5.54 所示的数据清单为例，运用高级筛选功能将“性别”为“男”或者“政治面貌”为“无”的人员筛选出来。

高级筛选操作步骤与上例类似，只需将筛选条件放在不同的行即可，筛选结果如图 5.56 所示。

	A	B	C	D	E	F	G	H	I	J	K	L
1	性别	政治面貌										
2	男											
3		无										
4												
5	学号	姓名	性别	政治面貌	语文	数学	英语	政治	总分	平均分	等级	总分排名
6	20070101	钟世文	男	无	79	84	56	81	300	75.00	中	11
8	20070103	刘刚强	男	团员	82	69	93	69	313	78.25	中	7
11	20070106	郑佳	男	团员	75	64	60	76	275	68.75	及格	13
13	20070108	顾万金	男	无	60	83	84	84	311	77.75	中	8
14	20070109	陈相静	女	无	87	69	75	91	322	80.50	良	4
15	20070110	高长建	男	团员	77	77	69	88	311	77.75	中	8
17	20070112	陈勇	男	团员	77	76	84	84	321	80.25	良	5
18	20070113	金飞	男	团员	66	75	64	91	296	74.00	中	12

图 5.56　按“关系和”条件筛选的数据

5.6.4 数据分类汇总

分类汇总是对数据内容进行分析的一种方法。Excel 分类汇总是对工作表中数据清单的内容进行分类，然后统计同类记录的相关信息，包括求和、计数、平均值、最大值、最小值等，由用户进行选择。

分类汇总只能对数据清单进行，数据清单的第一行必须有列标题。在进行分类汇总之前，必须根据分类汇总的数据对数据清单进行排序。

利用功能区【数据】选项卡下【分级显示】命令组中的【分类汇总】按钮即可创建分类汇总。

【例 5.7】 对如图 5.54 所示的成绩表进行分类汇总，分别计算男生和女生各科平均分（分类字段为“性别”，汇总方式为“平均值”、汇总项为“语文”、“数学”、“英语”、“政治”），汇总结果显示在数据下方。

（1）按主要关键字“性别”的递增或递减对数据清单进行排序。

（2）在功能区【数据】选项卡下的【分级显示】命令组中，单击【分类汇总】按钮，在弹出的【分类汇总】对话框中，选择分类字段为“性别”，汇总方式为“平均值”，选定汇总项中勾选“语文”、“数学”、“英语”、“政治”，勾选“汇总结果显示在数据下方”复选框，如图 5.57 所示。

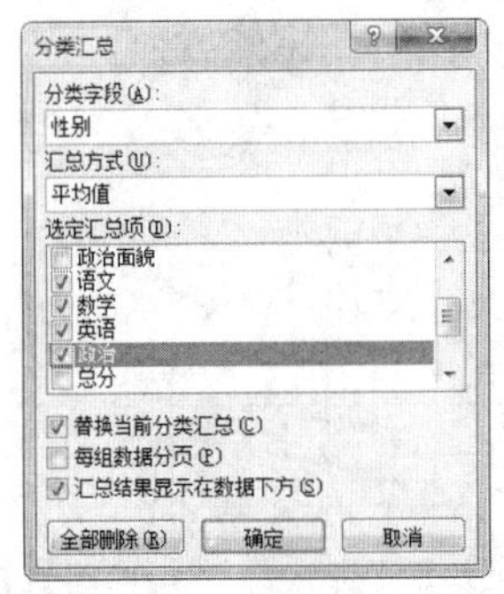

图 5.57 “分类汇总”对话框

单击【确定】按钮即可完成分类汇总，对数据清单的数据进行分类汇总的结果如图 5.58 所示。

	A	B	C	D	E	F	G	H	I	J	K	L
1	学号	姓名	性别	政治面貌	语文	数学	英语	政治	总分	平均分	等级	总分排名
2	20070101	钟世文	男	无	79	84	56	81	300	75.00	中	11
3	20070103	刘刚强	男	团员	82	69	93	69	313	78.25	中	7
4	20070106	郑佳	男	团员	75	64	60	76	275	68.75	及格	13
5	20070108	顾万金	男	无	60	83	84	84	311	77.75	中	8
6	20070110	高长建	男	团员	77	77	69	88	311	77.75	中	8
7	20070112	陈勇	男	团员	77	76	84	84	321	80.25	良	5
8	20070113	金飞	男	团员	66	75	64	91	296	74.00	中	12
9			男 平均值		73.7	75.4	72.9	81.9				
10	20070102	冯小燕	女	团员	84	75	75	83	317	79.25	中	6
11	20070104	阮慈英	女	团员	90	83	66	70	309	77.25	中	10
12	20070105	蒋雯娴	女	团员	86	84	88	84	342	85.50	良	2
13	20070107	陈燕	女	团员	88	81	84	75	328	82.00	良	3
14	20070109	陈相静	女	无	87	69	75	91	322	80.50	良	4
15	20070111	孔洁	女	团员	82	84	83	95	344	86.00	良	1
16			女 平均值		86.2	79.3	78.5	83				
17			总计平均值		79.5	77.2	75.5	82.4				

图 5.58 进行分类汇总后的工作表

为方便查看数据，可以将分类汇总后暂时不需要的数据隐藏起来，当需要查看时再显示出来。单击工作表左边列表树的“-”号可以隐藏该性别的数据记录，只留下该性别的汇总信息，此时“-”号变成“+”号；单击“+”号时，即可将隐藏的数据记录信息显示出来，如图 5.59 所示。

	A	B	C	D	E	F	G	H	I	J	K	L
1	学号	姓名	性别	政治面貌	语文	数学	英语	政治	总分	平均分	等级	总分排名
9			男 平均值		73.7	75.4	72.9	81.9				
16			女 平均值		86.2	79.3	78.5	83				
17			总计平均值		79.5	77.2	75.5	82.4				

图 5.59 隐藏分类汇总后的工作表

如果要删除已经创建的分类汇总，可以在【分类汇总】对话框中单击【全部删除】按钮即可。

5.6.5 数据合并

数据合并可以把来自不同源数据区域的数据进行汇总，并进行合并计算。不同数据源区包括同一个工作表中、同一个工作簿的不同工作表中、不同工作簿中的数据区域。数据合并是通过建立表的方式来进行的。其中，合并表可以建立在某源数据区域所在的工作表中，也可以建在同一个工作簿或不同的工作簿中。利用功能区【数据】选项卡下的【数据工具】命令组中的【合并计算】按钮可以完成数据的合并。

【例 5.8】 同一个工作簿中有“语文成绩单”和“数学成绩单”两个工作表，如图 5.60 所示。现需新建工作表，计算出语文和数学的总成绩。

	A	B	C
1	学号	姓名	成绩
2	20070101	钟世文	79
3	20070102	冯小燕	84
4	20070103	刘刚强	82
5	20070104	阮慈英	90
6	20070105	蒋雯娴	86
7			

语文成绩单 / 数学成绩单 / 总成绩!

	A	B	C
1	学号	姓名	成绩
2	20070101	钟世文	84
3	20070102	冯小燕	75
4	20070103	刘刚强	69
5	20070104	阮慈英	83
6	20070105	蒋雯娴	84
7			

语文成绩单 / 数学成绩单 / 总成绩!

图 5.60 “语文成绩单”工作表和“数学成绩单”工作表

（1）在本工作簿中新建工作表“总成绩单”，数据清单字段名与源数据清单相同，选定用于存放合并计算结果的单元格区域 C2:C6，如图 5.61 所示。

（2）单击功能区【数据】选项卡下【数据工具】命令组中的【合并计算】按钮，在弹出的【合并计算】对话框中，在【函数】下拉列表框中选择“求和”，在“引用位置”下拉列表中选取“语文成绩单”的 C2:C6 单元格区域，单击【添加】按钮，再选取“数学成绩单”的 C2:C6 单元格区域，勾选【创建指向源数据的链接】复选框（当源数据变化时，合并计算结果也随之变化，如图 5.62 所示，计算结果如图 5.63 所示。合并计算结果以分类汇总的方式显示。单击左侧的“+”号，可以显示源数据信息。

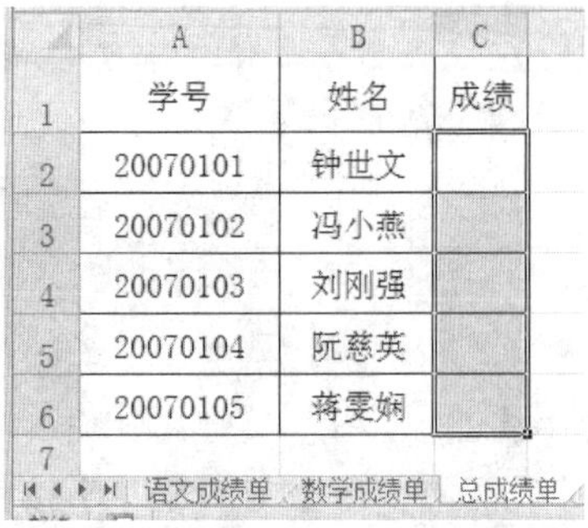

	A	B	C
1	学号	姓名	成绩
2	20070101	钟世文	
3	20070102	冯小燕	
4	20070103	刘刚强	
5	20070104	阮慈英	
6	20070105	蒋雯娴	
7			

语文成绩单 数学成绩单 总成绩单

图 5.61　选定合并后的工作表的数据区域

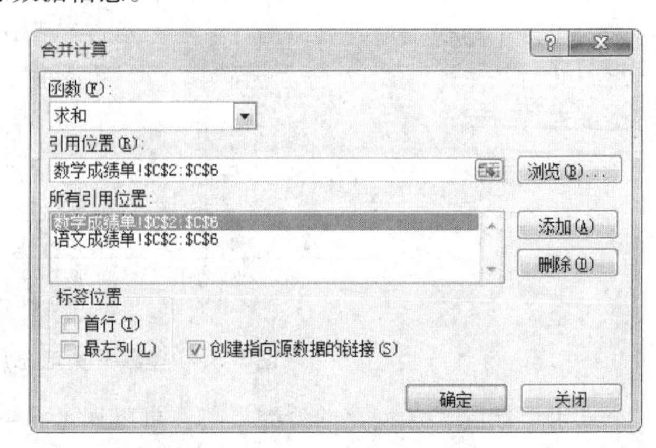

图 5.62　“合并计算”对话框

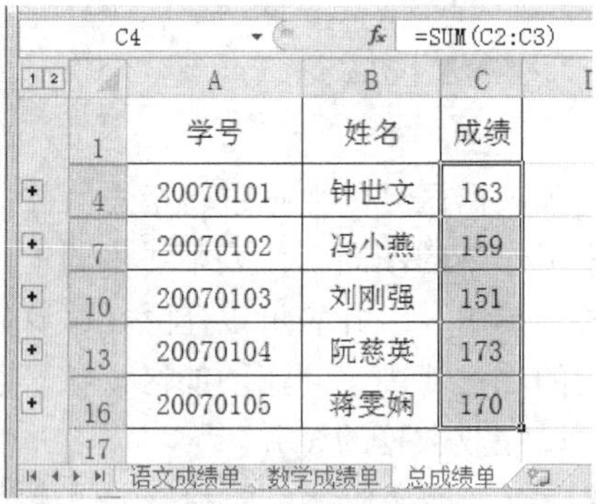

C4　=SUM(C2:C3)

	A	B	C
1	学号	姓名	成绩
4	20070101	钟世文	163
7	20070102	冯小燕	159
10	20070103	刘刚强	151
13	20070104	阮慈英	173
16	20070105	蒋雯娴	170
17			

语文成绩单 数学成绩单 总成绩单

图 5.63　合并计算后的工作表

5.6.7　数据透视表和数据透视图

数据透视表是用来从 Excel 数据清单中总结信息的分析工具，它是一种交互式报表，可以快速分类汇总、比较大量的数据，并可以随时选择其中页、行和列中的不同元素，以达到快速查看源数据的不同统计结果，同时还可以随意显示和打印出感兴趣的明细数据。

数据透视表有机地综合了数据排序、筛选、分类汇总等数据分析的优点，可方便地调整分类汇总的方式，灵活地以多种不同方式展示数据的特征。数据透视表的名字来源于它具有“透视”表格的能力，从大量看似无关的数据中寻找背后的联系，从而将纷繁的数据化为有价值的信息，以供研究和决策使用。

在功能区单击【插入】选项卡，在【表格】命令组中单击【数据透视表】下拉按钮，在扩展菜单中选择【数据透视表】命令即可创建数据透视表。

【例 5.9】 现有如图 5.64 所示的“成绩单”数据清单，现建立数据透视表，分年龄、性别、政治面貌显示各科成绩的平均分以及汇总信息。

（1）单击“成绩单”数据清单中的任意一个单元格，在功能区【插入】选项卡下的【表格】命令组中，单击【数据透视表】下拉按钮，在其扩展菜单中选择【数据透视表】命令，弹出【创建数据透视表】对话框，如图 5.65 所示。

	A	B	C	D	E	F	G	H	I	J
1	200701班	成绩单								
2	第一学期									
3	学号	姓名	性别	政治面貌	年龄	语文	数学	英语	政治	总分
4	20070101	钟世文	男	党员	19	79	84	56	81	300
5	20070102	冯小燕	女	团员	18	84	75	75	83	317
6	20070103	刘刚强	男	团员	17	82	69	93	69	313
7	20070104	阮慈英	女	团员	16	90	83	66	70	309
8	20070105	蒋雯娴	女	团员	19	86	84	88	84	342
9	20070106	郑佳	男	团员	18	75	64	60	76	275
10	20070107	陈燕	女	团员	18	88	81	84	75	328
11	20070108	顾万金	男	党员	17	60	83	84	84	311
12	20070109	陈相静	女	党员	19	87	69	75	91	322
13	20070110	高长建	男	团员	19	77	77	69	88	311
14	20070111	孔洁	女	团员	18	82	84	83	95	344
15	20070112	陈勇	男	团员	17	77	76	84	84	321
16	20070113	金飞	男	团员	19	66	75	64	91	296

图 5.64　欲建立数据透视表的数据清单

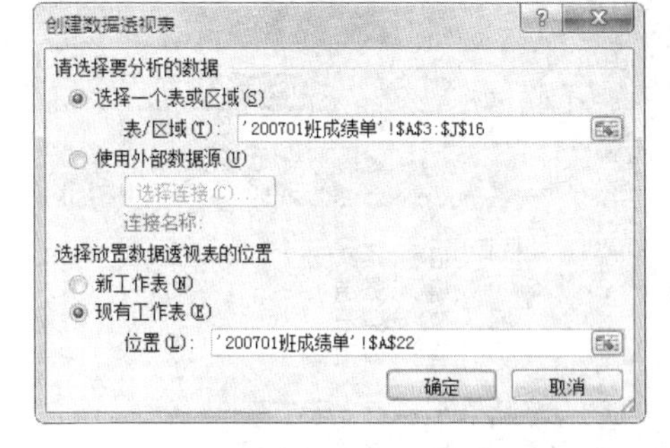

图 5.65　“创建数据透视表”对话框

（2）在【创建数据透视表】对话框的“请选择要分析的数据”下点击“选择一个表或区域”单选按钮，在“表/区域”后面的文本框中选择“成绩单”区域 A3:J16，此时系统自动使用绝对引用的单元格地址“'200701 班成绩单'!$A$3:$J$16”，在“选择放置数据透视表的位置”下单击“现有工作表”单选按钮，并在“位置”后面的文本框中选择将放置数据透视表的单元格地址 A22，系统也自动将其更换绝对引用的单元格地址“'200701 班成绩单'!$A$22”，单击【确定】按钮，弹出【数据透视表字段列表】对话框，如图 5.66 所示。

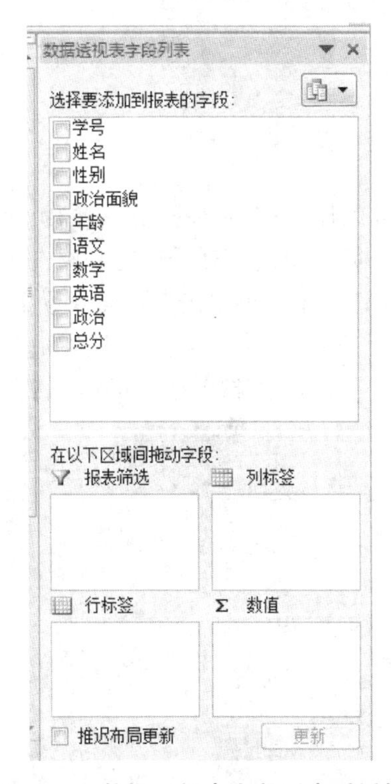

图 5.66　数据透视表字段列表对话框

（3）在弹出的【数据透视表字段列表】对话框中，选定数据透视表的报表筛选（年龄）、列标签（政治面貌）、行标签（性别）和需要处理的方式（语文、数学、英语、政治求平均分）。此时，在所选择放置数据透视表的位置处显示出完整的数据透视表，如图 5.67 所示。

选中数据透视表，单击鼠标右键，可弹出【数据透视表选项】对话框，利用对话框的选项可以改变数据透视表的布局和格式、汇总和筛选项以及显示方式等，如图 5.68 所示。

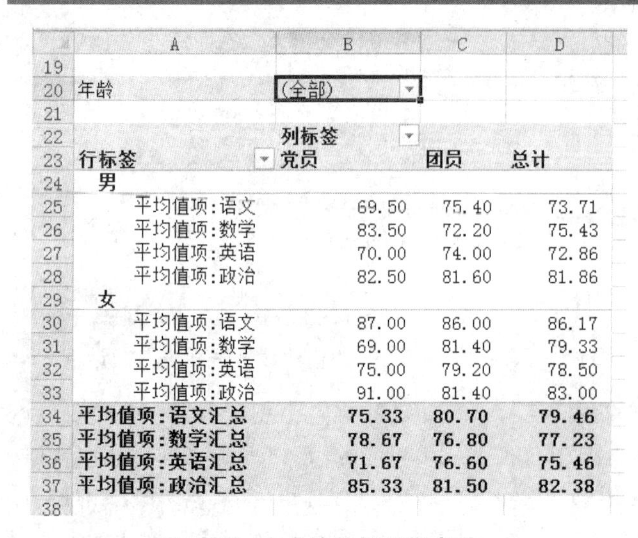

	A	B	C	D
19				
20	年龄	(全部)		
21				
22		列标签		
23	行标签	党员	团员	总计
24	男			
25	平均值项:语文	69.50	75.40	73.71
26	平均值项:数学	83.50	72.20	75.43
27	平均值项:英语	70.00	74.00	72.86
28	平均值项:政治	82.50	81.60	81.86
29	女			
30	平均值项:语文	87.00	86.00	86.17
31	平均值项:数学	69.00	81.40	79.33
32	平均值项:英语	75.00	79.20	78.50
33	平均值项:政治	91.00	81.40	83.00
34	平均值项:语文汇总	75.33	80.70	79.46
35	平均值项:数学汇总	78.67	76.80	77.23
36	平均值项:英语汇总	71.67	76.60	75.46
37	平均值项:政治汇总	85.33	81.50	82.38
38				

图 5.67　完成的数据透视表

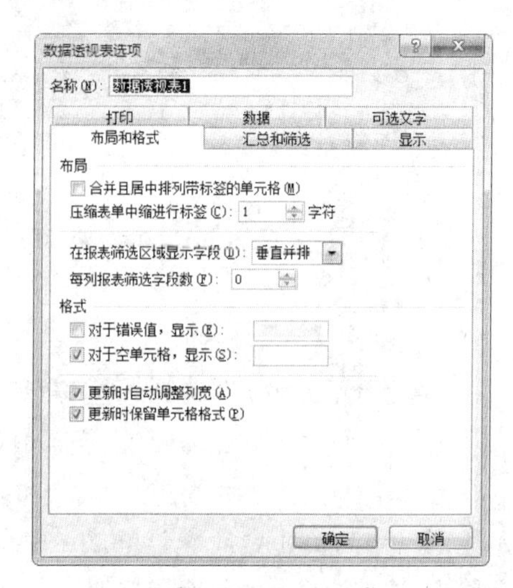

图 5.68　“数据透视表选项”对话框

5.7　工作表的打印

5.7.1　页面设置

对工作表进行页面设置，可以控制打印出的工作表的版面，如对打印方向、纸张大小、页眉页脚等的设置，可以通过【页面设置】对话框进行调整。

单击功能区的【页面布局】选项卡，再单击【页面设置】命令组右下角的【对话框启动】按钮，或是单击【页面设置】命令组中的【打印标题】按钮，可以弹出【页面设置】对话框，其中包括了【页面】、【页边距】、【页眉/页脚】和【工作表】4 个选项卡，如图 5.69 所示。

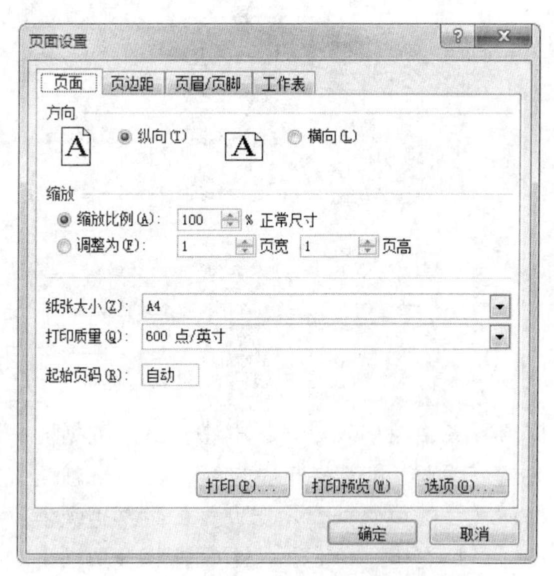

图 5.69　“页面设置”对话框页面选项卡

1. 设置页面

如图 5.69 所示，在【页面设置】对话框的【页面】选项卡中，可以进行页面的打印方向、缩放比例、纸张大小以及打印质量的设置。其中打印方向和纸张大小的设置也可以直接在功能区【页面布局】选项卡下的【页面设置】命令组中单击【纸张方向】和【纸张大小】下拉按钮，在扩展菜单中选择相应的命令即可。

2. 设置页边距

在功能区【页面布局】选项卡下的【页面设置】命令组中单击【页边距】下拉按钮，可以选择已经定义好的页边距，也可以利用【自定义边距】命令弹出【页面设置】对话框，在上、下、左、右 4 个方向上设置打印区域与纸张边界之间的留空距离。也可设置页眉和页脚至纸张顶端和底端之间的间距，如图 5.70 所示。

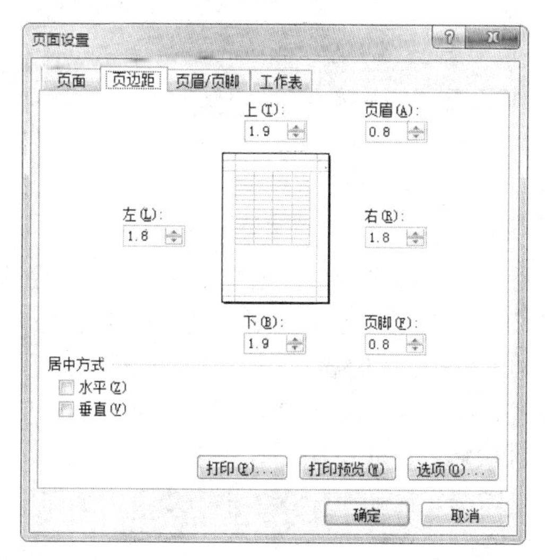

图 5.70 “页面设置”对话框的页边距选项卡

如果在页边距范围之内的打印区域还没有被打印内容填满，则可以在【居中方式】区域选择将打印内容显示为【水平】或【垂直】居中，也可以同时选中两种居中方式。

3. 设置页眉/页脚

页眉是指打印页顶部出现的文字，而页脚则是打印页底部出现的文字。

利用【页眉设置】对话框中的【页眉/页脚】选项卡，可以在【页眉】和【页脚】的下拉列表框中选择内置的页眉格式和页脚格式。也可以单击【自定义页眉】和【自定义页脚】按钮，在打开的对话框中完成所需的设置即可，如图 5.71 所示。

如果要删除页眉或页脚，则选定要删除页眉或页脚的工作表，在【页眉/页脚】选项卡中，在【页眉】或【页脚】的下拉列表框中选择“无”，表明不使用页眉或页脚。

4. 设置工作表

在【页面设置】对话框的【工作表】选项卡中，可以在【打印区域】中设置需要打印的区域，在【打印标题】区域为每页设置打印行标题或列标题，在【打印】区域可以设置是否有网格线、行号列标和批注等，对一个很大的工作表的打印还可以在【打印顺序】区域设置打印时是“先行后列”还是“先列后行”，如图 5.72 所示。

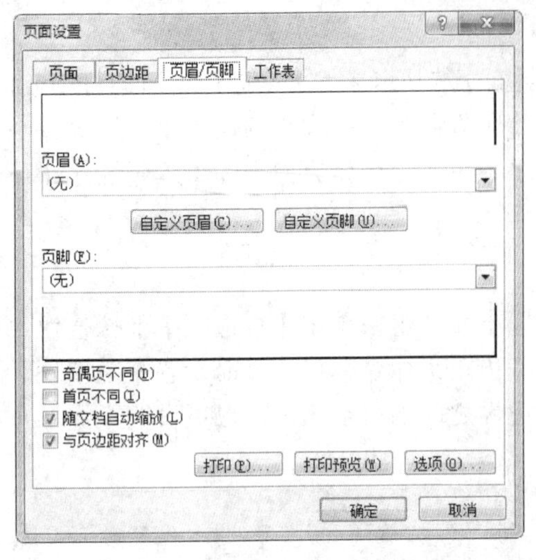

图 5.71 “页面设置”对话框页眉/页脚选项卡

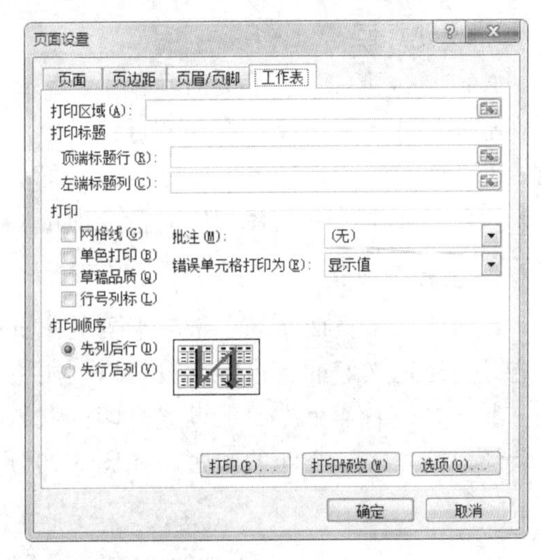

图 5.72 “页面设置”对话框工作表选项卡

5.7.2 打印区域设置

在默认情况下，Excel 只打印那些包含数据或格式的单元格区域，如果选定的工作表中不包含任何数据或格式以及图表图形等对象，则在执行打印命令时会弹出警告窗口，提示用户未发现打印内容。但如果用户选定了需要打印的固定区域，即使其中不包含任何内容，Excel 也允许将其打印出来。设置打印区域的方法有以下几种：

（1）选定需要打印的区域后，按【Ctrl+P】组合键，打开打印选项菜单，单击【打印活动工作表】按钮，选择【打印选定区域】命令，单击【打印】即可，如图 5.73 所示。

（2）选定需要打印的区域后，单击【页面布局】选项卡中【打印区域】按钮，在出现的下拉列表中选择【设置打印区域】命令，即可将当前选定区域设置为打印区域，如图 5.74 所示。

（3）在【页面设置】对话框中的【工作表】选项卡中，在【打印区域】的编辑栏中选择需要打印的区域，单击【确定】按钮，如图 5.72 所示。

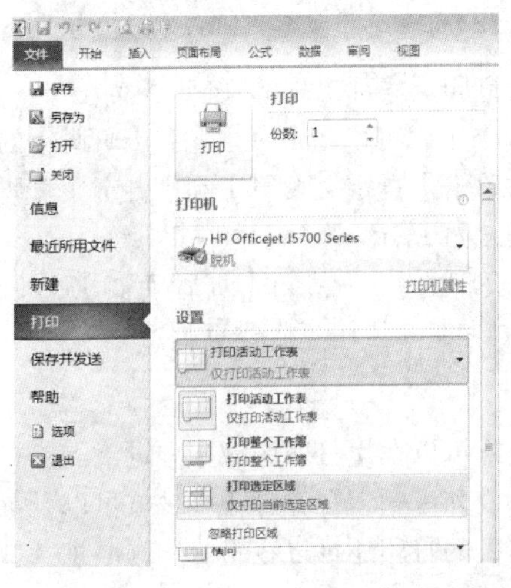

图 5.73 【打印】中的【设置】选项卡

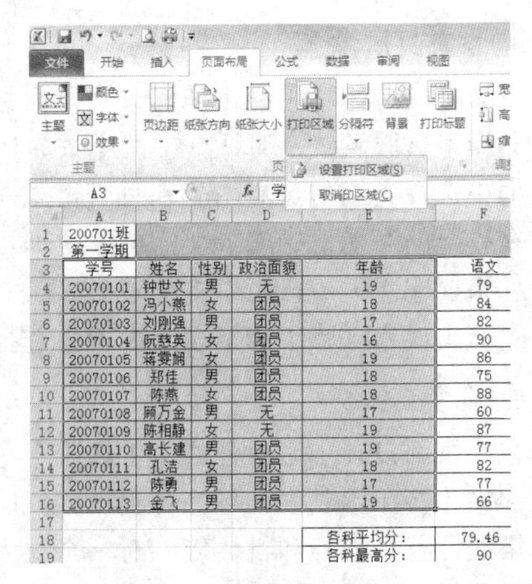

图 5.74 设置打印区域

打印区域可以是连续的单元格区域，也可以是非连续的单元格区域。如果选择非连续区域进行打印，Excel 会将不同的区域各自打印在单独的纸张页面上。

5.7.3　控制分页

使用【分页预览】的视图模式可以很方便地显示当前工作表的打印区域以及分页设置，并且可以直接在视图中调整分页。单击【视图】选项卡中的【分页预览】按钮，即可进入分页预览模式，如图 5.75 所示。

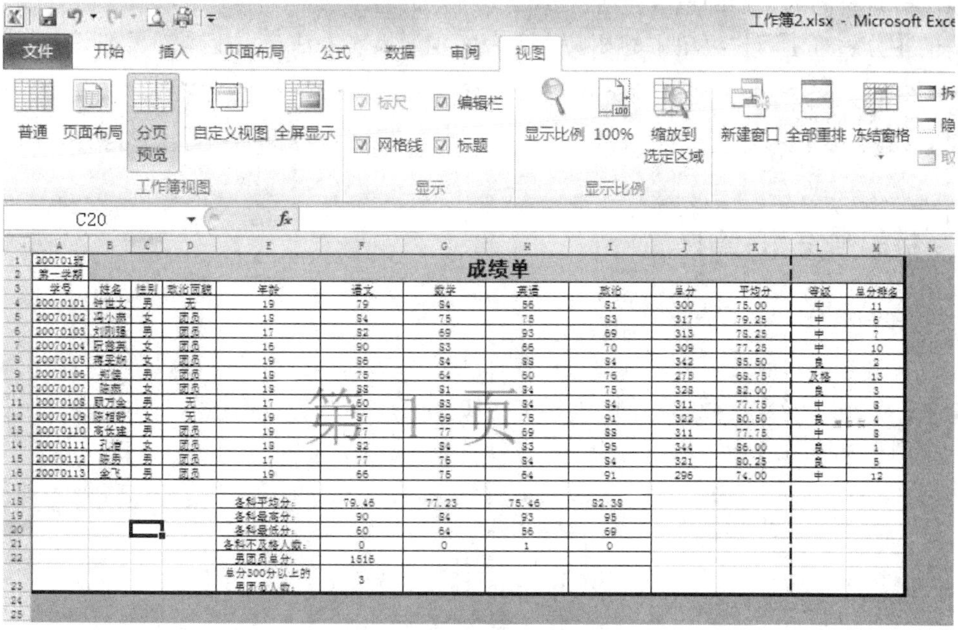

图 5.75　分页预览模式下的视图显示

在如图 5.75 所示的分页预览视图中，被粗实线框所围起来的白色表格区域是打印区域，而线框外的灰色区域是非打印区域。将鼠标移至粗实线的边框上，当鼠标指针显示为黑色双向箭头时可按住鼠标左键，然后拖拉鼠标即可调整打印区域的范围大小。也可选中需要打印的区域后，单击鼠标右键，在弹出的快捷菜单中选择【设置打印区域】命令即可重新设置打印区域。

在分页预览视图打印区域中的粗虚线称为“自动分页符”，它是 Excel 根据打印区域和页面范围自动设置的分页标志。在虚线左侧的表格区域中，背景上的灰色水印显示了此区域的页次为“第 1 页”，而在虚线右侧的表格区域中则有“第 2 页”的灰色水印显示。用户可以对自动产生的分页符位置进行调整，将鼠标移至粗虚线的上方，当鼠标指针显示为黑色双向箭头时可按住鼠标左键，拖动鼠标以移动分页符的位置。移动后的分页符由粗虚线改变为粗实线，此粗实线即为“人工分页符”。

除了调整分页符位置外，还可以在打印区域中插入新的分页符，操作方法如下：

（1）如果需要插入水平分页符，则需要选定分页位置的下一行的最左侧单元格，单击鼠标右键，在弹出的快捷菜单中选择【插入分页符】，Excel 将沿着选定单元格的边框上沿插入一条水平方向的分页符实线。

（2）如果需要插入垂直分页符，则需要选定分页位置的右侧列的最顶端单元格，单击鼠标右键，在弹出的快捷菜单中选择【插入分页符】，Excel将沿着选定单元格的左侧边框插入一条垂直方向的分页符实线。

删除人工分页符可以选定需要删除水平分页符下方的单元格或垂直分页符右侧的单元格，单击鼠标右键，在弹出的快捷菜单中选择【删除分页符】即可。

如果需要去除所有的人工分页设置，可以在打印区域中的任一单元格上单击鼠标右键，在弹出的快捷菜单中选择【重置所有分页符】。

以上分页符的插入删除以及重置操作，也可以通过【页面布局】选项卡【页面设置】命令组中的【分隔符】下拉菜单中的相关命令来实现，操作方法与以上内容类似。

自动分页符不能被删除。

5.7.4 打印预览和打印

1. 打印预览

在进行最终打印前，用户可以通过“打印预览”来观察当前的打印设置是否符合要求。

与Excel 2003及早期版本不同，Excel 2010的打印预览是直接显示在【打印选项菜单】右侧，如图5.76所示。

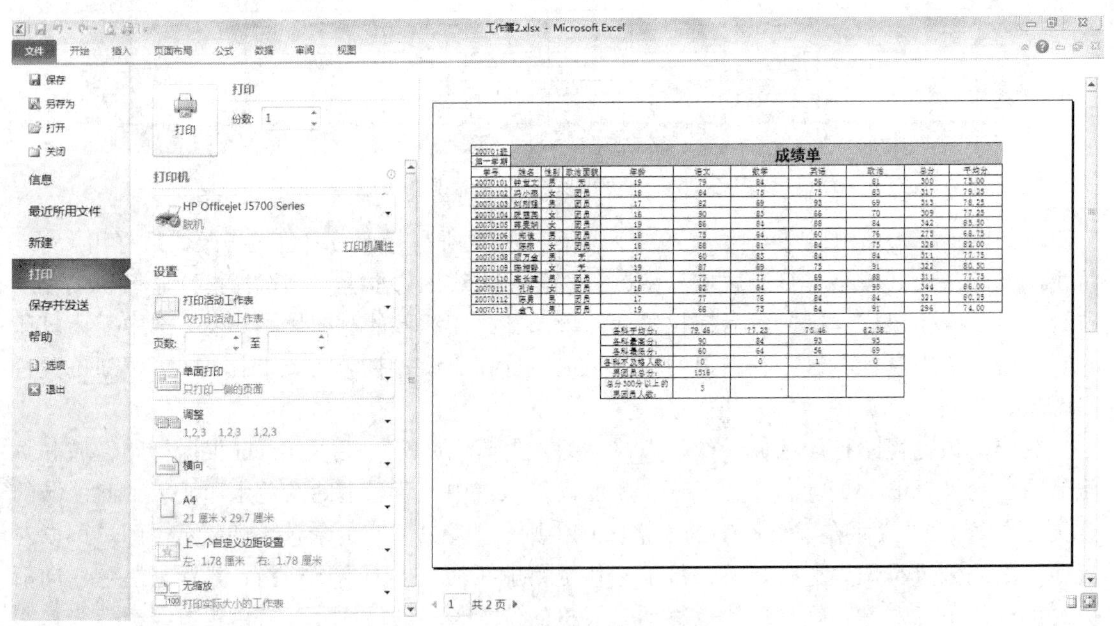

图5.76 打印选项菜单及打印预览

有以下几种方式可以进入到打印选项菜单进行打印预览。

（1）在标题栏上的【快速访问工具栏】中点击【打印预览和打印】命令按钮。

（2）在【文件】选项卡中单击【打印】命令。

（3）使用【Ctrl+P】组合键。

除了在打印选项菜单右侧显示文档进行预览外，还可以在【视图】选项卡中单击【页面布局】按钮对文档进行预览。

2. 打 印

在如图5.76所示的打印选项菜单中可以对打印方式进行设置。

【打印机】：在【打印机】区域的下拉列标框中可以选择当前计算机上所安装的打印机。若当前计算机未安装打印机，则默认选择“Microsoft XPS Document Writer”的打印机，这是Office 2010默认安装中所包含的虚拟打印机，使用此打印机可将当前文档输出为“.xps”格式的文件之后再打印。

【页数】：可以选择打印的页面范围，全部打印或指定某个页面范围。

【打印活动表】：可以选择打印的对象。默认为选定工作表，也可以选择整个工作簿或当前选定区域等。

【份数】：可以选择打印文档的份数。

此外，打【打印】菜单中还可以进行“纸张方向”、“纸张大小”、“页面边距”和“文档缩放”的一些设置。

所有设置完成后，单击【打印】按钮则可以按照当前的设置方式进行打印。

若对打印文档无需任何设置，则可以单击【快速访问工具栏】中的【快速打印】按钮，计算机会使用当前默认打印机，按照默认设置打印1份当前文档。

练习题

一、判断题

1. Excel没有自动填充和自动保存功能。（　）

2. 工作表中的列宽和行高是固定不变的。（　）

3. 双击Excel窗口左上角的控制菜单框可以快速退出Excel。（　）

4. D2单元格中的公式为=a2+a3－c2，向下自动填充时D3单元格的公式为a3+b3－c3。（　）

5. Excel的函数中有多个参数，必须以分号隔开。（　）

6. Excel工作表中，文本数据在单元格的默认显示为靠右对齐。（　）

7. Excel中的图表是指将工作表中的数据用图形表示出来。（　）

8. 单元格的地址由所在的行和列决定，如B5单元格在B行，5列。　（　）

9. 可以使用填充柄进行单元格复制。（　）

10. 启动Excel后，会自动产生一个名为BOOK1.DOC的文件。（　）

二、单项选择题

1. 如果A1:A3单元格的值依次为12、34、TRUE，而A4单元格为空白单元格，则COUNT（A1:A4）的值为（　）。

A. 0　　B. 1　　C. 2　　D. 3

2. Excel 单元格的地址是由（　）来表示的。

A. 列标和行号　　B. 行号　　C. 列标　　D. 任意确定

3. Excel 选定单元格区域的方法是，单击这个区域左上角的单元格，按住（　）键，再单击这个区域右下角的单元格。

A. ALT　　B. CTRL　　C. SHIFT　　D. 任意

4. 公式=SUM（C2:C6）的作用是（　）。

A. 求 C2 到 C6 这五个单元格数据之和

B. 求 C2 和 C6 这两个单元格数据之和

C. 求 C2 和 C6 这两个单元格的比值

D. 以上说法都不对

5. Excel 对于新建的工作簿文件，若还没有进行存盘，系统会采用（　）作为临时名字。

A. Sheet1　　B. Book1　　C. 文档 1　　D. File1

6. Excel 工作簿，默认状态下有（　）张工作表。

A. 3　　B. 4　　C. 6　　D. 255

7. 函数 ROUND（12.15，1）的计算结果为（　）。

A. 12.2　　B. 12　　C. 10　　D. 12.25

8. 如果输入以（　）开始，Excel 认为单元的内容为一公式。

A. !　　B. =　　C. *　　D. √

9. 若需要选取若干个不相连的单元格，可以按住（　）键，再依次选择每一个单元格。

A. Ctrl　　B. Alt　　C. Shift　　D. Enter

10. 若要在公式中输入文本型数据"This is "，应输入（　）。

A. "This is"　　B. " 'This is　"　　C. " "This is" "　　D. " "This is "

11. 下面（　）是绝对地址。

A. $D$5　　B. $D5　　C. *A5　　D. 以上都不是

12. 选定当前工作表为 sheet1、sheet2 和 sheet3，当在 sheet3 表 E2 单元格内录入 222 时，则 sheet1，sheet2 表内 E2 单元格为（　）。

A. sheet1 工作表和 sheet2 工作表的 E2 单元格为空

B. sheet1 工作表的 E2 单元格为 222，sheet2 工作表的 E2 单元格内容为空

C. sheet1 工作表的 E2 单元格为空，sheet2 工作表的 E2 单元格为 22

D. sheet1,sheet2 工作表的 E2 单元格均为 222

13. 要移到活动行的 A 列，按（　）键。

A. Ctrl+Home　　B. Home　　C. Home+Alt　　D. PgUp

14. 右击一个图表对象，（　）出现。

A. 一个图例　　B. 一个快捷菜单　　C. 一个箭头　　D. 图表向导

15. 在 Excel 工作表中，（　）在单元格显示时靠左对齐。

A. 数值型数据　　B. 日期数据　　C. 文本数据　　D. 时间数据

16. 在 Excel 中，进行公式复制时（　）发生改变。

A. 相对地址中的地址偏移量　　B. 相对地址中所引用的单元格

C. 绝对地址中的地址表达式　　D. 绝对地址中所引用的单元格

17. 在 Excel 中当鼠标键移到自动填充柄上，鼠标指针变为（　）。

A. 双箭头　　B. 双十字　　C. 黑十字　　D. 黑矩形

三、填空题

1. 在 Excel 中输入文字时，默认对齐方式是：单元格内靠________对齐。
2. 向 Excel 单元格中，输入由数字组成的文本数据，应在数字前加_____________。
3. SUM（"3"，2，TRUE）=_____________。
4. 在 Excel 中输入文字时，默认对齐方式是：单元格内靠__________对齐。
5. 若 COUNT（A1：A7）=2，则 COUNT（A1：A7，3）=____________。
6. Excel 中的误操作可用_________________键撤销。
7. 通常向单元格中输入公式时，公式前应冠以_________________。
8. 12&34 的运算结果为__________。

第 5 章　参考答案

第 6 章　PowerPoint 2010 演示文稿

本章要点

✧掌握演示文稿的基本操作及幻灯片的基本制作。
✧掌握幻灯片主题的应用及母版的制作。
✧掌握演示文稿中多媒体的应用及动画设置。
✧掌握幻灯片切换与放映设计。

PowerPoint 简称 PPT，是微软公司 Microsoft Office 系列办公软件的组件之一，是一个演示文稿制作软件。用户可以在投影仪或者计算机上进行演示，也可以将演示文稿打印出来，制作成胶片，以便应用到更广泛的领域中。

利用 PowerPoint 不仅可以创建演示文稿，还可以在互联网上召开面对面会议、远程会议或在网上给观众展示演示文稿。PowerPoint 广泛用于工作汇报、企业宣传、产品推介、婚礼庆典、项目竞标、管理咨询等，如介绍公司产品、发布行政公告、展示学术成果等，应用领域非常广泛。

PowerPoint 做出来的东西叫演示文稿，其格式后缀名为：ppt、pptx；也可以保存为：pdf、图片等格式。2010 及以上版本中可保存为视频格式。演示文稿中的每一页就叫幻灯片，每张幻灯片都是演示文稿中既相互独立又相互联系的内容。演示文稿可以包含文字、图形、图像、动画、声音以及视频剪辑等多媒体元素，能够立体表现出用户所要表达的信息。

PowerPoint 2010 左侧的幻灯片面板新增了分区特性，用户可将幻灯片分区归类，也可对整个区内的所有幻灯片进行操作。还增加了类似格式刷的工具，可将动画效果应用至其他对象，使用方法同格式刷。

6.1　创建与保存演示文稿

6.1.1　创建演示文稿

启动 PowerPoint 2010 后，默认情况下，程序会创建名为“演示文稿 1”的空文档，用户可以从此空白文稿开始建立各个幻灯片。

除此之外，用户也可以单击【文件】选项卡，在左侧菜单中选择【新建】命令，切换到【新建】窗口，窗口中提供了各种创建演示文稿的途径，如图 6.1 所示。

图 6.1　创建空白演示文稿

除了创建“空白演示文稿”之外，最常用的创建新演示文稿的方式有以下 2 种：

1. 根据模板创建演示文稿

模板是一种以特殊格式保存的演示文稿，一旦应用一种模板后，幻灯片的背景图片、配色方案就都已经确定。在 PowerPoint 2010 中已经创建了多种风格迥异的模板，用户可以调用这些模板来创建多种风格的精美演示文稿。PowerPoint 2010 将模板进行细化为样本模板和主题模板 2 种。

（1）根据样本模板创建演示文稿

样本模板是 PowerPoint 2010 自带的模板类型。这些模板将演示文稿的样式、风格、幻灯片背景、图案、文字布局、大小等都已经预先设定好了，用户只需要选择其喜欢的风格，在以后的设计中进行后期的编辑和修改即可。

操作过程：单击【文件】选项卡，在左侧菜单中选择【新建】命令，在【可用的模板和主题】列表框中选择【样本模板】选项，自动显示【样本模板】窗格。在列表框中选择用户喜欢的模板样式，单击【创建】命令就可以将选择的样本模板应用到新建的演示文稿中了，如图 6.2 所示。

图 6.2　“样本模板”

（2）根据主题创建演示文稿

使用主题可以使没有专业设计水平的用户设计出专业的演示文稿效果。

操作过程：单击【文件】选项卡，在左侧菜单中选择【新建】命令，在【可用的模板和主题】列表框中选择【主题】选项，打开【主题】窗格，在列表框中选择用户喜欢的模板样式，单击【创建】命令，即可创建一个基于选择的主题样式的演示文稿，如图 6.3 所示。

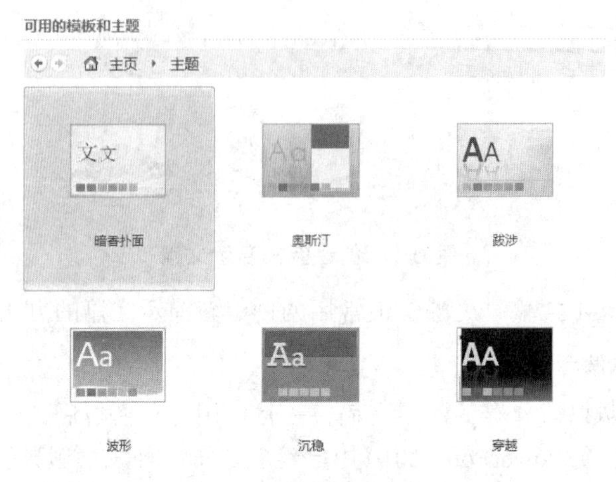

图 6.3 选择“主题”

（3）根据现有内容新建

如果用户想使用现有演示文稿中的一些内容或风格来设计其他的演示文稿，就可以使用 PowerPoint 2010 的【根据现有内容新建】功能。这样就可以创建一个和现有演示文稿具有相同内容和风格的新演示文稿了。用户只需要在原来的基础上进行适当的修改即可。

2. 其他创建方法

除了上述几种方法外，用户还可以通过其他创建方法来制作精美的演示文稿。例如：通过自定义模板创建演示文稿，使用 Web 模板创建演示文稿等。

（1）自定义模板创建演示文稿

用户可以将自定义演示文稿保存为【PowerPoint 模板】类型，并将其保存在【我的模板】中，当下次设计演示文稿时，就可以通过【我的模板】列表框来进行调用，如图 6.4 所示。

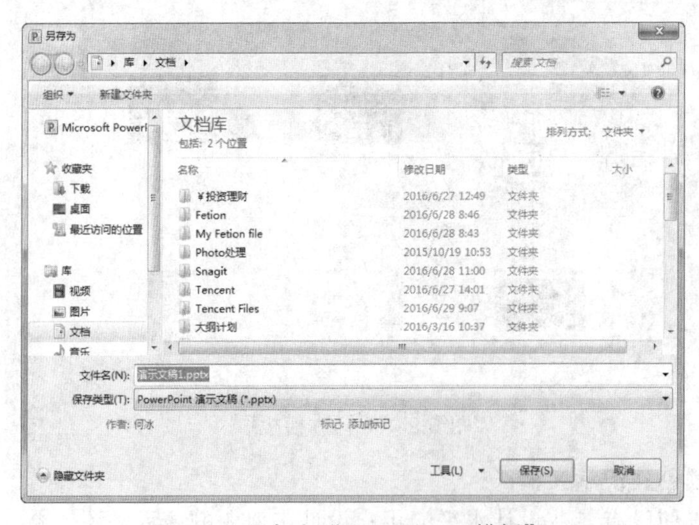

图 6.4 另存为“PowerPoint 模板”

（2）使用 Office.com 模板创建演示文稿

PowerPoint 2010 允许用户从网上下载 PowerPoint 模板，用户可以在创建演示文稿时，直接调用互联网中的资源。

6.1.2　演示文稿视图模式

为了满足用户的不同需求，PowerPoint 2010 提供多种视图模式用来编辑、查看幻灯片。打开【视图】选项卡，在【演示文稿视图】中单击相应的视图按钮，或者在视图栏中单击“视图”按钮就可以将当前操作界面切换到对应的视图模式，如图 6.5 所示。

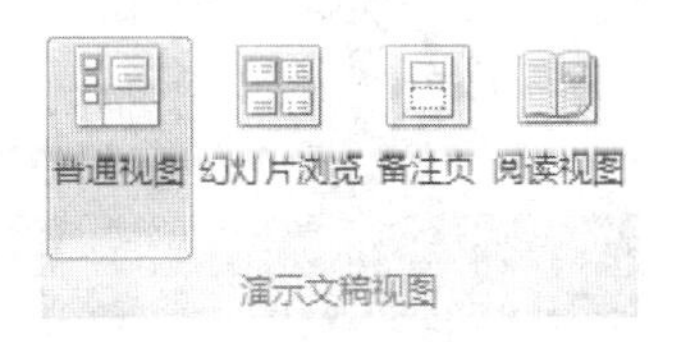

图 6.5　视图模式

1. 普通视图

普通视图有幻灯片和大纲两种形式，主要区别在于 PowerPoint 2010 工作界面最左边的预览窗口，如图 6.6 所示。

图 6.6　普通视图

2. 幻灯片浏览视图

在幻灯片浏览视图中可以查看幻灯片背景、配色方案或更换模板后演示文稿发生的整体变化，也可以对幻灯片各个方面进行检查，如图 6.7 所示。

在浏览视图中双击某张幻灯片，就可以切换到该幻灯片的普通视图。

图 6.7　幻灯片浏览视图

3. 备注页视图

在备注页视图模式中，用户可以方便地进行添加和更改备注信息，也可以进行图形等添加和修改，如图 6.8 所示。

图 6.8　备注页视图

4. 幻灯片放映视图

放映视图是演示文稿的最终效果，在放映视图下，用户可以看到幻灯片的动画、声音以及切换效果。幻灯片放映视图并不是显示单个的静止画面，而是以动态的形式显示演示文稿中的各个幻灯片。

5. 阅读视图

如果用户希望在一个设有简单控件的审阅窗口中查看演示文稿，而不想使用全屏的幻灯片放映视图时，则可以使用阅读视图模式审阅。

6.1.3　演示文稿的基本操作

1. 保存演示文稿

文件的保存很重要，演示文稿在编辑完成或编辑过程中，及时对演示文稿的保存可以避免数据的意外丢失。一般来说，演示文稿的保存与其他程序的保存方法类似。

（1）常规保存

单击【文件】选项卡，在左侧选择【保存】命令，或单击快速访问工具栏中的【保存】按钮，将弹出【另存为】对话框。由于是第一次保存文件，此时文件使用的是系统默认的“演示文稿 1”文件名，选择想要保存的文件路径和命名方式，点击【确定】即可保存。

> 提示：PowerPoint 2010 有多种文件格式，最常用的是 ppt 和 pptx，模板文件扩展名为.potx。ppt 是 PowerPoint 97—2003 下的默认演示文稿文件。pptx 是 PowerPoint 2007 及以后版本的默认演示文稿文件。在 PowerPoint 2010 中两种文件均可正常使用，但在早期版本的 PowerPoint 中需安装了相关补丁后才能打开 pptx 文件。

（2）另存为

另存为其实是指在其他位置或以其他名字保存已经保存过的演示文稿的操作。不同的是它能保证编辑操作对源文档不产生影响，相当于一个备份。

（3）加密保存

加密保存可以防止其他用户在未授权的情况下打开或修改演示文稿。以此加强文件的安全性，保护用户的私密。

单击【文件】选项卡，在左侧选择【另存为】命令，打开【另存为】对话框；选择文件的保存路径，单击对话框右下角的【工具】，从弹出的菜单中选择【常规选项(G)】命令，如图 6.9 所示。

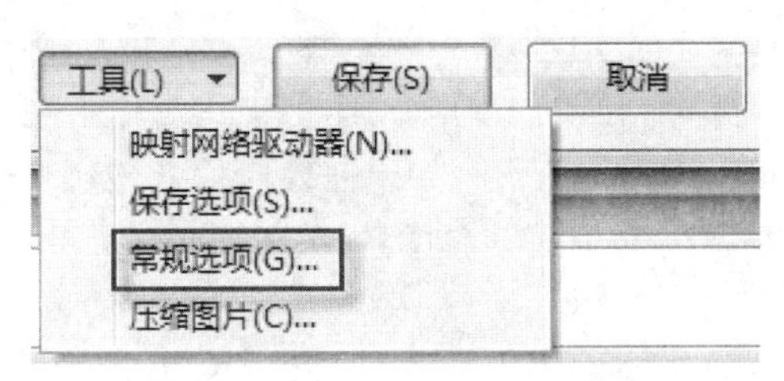

图 6.9　选择“常规选项”

在【打开权限密码】和【修改权限密码】文本框中输入想要设定的密码，单击【确定】；打开【确认密码】对话框，继续输入打开权限中设定的密码，单击【确定】；继续打开【确认密码】对话框，输入修改权限密码，单击【确定】；返回【另存为】对话框，单击【保存】，即可完成加密保存演示文稿，如图 6.10 所示。

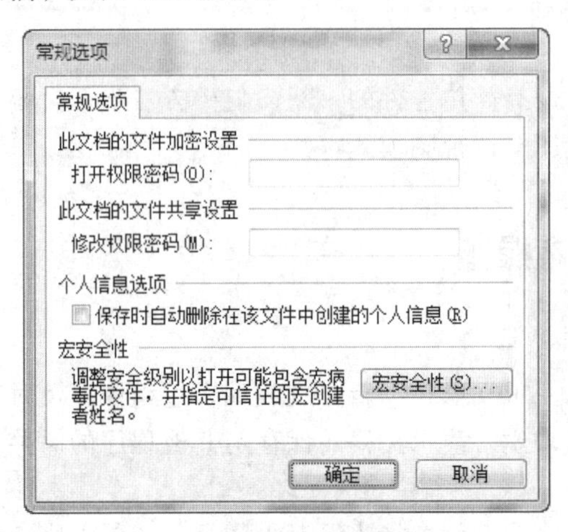

图 6.10　加密保存演示文稿

提示：以后要想对加密的演示文稿进行打开或修改，都需要输入相对应的密码才能进行打开或修改的操作。

2. 幻灯片的基本操作

幻灯片是演示文稿的重要组成部分，要想制作出精美的演示文稿需要掌握好幻灯片的一些基本操作，其中包括幻灯片选择、插入、移动和复制、删除、隐藏等操作。

（1）幻灯片选择

在演示文稿中，用户可以根据实际需求，对幻灯片进行单张或多张选择。

单张幻灯片的选择：只需要单击需要的幻灯片就可以选中该张幻灯片。

多张幻灯片的选择：连续多张幻灯片选择，先单击起始幻灯片，然后按住【Shift】键，再单击结束幻灯片，它们之间的多张幻灯片就被一起选中；不连续多张幻灯片选择，可以按住【Ctrl】键的同时，依次单击需要选择的每张幻灯片；如果要选择全部的幻灯片，可以使用【Ctrl+A】组合键，即可将演示文稿中所有幻灯片选中。

（2）幻灯片插入

如果在演示文稿设计的过程中，需要对其进行幻灯片的增加，就可以使用幻灯片插入。演示文稿在需要时，可以插入多张幻灯片。

点击【开始】选项卡，在功能区的【幻灯片】组中单击【新建幻灯片】或使用【Ctrl+M】组合键，即可插入一张默认版式的幻灯片。如果需要应用其他版式，可以单击【新建幻灯片】按钮右下方的下拉箭头，在弹出的版式菜单中选择想要的选项，即可插入该样式的幻灯片，如图 6.11 所示。

通过右键插入：在幻灯片预览窗格中，选择一张幻灯片，单击鼠标右键，从弹出的快捷菜单中选择【新建幻灯片】，就可以插入一张新的幻灯片，如图 6.12 所示。

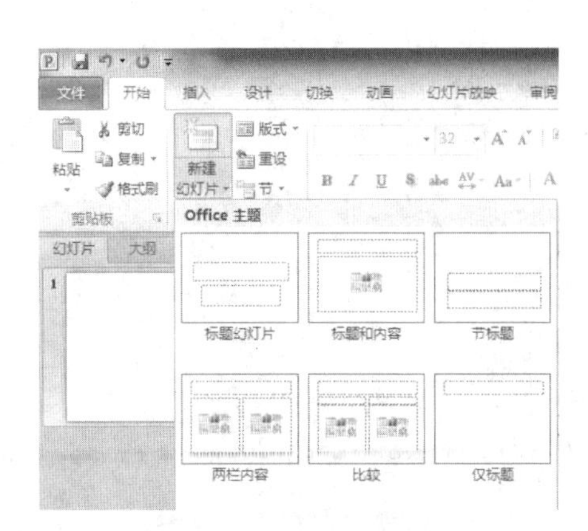

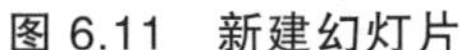
图 6.11　新建幻灯片

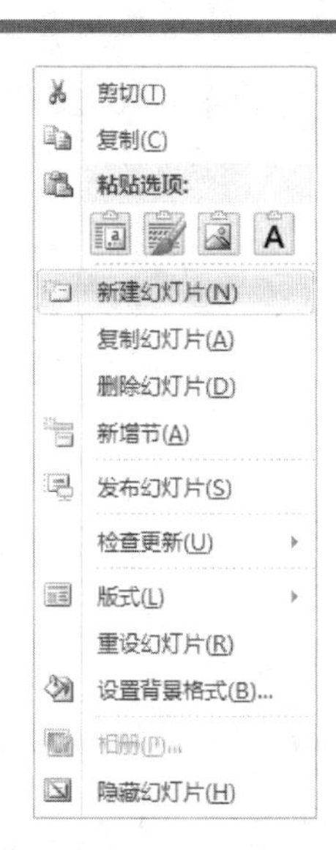

图 6.12　快捷方式新建幻灯片

通过键盘插入：在幻灯片预览窗格中，选择一张幻灯片，然后按【Enter】键，即可插入一张新的幻灯片。

（3）幻灯片的移动与复制

为了调整幻灯片的播放顺序，可以对幻灯片进行前后移动。

使用剪切、粘贴进行移动：选中想要移动的幻灯片，选择剪切命令，然后选择想要粘贴的幻灯片位置，进行粘贴，即可移动到相应位置。

使用拖动的方法进行移动：选中想要移动的幻灯片，按住鼠标左键不松，然后进行移动，在移动时，光标的对应位置会出现一条线，即表明幻灯片移动以后的位置，当这条线到达想要移动的位置时，松开鼠标左键就可以把幻灯片进行移动了。

当然，在 PowerPoint 2010 中支持以幻灯片为对象的复制操作，在演示文稿设计时，可以利用复制功能，复制出一张相同的幻灯片。

选中想要复制的幻灯片，在【开始】选项卡的【剪贴板】组中单击【复制】，或者通过右键菜单选择【复制】命令。复制操作需要和粘贴操作联合使用，当通过【复制】命令以后，在需要插入幻灯片的位置使用【粘贴】命令。用户可以在同时选择多张幻灯片的基础上进行复制、粘贴。

（4）幻灯片删除

在演示文稿设计和修改阶段，难免会产生多余的幻灯片，清除这些冗余的幻灯片是必须要完成的工作。

选中需要删除的幻灯片，然后单击鼠标右键，从弹出的快捷菜单中选择【删除幻灯片】命令，即可将幻灯片删除。或者选择幻灯片后，直接使用键盘上的【Delete】键，也可以将幻灯片删除。

（5）幻灯片隐藏

设计好的幻灯片，不是每一张都需要进行播放，因此，可以将暂时不需要的幻灯片进行隐藏操作。

选择需要隐藏的幻灯片，单击鼠标右键，从弹出的快捷菜单中选择【隐藏幻灯片】命令，即可对幻灯片隐藏，反之，对其取消隐藏即可，如图 6.13 所示。

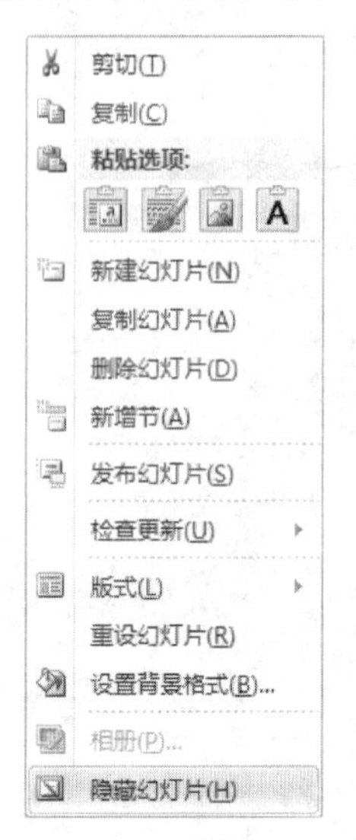

图 6.13　隐藏幻灯片

6.2　设计制作演示文稿的原则

制作一个成功的演示文稿不是一件容易的事情，如果设计的演示文稿内容杂乱无章、文本过多、设计不美观，那么就无法组织成一个吸引人的演示来传递信息。

遵循以下的设计制作原则，就可以开发出专业且引人注目的演示文稿：

1. 服务听众、关注内容

演示文稿的目的在于传递信息，演讲时演示文稿主要起辅助作用，而演讲者才是中心，演讲者应在不同场合针对不同听众制作不同层次内容的演示文稿。

（1）针对不同的观众，应该有不同的内容，一个演示文稿只为一类人服务。

（2）演讲的场合非常重要，是一对一、一对多还是公开演讲，要依赖演讲来表述更多细节。

（3）演示文稿永远为观众服务，千万不要以自我为中心。

（4）演示文稿只讲一个重点，不要试图在某个演示文稿中面面俱到。

2. 组织内容要结构化

演示文稿的内容应该怎样安排，是我们所要强调的演示文稿结构问题。

准备演示文稿内容和写文章一样，在定好主题后，先列出大纲，把重要的观念和关键词的关联性架构出来，再加上创意，以数据、图表、动画等视觉工具来辅助说明。

（1）演示文稿的逻辑结构要清晰、简明，用“并列”、“递进”两类逻辑关系已经足以表达大多数层次结构。

（2）通过不同层次的标题，标明演示文稿结构的逻辑关系。

（3）每一张幻灯片只要一个中心主题，加上描述性的标题或副标题。

（4）章节之间插入标题片，顺序演示播放，尽量避免回翻、跳略，混淆观众的思路。

3. KISS设计原则

演示文稿的设计应遵循KISS（Keep It Simple and Stupid）原则，即干净、简洁、有序。

（1）使用风格统一的设计和配色，保持简单清晰的版式布局。

（2）简明是风格的第一原则，文字要精炼，充分借助图表来表达。

（3）母版背景切忌用复杂的图片，空白或浅色底是首选，可以凸显图文。

（4）尽量少而简单地使用动画，特别是在正式的商务场合。

6.3 演示文稿的初步制作

一套完整的演示文稿一般包含：片头动画、PPT封面、前言、目录、过渡页、图表页、图片页、文字页、封底、片尾动画等。所采用的素材一般有：文字、图片、图表、动画、声音、影片等。

下面，就从演示文稿的基本操作开始，依次讲述演示文稿的制作过程。

6.3.1 幻灯片版式

幻灯片版式是PowerPoint中的一种常规排版的格式，通过幻灯片版式的应用可以对文字、图片等更加合理简洁完成布局。PowerPoint中已经内置几个版式类型供使用者使用，利用这几个版式可以轻松完成幻灯片制作和运用。幻灯片版式，包含幻灯片显示内容的格式设置、位置和占位符。

顾名思义，占位符就是先占住一个固定的位置，等待用户往里面添加内容。它在幻灯片中表现为一个虚框，这些矩形框可容纳标题、正文以及对象。虚框内部往往有“单击此处添加标题”之类的提示语，如图6.14所示。一旦鼠标点击之后，提示语会自动消失。当用户要创建自己的模板时，占位符就显得非常重要，它能起到规划幻灯片结构的作用。

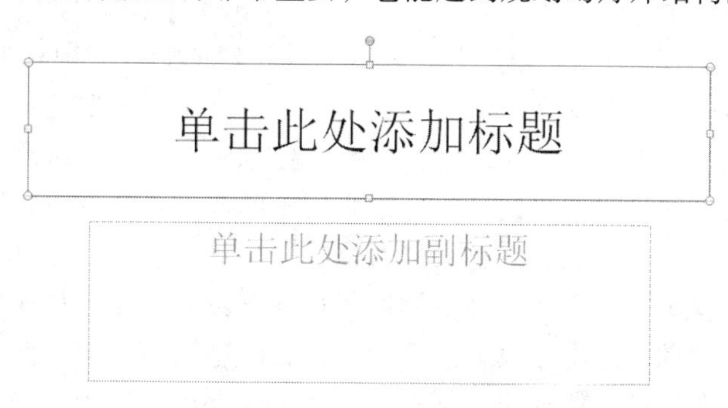

图6.14 占位符

添加一张新的幻灯片，可以使用默认的版式，也可以选择新的幻灯片布局。

选择功能区【开始】选项卡，在【幻灯片】中单击【新建幻灯片】按钮，此时默认使用“标题和内容”版式。单击“新建幻灯片”文字按钮，在弹出的下拉列表中选择幻灯片版式，如图6.15所示。

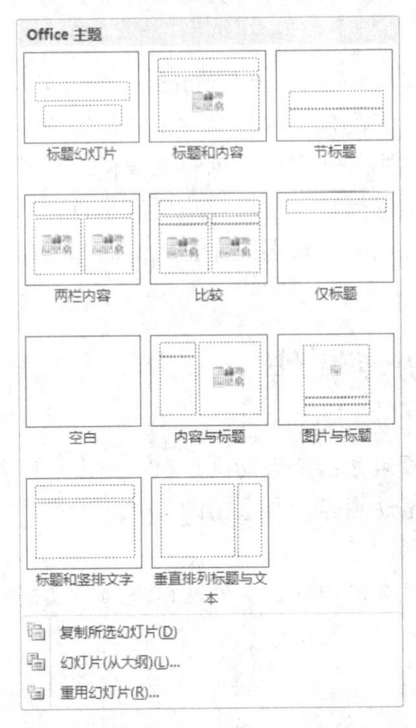

图 6.15　幻灯片版式

6.3.2　输入文本

演示文稿中用于表达内容的元素极其丰富,但文本仍然是演示文稿设计中最基本的元素。PowerPoint 2010 在幻灯片中添加文本有 4 种方式：占位符文本、文本框文本、自选图形文本和艺术字。

文本框文本、自选图形文本和艺术字在 Word 2010 中已介绍，在此不再赘述。

下面介绍在占位符中输入文本。

在制作培训课件时，可以利用已有的文档或其他资料向幻灯片中添加文本。应注意的是，演示文稿用于配合讲解，其中的文字应简洁明了，主题突出，尽量避免大段的文字叙述。

在新创建的演示文稿中，第一张幻灯片一般是标题幻灯片，默认显示标题和副标题占位符，可直接在这些占位符中输入幻灯片的标题和副标题。输入文本后，还可调整占位符的大小和位置，并且可以用边框线条和颜色设置其格式。

下面以教师培训演示文稿为例，完成标题幻灯片首页的制作，具体操作步骤如下：

（1）选择幻灯片主题。点击【设计】选项卡，在【主题】组中选择“流畅”主题。

（2）添加标题。在“单击此处添加标题”示例文本处单击鼠标左键，输入演示文稿标题“XX 学院教师培训”，可以看到，输入的文本与示例文本的格式相同。

（3）添加副标题。这里我们添加当前的日期，单击副标题占位符，选择功能区【插入】选项卡，在【文本】组中单击【日期和时间】按钮。在弹出的【日期和时间】对话框中，先选择【语言（国家/地区）】下拉列表中的【中文（中国）】选项，然后在“可用格式”列表中选择需要的日期样式，单击【确定】按钮，如图 6.16 所示。

（4）完成的标题幻灯片，如图 6.17 所示。

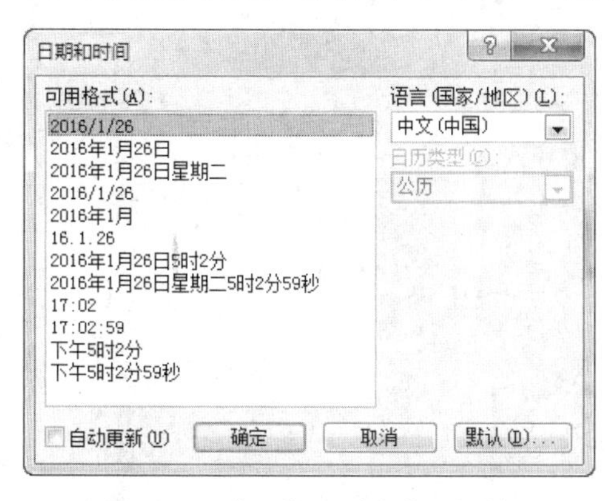

图 6.16 “日期和时间”对话框

图 6.17 完成的标题幻灯片

6.3.3 插入图形对象

图形对象是演示文稿中必不可少的元素，搭配合适的图形图像会使演示文稿更直观生动。

在 PowerPoint 2010 中可将图形对象分为两大类：常规图形对象和拓展图形对象。常规图形对象是指幻灯片中使用最为普遍的图片、剪贴画、自选图形、艺术字，而图示、表格、图表及插入的其他应用程序的对象可归为拓展图形对象。各种图形对象在属性和格式上的设置方法非常类似。

下面以教师培训演示文稿添加图示为例，了解图形对象在幻灯片中表达关系层次的作用。

（1）演示文稿中一般会有一张目录幻灯片，将演示文稿的主要部分的标题列出来，方便观赏者了解演示文稿大致内容。

（2）在功能区切换到【插入】选项卡，单击【插图】组中的【SmartArt】按钮，或在内容占位符中单击“插入 SmartArt 图形”按钮。

（3）在弹出的“选择 SmartArt 图形”对话框中，左侧为所有图示的分类列表，中间显示各图示的缩略图，选中某个缩略图后，右侧可看到预览的效果和描述文字。这里可选择“图片条纹”图形，单击“确定”按钮，如图 6.18 所示。

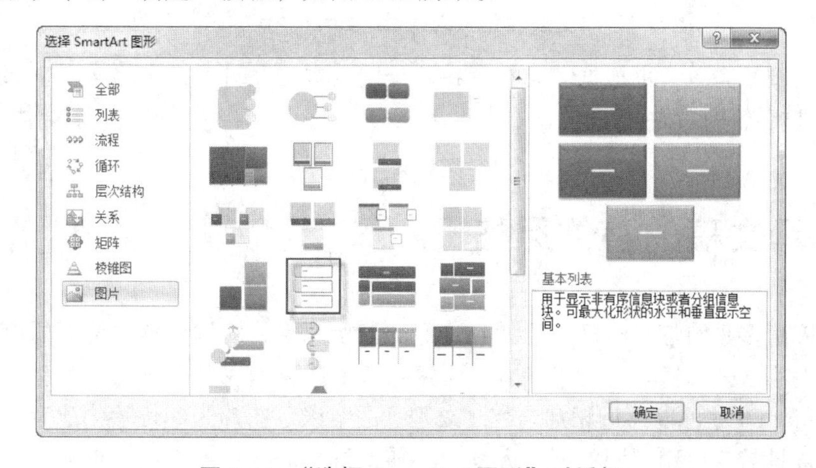

图 6.18 “选择 SmartArt 图形”对话框

（4）可看到幻灯片中插入了选择的“SmartArt”图示，如图 6.19 所示。单击[文本]区域添加文本，也可以在图示左侧的“在此处键入文字”对话框中输入文本。

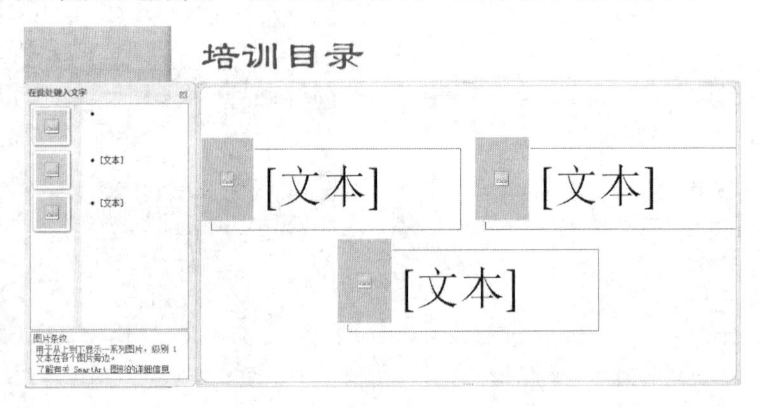

图 6.19　添加文本后的图示

（5）可以像对其他图形对象一样，对图示整体和局部的大小和位置进行拖动调整。此时程序自动切换到【SmartArt 工具】中的【设计】选项卡，可在【创建图形】组中单击“添加形状”按钮增加形状，也可在“SmartArt 样式”分组中进行颜色和样式修改，如图 6.20 所示。

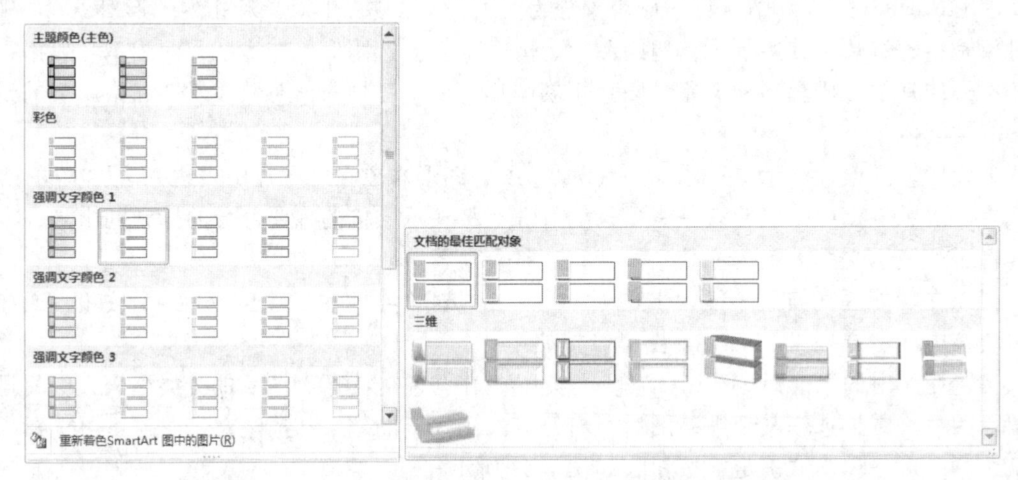

图 6.20　“更改颜色”列表及“SmartArt 样式”列表

（6）图示调整完后，可根据需要在“在此处键入文字”对话框中将文本全部选中，对字体、字号等进行统一修改。

6.4　演示文稿的整体风格

演示文稿由多张幻灯片组成，为达到最好的演示效果，应构建整体统一的设计风格，幻灯片的页面大小、色彩搭配、背景设置、文字格式等都影响着整个画面的观感。

PowerPoint 2010 可以通过添加渐变、纹理、图案以及图片为幻灯片创建背景，用户可以根据不同的背景需要使用不同的配色方案，可使幻灯片的视觉效果更加丰富。

6.4.1　页面设置

打开演示文稿，切换到【设计】选项卡，在【页面设置】分组中单击【页面设置】按钮，在弹出的对话框中可以对幻灯片页面进行调整，如图 6.21 所示。

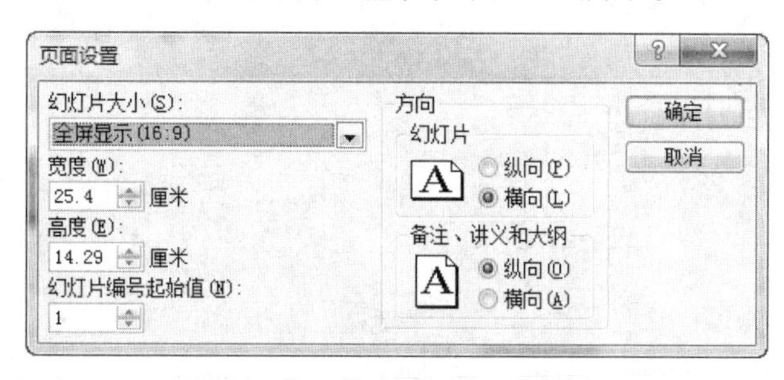

图 6.21　"页面设置"对话框

（1）在【幻灯片大小】下拉列表中可以选择页面尺寸，例如"全屏显示(16:9)"选项，可看到下面的"宽度"和"高度"数值框中的数据发生了变化。单击【确定】按钮后，幻灯片页面高度变窄，比较适合宽屏播放，而幻灯片中的对象位置和高度也相应自动进行了调整。

（2）在【页面设置】对话框的【方向】栏中，不同的"幻灯片"下的方向选择会切换幻灯片的高度和宽度，而"备注、讲义和大纲"下的方向选择主要是在编辑和打印相应视图内容时控制纸张方向。

演示文稿的页面设置关系到每张幻灯片的大小和方向，幻灯片中的对象摆放位置也会随页面的改变而变化，因此，最好在制作幻灯片内容前就对页面进行调整。

6.4.2　背景设置

幻灯片背景是幻灯片中除文本、图形等各种对象外的整个环境效果，在具体制作时，需要根据展示的特点和主题选择背景效果。

（1）在功能区切换到【设计】选项卡，在【背景】组中单击【背景样式】按钮，然后在弹出的下拉列表中选择系统预设的背景样式，如图 6.22 所示。

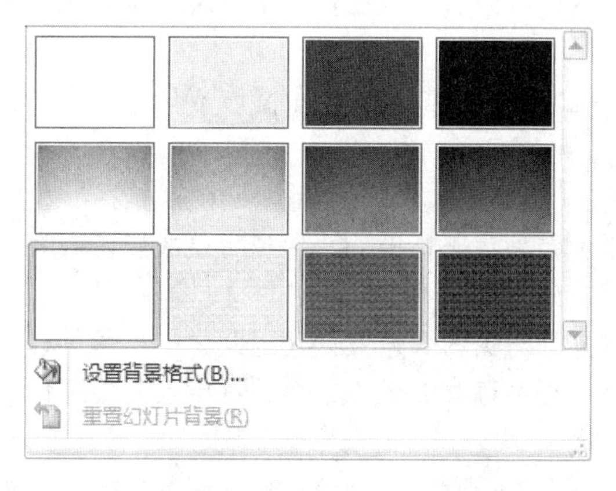

图 6.22　"背景样式"列表

（2）也可以选择其中的【设置背景格式】命令，在弹出的对话框左侧单击【填充】选项卡，则在对话框右侧列出了几种背景填充方式，选中“图片或纹理填充”单选按钮，然后单击下面的“纹理”按钮，在弹出的下拉列表中选择背景纹理，如图 6.23 所示。

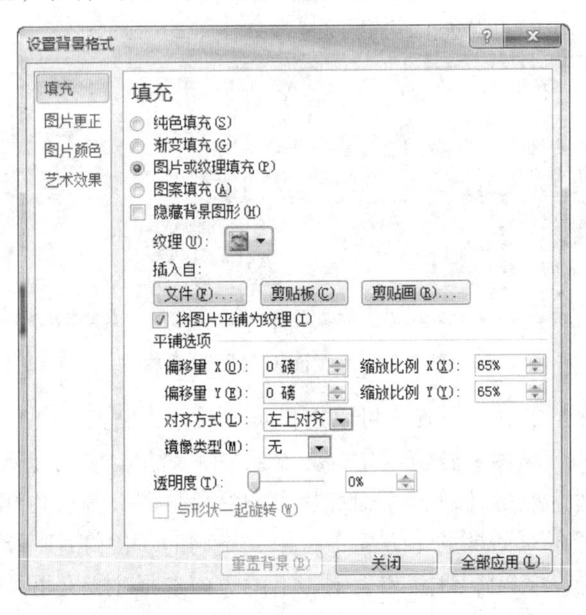

图 6.23　纹理

（3）此时若希望当前演示文稿中所有幻灯片都应用同样的背景设置，则可在【设置背景格式】对话框右下角单击【全部应用】按钮。若要为每张幻灯片设计不同的背景效果，可按照以上步骤，利用【设置背景格式】对话框中其他的颜色选项，为幻灯片设置背景。还可使用此对话框中的“图片更正”、“图片颜色”和“艺术效果”中的选项丰富背景效果。

6.4.3　配色设置

PowerPoint 中的配色方案是指在程序中已经设计好的一组可以直接用于演示文稿的颜色，有效地利用配色方案不但可以满足幻灯片制作中对于色彩配置的要求，还可以大大简化选择配置颜色的工作。

（1）切换到【设计】选项卡，展开【主题】图库下拉列表，在其中选择另外一种主题效果即可。

（2）若觉得当前主题的颜色搭配还需要调整，可在“主题”选项卡中单击“颜色”按钮，在弹出的下拉列表中提供了多种关于背景、文本和对象的配色方案，选择其中一种即可快速改变演示文稿的配色效果，如图 6.24 所示。

配色方案包含各种幻灯片对象的颜色设计，因此，应用了某种配色方案后应在幻灯片窗格中观察各种对象的颜色是否谐调，如果不合适，可更换其他配色方案或对单独的对象重新设置颜色。

（3）若希望自定义配色方案，则在“颜色”列表底部选择“新建主题颜色”命令，在弹出的对话框中列出了该主题针对各类对象的颜色搭配，单击各项目后的颜色设置按钮，可以更换为其他颜色，如图 6.25 所示。自定义好配色后，在对话框的“名称”文本框中为当前主题颜色命名，以便以后再次使用。

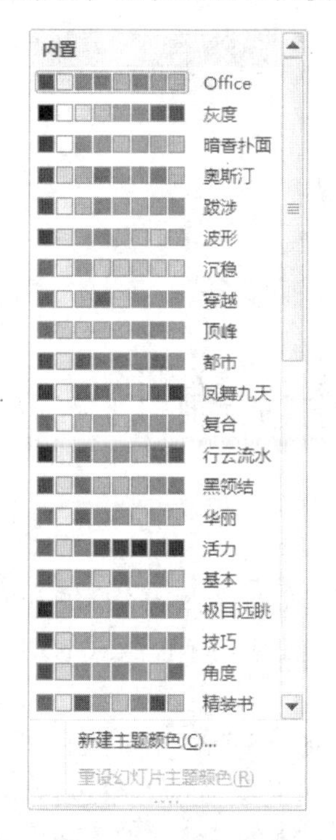

图 6.24　配色方案

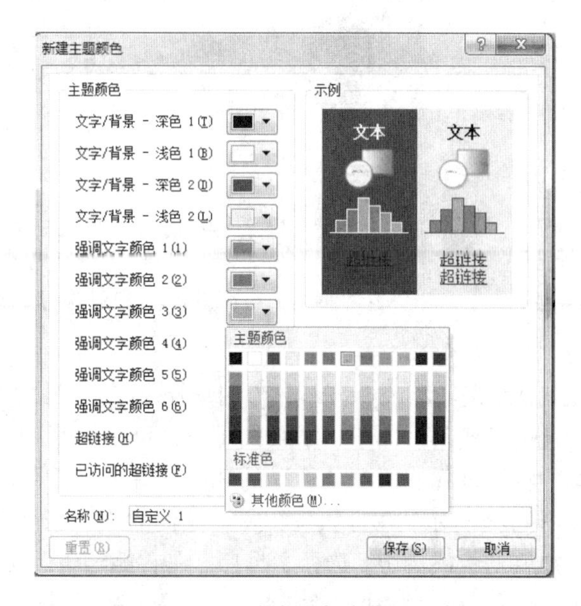

图 6.25　“新建主题颜色”对话框

6.4.4　母版设置

在制作演示文稿时，通常各幻灯片应该形成一个统一和谐的外观。但如果完全通过在每张幻灯片中手动设置字体、字号、页眉页脚等共有的对象来达到统一风格，会产生大量重复性的工作，增加制作时间，这时可以用幻灯片的母版进行控制。

母版，是指存储幻灯片中各种元素信息的设计模板，幻灯片母版中的信息包括文字格式、背景设计、配色方案的选择。凡是在母版中的对象都将自动套用母版设定的格式。

PowerPoint 中提供了单独的母版视图，以便与普通编辑状态进行区别，分为幻灯片母版、讲义母版、备注母版 3 种。当需要设置幻灯片风格时，可以在幻灯片母版视图中进行设置。

1. 幻灯片母版

单击【视图】选项卡，在【母版视图】组中单击“幻灯片母版”按钮，此时切换到母版视图，窗口左侧是所有母版的缩略图，这里母版数量很多，PowerPoint 2010 中的幻灯片母版有两个种类，主母版和版式母版，如图 6.26 所示。

（1）主母版

主母版能影响所有版式母版，如要统一内容、图片、背景和格式，可直接在主母版中设置，其他版式母版会自动与此一致。

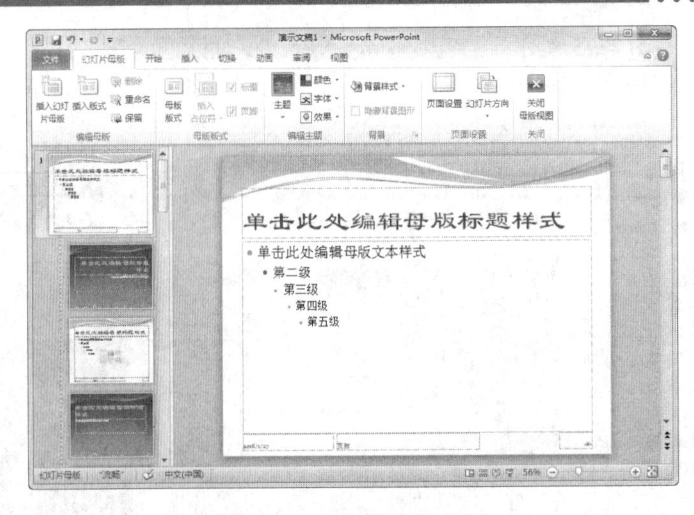

图 6.26　幻灯片母版视图

（2）版式母版

在默认情况下，PowerPoint 为用户提供了 11 种幻灯片版式，如标题版式、标题和内容版式等，这些版式都对应于一个版式母版，可修改某一版式母版，使应用了该版式的幻灯片具有不同的特性，在兼顾“共性”的情况下有“个性”的表现。

如图 6.26 所示，在母版视图窗口左侧的第 1 张缩略图就是演示文稿的主母版，其下稍小的缩略图就是版式母版。选择主母版，在右侧编辑区可以看到，允许设置的对象包括标题区、正文区、对象区、日期区、页脚区、页码区和背景区，要修改某部分区域就直接选中进行相应的格式设置。

在母版中可以设置和添加每张幻灯片中具有共性的内容。示例：设置标题字体，插入 Logo 图片，插入页眉页脚

① 设置标题字体

单击母版视图中的主母版缩略图，选中标题占位符，切换到【开始】选项卡，将标题文字设置为“幼圆”、粗体。如图 6.27 所示，此时可看到所有版式母版中的标题文字均被更改为同样的格式。

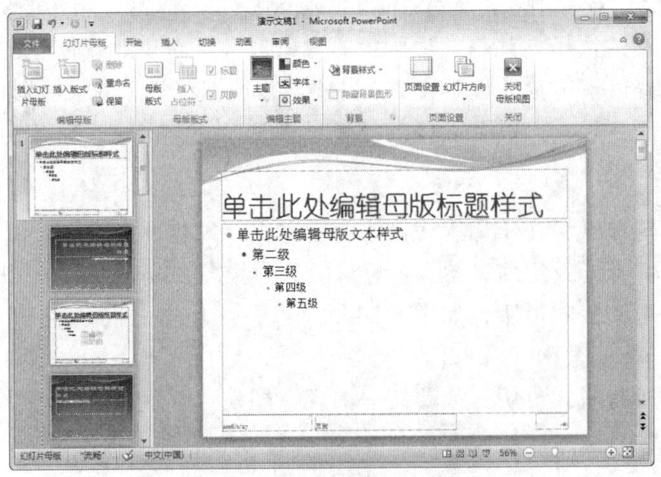

图 6.27　更改主母版标题文字格式

② 插入 Logo 图片

单击【插入】选项卡【图像】组中的“图片”按钮，在弹出的“插入图片”对话框中选择 Logo 图片，再单击“确定”按钮。将插入主母版的图片调整大小、格式后放置在左上角，则该 Logo 图片将出现在所有幻灯片中，以突出标志。

③ 插入页眉页脚

· 单击【插入】选项卡的【文本】组中的“页眉和页脚”按钮，在弹出的“页眉和页脚”对话框中设置需要的内容。

· 选中“日期和时间”复选框，设置日期为“自动更新”方式，在下拉列表中选择要显示的日期和时间的样式。

· 再依次选中“幻灯片编号”、“页脚”、“标题幻灯片中不显示”复选框，并在“页脚”下的文本框内输入显示内容，如图 6.28 所示。设置完成后，单击“全部应用”按钮，将格式应用到所有版式母版中。

此时可看到幻灯片母版中相应占位符中已经填入内容，可对占位符的位置和字体格式进行设置。

图 6.28 “页眉和页脚”对话框

完成母版的设置后，可以单击【幻灯片母版】选项卡的【关闭母版视图】按钮，或选择【视图】选项卡的【普通视图】按钮即可退出母版编辑，回到普通视图，可看到设置效果。

2. 讲义母版

讲义母版是为制作讲义而准备的，通常需要打印输出。所有讲义母版的设置大多和打印页面有关。它允许设置一页讲义中的几张幻灯片，包括设置页眉、页脚、页码等信息。在讲义母版中插入新的对象或更改版式时，新的页面效果不会反映在其他母版视图中，如图 6.29 所示。

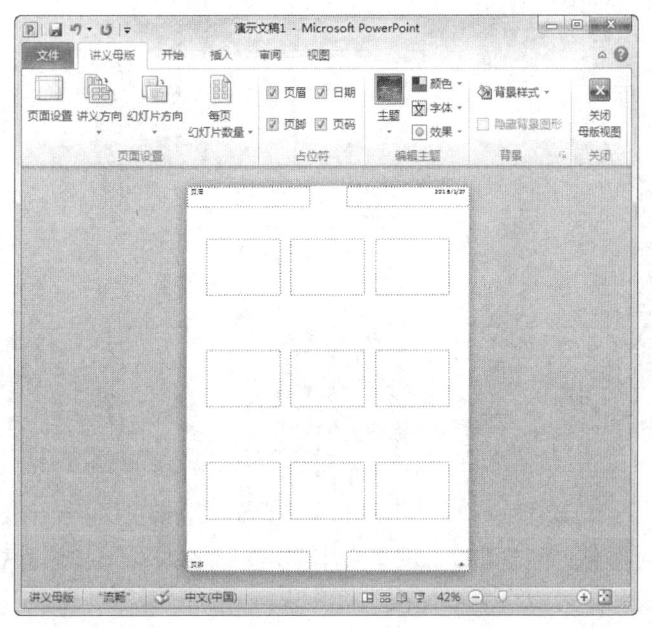

图 6.29 讲义母版

在讲义母版中，包括 4 个占位符：页眉区、页脚区、日期区以及页码区。页面也还包含虚线边框，这些边框表示的是每页所包含的幻灯片缩略图数目。用户可以使用【讲义母版】选项卡，单击【页面设置】组的【每页幻灯片数量】，在弹出的菜单中选择幻灯片的数目，如图 6.30 所示。

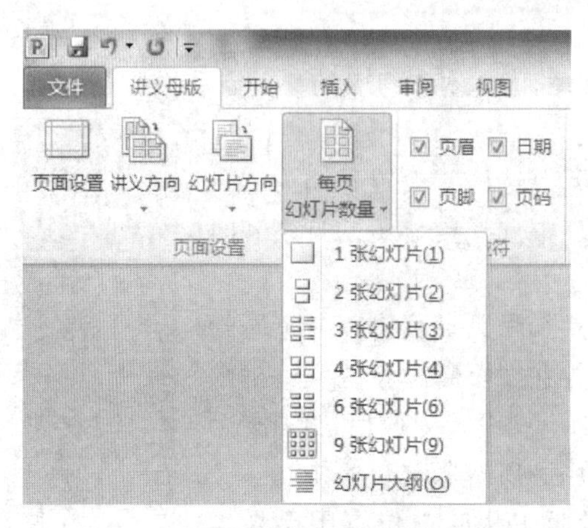

图 6.30　幻灯片数量

3. **备注母版**

备注相当于讲义，尤其对某个幻灯片需要提供补充信息时，使用备注对演讲者是非常有必要的。备注母版主要用来设置幻灯片的备注格式，一般也用来打印输出，如图 6.31 所示。

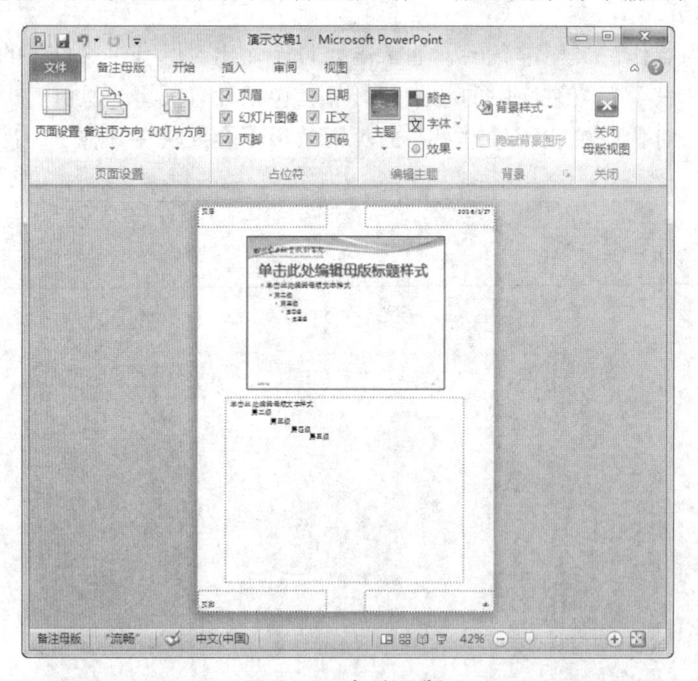

图 6.31　备注母版

打开【视图】选项卡，在【母版视图】组中单击“备注母版”按钮，打开备注母版视图。在备注母版视图中，用户可以设置或修改幻灯片内容、备注内容以及页眉页脚内容在页面中的位置、比例及外观属性等。

6.5 演示文稿的基本设计

幻灯片不仅是平面作品，更是多媒体作品。在演示文稿中添加其他多媒体元素，如音乐、视频、动画等，与声、光、电等设备配合，可使展示过程变得更为丰富和立体。

6.5.1 插入音频、视频文件

在幻灯片中添加多媒体对象，如音频、视频，会增强演示文稿的表现力。目前，常见的音频或视频文件格式都能在PowerPoint 2010中使用，如WAV、MP3、WMA、MIDI等声音格式和AVI、MPEG、RMVB等视频格式（如果安装了Apple QuickTime播放器，其可播放的文件格式都能在幻灯片中使用）。

1. 插入音频文件

PowerPoint 2010自带的剪辑管理器中有一些音频文件，如鼓掌、开关门、电话铃等，用户可以直接将这些文件添加到演示文稿中。不过剪辑管理器中的声音大多为一些简单的音效，可以利用计算机中保存的音频文件来为演示文稿加入背景音乐。

（1）选择需要开始播放音乐的幻灯片，在功能区切换到【插入】选项卡，单击【媒体】组中的“音频”按钮，或在“音频”按钮的下拉列表中选择“文件中的音频”命令，如图6.32所示。在弹出的“插入音频”对话框的“查找范围”栏选择需要插入的声音文件名，然后单击【确定】按钮。

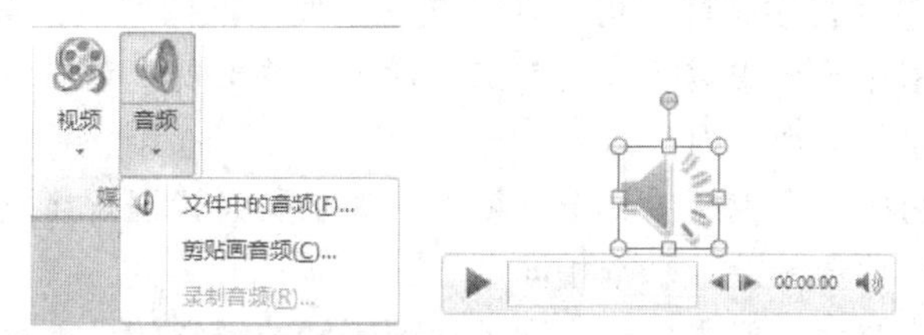

图6.32 “音频”按钮及播放工具栏

（2）此时幻灯片中插入的声音文件以一个扬声器图标显示，同时出现一个播放工具栏，如图6.32所示。在播放工具栏中我们可以播放插入的音频文件内容，并调整音量。

（3）功能区自动切换到【音频工具】，其中有【格式】和【播放】两个选项卡，这里主要对音频文件的播放方式进行设置，即选择【播放】选项卡。在【编辑】组中单击“剪裁音频”按钮，可以在弹出的对话框中设置音频文件播放的开始时间和结束时间，截取其中的一段作为背景音乐。还可以在“编辑”分组中调整音乐的淡入和淡出持续时间，如图6.33所示。

图6.33 音频播放选项设置

（4）在【音频选项】组中，如果不希望在播放幻灯片时看到扬声器图标，应选中“放映时隐藏”复选框。

“开始”列表中的选项控制音频播放方式有以下几种：

①“自动”方式：在放映该幻灯片时自动开始播放音频剪辑。

②“单击时”方式：要通过在幻灯片上单击音频剪辑来手动播放。

③“跨幻灯片播放”方式：在演示文稿中单击切换到下一张幻灯片时继续播放音频剪辑。

如果想让演示文稿的背景音乐贯穿始终，可以选中“循环播放，直到停止”及“播完返回开头”复选框，如图 6.34 所示，以保证音频文件连续播放直至停止播放幻灯片。

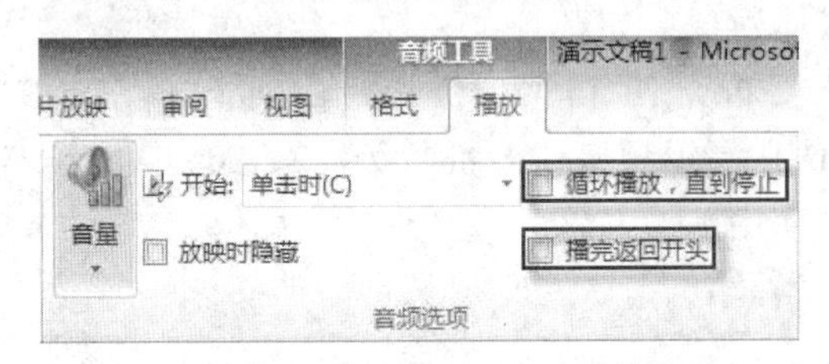

图 6.34　音频播放选项设置

2. **插入视频文件**

在幻灯片中插入与控制视频的方式与音频相似，主要是通过插入视频文件或使用剪辑管理器中的视频效果两种。

（1）在功能区【插入】选项卡的【媒体】组中单击“视频”按钮，在弹出的“插入视频文件”对话框的“查找范围”栏选择需要插入的视频文件名，然后单击【确定】按钮。PowerPoint 2010 支持多种视频文件，可以在“文件类型”下拉列表中查看，如图 6.35 所示。

（2）此时视频以图片的形式被插入当前幻灯片中，并出现视频播放工具栏，可以单击工具栏中的“播放”按钮预览视频内容。

（3）功能区自动切换到【视频工具】选项卡，如果要设置视频播放方式，可以单击【播放】选项卡，设置项目与音频设置基本相同。

（4）因为视频是以图片的形式显示，为了达到较好的视觉效果，可以在“视频工具”的【格式】选项卡中进行格式设置。其中“调整”分组中的“标牌框架”按钮可以将另外的图片文件作为显示的内容，使播放内容更直观。

① 在“格式”选项卡中，单击“调整”分组中的“标牌框架”按钮，在出现的下拉列表中选择“文件中的图像”命令。

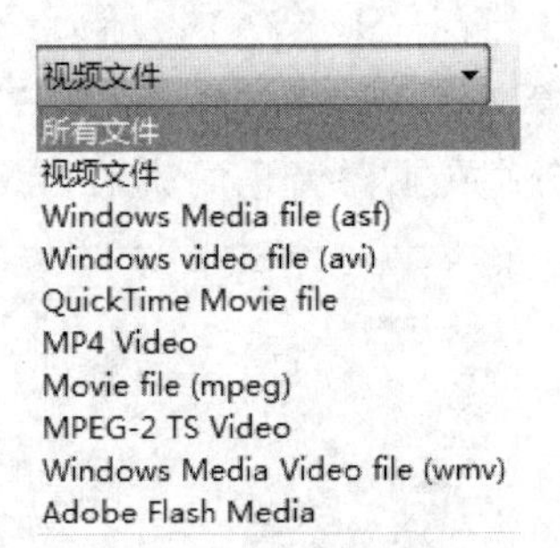

图 6.35　“插入视频文件”对话框

② 在弹出的“插入图片”对话框中选择需要的图片文件，单击“插入”按钮，可以看到原来视频文件图片被所选图片文件替换，再对图片进行格式设置。

6.5.2 添加动画效果

采用带有动画效果的幻灯片对象可以让演示文稿更加生动直观，还可以控制信息演示流程并重点突出最为关键的数据。对于演示文稿中的文本、图片、形状、表格、SmartArt 图形和其他对象的动画，可以利用动画自定义功能，得到满意的效果。

1. 为对象设置动画效果

（1）选择要设置动画效果的对象，如选择目录幻灯片的标题文本框，在【动画】选项卡下单击【动画】组中动画效果列表右下角的按钮，打开【动画效果】下拉列表，如图 6.36 所示。

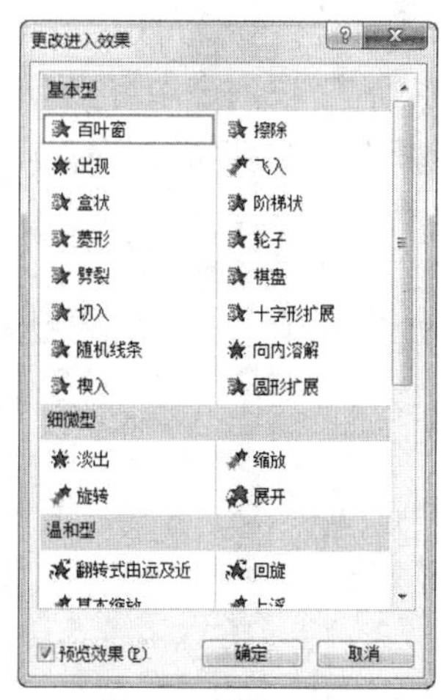

图 6.36 “动画效果”下拉列表及“更改进入效果”对话框

PowerPoint 2010 为幻灯片对象提供了 4 种类型的动画效果：

① 进入：在幻灯片放映时文本及对象进入放映界面时的动画效果。

② 强调：在演示过程中需要强调部分的动画效果。

③ 退出：在幻灯片放映过程中，文本及其他对象退出时的动画效果。

④ 动作路径：用于指定幻灯片中某个内容在放映过程中动画所通过的轨迹。

每种类型的动画还在列表下面提供了更多的动画细分，如图 6.36 所示，因此用户可以自由设置千变万化的动画效果。

（2）将鼠标停留在某一种动画选项上时，幻灯片会自动播放此动画，用户可以观看多种动画效果，选择自己最满意的一个。这里选择【动画效果】下拉列表中“进入”类别中的“擦除”命令。

（3）同一个对象可以设置多个动画效果，如为上面的标题文本框再添加“强调”效果，需要单击【动画】选项卡【高级动画】组中的“添加动画”按钮，在出现的下拉列表中选择“强调”类别中的“对象颜色”命令，再点击“动画窗格”按钮，此时可以在右边的“动画窗格”窗口中看到两个动画项，如图 6.37 所示。

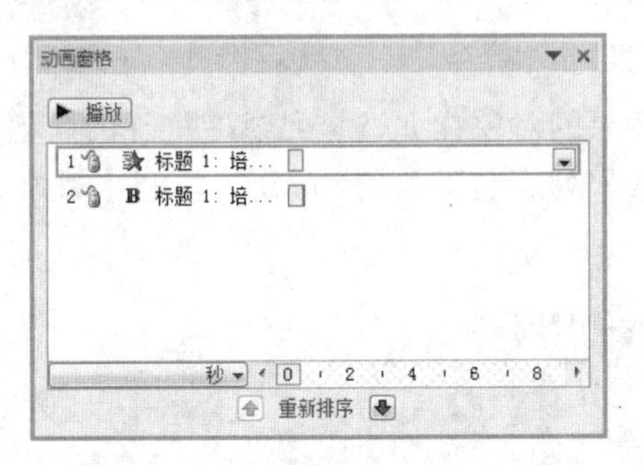

图 6.37　添加动画及动画窗格

2. 设置自定义动画选项

为对象设置了动画效果后，还可对其进行详细选项设置，包括动画的开始方式、速度及效果等。

（1）选择“动画窗格”窗口中需要调整的动画项，在【动画】选项卡【动画】组中单击“效果选项”按钮，在下拉列表中可更改动画发送方式，将鼠标停留在某一选项上时可以看到预览效果。当选择不同类型对象或不同动画项时，下拉列表内容也会改变，如图 6.38 所示。

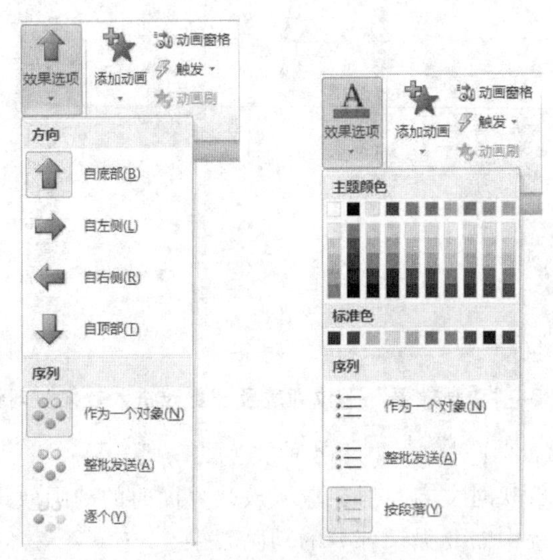

图 6.38　不同的“效果选项”下拉列表

（2）除了上面的“效果选项”按钮之外，还可以通过“动画”选项卡中的“计时”分组对动画效果进行时间上的控制，如图 6.39 所示。

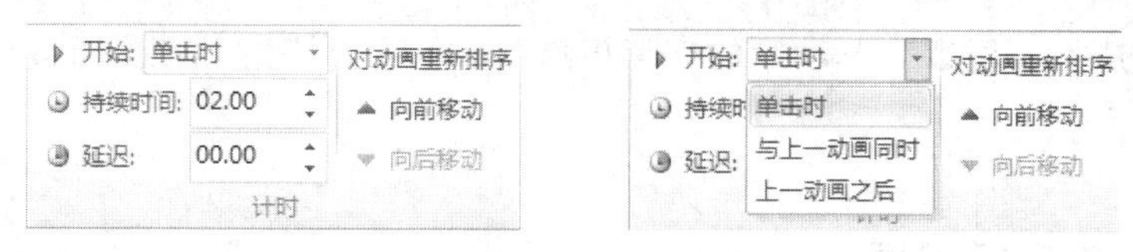

图 6.39　动画效果的“计时”分组

① 开始：设置播放的触发条件。“单击时”是在播放时通过鼠标单击来触发动画效果；“与上一动画同时”是跟上一个动画效果同时播放；“上一动画之后”是在上一动画效果之后播放。

② 持续时间：用于控制动画播放的速度。一般默认为 2 秒，可通过输入框后的上下箭头调整时间，也可自行输入秒数。持续时间越长动画播放越慢，越短则动画播放越快。

③ 延迟：以“开始”列表中设置的开始播放时间为基准设置的延迟时间，以“秒”为单位，类似定时播放。

（3）在“动画窗格”中选择动画列表框中的“动画”项，单击其右侧的下三角按钮，在出现的下拉列表中选择“效果选项”命令，弹出“效果选项”对话框，此时对话框以对象的动画效果为标题，在其中可以设置更多的动画选项，如图 6.40 所示。针对不同的对象或不同的动画效果，对话框中的内容也有所不同。

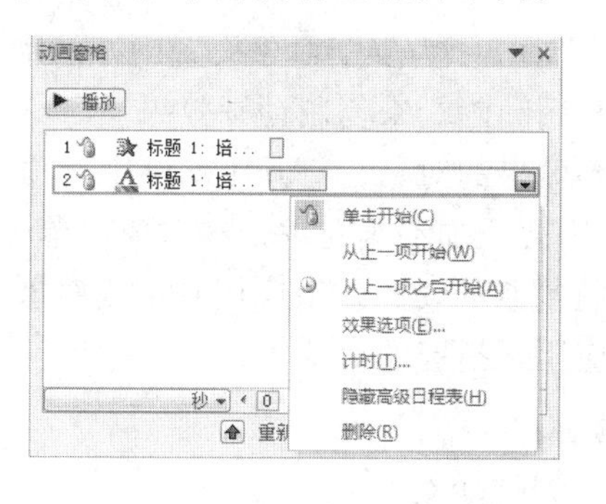

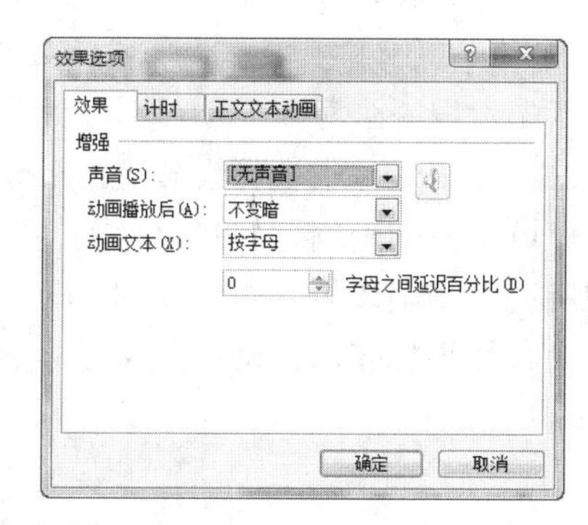

图 6.40　动画项下拉列表及“效果选项”对话框

以目录幻灯片中的图示为例，设置“效果选项”对话框中的相关项目：

①“效果选项”对话框中，先为动画设置声音效果，在“声音”下拉列表中选择“风铃”。

② 切换到对话框的“SmartArt 动画”选项卡，在“组合图形”下拉列表中选择“逐个”，单击【确定】按钮，如图 6.41 所示。

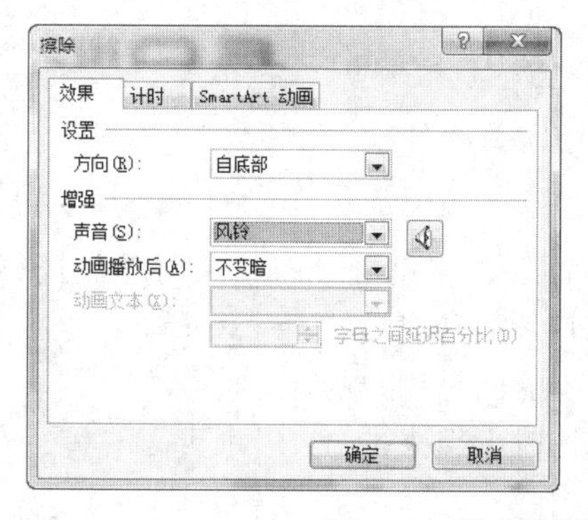

图 6.41　“效果选项”对话框的设置

（4）设置完成后，可以预览动画的连续播放效果，有不满意的地方可以通过各类动画选项进行修改。

6.5.3 动画效果高级设置

在 PowerPoint 2010 中，新增了动画效果高级设置功能，如动画触发器、动画刷、动画计时、动画的排序等。使用这些功能可以使演示文稿更加美观，使各个动作之间衔接更加合理。

1. 设置动画触发器

打开【动画】选项卡，在【高级动画】组中单击“动画窗格”任务窗格，选择其中一个动画效果，在【高级动画】组中选择【触发器】按钮，从弹出的菜单中选择“单击”选项，在弹出的子菜单中选择一个对象完成设置，如图 6.42 所示。当播放幻灯片时，将鼠标指针指向该触发器并单击，就可显示既定的动画效果。

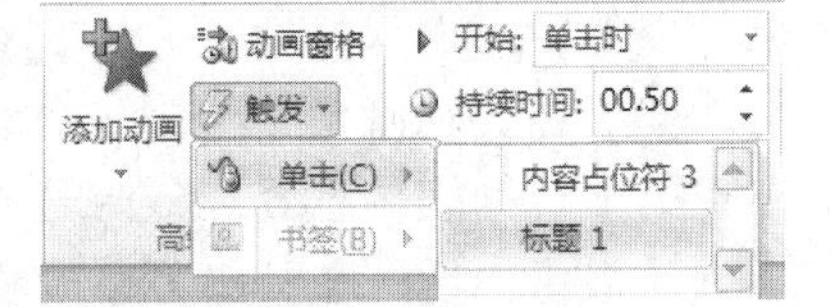

图 6.42 设置动画触发器

2. 利用动画刷复制动画效果

在 PowerPoint 2010 中，用户会经常需要在幻灯片中为多个对象设置同样的动画效果。这时，用户可以先设置一个对象的动画效果后，利用动画刷来复制动画效果。

操作方法：在幻灯片中选择设置完成的动画效果的对象，打开【动画】选项卡，在【高级动画】组中单击“动画刷”，将鼠标指针指向需要添加动画对象，在对象上单击鼠标左键，就可以复制所选的动画效果，如图 6.43 所示。将复制的动画效果应用到指定对象时，自动预览所复制的动画效果，表示该动画效果已经被应用到指定的对象中。

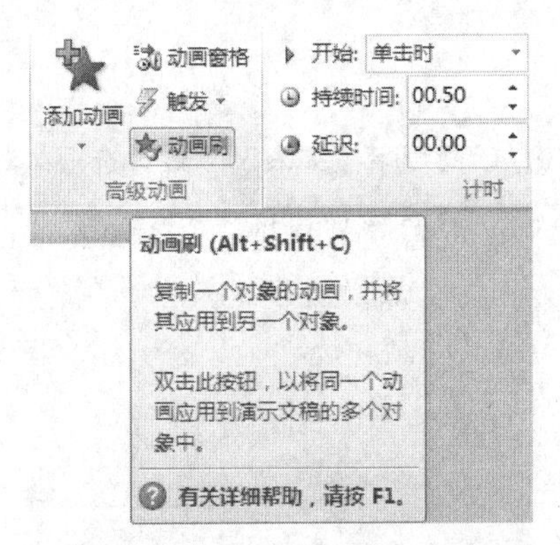

图 6.43 使用“动画刷”

3. 设置动画计时

在设置好对象动画效果后，通常情况下还需要设置动画计时，来对动画进行控制。在 PowerPoint 2010 中，默认设置的动画效果在幻灯片放映时持续播放的时间只有几秒钟。如果默认的播放时间不能满足用户的需要，就可以通过【动画设置】选项卡中的【计时】组来进行动画计时的设置，如图 6.44 所示。

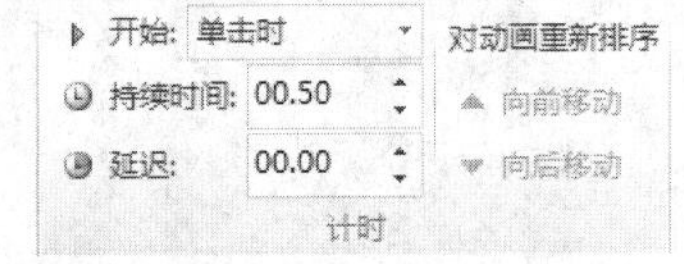

图 6.44 动画计时

4. 动画重新排序设置

当幻灯片中设置了多个动画对象时,用户就可以根据实际需求对各个动画进行重新排序,调整各个动画出现的顺序。

打开【动画】选项卡，在【高级动画】组中打开“动画窗格”任务窗格，选择其中一个标号的对象动画，在【计时】组中单击“向后移动”或“向前移动”按钮，就可以让该动画向相应方向移动一位，如图 6.45 所示。多次进行操作就可多次移动。

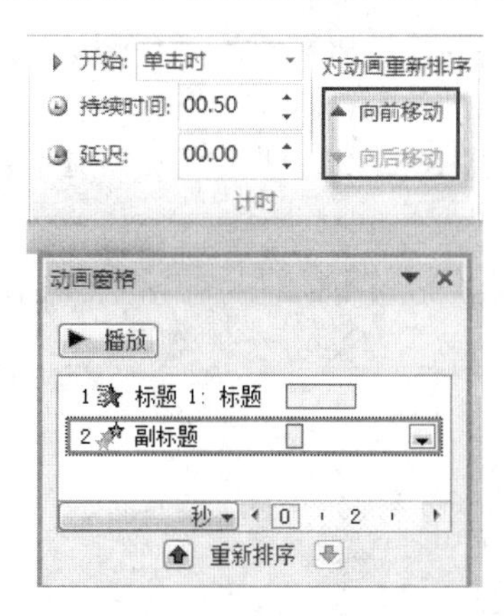

图 6.45 动画排序

删除幻灯片中不需要的动画，可以通过【动画窗格】中任务窗格选择需要删除的动画，点击鼠标右键，选择【删除】命令即可，或者使用【Delete】键来直接删除。

5. 设置复杂的运动曲线

相对于其他早期版本的 PowerPoint，PowerPoint 2010 在动画功能上有所增强，可以选择内置的各种形状的路径动画，还可以通过设置，让选定的对象沿着指定路径移动，做出各种复杂的运动曲线，如图 6.46 所示。

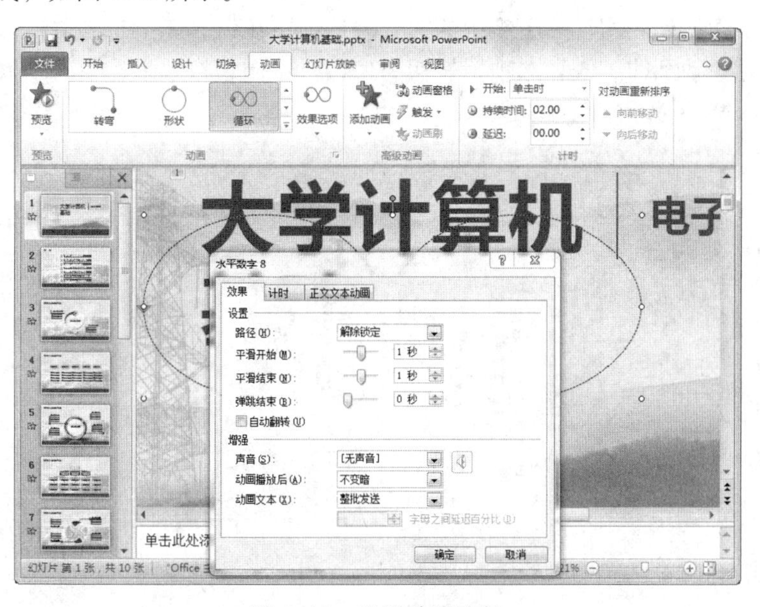

图 6.46 设置动画路径

6.5.4 幻灯片切换设置

按 F5 快捷键可以从头放映现有的幻灯片。在放映过程中，当幻灯片中的动画播放结束时，单击鼠标可实现幻灯片间的切换。但可以发现幻灯片切换得非常生硬，要改变这种状态，可以为幻灯片设置切换效果。幻灯片切换效果是指从一张幻灯片过渡到下一张幻灯片时的切换动画，切换的主体是整张幻灯片。

PowerPoint 2010 提供了多种幻灯片切换效果，在功能区切换到【切换】选项卡，其中的【切换到此幻灯片】组用于控制幻灯片的切换效果，展开其中的动画图库，即可看到程序提供的多种切换方案缩略图，指向缩略图选项，即可实时预览当前幻灯片的切换动画效果，如图 6.47 所示。

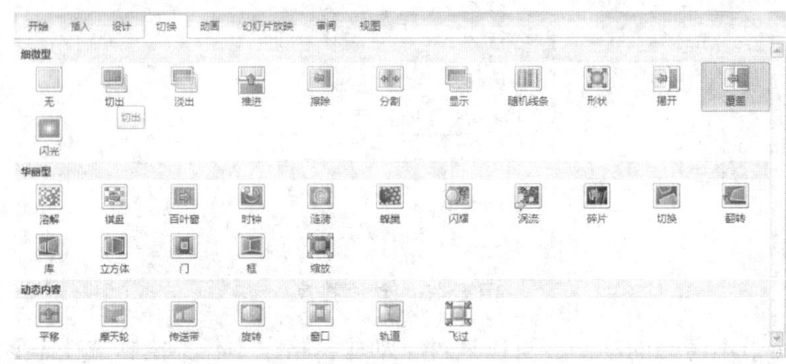

图 6.47　应用幻灯片切换效果

当选择了某一种切换效果后，只是为当前幻灯片应用了切换动画，而其他幻灯片可以用以上方法逐一设置切换效果。如果希望所有的幻灯片都应用一样的切换效果，可以单击【计时】组中的“全部应用”按钮。

为幻灯片应用了切换效果后，可在【切换】选项卡中对其进行以下详细设置：

（1）选择【切换到此幻灯片】组中的“效果选项”按钮，在下拉列表中可以更改切换效果的细节。与对象动画的“效果选项”按钮类似，对不同切换效果，下拉列表中的内容也有所不同，如图 6.48 所示。

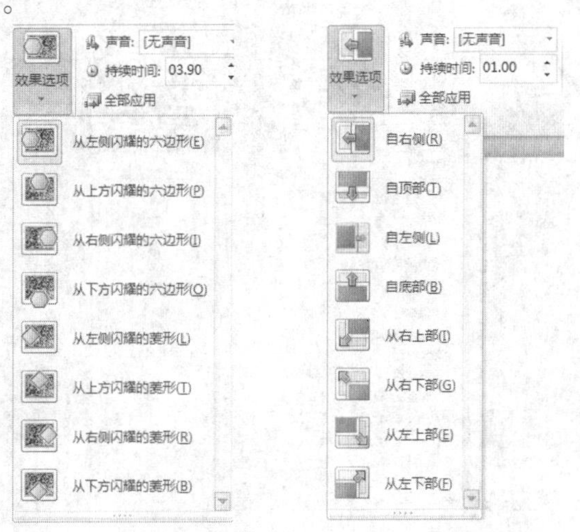

图 6.48　不同幻灯片切换效果的“效果选项”列表

（2）【切换】选项卡【计时】组中的“声音”、“持续时间”和“全部应用”按钮与“动画”选项卡的相应按钮的功能一致，可参考上节内容进行设置。

（3）【计时】组中的“换片方式”中，如果选中“单击鼠标时”复选框，则在幻灯片动画播放结束后，单击鼠标才会切换到下一张幻灯片；如果选中“设置自动换片时间”复选框，则在幻灯片动画播放结束后，延迟相应时间切换到下一张幻灯片。

6.5.5 幻灯片链接设置

通过幻灯片的切换设置，让幻灯片的展示过程变得更加生动，但这种展示总是按从前至后的顺序进行的，而实际中可能需要根据讲解流程要求，在不同幻灯片间切换、跳转查看。这时就需要为幻灯片添加链接，通过单击链接直接控制放映到指定的目标内容。

超链接是指向特定位置或特定文件的一种连接方式，可以使用这种方式完成指定程序的跳转。超链接只有在幻灯片放映时才有效，可以跳转到当前演示文稿中的特定幻灯片、其他演示文稿特定的幻灯片、自定义放映、电子邮件地址、文件或Web页上。只有幻灯片中的对象才可以添加超链接，备注、讲义等内容则不能添加超链接。

PowerPoint 2010主要有两种设置链接的方式：一种是超链接设置，一种是动作设置。下面分别进行介绍。

1. 超链接设置

超链接需要有依附的对象，可以对幻灯片中的所有对象设置链接，但最普遍的还是文本和图形。下面为目录幻灯片中的各图形设置超链接，以分别指向各自对应的幻灯片内容。

（1）切换到目录幻灯片，选择第一个矩形，即“公司简介”条目，在功能区切换到【插入】选项卡，在【链接】组中单击“超链接”按钮，或选中对象直接按快捷键【Ctrl+K】，如图6.49所示。

图6.49 “超链接”按钮

（2）在弹出的“插入超链接”对话框左侧的“链接到”栏中能够看到可设置的4种链接目标类型，这里选择“本文档中的位置”选项，如图6.50所示。

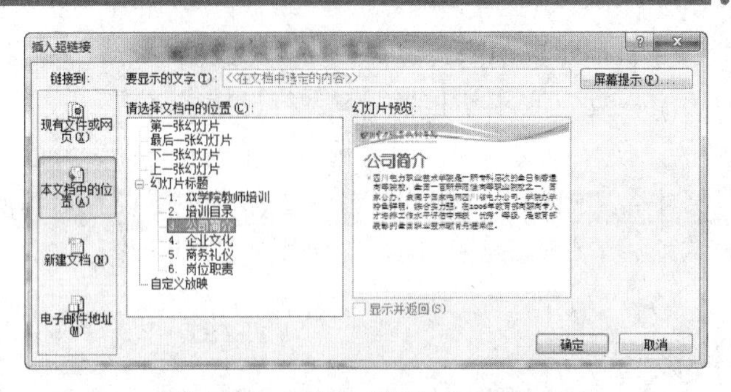

图 6.50 “插入超链接”对话框

（3）在对话框中间的“请选择文档中的位置”列表框中列出了当前演示文稿中的各个幻灯片，这里选择要链接的目标幻灯片“公司简介”，在“幻灯片预览”栏中会显示链接到的幻灯片缩略图以便确认，如图 6.50 所示，然后单击【确定】按钮。

（4）此时还看不到设置的效果，可以单击“幻灯片放映”视图按钮，进入放映状态。当鼠标移动到“公司简介”的条目上时，鼠标指针会变为“手” 的样式，表示此对象上设置了超链接，单击该链接即会跳转到指定的幻灯片开始放映。然后使用同样的方法为目录幻灯片中的其他图形对象设置相应的链接。

2. 动作设置

超链接是在用户指定对象上设置链接，帮助用户在不同的幻灯片间切换，而动作按钮是通过在程序提供的播放按钮图形对象上设置动作，来达到控制幻灯片插入的目的，其实质是相同的。

下面，为幻灯片加入动作按钮，使第 3 至 6 张内容幻灯片可以切换回目录幻灯片。

（1）切换到第 3 张“公司简介”幻灯片，在功能区切换到【插入】选项卡，单击【插图】组中的“形状”按钮，在弹出的下拉列表底部选中“第 1 张”动作按钮，如图 6.51 所示。

（2）此时鼠标指针变为“十字”形状，直接按住拖动即可在幻灯片中绘制该动作按钮形状，释放鼠标时会弹出“动作设置”对话框，如图 6.52 所示，在“超链接到”下拉列表中选择“幻灯片”选项。

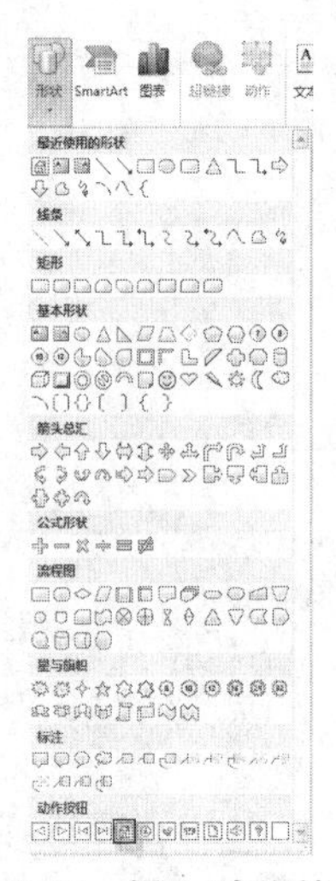

图 6.51 插入动作按钮

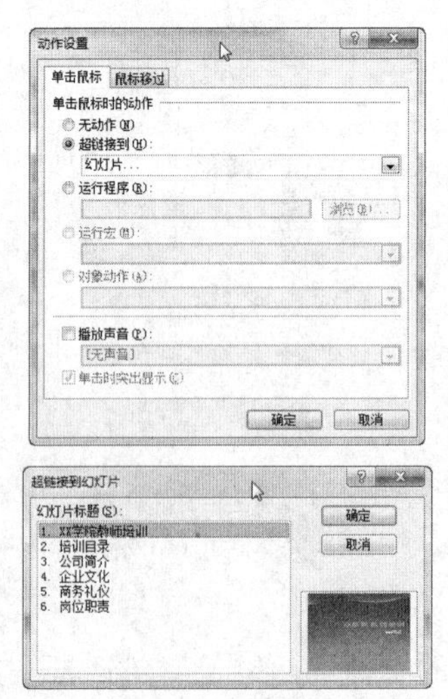

图 6.52 “动作设置”对话框

（3）在弹出的“超链接到幻灯片”对话框中，选择“幻灯片标题”列表中的第 2 张幻灯片标题，单击“确定”按钮。回到“动作设置”对话框，再次单击【确定】按钮。

（4）设置好链接的动作按钮还可以通过【绘图工具】的【格式】选项卡进行格式修改，以保证和幻灯片颜色的配合。将此动作按钮复制并粘贴到其他幻灯片，即完成了动作按钮的设置。

6.6　演示文稿的管理

演示文稿制作完成后，可以将内容完整顺利地呈现在观众面前，即幻灯片的放映。要想准确地达到预想的放映效果，就需要确定放映的类型，进行放映的各项控制，以及其他的一些辅助放映手段的运用等。

6.6.1　幻灯片放映

1. 幻灯片放映的常规操作

前面介绍过幻灯片最常用的放映方式，其实幻灯片的放映大致有 6 种情况，即“幻灯片放映”选项卡下的“开始放映幻灯片”分组中的 6 个按钮，如图 6.53 所示。

图 6.53　“幻灯片放映”选项卡

（1）从头开始

从第 1 张幻灯片开始放映，也可以按【F5】键实现。

（2）从当前幻灯片开始

从当前幻灯片放映到最后的幻灯片，也可以按【Shift+F5】组合键实现。

（3）广播幻灯片

通过 PowerPoint 的“广播幻灯片”功能，PowerPoint 2010 用户能够与任何人在任何位置轻松共享演示文稿，如图 6.54 所示。只需发送一个链接并单击一下，所邀请的每个人就能够在其 Web 浏览器中观看同步的幻灯片放映，即使受邀人没有安装 PowerPoint 2010 也不受影响。

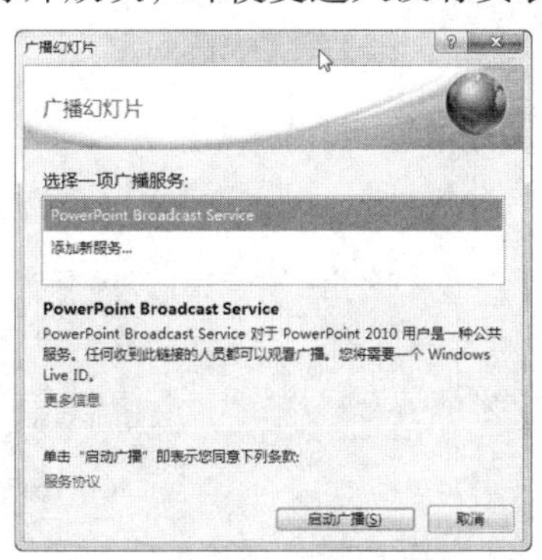

图 6.54　广播幻灯片

（4）自定义幻灯片放映

在相应对话框中可以在当前演示文稿中选取部分幻灯片，并调整顺序，命名自定义放映的方案，以便对不同观众选择适合的放映内容，如图 6.55 所示。

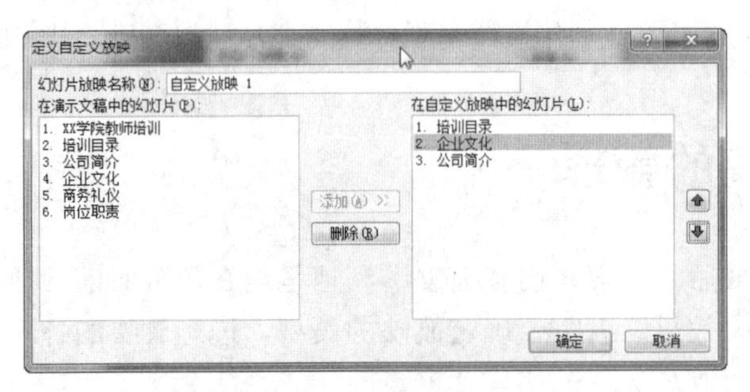

图 6.55 定义自定义放映

演示文稿开始播放，选择“从头开始”按钮，此时幻灯片以全屏方式显示第 1 张幻灯片的内容，单击将切换到下一张幻灯片放映。因幻灯片中设置了链接，则单击链接可切换到指定目标放映，单击其中的动作按钮，同样可达到切换幻灯片的目的。

2. 辅助放映手段

（1）定位幻灯片

在放映的幻灯片中右击，在弹出的右键菜单中选择“下一张”或“上一张”命令，可在前后幻灯片间进行切换，而如果选择“定位至幻灯片”命令，在其子菜单中选择相应项目，可直接跳转到对应的幻灯片进行放映，如图 6.56 所示。

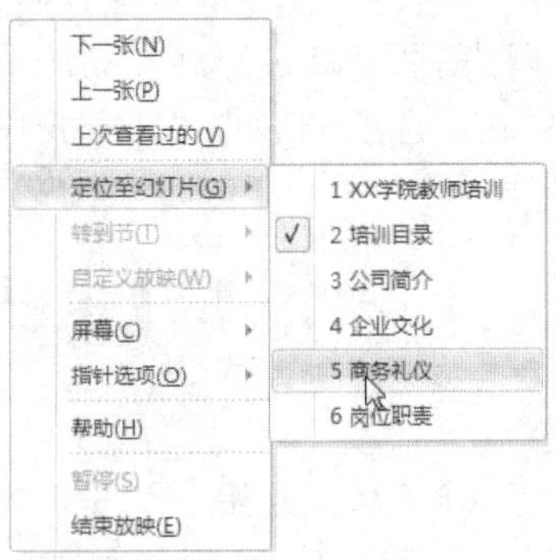

图 6.56 定位至幻灯片

（2）放映时添加注解

如果讲解时，需要通过圈点或画横线来突出一些重要信息，也可在右键菜单中选择“指针选项”命令，在弹出的菜单中选择不同的笔触类型，还可以在“墨迹颜色”下拉列表中选择笔迹的颜色，或按下【Ctrl+P】组合键直接使用默认的笔型进行勾画，如图 6.57 所示。

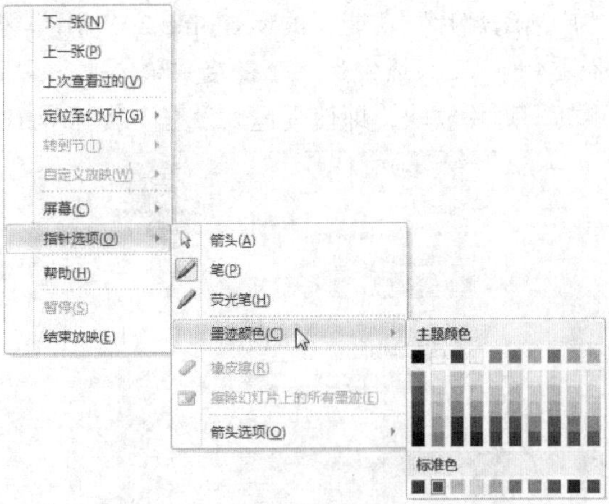

图 6.57 指针选项

（3）清除笔迹

当需要擦除某条绘制的笔迹时，可以在右键菜单中选择“指针选项”中的“橡皮擦”命令，此时鼠标指针变为橡皮擦形状，在幻灯片中单击某条绘制的笔迹即可擦除，或直接按下键盘上的【E】键即擦除所有笔迹。

（4）显示激光笔

当演示文稿放映时，同时按下【Ctrl】键和鼠标左键，会在幻灯片上显示激光笔，移动激光笔并不会在幻灯片上留下笔迹，只是模拟激光笔投射的光点，以便引起观众注意。

（5）结束放映

当选择右键菜单中的“结束放映”时，或按下【Esc】快捷键，将立即退出放映状态，回到编辑窗口。如果放映时在幻灯片上留有笔迹，则会弹出对话框询问是否保留墨迹，如图 6.58 所示。单击【保留】按钮，则所有笔迹将以图片的方式添加在幻灯片中；单击【放弃】按钮，则将清除所有笔迹。

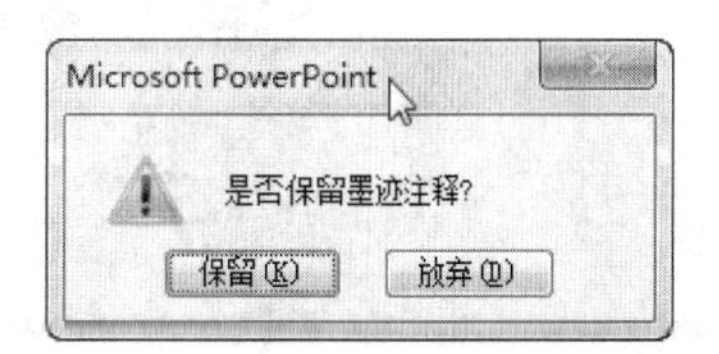

图 6.58　退出放映时的提示

3. 排练计时

如果希望演示文稿能按照事先计划好的时间进行自动放映，则需要先通过排练计时，在真实放映演示文稿的过程中，记录每张幻灯片放映的时间。

（1）在“幻灯片放映”选项卡的“设置”分组中单击“排练计时”按钮，幻灯片进入全屏放映状态，并显示“预演工具”栏，如图 6.59 所示。

（2）可以看到工具栏中当前放映时间和全部放映时间都开始计时，表示排练开始，这时操作者应根据模拟真实演示进行相关操作，计算需要花费的时间，决定何时单击“预演工具”栏中的➡按钮切换到下一张幻灯片。

（3）切换到下一张幻灯片后，可看到第一项当前幻灯片播放的时间开始重新计时，而第二项演示文稿总的放映时间将继续计时，如图 6.60 所示。

图 6.59　排练计时界面

图 6.60　预演工具栏

（4）同样，再进行余下幻灯片的模拟放映，当对演示文稿中的所有幻灯片都进行了排练计时后，会弹出一个提示对话框，显示排练计时的总时间，并询问是否保留幻灯片的排练时间，如图 6.61 所示。

图 6.61　“排练计时结束”对话框

（5）如果单击“是”按钮，幻灯片将自动切换到幻灯片浏览视图下，在每张幻灯片的左下角可看到幻灯片播放时所需要的时间，如图 6.62 所示。

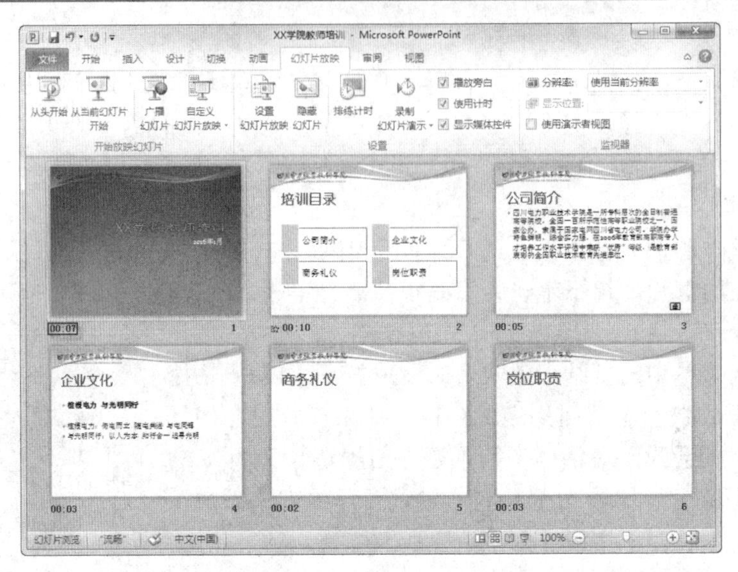

图 6.62　排练好时间后的幻灯片浏览视图

4. 设置幻灯片放映

在“幻灯片放映”选项卡的“设置”分组提供了多种控制幻灯片放映方式的按钮，单击“设置幻灯片放映”按钮，将弹出“设置放映方式”对话框，可根据放映的场合设置各种放映方式，如图 6.63 所示。以下详细介绍一下各选项的功能：

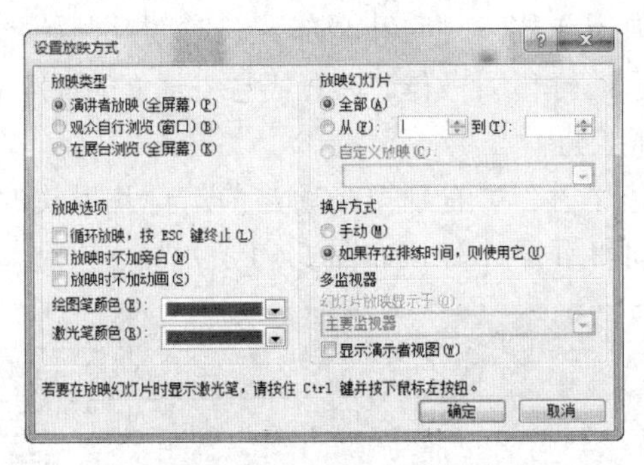

图 6.63　“设置放映方式”对话框

（1）放映类型栏

① 演讲者放映（全屏幕）选项：全屏演示幻灯片，是最常用的放映方式，讲解者对演示过程可以完全控制。

② 观众自行浏览（窗口）选项：让观众在带有导航菜单的标准窗口中，通过方向键和菜单自行浏览演示文稿内容，该方式又称为交互式放映方式。

③ 在展台浏览（全屏幕）选项：一般会通过事先设置的排练计时自动循环播放演示文稿，观众无法通过单击鼠标来控制动画和幻灯片的切换，只能利用事先设置好的链接来控制放映，该方式也称为自动放映方式。

（2）放映选项栏

① 循环放映，按【Esc】键终止选项：放映时演示文稿不断重复播放直到用户按【Esc】键终止放映。

② 放映时不加旁白选项：放映演示文稿时不播放录制的旁白。

③ 放映时不加动画选项：放映演示文稿时不播放幻灯片中各对象设置的动画效果，但还是播放幻灯片切换效果。

④ 绘图笔颜色和激光笔颜色选项：设置各笔型默认的颜色。

（3）放映幻灯片栏

① 全部选项：演示文稿中所有幻灯片都进行放映。

② 从……到选项：在后面的数值框中可以设置参与放映的幻灯片范围。

③ 自定义放映选项：只有在创建了自定义放映方案时才会被激活，用于选择不同的自定义放映方案。

（4）换片方式栏

① 手动选项：忽略设置的排练计时和幻灯片切换时间，只用手动方式切换幻灯片。

② 如果存在排练时间，则使用它选项：只有设置了排练计时和幻灯片切换时间，该选项才有效，当选择了放映类型栏的在展台浏览选项时，一般配合选择此选项。

（5）多监视器栏

多监视器栏可以实现在多监视器环境下，对观众显示演示文稿放映界面，而演讲者通过另一显示屏观看幻灯片备注或演讲稿。"幻灯片放映显示于"列表只在连接了外部显示设备时才被激活，此时可以选择外接监视器作为放映显示屏，并勾选"显示演示者视图"选项方便演讲者查看不同界面。

需要注意的是，在"设置放映方式"对话框中的设置只有在演示文稿放映时才有效。

6.6.2 演示文稿的输出

1. 打印幻灯片

屏幕放映是演示文稿最主要的输出形式，但在某些情况下，还需要将幻灯片中的内容以纸张的形式呈现出来。

（1）打开演示文稿，单击"文件"按钮，在左侧菜单中选择"打印"项目，窗口右侧会出现打印的各类选项及打印预览栏，如图6.64所示。

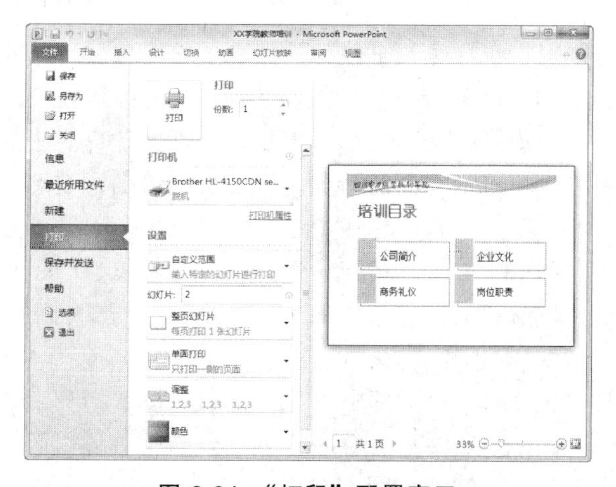

图6.64 "打印"配置窗口

（2）在打印演示文稿前，先要保证正确安装了打印机，在“打印机”下拉列表中选择与计算机连接的打印机。

（3）单击“设置”栏中的第一个下拉列表，根据需要选择打印所有幻灯片或部分幻灯片，这里我们选择“自定义范围”命令，并在下方的“幻灯片”文本框中输入要打印的幻灯片页码范围“1 ~ 6”。

（4）单击“设置”栏中的“方向”下拉列表，选择“横向”命令。在“幻灯片打印版式”下拉列表中选择“6 张水平放置的幻灯片”命令，使打印的纸张为横向，一页打印 6 张幻灯片，可以在打印预览栏看到打印的效果，如图 6.65 所示。

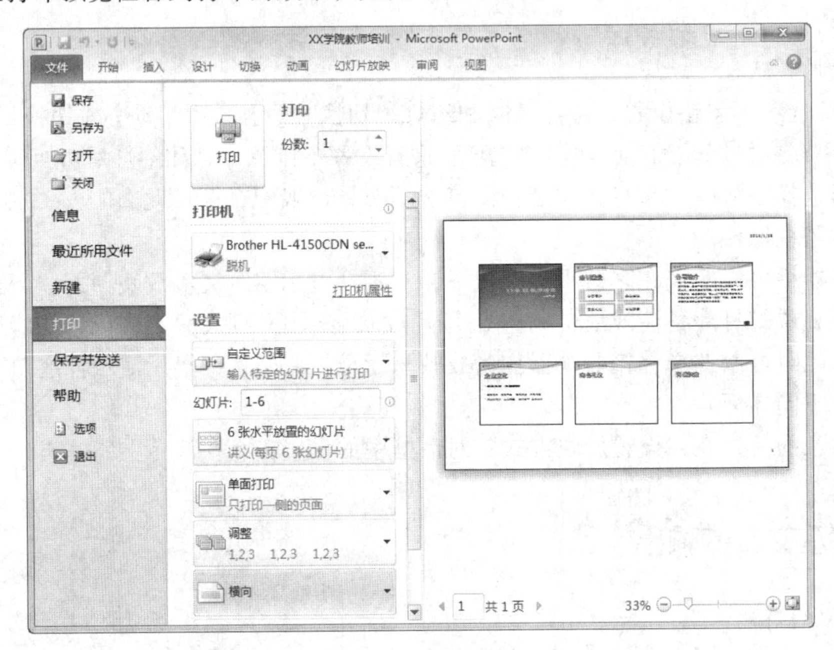

图 6.65　设置好打印选项的预览效果

（5）设置好打印的基本选项后，在“份数”文本框中输入要打印的份数，如果要打印多页，还可以在“调整”下拉列表中选择各页的打印顺序。

2. 打包演示文稿

演示文稿中一般会使用一些特殊的字体，外部又链接一些文件，对于这样的演示文稿如果要在其他没有安装 PowerPoint 的计算机中放映，则最好先将其打包，即将所有相关的字体、文件及专门的演示文稿播放器等收集到一起，再复制到其他计算机中放映，这样可以避免出现因丢失相关文件而无法放映演示文稿的情况。以“教师培训”演示文稿为例，具体操作步骤如下：

（1）打开演示文稿，单击“文件”按钮，选择“保存并发送”项目，在中间一栏的“文件类型”类别下，选择“将演示文稿打包成 CD”命令，再单击右侧的“打包成 CD”按钮，如图 6.66 所示。

（2）在弹出的“打包成 CD”对话框中单击“选项”按钮，在出现的“选项”对话框中选中“链接的文件”和“嵌入的 TrueType 字体”两个复选框，还可以设置打开或修改演示文稿的密码，最后单击【确定】按钮，如图 6.67 所示。

图 6.66　将演示文稿打包成 CD

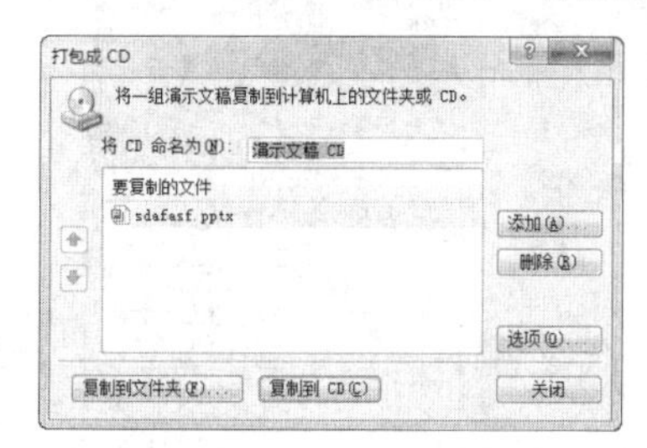

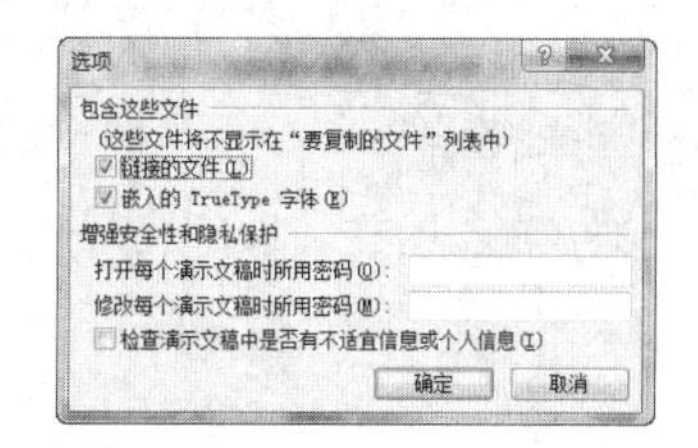

图 6.67　“打包成 CD”对话框及“选项”对话框

（3）返回“打包成 CD”对话框，单击其中的“复制到文件夹”按钮，在所弹出对话框的“文件夹名称”文本框中为打包文件夹命名，然后单击“浏览”按钮，在弹出的对话框中设置打包演示文稿的文件夹位置，然后单击【确定】按钮。

（4）此时程序会出现一个提示框，询问打包时是否包含链接文件（即演示文稿中插入的音频和视频文件），单击【是】按钮，程序将开始自动复制相关的文件到上一步的文件夹，并显示进度。

（5）复制过程完成后，程序默认打开打包文件所在的文件夹，可以看到其中包含了演示文稿、链接的文件及播放器等内容。PowerPoint 返回到“打包成 CD”对话框中，单击【关闭】按钮。

（6）要在其他计算机中放映该演示文稿时，只需要将整个打包文件夹复制过去，并双击其中的“.pptx”文件放映即可。

6.6.3　演示文稿的管理

“节”是 PowerPoint 2010 中新增的功能，主要用来管理幻灯片，可以使用多个节组织大型演示文稿的结构，以简化其管理和导航。分好节之后，可以命名和打印整个节，也可将效果单独应用于某个节。

1. **创建节**

对于幻灯片数量较多的演示文稿来说，将一个主题的幻灯片分节管理，可以帮助我们快速查找和浏览幻灯片内容。

打开演示文稿，切换到“普通视图”，按照主题将幻灯片分为若干个节。

（1）单击第二张幻灯片，在功能区切换到【开始】选项卡，单击【幻灯片】组中的“节”按钮，在下拉菜单中单击“新增节”命令，如图 6.68 所示。

（2）这时，幻灯片窗格中会出现两个节，一个是上一步骤中手动创建的第二张幻灯片前的节，名为“无标题节”；另一个是程序在第一张幻灯片前自动创建的节，名为“默认节”，如图 6.69 所示。

可使用以上方法依次为其余两个主题的幻灯片创建节。

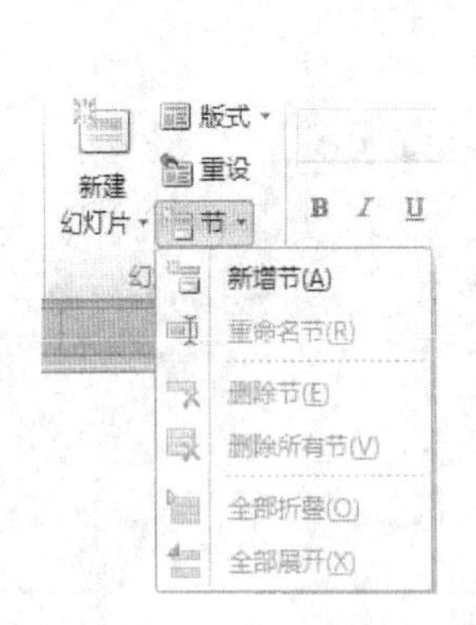

图 6.68 “新增节”命令项

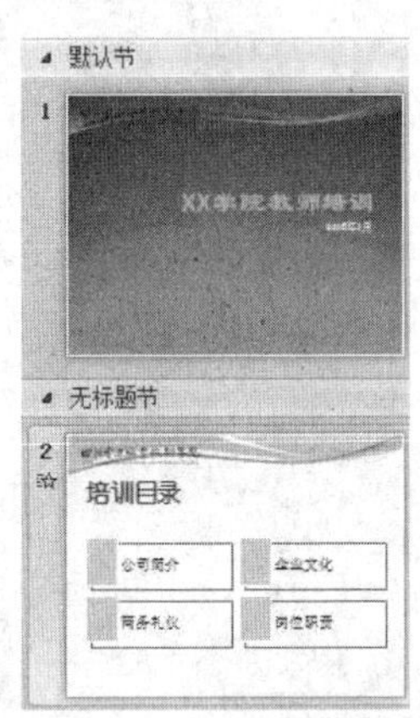

图 6.69 创建的“无标题节”

2. **重命名节**

新建节的名称均默认为“无标题节”，可以为其重命名，以便识别。

（1）在节上单击鼠标右键，在右键菜单中单击“重命名节”命令，如图 6.70 所示。

（2）在弹出的“重命名节”对话框中，将“节名称”文本框内容修改为本节的名称“培训内容”，然后单击“重命名”按钮，如图 6.71 所示。

（3）用以上方法为其他节重命名。

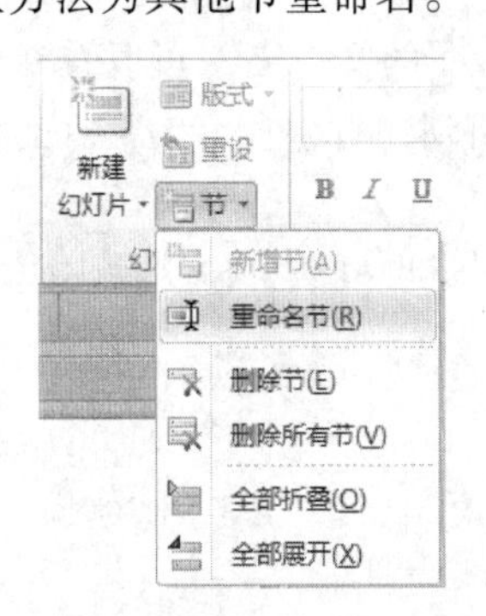

图 6.70 “重命名新增节”命令项

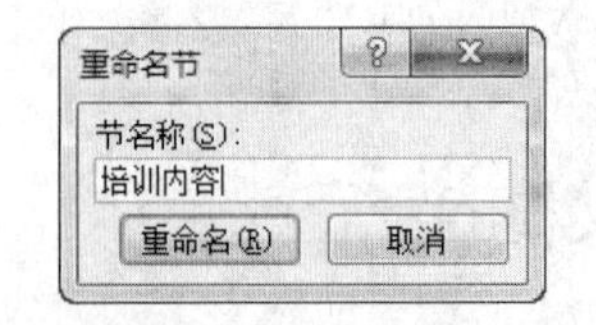

图 6.71 “重命名节”对话框

3. **折叠和展开节**

（1）折叠或展开单个节：在“普通视图”或“浏览视图”中，双击要折叠或展开的节。

折叠的节上会显示节的名称及本节幻灯片的数量。

（2）折叠或展开全部节：在【开始】选项卡中，单击【幻灯片】组中的“节”按钮，在下拉菜单中单击“全部折叠”或“全部展开”命令。也可以在节的右键菜单中选择相应命令。

4. 为节应用不同的主题

单击“培训内容”节，此时节和其中的幻灯片都被选中。

在功能区切换到【设计】选项卡，单击【主题】组主题库中的“波形”主题，可以看到节中的幻灯片均应用了所选主题。

练习题

一、单项选择题

1. 以下（　）不是 PowerPoint 的视图模式。

A. 页面视图　B. 普通视图　C. 幻灯片浏览视图　D. 阅读视图

2. PowerPoint 2010 演示文稿文件的扩展名是（　）。

A. .doc　B. .pptx　C. .bmp　D. .xls

3.（　）对象可以设置动画效果。

A. 自绘图形　B. 图片　C. 文本框　D. 以上都可以

4. 幻灯片布局中的虚线框是（　）。

A. 占位符　B. 图文框　C. 特殊字符　D. 显示符

5. 自定义动画时，以下不正确的说法是（　）。

A. 各种对象均可设置动画　B. 动画设置后，先后顺序不可改变

C. 同时还可配置声音　D. 可将对象设置成播放后隐藏

6. 在幻灯片母版设置中，可以起到（　）的作用。

A. 统一所有幻灯片的风格　B. 统一标题内容

C. 统一图片内容　D. 统一页码

7. 如果要播放演示文稿，可以使用（　）。

A. 普通视图　B. 浏览视图

C. 放映视图或按【F5】键　D. 以上都对

8. 在幻灯片浏览视图中要选定连续的多张幻灯片，先选定起始的一张幻灯片，然后按住（　）键，再选定末尾的幻灯片。

A. Ctrl　B. Enter　C. Alt　D. Shift

9. 在幻灯片版式上的链接功能中（　）不能进行链接的设置。

A. 文本内容　B. 按钮对象　C. 图片对象　D. 声音对象

10. PowerPoint（　）视图模式用于查看幻灯片的播放效果。

A. 大纲模式　B. 幻灯片模式

C. 幻灯片浏览模式　D. 幻灯片放映模式

11. 在以下（　）视图中，用户可以看到画面变成上下两半，上面是幻灯片，下面是文本框，可以记录演讲者讲演时所需的一些提示重点。

A. 幻灯片浏览视图　　B. 阅读视图　　C. 备注页视图　　D. 普通视图

12. 放映幻灯片时，要对幻灯片的放映具有完整的控制权，应使用（　）放映方式。

A. 自动放映　　B. 展台浏览　　C. 演讲者放映　　D. 观众自行浏览

13. 利用 PowerPoint（　）提供的指导，可以使不太专业的人员亲手创建一份比较专业的、包括格式及文稿机关的文档。

A. 大纲　　B. 索引　　C. 规则　　D. 模板

14. 设置 PowerPoint 对象的超链接功能是指把对象链接到其他（　）上。

A. 幻灯片、文件或程序　　B. 图片

C. 文字　　D. 其他三项皆可

15. 下列关于 PowerPoint 的叙述中，正确的是（　）。

A. 一个幻灯片中只能有一张“标题幻灯片”母版的幻灯片

B. 幻灯片视图中，只能查看或编辑一张幻灯片

C. 幻灯片中可以插入文字、图表、音频和视频等

D. 备注页中的内容和幻灯片的内容分别保存在不同的文件中

16. 要使幻灯片在放映时能够自动播放，需要为其设置（　）。

A. 预设动画　　B. 排练计时　　C. 录制旁白　　D. 动作按钮

17. 在 PowerPoint 的普通视图中，隐藏了某个幻灯片后，在幻灯片放映时被隐藏的幻灯片将会（　）。

A. 在幻灯片放映是仍然可放映，但是幻灯片上的文字内容被隐藏

B. 在幻灯片放映时不放映，但仍然保存在文件中

C. 在普通视图的编辑状态中被隐藏

D. 从文件中删除

18. 在 PowerPoint 中，（　）以最小化的形式显示演示文稿中的所有幻灯片，用于组织和调整幻灯片的顺序。

A. 幻灯片浏览视图　　B. 备注页视图　　C. 幻灯片放映视图　　D. 阅读视图

19. 在 PowerPoint 中，动作按钮可以链接到（　）。

A. 其他幻灯片　　B. 其他文件　　C. 其他三项都行　　D. 网址

20. 在 PowerPoint 中，排练计时的作用是（　）。

A. 让演示文稿中的幻灯片按照预先设置的时间放映

B. 其他三项都不正确

C. 让演示文稿自动放映

D. 让演示文稿人工放映

21. 要在每一张幻灯片的相同位置显示一张小图片，应该进行的设置是（　）。

A. 幻灯片切换　　B. 配色方案　　C. 自定义动画　　D. 幻灯片母版

22. 在 PowerPoint 中，用户可以自己设计模板，自定义的设计模板（　）。

A. 可以保存在自己创建的文件夹中

B. 不能保存在 Templates 文件夹中

C. 只能保存在 Templates 文件夹中

D. 必须保存在 C:盘

23. 在幻灯片中插入声音后，有关说法正确的有（　）。

A. 声音开始后只能连续播放至结束

B. 只能从头开始播放声音

C. 不能设置声音的停止播放位置

D. 可以设置声音的开始播放时间

24. 在放映幻灯片时，如果需要从第2张切换至第5张，应（　）。

A. 右击幻灯片，在快捷菜单中选择第5张幻灯片

B. 在制作时建立第2张转至第5张的超链接

C. 放映时双击第5张就可切换

D. 停止放映，双击第5张后再放映

25. 在PowerPoint中，对于已创建的多媒体演示文档可以用（　）命令转移到其他未安装PowerPoint的机器上放映。

A. 发送　　B. 复制　　C. 打包　　D. 设置幻灯片放映

二、多项选择题

1. 在PowerPoint中，下列关于设置文本的段落格式的叙述错误的是（　）。

A. 行距是固定的，不能调整　　B. 段落的对齐方式是固定的，不能调整

C. 图形不能作为项目符号　　D. 不能设置段落格式

2. 在PowerPoint中，有关选定幻灯片的说法中正确的是（　）。

A. 如果要选定多张不连续幻灯片，在浏览视图下按【Ctrl】键并单击各张幻灯片

B. 如果要选定多张连续幻灯片，在浏览视图下按下【Shift】键并单击最后要选定的幻灯片

C. 在普通视图下，也可以选定多个幻灯片

D. 在浏览视图中单击幻灯片，即可选定

3. 有关在幻灯片的占位符中添加文本的方法正确的是（　）。

A. 单击标题占位符，将插入点置于该占位符内

B. 文本输入完毕，单击幻灯片旁边的空白处就行了

C. 在占位符内，可以直接输入标题文本

D. 文本输入中不能出现标点符号

4. 幻灯片中能够为（　）对象进行自定义动画设置。

A. 表格　　B. 图片　　C. 艺术字　　D. 自选图形

5. 在幻灯片窗格中，选择多个对象可以（　）。

A. 选择矩形画图工具，利用鼠标在包含这些对象的区域中画一个框

B. 单击一个对象后，按住【Shift】键，再单击其他对象

C. 分别单击每一个要选择的对象

D. 单击一个对象后，按住【Ctrl】键，再单击其他对象

三、判断题

1. 在幻灯片放映过程中，用户可以在幻灯片上写字或画画，这些内容将保存在演示文稿中。（　）

2. 用自选图形在幻灯片中添加文本时，插入的图形是无法改变其大小的。(　)

3. PowerPoint 中的一张幻灯片必须对应一个演示文件。(　)

4. 动作设置可以在众多的幻灯片中实现快速跳转，也可以实现与 Internet 的超级链接，但不可以应用动作设置启动某一个应用程序。(　)

5. 幻灯片的页面设置决定了幻灯片、备注页、讲义及大纲在屏幕和打印纸上的尺寸和方向，用户可以改变这些设置。(　)

6. 幻灯片动画设置的对象可以是艺术字。(　)

7. 幻灯片放映时只能按照顺序播放。(　)

8. 幻灯片放映一旦开始就必须放完才能结束。(　)

9. 幻灯片由插入文字、图表、组织结构图等所有可以插入的对象组成。(　)

10. 排练计时可以为演示文稿估计一个放映时间，以用于自动放映。(　)

11. 为方便用户将演示文稿拿到其他机器上去演示，可以将演示完稿进行打包，减少其占用的空间，便于存储携带。(　)

12. 演示文稿只能用于放映幻灯片，无法输出到打印机中。(　)

13. 要使每张幻灯片都出现某个对象，可以向母版中插入该对象。(　)

14. 一张幻灯片就是一个演示文稿。(　)

15. 在 PowerPoint 大纲窗格中，要移动幻灯片只能够通过“剪切”和“粘贴”操作，不能通过鼠标拖动实现。(　)

16. 在 PowerPoint 中，从头播放幻灯片文稿时，需要跳过第 5—9 张幻灯片接续播放幻灯片，应设置隐藏幻灯片 5—9。(　)

17. 在 PowerPoint 中，观众自行浏览放映方式将不以全屏幕方式显示。(　)

18. 幻灯片切换时也可以设置动态效果。(　)

19. 在 PowerPoint 中，可以插入新幻灯片，但不可以复制。(　)

20. 在 PowerPoint 中，同一对象只能设置一种动画效果。(　)

21. 在 PowerPoint 中，图表中的元素不可以设置动画效果。(　)

22. 在 PowerPoint 中，用“文本框”工具在幻灯片中添加文字时，文本框的大小和位置是固定的。(　)

23. 在 PowerPoint 中，只有在“幻灯片浏览视图”才能调整幻灯片的顺序。(　)

24. 在 PowerPoint 中，不能超链接到本文档的某张幻灯片。(　)

25. 在 PowerPoint 中，设置动画的同时可以增加声音。(　)

26. 在幻灯片中插入声音文件后，此声音文件只能在当前幻灯片中播放。(　)

27. 在演示文稿中，设计了超级链接的文本，将按照配色方案中制定的颜色显示。(　)

28. 在一个演示文稿中，可以同时使用不同的模板。(　)

29. 在 PowerPoint 中，设置动画效果时，可以先预览动画效果。(　)

30. 在幻灯片放映时，可以设置不播放动画。(　)

四、填空题

1. 在 PowerPoint 中，______实质上是版式中预先设定的。

2. 在 PowerPoint 中，控制幻灯片外观的方法有______、设计模板。

3. 在 PowerPoint2010 中，模板是一种特殊文件，其扩展名为______。

4. 对幻灯片放映条件进行设置时，应在______选项卡中进行操作。

5. 在 PowerPoint 2010 中，有幻灯片母版、______、备注母版 3 种类型。

6. 要改变幻灯片中对象的动画顺序，可以使用______来调整动画顺序。

7. 在幻灯片上绘制正方形，可以单击“矩形”工具按钮，然后在幻灯片上按______键拖动鼠标。

8. 在幻灯片浏览视图下，按住【Ctrl】键并拖动某幻灯片，可以完成______操作。

9. 在 PowerPoint 演示文稿放映时，若要中途退出播放状态，应按______功能键。

10. PowerPoint 提供的放映方式有______、观众自行浏览和在展台浏览。

第 6 章　参考答案

第 7 章 Access 2010 数据库（选修）

本章要点

✧了解数据库基础知识。
✧掌握数据库表、查询、窗体、报表的使用。
✧熟悉宏及模块的运用。

7.1 数据库基础

7.1.1 数据库概述

“数据库”已经成为现代计算机领域中十分流行的名称。在生活中，学校的图书管理、银行的账户管理、超市的商品管理都要用到数据库。

数据库 DataBase，简称 DB。它是存储数据的仓库，是按某种特定方式存储在计算机内的数据的集合。

数据库系统 DataBase System，简称 DBS，是一种可以有组织地、动态地存储大量关联数据，方便用户访问的计算机软件和硬件资源组成的系统。数据库系统由 5 部分组成：硬件系统、数据库集合、数据库管理系统及相关软件、数据库管理员和用户名。

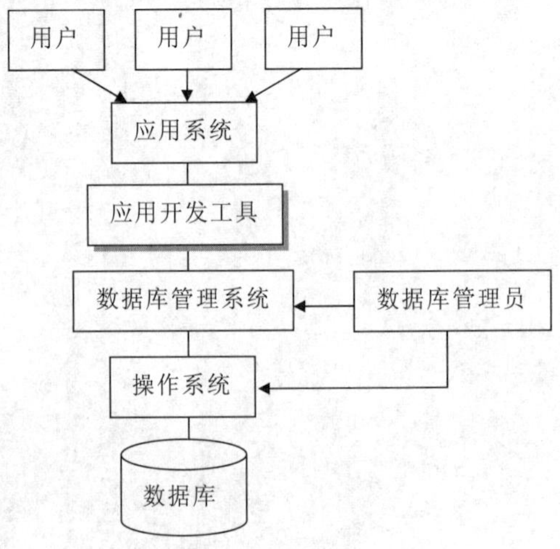

图 7.1　数据库系统层次示意图

数据库管理系统 DataBase Management System，简称 DBMS，是数据库系统中专门对数据进行管理的软件，是数据库系统的核心组成部分。常用的企业级数据库管理系统有 Oracle、IBM DB2、Sybase、SQL Server 等，用户级数据库管理系统有 Access、Visual Foxpro 等。

数据库应用系统是为某一类实际应用定制开发的应用软件系统。例如财务管理系统、学生报到注册管理系统等。

数据库管理系统是数据库系统的组成部分，数据库又是数据库管理系统的管理对象。数据库系统包括数据库管理系统和数据库。

数据库技术发展到现在，常用的几种数据模型有层次模型、网状模型和关系模型及面向对象的数据模型。Access 使用的就是现在十分流行的关系数据模型。

关系数据模型的逻辑结构是一张二维表，如图 7.2 所示，而其中又有型和值的概念。型是对某一类数据的结构和属性的说明，值是型的一个具体赋值。表中的一行称为一条记录。例如，图 7.2 的课程类型、类别、课程名称等为记录型，第一条记录中的“校内公选课”为课程类型的值，表中共有 7 条记录。

Course

课程类型	类别	课程名称	工号	授课教师	周学时	周数	学时	学分	上课地点	上课时间1
校内公选课	IT类	Access数据库	5173	何冰	6	6	32	2	C2-210	2-78 3-78
校内公选课	体育	乒乓球	3314	李龙	2	14	28	2	运动场	2-78
校内公选课	体育	太极拳与太极推手	3154	谢明淑	2	16	32	2	运动场	2-78
校内公选课	体育	田径--中长跑	3171	唐晓虎	2	14	28	2	运动场	2-78
校内公选课	外语	英语过级训练	3328	沈健	2	14	28	2	C2-210	4-78
校内公选课	体育	羽毛球	3255	薛瑜	2	14	28	2	运动场	3-78
网络公选课	通识	大学生创业基础		李肖鸣				2		

图 7.2　关系数据模型示例

7.1.2　Access 简介

1. Access 的优点

Microsoft Office Access 是由微软发布的关系数据库管理系统。Microsoft Access 在很多地方得到广泛使用，例如小型企业，大公司的一些部门。Access 以功能强大、易学易用、界面友好等特点备受人们瞩目。现在，它已经成为世界上最流行的桌面数据库管理系统。

Access 的用途体现在 2 个方面：

（1）用来进行数据分析

Access 有强大的数据处理、统计分析能力，利用 Access 的查询功能，可以方便地进行各类汇总、平均等统计。并可灵活设置统计的条件。比如在统计分析上万条记录、十几万条记录及以上的数据时速度快且操作方便，这一点是 Excel 无法与之相比的。这一点体现在：会用 Access，提高了工作效率和工作能力。

（2）用来开发软件

Access 用来开发软件，比如生产管理、销售管理、库存管理等各类企业管理软件，其最大的优点是：易学！非计算机专业的人员，也能学会。低成本地满足了那些从事企业管理工作的人员的管理需要，通过软件来规范同事、下属的行为，推行其管理思想。（VB、.net、C 语言等开发工具对于非计算机专业人员来说太难了，而 Access 则很容易）。这一点体现在：

实现了管理人员（非计算机专业毕业）开发出软件的“梦想”，从而转型为“懂管理+会编程”的复合型人才。

另外，在开发一些小型网站 WEB 应用程序时，用来存储数据。例如 ASP+Access。这些应用程序都利用 ASP 技术在 Internet Information Services 运行，比较复杂的 WEB 应用程序则使用 PHP/MySQL 或者 ASP/Microsoft SQL Server。

2. **Access 数据库的系统结构**

Access 数据库共有表、查询、窗体、报表、宏和模块 6 个数据库对象。Access 所提供的这些对象都存放在一个数据库文件。

每种数据库对象实现不同的数据库功能。例如，用表来存储数据，用查询来检索符合条件的数据，通过窗体来浏览或更新表中的数据，通过报表指定的方式来分析和打印数据。

表是数据库的核心与基础，存放着数据库的全部数据。查询、窗体、报表都可以根据用户和某一特定需求，从数据库中获取数据，如查找、计算、统计、打印、修改数据。窗体可以提供一种良好的用户操作环境，通过它可以直接或间接地调用宏或模块，并执行查询、打印等功能。

（1）表

表是 Access 中存储数据的地方，是数据库的核心和基础，是整个数据库系统的数据源，也是其他数据库对象的基础。

在 Access 中，可以利用表向导、表设计器以及 SQL 语句创建表。利用表设计器创建表的工作窗体如图 7.3 所示，称为“设计视图”；用于直接编辑、添加、删除表中数据的工作窗口如图 7.4 所示，称为“数据表视图”。

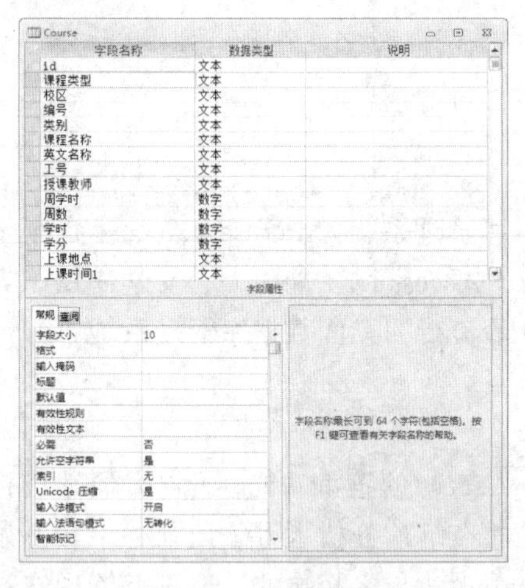

图 7.3　表设计视图

图 7.4　数据表视图

（2）查　询

“查询”是一个“虚表”，是以表为数据源的。它不仅可以作为表加工处理后的结果，还可以作为数据库其他对象的数据来源。

在 Access 中，可以利用查询向导、“设计视图”及 SQL 语句创建查询。图 7.5 所示为利用“设计视图”创建查询。

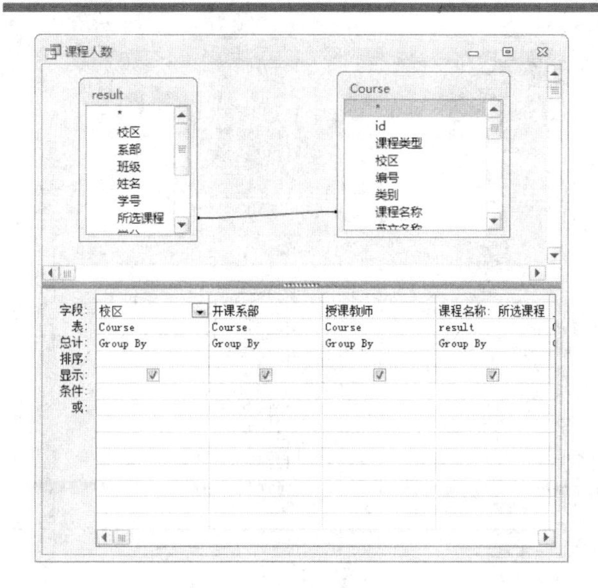

图 7.5　查询设计视图

（3）窗　体

窗体是屏幕的工作窗口，是 Access 中最为灵活的一个对象。在 Access 中，窗体是数据库操作过程时刻存在的一个数据对象。它的数据源可以是表或查询。利用窗体可以查询和输入数据，并可以通过添加按钮来控制数据库程序的执行。通过在窗体中插入宏，用户可以把 Access 的各个对象方便地联系起来。

图 7.6 所示为窗体的“设计视图”，窗体通常由窗体页眉、页面页眉、主体、页面面脚、窗体页脚 5 部分组成。

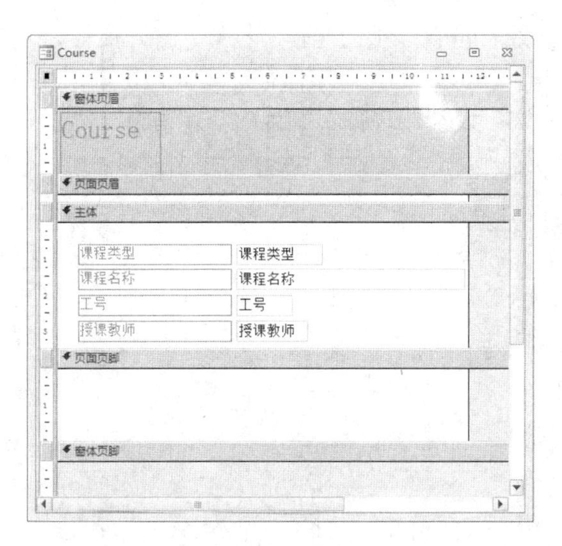

图 7.6　窗体设计视图

（4）报　表

报表是数据库中数据输出的另一种形式，可以将数据库中数据分析、处理的结果打印输出，也可以对输出的数据进行分类小计、分组汇总等，使用报表可以将数据处理结果多样化。图 7.7 所示为报表输出格式的预览窗口。

图 7.7　报表预览窗口

（5）宏

宏是数据库中另一个特殊对象，是一个或多个操作命令的集合，其中每一个操作命令都能实现特定功能。

在日常工作中，用户经常重复大量的操作。例如，打开窗体、生成报表、保存、修改等，利用宏可以简化这些操作，使大量重复性操作自动完成，使数据库的管理和维护更加容易。

图 7.8 所示为利用“宏”设计器进行宏设计的工作窗口。

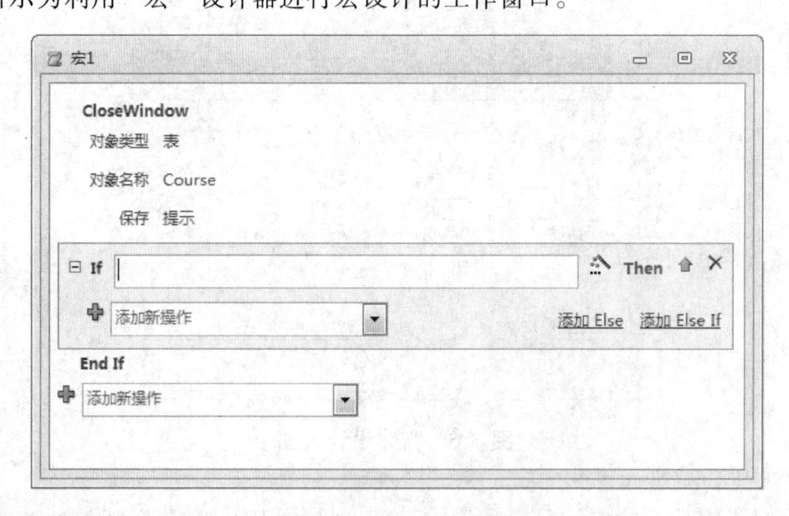

图 7.8　宏设计工作窗口

（6）模　块

模块是 VBA 声明和过程作为一个单元进行保存的集合，是应用程序开发人员的工作环境。它通过嵌入在 Access 中的 VB 程序设计语言编辑器和编译器实现与 Access 的结合。

3. **Access 数据库的操作环境**

Access 2010 的操作环境与 Word 2010、Excel 2010 区别不大，新增了一个“导航窗格”。

打开一个数据库后，在左侧就可以看到导航窗格。导航窗格有 2 种状态：折叠状态和展开状态。单击导航窗格上部的 « 或 » 按钮，可以折叠或展开导航窗格。如果需要较大的窗口显示数据库，则可以把导航窗格折叠起来。

导航窗格实现对当前数据库的所有对象的管理和对相关对象的组织。导航窗格显示数据库中的所有对象，并且按类别将它们分组。单击窗格上部的下拉箭头，可以显示分组列表，如图 7.9 所示。

在导航窗格中，右击任何对象就能打开快捷菜单，从中选择某个任务，以执行某个操作，如图 7.10 所示。

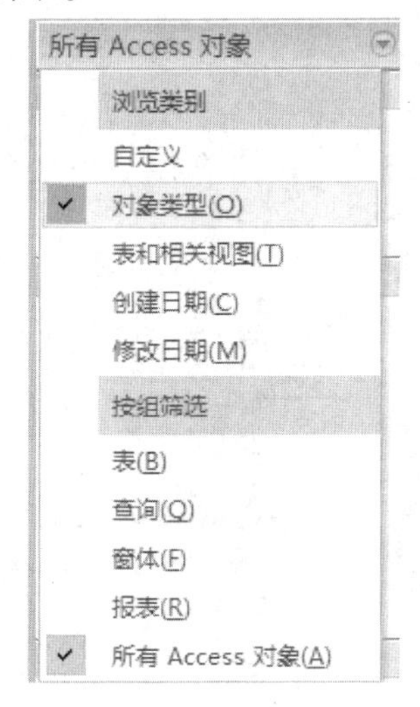

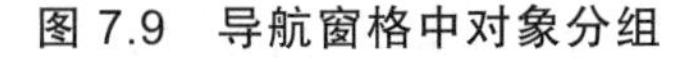
图 7.9　导航窗格中对象分组

图 7.10　导航窗格的快捷菜单

在导航窗格中，还可以对对象进行分组。分组是一种分类管理数据库对象的有效方法。在一个数据库中，如果某个表绑定到一个窗体、两个查询和一个报表，则导航窗格将把这些对象归组在一起。

提示：数据库对象与数据库是两个不同的概念。一个数据库可包括一个或若干个数据库对象。

7.2　创建数据库和表

7.2.1　创建数据库

Access 提供了两种建立数据库的方法：一种是从空数据库开始创建数据库，另一种是使用模板创建数据库。

【例 7.1】 建立“学生管理”数据库，并将建好的数据库保存于桌面。

单击【文件】→【新建】命令，在“可用模板”中选择“空数据库”按钮，在窗口右侧的“文件名”框旁单击“浏览到某个位置来存放数据库”，如图 7.9 所示。在弹出的“文件新建数据库”对话框中选择保存位置为“桌面”，设置文件名为“学生管理”，单击“确定”按钮，返回如图 7.11 所示界面，单击“创建”按钮，完成空数据库的创建。

图 7.11 创建空数据库

7.2.2 创建表

表由字段组成，字段的信息则由数据类型表示。

1. 数据类型

表 7.1 数据类型

序号	数据类型	默认宽度	适用范围
1	文本类型	50	有序，存放 1~255 个任意字符
2	备注类型		存放长文本，存放 64000 个字符
3(1)	数字类型(字节,byte)	1	有序，存放 0~255 的整数
3(2)	数字类型(整形,integer)	2	有序，存放-32768~32767 的整数
3(3)	数字类型(长整形，long integer)	4	有序，存放-2147483648 ~ 2147483647 的整数
3(4)	数字类型(单精度,single)	4	有序，存放-3.402823E38 ~ 3.402823E38 的数，保留 7 位小数

续表

序号	数据类型	默认宽度	适用范围
3(5)	数字类型(双精度,double)	8	有序，存放 -1.79769313486231E308 ~ 1.79769313486231E308 的数，保留 15 位小数
3(6)	数字类型(同步复制,replication ID)	16	系统自动设置字段值
3(7)	数字类型(小数,Decimal)	12	有序，28 位小数，占 14 字节
4	日期/时间类型	8	有序，存放 100~9999 年的日期与时间的值，固定占 8 字节
5	货币类型	4	有序，存放 1~4 位小数的数据，精确到小数点左边 15 位和小数点右边第 4 位，固定占 8 字节
6	自动编号类型	4(16)	由系统自动为新记录指定唯一顺序号或随机编号
7	是/否类型	1	就是布尔类型，用于字段只包含两个可能值中的一个。“-1”表示“是”值，“0”表示“否”值，占 1 字节
8	OLE 对象类型		存放数据表中的表格、图形、图像、声音等嵌入或链接对象
9	超链接类型		存放超链接地址
10	查阅向导类型	4	显示从表或查询中检索到的一组值，或显示创建字段时指定的一组值
11	计算		用于计算的结果。计算时必须引用同一张表中的其他字段，ACCDB 格式的一种新的类型
12	附件		任何受支持的文件类型附加到数据库记录中，ACCDB 格式的一种新的类型

2. 创建表

Access 创建表分为创建新的数据库和在现有的数据库中创建表 2 种情况。在创建新数据库时，自动创建一个新表。在现有的数据库中可以通过以下 4 种方式创建表。

（1）直接插入一个空表。

（2）使用设计视图创建表。

（3）从其他数据源（如 Excel 工作簿、Word 文档、文本文件或其他数据库等多种类型的文件）导入或链接到表。

（4）根据 SharePoint 列表创建表。

使用“设计视图”创建表对初学者来说是比较复杂的，但是这种创建方法能详细创建表的数据类型和表的结构。

点击【创建】选项卡→【表格】组中的“表设计”。在“字段名称”列中分别输入课程编号、课程名称。在“课程编号”的数据类型下拉列表中选择“数字”，在“课程名称”的数据类型下拉列表中选择“文本”，在“字段属性”区的“字段大小”文本框中输入“20”，如图 7.12、表 7.2 所示。

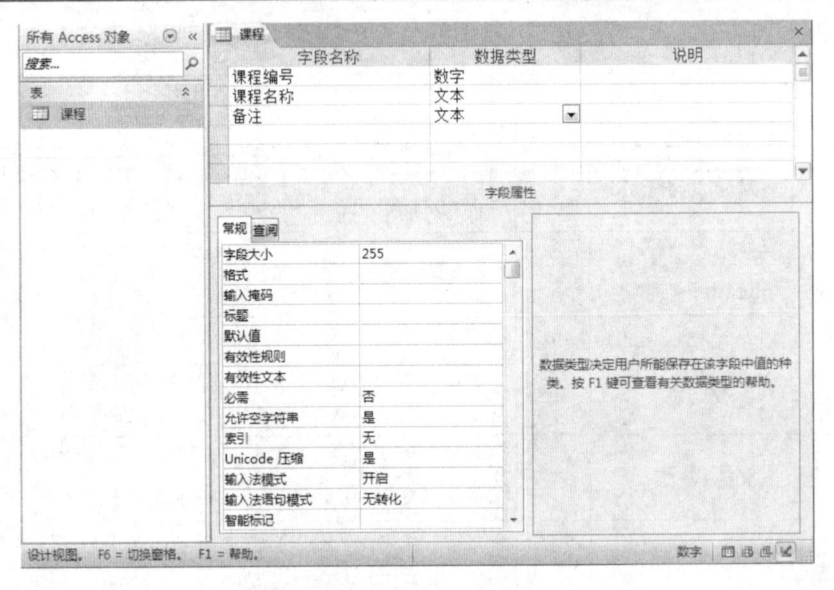

图 7.12　表“设计视图”

表 7.2 “设计视图”相关说明

部　分	功能说明
字段名称	此列用于设置数据表中字段的名称
数据类型	此列用于设置字段的数据类型，如文本、数字等
说　明	此列用于设置字段所表述的意义
字段属性	在该部分“常规”选项卡中可以设置各种类型的字段属性

点击【保存】按钮，弹出【另存为】对话框，输入表的名称“课程”。如果新建的数据表中没有设置主键，将弹出设置主键提示对话框，单击【否】按钮，取消主键设置，即可完成“课程”数据表的建立。

3. **向表中输入数据**

表结构建立后，数据表中还没有具体的数据资料，只有输入数据才能建立查询、窗体、报表等对象。

向表中输入数据记录的方法有 2 种：一种是利用“数据表视图”直接输入数据，另一种是利用外部已有的数据表。

【例 7.2】 向“课程”表中利用“数据表视图”直接输入数据记录。

第 1 步：打开“学生管理”数据库，此时已存在“课程”表。

第 2 步：双击“课程”表，打开如图 7.13 所示的表视图。

第 3 步：从第 1 个空记录的第 1 个字段开始输入所需数据，每输完一个字段值按【Enter】键或【Tab】键，转至下一条记录，然后输入下一条记录，所有数据输入完后，单击快速访问工具栏中的【保存】按钮。

输入完所有字段后，表中会自动添加一条空记录，该记录在选择器上显示为星号“*”，表示是一条新记录。

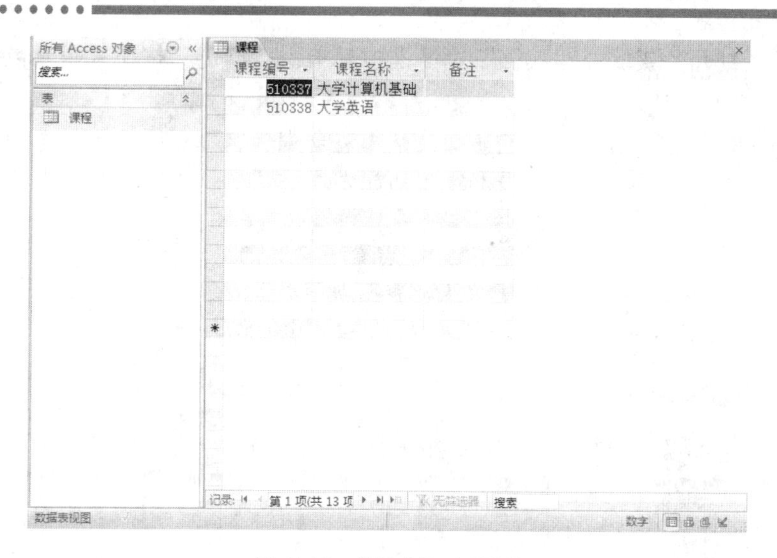

图 7.13 “学生”表视图

4. **获取外部数据**

在实际工作中，可能用户所需建立的表已经通过其他工具建立，例如使用 Excel 生成表，使用 FoxPro 建立的数据库文件。这时，将其导入数据库中，即可以节约用户时间、简化操作，又可以使用已有的数据。

Access 可以导入的数据类型包括由 Access 建立的表，由 DBASE、Excel、Louts 或 FoxPro 等数据库应用程序所建立的表，以及 HTML、文本文档等。

【例 7.3】“学生信息.xlsx”导入到“学生管理”数据库中。

操作步骤如下：

第 1 步：打开“学生管理”数据库，在功能区选中【外部数据】→【导入并链接】，单击“Excel”命令按钮，如图 7.14 所示。

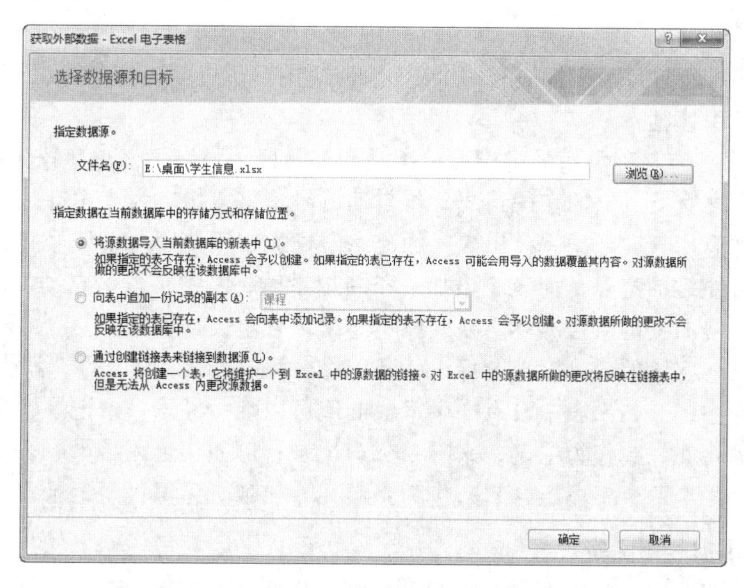

图 7.14 获取外部数据 – Excel 电子表格

第 2 步：在打开“获取外部数据”对话框中，单击“浏览”按钮，找到数据源文件“学生信息.xlsx”，单击【打开】按钮。

第 3 步：在打开的“请确定指定第一行是否包含列标题”对话框中，选中“第一行包含列标题”复选框，然后单击【下一步】按钮，如图 7.15 所示。

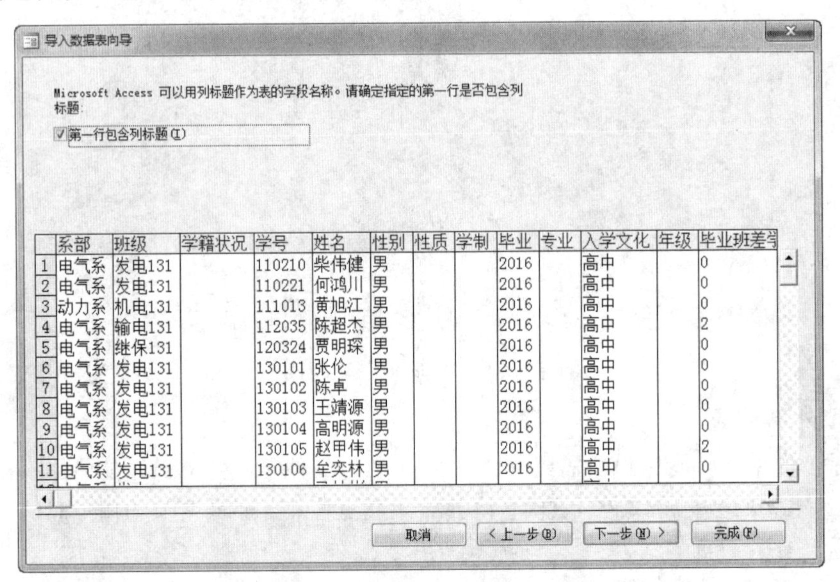

	系部	班级	学籍状况	学号	姓名	性别	性质	学制	毕业	专业	入学文化	年级	毕业班差
1	电气系	发电131		110210	柴伟健	男			2016		高中		0
2	电气系	发电131		110221	何鸿川	男			2016		高中		0
3	动力系	机电131		111013	黄旭江	男			2016		高中		0
4	电气系	输电131		112035	陈超杰	男			2016		高中		2
5	电气系	继保131		120324	贾明琛	男			2016		高中		0
6	电气系	发电131		130101	张伦	男			2016		高中		0
7	电气系	发电131		130102	陈卓	男			2016		高中		0
8	电气系	发电131		130103	王靖源	男			2016		高中		0
9	电气系	发电131		130104	高明源	男			2016		高中		0
10	电气系	发电131		130105	赵甲伟	男			2016		高中		2
11	电气系	发电131		130106	牟奕林	男			2016		高中		0

图 7.15 “导入数据表向导”对话框

第 4 步：在打开的指定导入每一字段信息对话框中，指定“学号”的数据类型为“整型”，索引项为“有（无重复）”，其他字段默认。单击【下一步】按钮，在打开的定义主键对话框中，选中“我自己选择主键”，再选定“学号”字段，然后单击【下一步】按钮，在“导入到表”文本框中，输入表名“学生”，单击【完成】按钮，即将可将 Excel 数据导入到数据库中。

5. 定义主键

在 Access 中，通常每个表都应有一个主键。使用主键不仅可以唯一标识表中每一条记录，还能加快表的索引速度。

在 Access 中，有 2 种类型的主键：单字段和多字段。顾名思义单字段主键是单个字段，多字段主键则由 2 个及以上的字段组成。将自动编号型字段指定为表主键是定义主键最简单的方法。对于像仓库管理数据库，出入库的流水号这类字段使用自动编号并定义为主键十分方便。自动编号主键的特点是向表中增加一条新记录时，主键字段值自动加 1，但是在删除记录时，自动编号的主键值会出现空缺变成不连续，且不会自动调整。

如果表中某一字段的值可以唯一标识一条记录，例如“学生”表的“学号”，那么就可以将该字段指定为主键。如果表中没有一个字段的值可以唯一标识一条记录，那么就可以考虑选择多个字段组合在一起作为主键，来唯一标识记录，例如“选课结果”表中，需要把“学号”和“课程编号”两个字段组合起来作为主键，才能唯一标识一条记录。

6. 在表中添加和删除字段

在创建表之后，有时需要修改表的设计，在表中增加和删除字段。在 Access 中，在表中增加和删除字段十分方便，可以在“设计视图”和“数据表”视图中添加和删除字段。

7. 字段属性

在创建表的过程中，除了对字段的类型、大小的属性进行设置外，还要设置字段的其他属性。例如，字段的有效性规则、有效性文本，字段的显示格式等。这些属性的设置使用户在使用数据库时更加安全、方便和可靠。

（1）使用字段标题

标题是字段的别名，在数据表视图中，它是字段列标题显示的内容，在窗体和报表中，它是该字段标签所显示的内容。

通常字段的标题为空，但是有些情况下需要设置。设置字段的标题往往和字段名是不同的，例如字段名可以是“Name”，而标题是“姓名”。在数据表视图，用户看到的是标题，在系统内部引用的则是字段名“Name”。

（2）设置字段格式

“格式”属性用来限制字段数据在数据表视图中的显示格式，不同数据类型的字段，其格式设置不同。

（3）使用输入掩码

在数据库管理工作中，有时常常要求以指定的格式和长度输入数据，例如输入邮政编码、身份证号。既要求以数字的形式输入，又要求输入完整的数位，既不能多又不能少。Access 提供的输入掩码即可实现上述要求。设置输入掩码的最简单方法是使用 Access 提供的“输入掩码向导”。

Access 不仅提供了预定义输入掩码模板，而且还允许用户自定义输入掩码。对于一些常用的输入掩码如：邮政编码、身份证号码和日期等，Access 已经预先定义好了，用户直接使用即可。在设计视图中，选择设置掩码的字段，选中“输入掩码”属性框，单击右侧的图标，在打开的“请选择所需要的输入掩码”对话框，单击“编辑列表”按钮，如图 7.16 所示。如果用户需要的输入掩码，在预定义中没有，那么就需要用户自己定义。

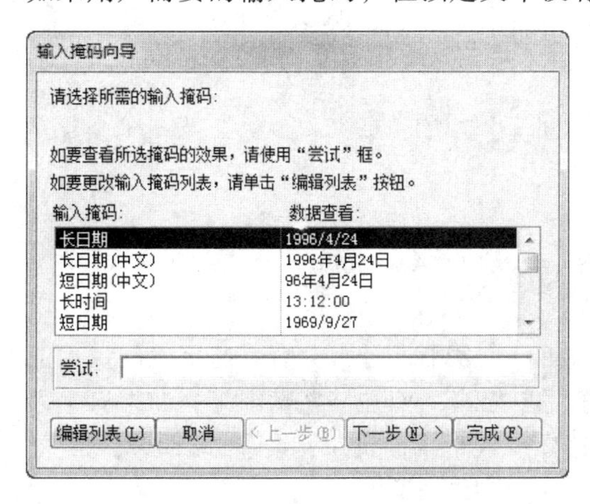

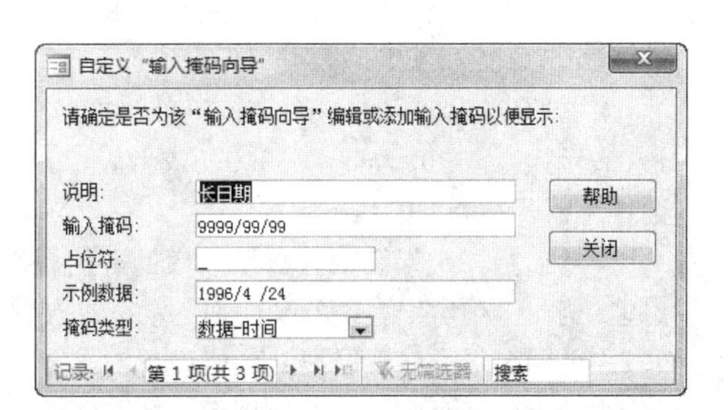

图 7.16　“输入掩码向导”对话框

设置字段的输入掩码属性时，使用一串字符作为占位符代表用于格式化电话号码、身份证号码等类型的数据。占位符顾名思义在字段中占据一定的位置。不同的字符具有不同的含义，具体含义如表 7.3 所示。

表 7.3 输入掩码字符含义对照表

字符	含 义
0	必须输入数字(0 ~ 9)
9	可以输入一个数字或空格，也可以不输入
#	可以输入一个数字或空格，也可以不输入内容
L	必须输入一个大写字母(A ~ Z)
?	可以输入一个字母(A ~ Z)，也可以不输入
A	必须输入一个字母或数字
a	可以输入一个字母或数字，也可以不输入
&	必须输入一个字符或空格
C	可输入一个字符或空格，也可以不输入内容
- , / :	十进制占位符，千分位分隔符，日期分隔符，时间分隔符
<	将其后所有的字符转换为小写
>	将其后所有的字符转换为大写
!	使输入掩码从右到左显示，而不是从左到右显示。键入掩码中的字符始终都是从左到右填入，可以在输入掩码中的任何地方包括感叹号
\	使其后的字符显示原样显示（例如，\A 显示为 A）
密码(Password)	将“输入掩码”属性设置为“密码”，以创建密码项文本框，文本框中键入的任何字符都按字面字符保存，但显示为星号(*)

（4）设置有效性规则和有效性文本

“有效性规则”用来防止非法数据输入到表中，对输入的数据起限定的作用。有效性规则使用 Access 表达式来描述。有效性文本是用来配合有效性规则使用的。在设置了有效性文本后，当用户输入的数据违反有效性规则时，就会给出明确的提示性信息。

常用的有效性规则的简单表达式如下：

对“出生日期”的规定，只能是 1980 年 1 月 1 日以后出生的。

表示为：>= #1980-1-1#

对“职务工资”的规定：在 700 ~ 5000 之间。

表示为：>=700 And< = 5000，或者表示为：Between 700 And 5000。

（5）设置默认值

默认值是一个提高输入数据效率的有用属性。在一个表中，经常会有一些字段的数据值相同。例如，在学生表中的“性别”字段只有“男”或“女”，而在某些情况下，如果男生人数较多的情况下，就可以把默认值设置为“男”，这样输入学生信息时，系统自动填入“男”，对于少数女生则只需进行修改即可。

（6）必填字段

“必填字段”属性取值仅有“是”或“否”两项。当取值为“是”时，表示必须填写本字段，即该字段不能为空。反之当取值为“否”时，字段可以为空。

（7）Unicode 压缩

该属性的取值仅有“是”或“否”两项。当取值为“是”时，表示本字段中数据库可以存储和显示多种语言的文本。使用 Unicode 压缩，还可以自动压缩字段中的数据，使得数据库尺寸最小化。

（8）设置索引

字段的索引与书的索引类似。一本书的索引会以拼音和笔画的顺序列出本书所包含的全部主题，以及每个主题所在的页数。读者通过索引可以很快找到需要的内容。同样在一个记录非常多的数据表中，如果没有建立索引，数据库系统只能按照顺序查找所需要的一条记录，这将会耗费很长的时间来读取整个表。如果事先为数据表创建了有关字段的索引，在查找这个字段信息的时候，就会快得多，创建索引可以加快对记录进行查找和排序的速度，除此之外创建索引还对建立表的关系，验证数据的唯一性有作用。

Access 可以对单个字段或多个字段来创建记录的索引，多字段索引能够进一步分开数据表中的第一个索引字段值相同的记录。

在数据表中创建索引的原则是确定经常依据哪些字段查找信息和排序。根据这个原则对相应的字段设置索引，对于 Access 数据表中的字段，如果符合下列所有条件，推荐对该字段设置索引：

① 字段的数据类型为文本型、数字型、货币型或日期/时间型。

② 常用于查询的字段。

③ 常用于排序的字段。

字段索引可以取 3 个值：“无”、“有（有重复）”和“有（无重复）”。

在 Access 中，索引分为 3 种类型：主索引、唯一索引和常规索引。

当把字段设置为主键后，该字段就是主索引，索引属性值为“有（无重复）”。

唯一索引与主索引几乎相同，其索引属性值为“有（无重复）”，只是一个表只能有一个主索引，而唯一索引可以有多个。例如，在员工管理数据库中，员工表有 2 个字段即员工号和身份证号，这 2 个字段都不包含重复信息。当把员工号设为主索引后，可以把身份证号设置为唯一索引。

常规索引的主要作用就是加快查找和排序的速度。常规索引不要求“无重复”。一个表可以有多个常规索引。

8. 定义数据表的关系

通常，一个数据库应用系统包括多个表。为了把不同表的数据组合在一起，必须建立表间的关系，建立表之间的关系，不仅建立了表之间的关联，还保证了数据库的参照完整性。

（1）理解参照完整性

参照完整性是一个规则，Access 使用这个规则来确保相关表中记录之间关系的有效性，并且不会意外地删除或更改相关数据。

在符合下列所有条件时，可以设置参照完整性：

① 来自于主表的匹配字段是主键（两个表建立一对多的关系后，“一”方的表称为主表，“多”方的表称为子表）。

② 两个表中相关联的字段都有相同的数据类型。

使用参照完整性时要遵守如下规则：

在两个表之间设置参照完整性后，如果在主表中没有相关的记录，就不能把记录添加到子表中。反之，在子表中存在与之相匹配的记录时，则在主表中不能删除该记录。

（2）创建关系

不同表之间的关联是通过主表的主键字段和子表的外键字段来确定的。

【例 7.4】 建立“学生管理”数据库中，“学生”表、“课程”表和“选课结果”表之间的关系。

第 1 步：打开“学生管理”数据库，在【数据库工具】选项卡的【关系】组中，单击按钮，打开“关系”窗口。

第 2 步：在“关系”组中，单击（显示表）按钮，打开“显示表”对话框。

第 3 步：在“显示表”对话框中，列出当前数据库中所有的表，按住【Shift】键，单击“学生”表选中所有的表，单击“添加”，则选中的表被添加到关系窗口中，如图 7.17 所示。

图 7.17 “关系”窗口

第 4 步：在“学生”表中，选中“学号”字段，按住左键不松开，拖到“选课结果”表的“学号”字段上，放开左键，这时打开“编辑关系”对话框，选中“实施参照完整性”和“级联更新相关字段”复选框，如图 7.18 所示。

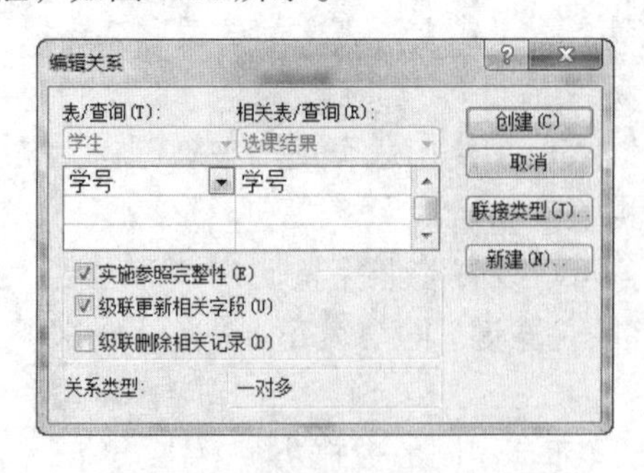

图 7.18 “编辑关系”对话框

第 5 步：单击“创建”按钮，关闭“编辑关系”对话框，返回到“关系”窗口。

在建立关系后，可以看到在两个表的相同字段之间出现了一条关系线，并且在“学生”表的一方显示“1”，在“选课”表的一方显示“∞”（表示一对多关系，即“学生”表中一条记录关联“选课结果”表中多条记录）。

在建立关系的两个表中，“1”方表中的字段是主键，在“∞”方表中的字段称为外键。

第 6 步：用同样的方法建立“课程”表和“选课结果”表的关系，建立关系后的结果，如图 7.19 所示。

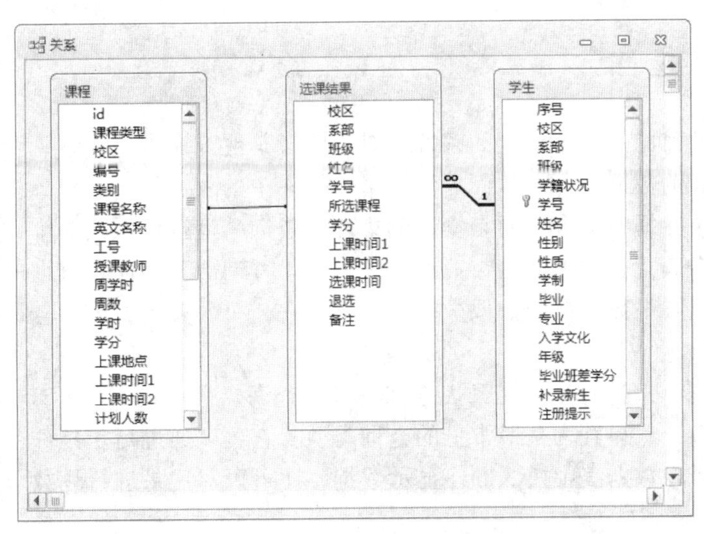

图 7.19　建立关系后结果

（3）创建查看关系

要想查看关系，首先把所有打开的表都关闭掉。在【数据库工具】选项卡的【关系】组中，单击按钮，打开“关系”窗口。

（4）编辑表关系

Access 数据库中表的关系建立后，可以编辑现有的关系，还可以删除不再需要的关系。编辑关系的操作步骤如下：

第 1 步：在【数据库工具】选项卡的【关系】组中，单击按钮，打开“关系”窗口。

第 2 步：对需要编辑的关系线，进行下列一种操作来打开“编辑关系”对话框：

· 双击该关系线。

· 右击该关系线，在打开的快捷菜单中，单击“编辑关系”命令。

· 单击该关系线，在【关系工具】选项卡的【工具】组中，单击“编辑关系”命令。

第 3 步：在“编辑关系”对话框中修改关系，然后单击“确定”。修改后保存。

要删除一个关系，可单击关系线，然后按【Delete】键，即可删除。

提示：在建立两个表的关系时，相关联的字段不一定要有相同的名称，但必须是相同的数据类型，这样才能实施参照完整性，如果它们的数据类型不同，虽然能建立起关系，但不能实施参照完整性，因此不能建立一对一或一对多关系。

7.3 查询操作

在生活中，有的用户可能只对某一事物的部分信息感兴趣。例如，某高校辅导员只想了解班上英语成绩在 90 分以上的同学信息，或者只想知道哪些同学通过了四、六级考试。要了解这些信息，就需要在原有的数据中进行选择。

同样，在 Access 中，用户可以选择自己需要的信息，这个选择可以通过查询来实现。

7.3.1 查询的类型

查询最主要的目的是根据指定的条件，对表或者其他查询进行检索，筛选出符合条件的记录，构成一个新的数据集合，从而方便地对数据库中的表进行查看和分析。

查询对象不是数据的集合，而是操作的集合。查询的运行结果是一个数据集，也称为动态集。它很像一个表，但并不存储在数据库中。创建查询后，只保存查询的操作，只有在运行查询时，才会从查询数据源中抽取数据，并创建它；只要关闭查询，查询的动态集合就会自动消失。

Access 提供有：选择查询、交叉表查询、参数查询、操作查询和 SQL 查询几种。

（1）选择查询：选择查询是最常见的查询类型，它可以通过指定条件，从一个或多个表中检索数据，并且在数据表中按照顺序显示数据，还可以对记录进行计数、求和、平均值及其他类型的计算。

（2）交叉表查询：使用交叉表查询能够以行、列的格式进行分组和汇总数据，就像一张 Excel 的数据透视表一样。交叉表查询可以在类似于电子表格的格式中显示来源于表中某个字段的合计值、计算值、平均值等，它将这些数据分组，一组列在数据表的左侧，另一组列在数据表的上部。

（3）参数查询：参数查询是在执行时显示对话框，要求用户输入查询信息，根据输入信息检索字段中的记录。

（4）操作查询：操作查询是指在一个操作中可以对一条或多条记录进行更改或移动的查询。操作查询包括生成表查询、更新查询、追加查询和删除查询 4 种。

生成表查询是利用一个或多个表中的数据建立新表，主要用于创建表的备份等。

更新查询可以对一个或多个表中的一组记录做更改。

追加查询可以将一个或多个表中的记录追加到其他一个或多个表中。

删除查询可以将一个或多个表中的记录删除。

（5）SQL 查询：SQL 查询是指用户利用 SQL 语句进行查询。SQL 查询包括联合查询、传递查询、数据定义查询、子查询等。

7.3.2 使用向导查询

在使用数据库时，有时可能希望查看表中的所有数据，但有时可能只希望查看某些字段列中的数据，或者只希望在某些字段列满足某些条件时查看数据，为此可使用选择查询。创建选择查询有两种方法：使用查询向导和在设计视图中创建查询。使用查询向导是一种最简单的创建查询的方法。

使用简单查询向导不仅可以依据单个表创建查询，也可以依据多个表创建查询。

【例 7.5】 从“学生”表中，分系统计各班总人数及男、女人数。

操作步骤如下：

第 1 步：打开“学生管理”数据库。在【创建】选项卡上的【查询】组中，单击（查询向导）命令。

第 2 步：在打开的“新建查询”对话框中，选中“交叉表查询向导”，然后单击【确定】按钮。

第 3 步：在打开的“请指定哪个表或查询中含有交叉表查询结果所需的字段”对话框中，在“表”列表框中，选中要使用的“表：学生”。

第 4 步：在“请确定用哪些字段的值作为行标题”窗格中，选中“系部”，单击按钮（或双击字段名称），把它发送到“选定字段”窗格中；然后同样的方法，选中“班级”字段，把它发送到“选定字段”窗格中，如图 7.20 所示。

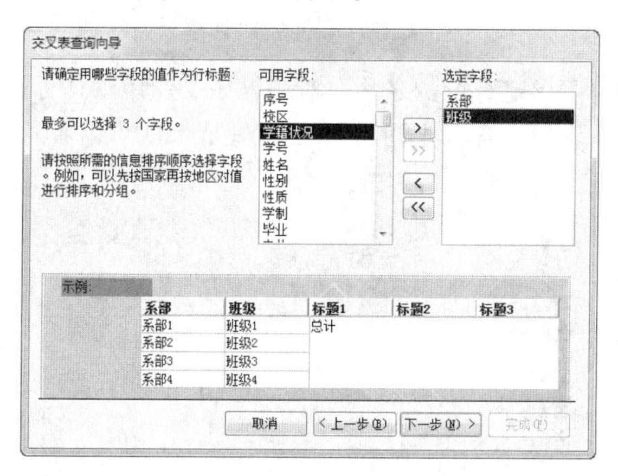

图 7.20 “选定行标题字段”对话框

第 5 步：在打开的“请确定用哪个字段的值作为列标题”对话框中，选择“性别”字段，如图 7.21 所示。

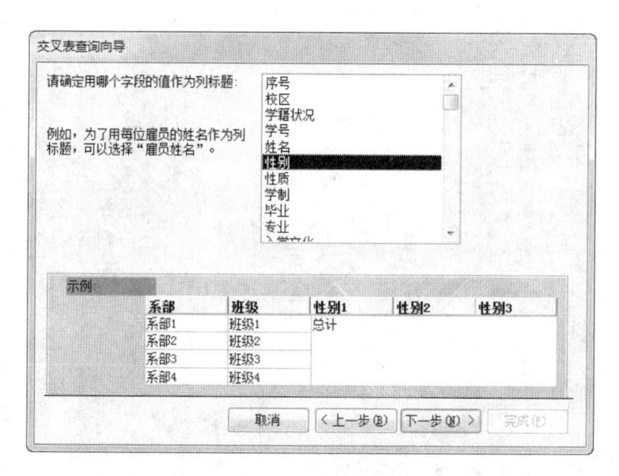

图 7.21 “选定列标题字段”对话框

第 6 步：在打开的“请确定为每个列和行的交叉点计算出什么数字”对话框中，选择“学号”字段和“Count”函数（计数），如图 7.22 所示。

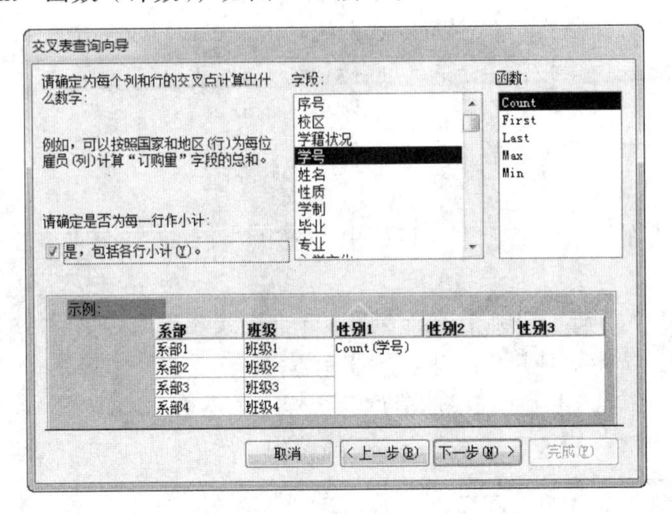

图 7.22　“值”对话框

第 7 步：在打开的“请指定查询的名称”对话框中，使用默认标题“学生_交叉表”或者自行输入标题。使用默认设置“查看查询”，单击“完成”就可以看到查询的结果，如图 7.23 所示。

学生_交叉表

系部	班级	总计 学号	男	女
电气系	发电(藏)144	51	32	19
电气系	发电(藏)145	51	33	18
电气系	发电(藏)146	50	33	17
电气系	发电（藏）152	57	37	20
电气系	发电（西藏）153	50	33	17
电气系	发电(营销)147	35	13	22
电气系	发电(营销)148	32	13	19
电气系	发电131	50	40	10
电气系	发电132	48	40	8
电气系	发电141	45	38	7
电气系	发电142	43	38	5
电气系	发电151	52	42	10
电气系	继保131	51	39	12
电气系	继保141	52	36	16
电气系	继保151	57	48	9
电气系	输电(藏)132	44	36	8
电气系	输电131	55	50	5
电气系	输电141	41	39	2
电气系	输电151	54	50	4
电气系	用电131	46	25	21
电气系	用电141	49	26	23
电气系	用电151	62	43	19
动力系	机电131	41	38	3
动力系	机电141	37	35	2
动力系	机电151	42	41	1
动力系	水动131	41	32	9

记录: 第 1 项(共 39 项) 无筛选器 搜索

图 7.23　查询结果

7.3.3　使用查询设计视图

查询设计视图是创建、编辑和修改查询的基本工具。

使用查询向导虽然可以快速地创建查询，但是对于创建指定条件的查询、创建参数查询和创建复杂的查询，查询向导就不能完全胜任了。这种情况下，可以使用查询设计视图直接创建查询，或者使用查询向导创建查询后，在设计视图中根据需要进行修改。

1. 查询设计视图的基本结构

查询设计视图主要由两部分构成，上半部为“对象”窗格，下半部为查询设计网格，如图 7.24 所示。

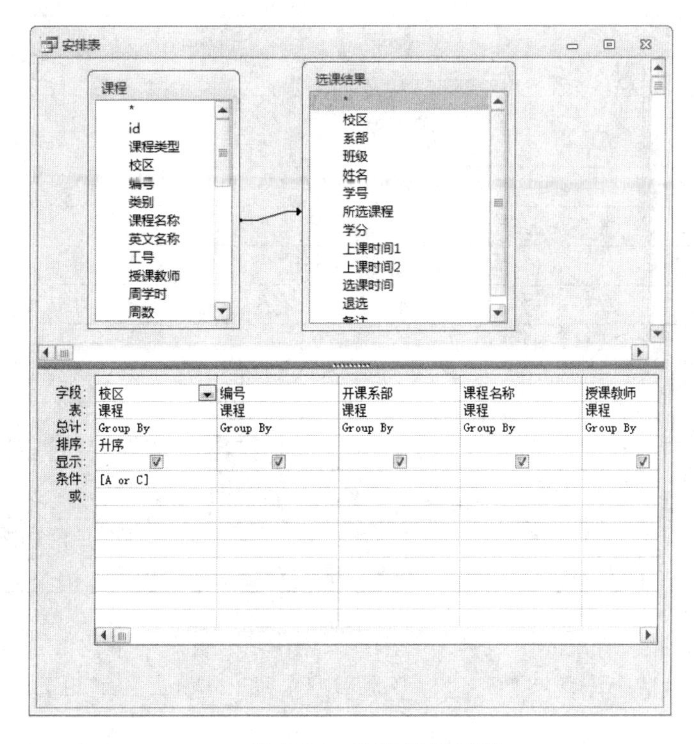

图 7.24　查询设计视图

“对象”窗格中，放置查询所需要的数据源表和查询。查询设计网格由若干行组成。其中有“字段”、“表”、“排序”、“显示”、“条件”、“或”以及若干空行。

（1）字段行：放置查询需要的字段和用户自定义的计算字段。

（2）表行：放置字段行的字段来源的表或查询。

（3）排序行：对查询进行排序，有“降序”、“升序”和“不排序”3 种选择。在记录很多的情况下，对某列数据进行排序将方便数据的查询。如果不选择排序，则查询运行时按照表中记录的顺序显示。

（4）显示行：决定字段是否在查询结果中显示。在各个列中，有已经“勾选”了的复选框，默认情况所有字段都将显示出来，如果不想显示某个字段，但又需要它参与运算，则可取消勾选复选框。

（5）条件行：放置所指定的查询条件。

（6）或行：放置逻辑上存在或关系的查询条件。

（7）空行：放置更多的查询条件。

（8）汇总：是系统提供的用于对查询中的一组记录或全部记录进行的下列计算：总和、

平均值、计算、最小值、最大值、标准偏差或方差等。

为了进行“汇总”计算，在【设计】选项卡的【显示/隐藏】组中，单击Σ（汇总）按钮，则在查询设计网格中增加“总计”行，在该行的单元格中显示“Group by（分组）”。可以在“总计”行的单元格中选择一种汇总类型进行汇总。“总计”行中共有12种汇总类型，其类型和功能如表7.4所示。

表7.4　汇总项中的类型和含义

类　型	功　能
合　计	求字段值的总和
平均值	计算一列的平均值。该列必须包含数字、货币或日期/时间数据。该函数忽略空值
最小值	求字段的最小值
最大值	求字段的最大值
计　算	统计列中的项数，不包括Null（空）值
StDev(标准偏差)	求字段的标准偏差值（测量值在平均值附近分布的范围大小）
变　量	求字段的变量值
Group By(分组)	定义要执行计算的组
First(第一条记录)	求在表和查询中第一个记录的字段值
Last(最后一条记录)	求在表和查询中最后一个记录的字段值
Expression(表达式)	创建在其表达式中包含统计函数的计算字段
Where(条件)	指定不用于定义分组的字段条件。如果选中这个字段选项，Access将清除“显示”复选框，隐藏查询结果中的这个字段

在Access中称汇总所用的函数为聚合函数。表中“合计”、“平均值”等前6种汇总类型属于算术运算，它只适合于数字型字段以及货币型字段（其值为数字的），对于字符型字段是不适合的。

提示：对于不同类型的查询，查询设计网格行所包含的项目会有所不同。

2. 使用“设计视图”创建查询

【例7.6】 在“学生管理”数据库中，按选课时间（升序）查询男同学的选课信息。显示信息包括“系部”、“班级”、“学号”、“姓名”、“所选课程”和“选课时间”字段。

操作步骤如下：

第1步：打开“学生管理”数据库。在【创建】选项卡上的【查询】组中，单击（查询设计）按钮，打开“查询设计视图”窗口。

第2步：在“显示表”对话框中，按住【Ctrl】键不放，依次单击“学生”表、“选课结果”表，把这两个表选中，然后单击“添加”按钮，把两个表添加到设计网格上部的“对象”窗格中。添加后，表之间自动显示出它们之间的“关系”。

第3步：在“学生”表中，按住【Ctrl】键不放，依次单击“系部”、“班级”、“学号”、“姓名”、“性别”字段，然后拖到设计网格中。用同样的方法把“选课结果”表中的“所选课程”和“选课时间”字段添加到设计网格中。

第 4 步：在设计网格“性别”列的“条件”行单元格中，输入条件“男”，并取消“显示”行的复选框，在“选课时间”列的“排序”行中，选择“升序”，如图 7.25 所示。

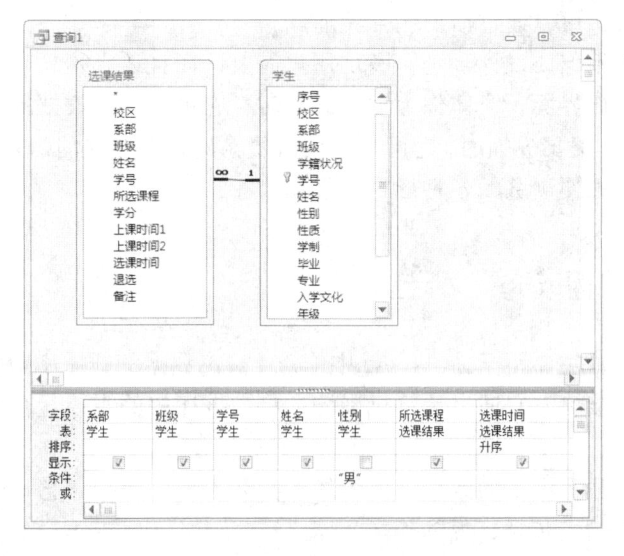

图 7.25　添加表、字段和输入条件后的设计视图

第 5 步：在【设计】选项卡的【结果】组中，单击或按钮，打开“查询视图”，显示查询结果，如图 7.26 所示。

查询1

系部	班级	学号	姓名	所选课程	选课时间
动力系	水动131	130821	鲜文峰	宋崇导演教你拍摄微电影	2015/9/10 16:37:15
动力系	水动141	141232	刘园	文化地理	2015/9/10 8:05:23
建筑系	造价142	141753	罗禹豪	大学语文	2015/9/10 9:18:48
建筑系	水工131	131126	杨镇宇	口才艺术与社交礼仪	2015/9/11 13:51:43
建筑系	造价131	131203	税正强	大学语文	2015/9/13 19:54:26
建筑系	造价131	131244	周文强	大学语文	2015/9/13 19:57:11
建筑系	造价131	131244	周文强	书法鉴赏	2015/9/13 19:57:31
建筑系	造价131	131219	曾伟高	大学语文	2015/9/13 19:59:07
建筑系	造价131	131209	牟谷彪	大学语文	2015/9/13 19:59:17
建筑系	造价131	131209	牟谷彪	音乐鉴赏	2015/9/13 20:00:05
建筑系	造价131	131228	李彪	书法鉴赏	2015/9/13 20:00:43
建筑系	造价131	131228	李彪	音乐鉴赏	2015/9/13 20:01:01
建筑系	造价131	131228	李彪	宋崇导演教你拍摄微电影	2015/9/13 20:01:27
建筑系	造价131	131227	景欣欣	大学语文	2015/9/13 20:02:52
动力系	机电151	150801	陈彦佶	书法鉴赏	2015/9/22 10:00:45
动力系	机电151	150842	杨方宁	宋崇导演教你拍摄微电影	2015/9/22 10:10:41
动力系	机电151	150801	陈彦佶	宋崇导演教你拍摄微电影	2015/9/22 10:11:00
动力系	机电151	150842	杨方宁	音乐鉴赏	2015/9/22 10:11:11
动力系	机电151	150842	杨方宁	文化地理	2015/9/22 10:11:56
电气系	继保151	150402	邓建敏	大学语文	2015/9/22 10:24:17
电气系	继保151	150402	邓建敏	文化地理	2015/9/22 10:24:44
建筑系	造价152	151237	吴思跃	音乐鉴赏	2015/9/22 10:25:42
电气系	继保151	150402	邓建敏	书法鉴赏	2015/9/22 10:26:09

记录: 第 1 项(共 2530　已筛选　搜索

图 7.26　查询结果

第 6 步：在快捷工具栏上，单击【保存】按钮，打开【另存为】对话框，输入查询名称“男同学选课信息”，单击【确定】按钮。

7.4　创建窗体

窗体又称为表单，是 Access 数据库中的重要对象之一。窗体既是管理数据库的窗口，又是用户和数据库之间的桥梁，通过窗体，用户可以方便地输入数据、编辑数据、显示和查询表中的数据。这如同生活中的窗户，窗户是房屋的一部分，人们通过窗户可以和屋内的人交流，屋内屋外的空气也可以通过窗户相互流通。

一个好的数据库不但要设计合理，满足用户需要，而且还必须具有一个功能完善、操作方便、外观美观的操作界面。窗体作为输入界面时，它可以接受数据的输入并检查输入的数据是否有效；窗体作为输出界面时，它可以根据需要输出各类形式的信息（包括多媒体信息），还可以把记录组织成方便浏览的各种形式。

7.4.1 窗体类型及构成

窗体的作用是一种主要用于在 Access 中输入、输出数据的数据库对象，是用户和 Access 应用程序之间的主要接口，它通过计算机屏幕，将数据库中的表或者查询中的数据反映给使用者。

窗体可以显示表和查询中的数据，但窗体本身并不储存数据。它不仅可以包含文字、图形、图像等，还可以插入音频、视频等。

窗体的主要用途有以下几种：

（1）输入和编辑数据。可以为数据库中的数据表设计相应的窗体，作为输入或编辑数据的界面，实现数据的输入和编辑。

（2）显示和打印数据。窗体中可以显示或打印来自一个或多个数据表或查询中的数据，可以显示警告或解释信息。

（3）控制应用程序流程。窗体能够与函数、过程相结合，编写宏或 VBA 代码，完成各种复杂的控制功能。

在 Access 中，窗体按表现形式可以分为纵栏式窗体、表格式窗体、数据表窗体、主/子窗体、数据透视表窗体、数据透视图窗体和图表窗体 7 种基本类型。窗体的基本类型如表 7.5 所示，窗体的构成如表 7.6 所示。

表 7.5 窗体类型

窗 体	功 能
纵栏式窗体	把窗体按列分割，按字段显示数据，字段名称显示在“标签”对象中，数据显示在“文本框”对象中
表格式窗体	以表格的形式显示数据，允许用户一次查看多个记录，用户可以十分方便地输入和编辑数据
数据表窗体	从外观上看，数据表窗体与数据表和查询显示的界面相同
主/子窗体	主要用于显示查询数据和一对多关系的表对象，包含主窗体和子窗体
数据透视表窗体	在指定数据的基础上产生一种用于 Excel 的分析表格，用户可以在其中进行操作
数据透视图窗体	用于显示数据表和窗体中数据的图形分析窗体
图表窗体	以图表的形式显示用户选定的数据

表 7.6 窗体构成

名 称	功 能
窗体页眉	主要用于设置窗体的标题、使用说明或打开，一般位于窗体顶部
窗体页脚	主要用于显示内容、使用命令的操作说明等，一般位于窗体底部
主 体	通常用于显示记录数据，可以显示一条或多条记录
页面页眉	主要用于设置页头信息
页面页脚	主要用于显示打印时的页脚信息

构成窗体的每一部分称为一节。所有窗体都有主体节，默认情况下，设计视图只有主体节，如果需要添加其他节，在窗体中右键单击鼠标，在打开的快捷菜单，如图 7.27 所示中，单击“页面页眉/页脚”和“窗体页眉/页脚”等命令，这样对应的节就被添加到窗体上。窗体页眉/页脚也是窗体中常使用的节，而页面页眉/页脚节是在窗体中使用相对较少的节。

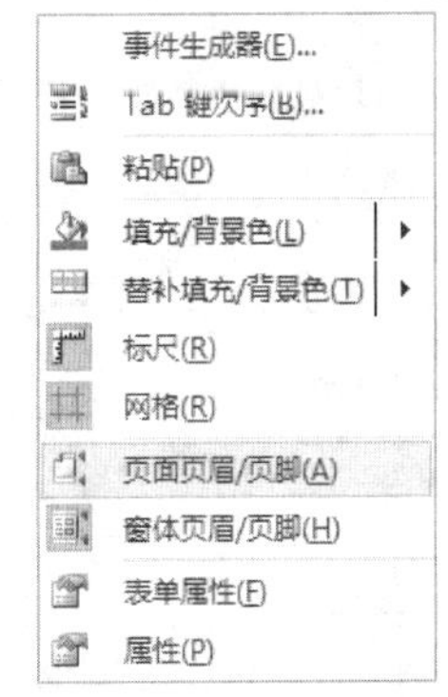

图 7.27 右键快捷菜单

7.4.2 窗体控件及其功能

在 Access 中控件是放置在窗体上的对象，用户可操作控件来执行某种操作。通过控件用户进行数据输入或操作数据的对象。控件是窗体中的子对象，它在窗体中起着显示数据、执行操作以及修饰窗体的作用。

控件也具有各种属性。设置控件属性需要在控件属性表中进行。控件属性表与窗体的属性表相同，只是属性的项目和数量有所不同。另外不同的控件具有不同的属性。在 Access 2010 的控件，如表 7.7 所示。

表 7.7 控件组中的按钮/控件及功能

按钮控件	名 称	功 能
	选择	用于选择墨迹笔划，形状和文本的区域。具体用来选择控件、节和窗体。单击该按钮释放以前选定的控件或区域
	文本框	用于输入、输出和显示数据源的数据，显示计算结果和接受用户输入数据
	标签	用于显示说明文本。如窗体的标题或其他控件的附加标签
	命令按钮	用于完成各种操作，如查找记录，打印记录或应用窗体筛选
	选项卡	用于创建一个多页的带选项卡的窗体，可以在选项卡上添加其他对象
	超链接	创建指向网页、图片、电子邮件地址或程序的链接
	Web 浏览器	在窗体中插入浏览器控件
	导航	在窗体中插入导航条
	选项组	与复选框，选项按钮或切换按钮搭配使用，可以显示一组可选值
	分页符	使窗体或报表上在分页符所在的位置开始新页

续表

按钮控件	名　称	功　能
	组合框	结合列表框和文本框的特性,既可以在文本框输入值也可以从列表框中选择值
	插入图表	在窗体中插入图表对象
	直线	创建直线，用以突出显示数据或者分隔显示不同的控件
	切换按钮	在单击时可以在开/关两种状态之间切换，使用它在一组值中选择其中 1 个
	列表框	显示可滚动的数值列表。可以从列表中选择值输入到新记录中
	矩形框	创建矩形框，将一组相关的控件组织在一起
	复选框	绑定到是/否字段；可以从一组值中选出多个
	未绑定对象框	在窗体中插入未绑定对象。例如 Excel 电子表格，Word 文档
	附件	在窗体中插入附件控件
	选项按钮	绑定到是/否字段；其行为和切换按钮相似
	子窗体/子报表	用于在主窗体和主报表添加子窗体或子报表,以显示来自多个一对多表中的数据
	绑定对象框	用于在窗体或报表上显示 OLE 对象
	图像	用于在窗体中显示静态的图形
	控件向导	用于打开和关闭控件向导。控件向导帮助用户设计复杂的控件
	ActiveX 控件	打开一个 ActivcX 控件列表，插入 Windows 系统提供的更多控件

7.4.3　窗体的创建

Access 功能区“创建”选项卡的“窗体”组中，提供了多种创建窗体的功能按钮。其中包括：“窗体”、“窗体设计”和“空白窗体”3 个主要的按钮，还有“窗体向导”、“导航”和“其他窗体”3 个辅助按钮，如图 7.28 所示。单击“导航”和“其他窗体”按钮还可以展开下拉列表，列表中提供了创建特定窗体的方式，如图 7.29 和图 7.30 所示。

图 7.28　窗体组

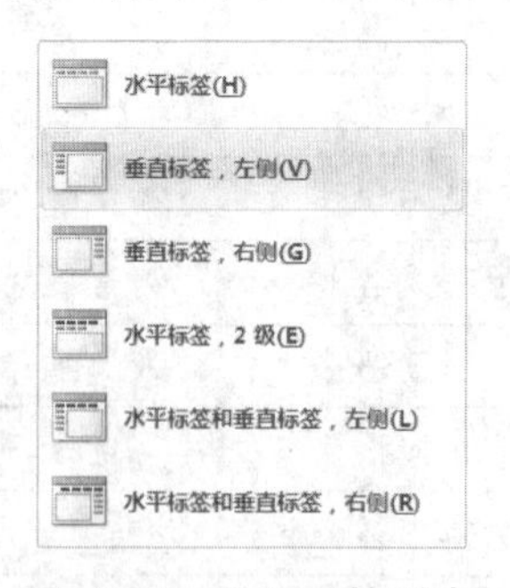

图 7.29　导入下拉列表

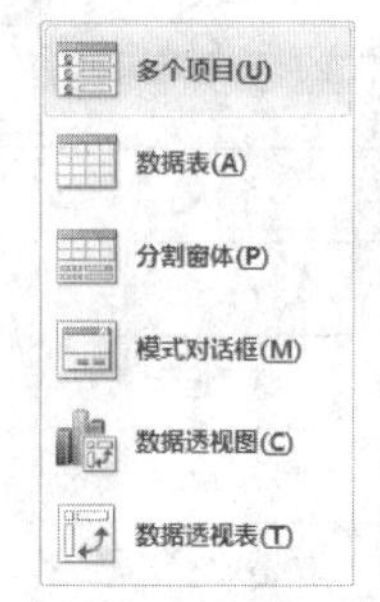

图 7.30　其他下拉列表

各个按钮的功能如下：

窗体：最快速地创建窗体的工具，只需要单击一次鼠标便可以创建窗体。使用这个工具创建窗体，来自数据源的所有字段都放置在窗体上。

窗体设计：利用窗体设计视图设计窗体。

空白窗体：这也是一种快捷的窗体构建方式，以布局视图的方式设计和修改窗体，尤其是当计划只在窗体上放置很少几个字段时，使用这种方法最为适宜。

窗体向导：一种辅助用户创建窗体的工具。

导航：用于创建具有导航按钮即网页形式的窗体，在网络世界把它称为表单。它又细分为六种不同的布局格式。虽然布局格式不同，但是创建的方式是相同的。导航工具更适合于创建 Web 形式的数据库窗体。

多个项目：使用“窗体”工具创建窗体时，所创建的窗体一次只显示一个记录。而使用多个项目则可创建显示多个记录的窗体。

数据表：生成数据表形式的窗体。

分割窗体：可以同时提供数据的两种视图，即窗体视图和数据表视图。分割窗体不同于窗体/子窗体的组合，它的两个视图连接到同一数据源，并且总是相互保持同步的。如果在窗体的某个视图中选择了一个字段，则在窗体的另一个视图中选择相同的字段。

模式对话框：生成的窗体总是保持在系统的最上面，不关闭该窗体，不能进行其他操作，登录窗体就属于这种窗体。

数据透视图：生成基于数据源的数据透视图窗体。

数据透视表：生成基于数据源的数据透视表窗体。

从以上可以看出 Access 创建窗体的方法十分丰富。

1. 使用“窗体”创建窗体

使用“窗体”按钮所创建的窗体，其数据源来自某个表或某个查询段，其窗体的布局结构简单规整。这种方法创建的窗体是一种单个记录的窗体。

【例 7.7】 使用“窗体”按钮创建“课程”窗体。

操作步骤如下：

第 1 步：打开“学生管理”数据库，在导航窗格中，选择作为窗体的数据源“课程”表。在功能区【创建】选项卡的【窗体】组，单击“窗体”按钮，窗体立即创建完成，并且以布局视图显示，如图 7.31 所示。

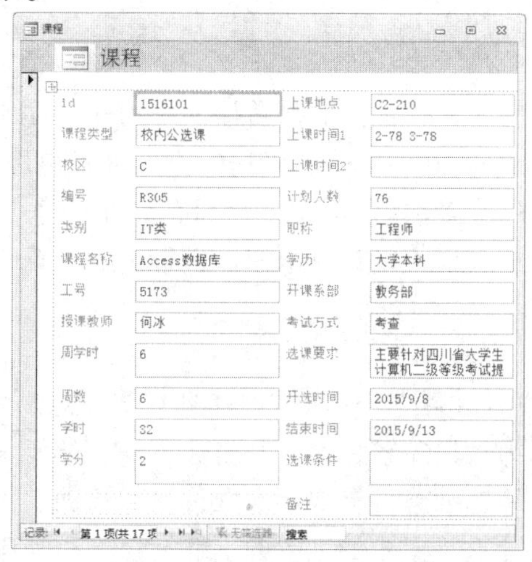

图 7.31 “课程”窗体

第 2 步：在快捷工具栏，单击【保存】按钮，在弹出的“另存为”对话框中，输入窗体的名称“课程”，然后单击【确定】按钮。

2. 使用“窗体向导”创建窗体

使用“窗体”按钮创建窗体虽然方便快捷，但是无论在内容和外观上都受到很大的限制，不能满足用户较高的要求。为此可以使用窗体向导来创建内容更为丰富的窗体。

【例 7.8】 使用“窗体向导”创建学生信息窗体。

操作步骤如下：

第 1 步：打开“学生管理”数据库，选中“学生”表，单击【窗体向导】按钮。

第 2 步：在打开的“请确定窗体上使用哪些字段”对话框中，在“表和查询”下拉列表中光标已经定位在所需要的数据源“表：学生”，单击 按钮，把该表中全部字段送到“选定字段”窗格中，单击【下一步】按钮。

第 3 步：在打开的“请确定窗体使用的布局”对话框中，选择“纵栏表”，单击【下一步】按钮，如图 7.32 所示。

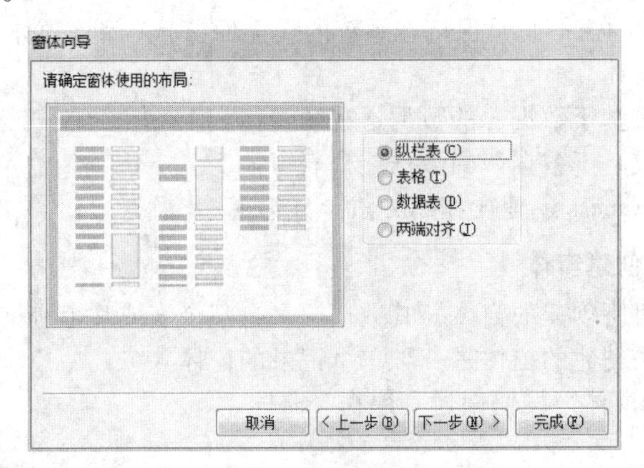

图 7.32　窗体布局对话框

第 4 步：在打开的“请为窗体指定标题”对话框中，输入窗体标题“学生信息”，选取默认设置：“打开窗体查看或输入信息”，单击【完成】按钮。

3. 美化窗体

前面介绍的窗体设计过程，比较关注的是窗体的实用性。在实际应用中，窗体的美观性对于应用系统也十分重要。一个美观的窗体可以使操作者赏心悦目从而有助于提高工作效率。窗体美观性的设置包括窗体的背景颜色、图片、控件的背景颜色、前景颜色、字体、字型等。

在 Access 2010 中，用户不仅可以对单个窗体进行单项设置，还可以使用“主题”对整个系统的所有窗体进行设置。

（1）应用主题

“主题”是整体上设置数据库系统，使所有窗体具有统一色调的快速方法。主题是一套统一的设计元素和配色方案，为数据库系统的所有窗体页眉上的元素提供了一套完整的格式集合。利用主题，可以非常容易地创建具有专业水准，设计精美、美观时尚的数据库系统。

在【窗体设计工具/设计】选项卡中的【主题】组包含三个按钮，“主题”、“颜色”和“字体”。Access 一共提供了 44 套主题供用户选择。

【例 7.9】 对“学生管理”数据库应用主题。

操作步骤如下：

第 1 步：打开“学生管理”数据库，以设计视图方式打开一个窗体，例如“课程”。

第 2 步：在【窗体设计工具/设计】选项卡的【主题】组中，单击“主题”按钮，打开“主题”列表，在列表中双击所要的主题。

数据库中所有窗体的外观都发生了改变，而且外观的颜色是一致的，如图 7.33 所示。

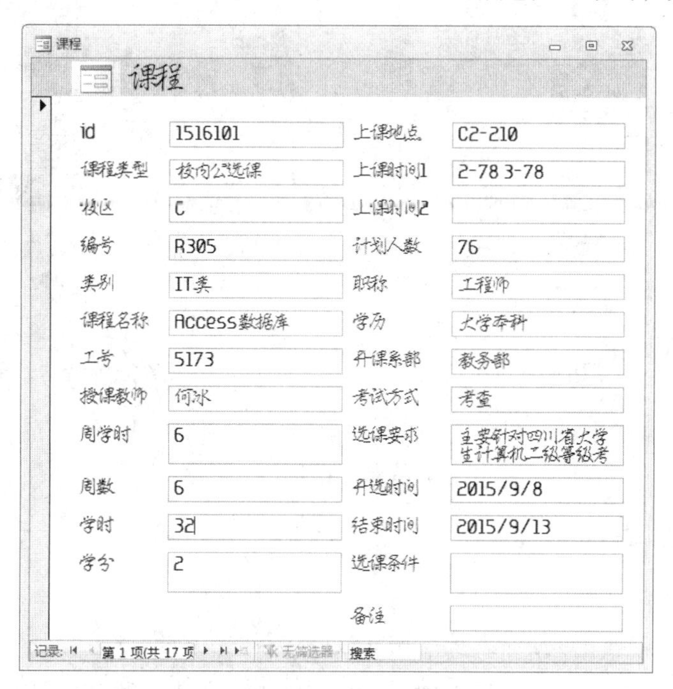

图 7.33　应用主题后窗体页眉的变化

（2）设置窗体的格式属性

在完成窗体的设计后，窗体的默认格式有时不能满足需要。这就需要在窗体设计视图中，通过设置窗体的格式属性值来美化窗体。窗体的格式属性主要包括：默认视图滚动条、记录选择器、导航按钮、分隔线、自动居中以及控制框等。

【例 7.10】 对“课程”窗体进行格式设置，对窗体以下格式属性：“记录选定器”设置为“否”，“滚动条”设置为“两者均无”，“分隔线”的属性值为“否”。

操作步骤如下：

第 1 步：打开“课程”窗体的设计视图，单击“窗体选定器”按钮■（窗体左上角），打开窗体的“属性表”窗口。

第 2 步：单击“格式”选项卡。在“滚动条”框中选择“两者均无”、在“记录选择器”框中选择“否”、“分隔线”框中选择“否”、“最大最小化按钮”选择“无”，属性设置结果，如图 7.34 所示。

第 3 步：在【设计】选项卡的【控件】组中，单击 \ （直线）按钮。按住【Shfit】键不放，在窗体页眉节上画一条水平直线。然后双击该直线，在属性表的特殊效果属性中，单击下拉箭头，在打开的下拉列表中，选择“平面”，如图 7.35 所示。

技巧：按住【Shift】键不松手，同时拖动鼠标，就可以轻松画出直线。

属性表
所选内容的类型：窗体
窗体
格式 数据 事件 其他 全部

边框样式	可调边框
记录选择器	否
导航按钮	是
导航标题	
分隔线	否
滚动条	两者均无
控制框	是
关闭按钮	是
最大最小化按钮	无
可移动的	是
分割窗体大小	自动
分割窗体方向	数据表在上
分割窗体分隔条	是
分割窗体数据表	允许编辑
分割窗体打印	仅表单

图 7.34　窗体的“格式”属性设置

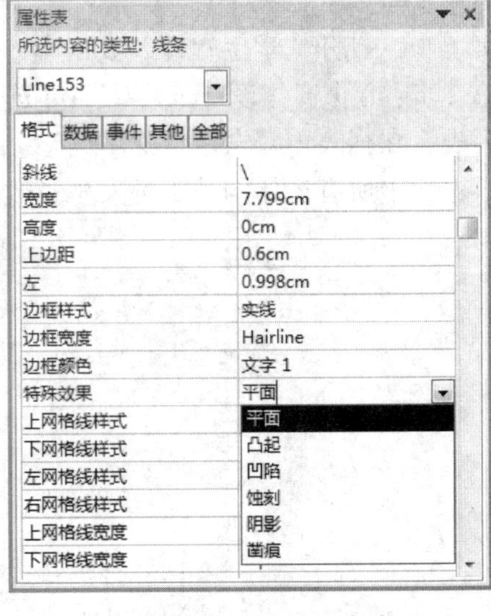

图 7.35　特殊效果命令

7.5　创建报表

在很多情况下，一个数据库系统操作的最终结果是要打印输出的。报表是数据库中的数据通过打印机输出的特有形式。精美且设计合理的报表能使数据清晰地呈现在纸质介质上，把用户所要传达的汇总数据、统计与摘要信息让人看来一目了然。报表制作的复杂程度有时候超过窗体。为了实现把数据按照特定的需要正确地打印在纸上，要经过反复测试，这种测试是极其浪费时间的。一个数据库系统开发过程中，调试报表以获得满意的效果所花费的时间有时候超过整个系统开发时间的一半。

7.5.1　报表的创建

Access 创建报表的许多方法和创建窗体基本相同，可以使用“报表”、“报表设计”、“空报表”、“报表向导”和“标签”等方法来创建报表。在【创建】选项卡中【报表】组提供了这些创建报表的按钮。

1. 使用“报表”按钮创建报表

“报表”按钮提供了最快的报表创建方式，它既不向用户提示信息，也不需要用户做任何其他操作就立即生成报表。在创建的报表中将显示基础表或查询中的所有字段。尽管报表工具可能无法创建满足最终需要的完美报表，但对于迅速查看基础数据极其有用。在生成报表后，保存该报表，并在布局视图或设计视图中进行修改，以使报表更好地满足需求。

【例 7.11】 基于“学生”表为数据源，使用“报表”按钮创建报表。

操作步骤如下：

第 1 步：打开“学生管理”数据库，在“导航”窗格中，选中“学生”表。

第 2 步：在【创建】选项卡的【报表】组中，单击“报表”按钮，“学生”报表立即创建完成，并且切换到布局视图，如图 7.36 所示。可以看出这个报表并不美观，需要进一步修改，具体修改方法将在后面介绍。

学生

学生　2016年2月6日 14:09:22

系部	班级	学号	姓名	性别	毕业	注册提示	电话号码
电气系	发电131	110210	柴伟健	男	2016	□	
电气系	发电131	110221	何鸿川	男	2016	□	
动力系	机电131	111013	黄旭江	男	2016	□	
电气系	输电131	112035	陈超杰	男	2016	□	
电气系	继保131	120324	贾明琛	男	2016	□	
电气系	发电131	130101	张伦	男	2016	□	
电气系	发电131	130102	陈卓	男	2016	□	
电气系	发电131	130103	王靖源	男	2016	□	
电气系	发电131	130104	高明源	男	2016	□	
电气系	发电131	130105	赵甲伟	男	2016	□	
电气系	发电131	130106	牟奕林	男	2016	□	
电气系	发电131	130107	马坤彬	男	2016	□	
电气系	发电131	130108	顾洪丹	女	2016	□	
电气系	发电131	130109	姚聪	男	2016	□	
电气系	发电131	130110	王如云	女	2016	□	
电气系	发电131	130111	黎琴	女	2016	□	
电气系	发电131	130112	康誉濠	女	2016	□	
电气系	发电131	130113	石楠	男	2016	□	
电气系	发电131	130114	芮丰	男	2016	□	
电气系	发电131	130115	黄雄	男	2016	□	
电气系	发电131	130116	王军号	男	2016	□	

图 7.36　学生报表

2. 使用报表向导创建报表

使用“报表”工具创建报表，创建了一种标准化的报表样式。虽然快捷，但是存在不足之处，尤其是不能选择出现在报表中的数据源字段。使用“报表向导”则提供了创建报表时选择字段的自由，除此之外，还可以指定数据的分组和排序方式以及报表的布局样式。

【例 7.12】 使用“报表向导”创建“按班级统计学生信息”报表。

操作步骤如下：

第 1 步：打开“学生管理”数据库，在【导航】窗格中，选择“学生”表。

第 2 步：在【创建】选项卡的【报表】组中，单击“报表向导”按钮，打开“请确定报表上使用哪些字段”对话框，在“表/查询”下拉列表中选中“表：教师”。在“可用字段”窗格中，依次双击“系部”、“班级”、“学号”、“姓名”、“性别”和“电话号码”字段，将它们发送到“选定字段”窗格中，然后单击【下一步】按钮。

第 3 步：在打开的“是否添加分组级别”对话框中，双击“班级”字段（如果需要再按其他字段进行分组，可以直接双击左侧窗格中的用于分组的字段），如图 7.37 所示。单击【下一步】按钮。

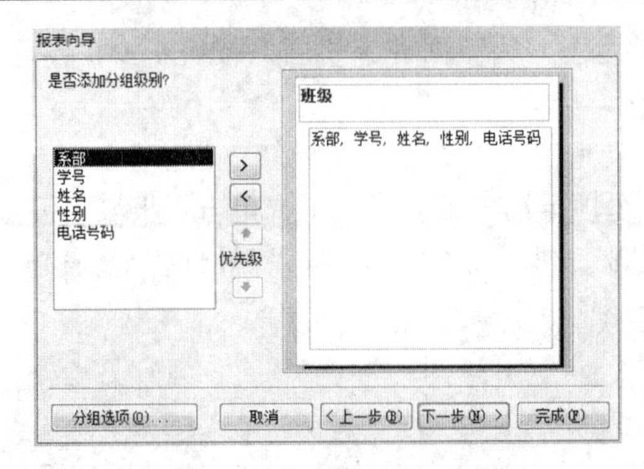

图 7.37 “分组级别”对话框

第 4 步：在打开的“请确定明细记录使用的排序次序”对话框中，确定报表记录的排序次序。这里选择按“系部”、“学号”升序，单击【下一步】按钮。

第 5 步：在打开的“请确定报表的布局方式”对话框中，确定报表所采用的布局方式。这里选择“块”式布局，方向选择“纵向”，单击【下一步】按钮，如图 7.38 所示。

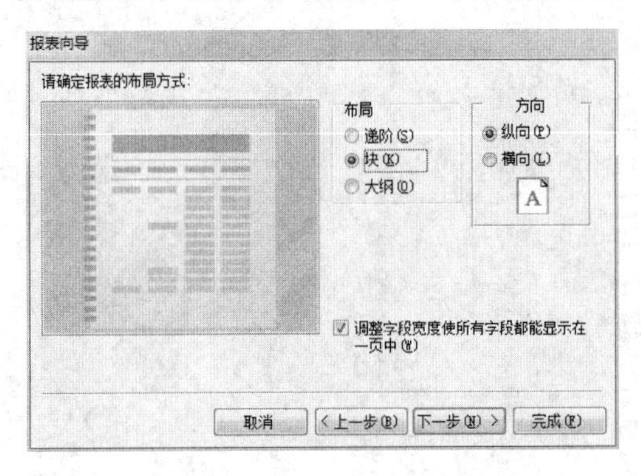

图 7.38 报表布局对话框

第 6 步：在打开的“请为报表指定标题”对话框中，指定报表的标题，输入“按班级统计学生信息”。选择“预览报表”单选项，然后单击【完成】按钮，如图 7.39 所示。

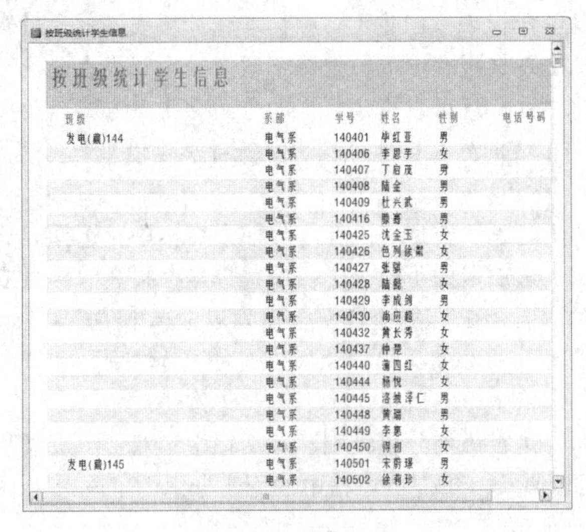

图 7.39 报表结果

使用报表向导创建报表虽然可以选择字段和分组，但只是快速创建了报表的基本框架，还存在不完美之处。为了要创建更完美的报表，需要进一步美化和修改完善，这需要在报表的“设计视图”中进行相应的处理。

3. 创建标签报表

在日常工作中，经常需要制作一些“客户邮件地址”和“学生信息”等标签。标签是一种类似名片的短信息载体。使用 Access 提供的“标签”，可以方便地创建各种各样的标签报表。

【例 7.13】 制作“学生信息”标签报表。

操作步骤如下：

第 1 步：打开“学生管理”数据库，在【导航】窗格中，选择“学生”表。

第 2 步：在【创建】选项卡的【报表】组中，单击“标签”按钮，打开“请指定标签尺寸”对话框，在其中指定所需要的一种尺寸（如果不能满足需要，可以单击【自定义】按钮自行设计标签）。单击【下一步】按钮，如图 7.40 所示。

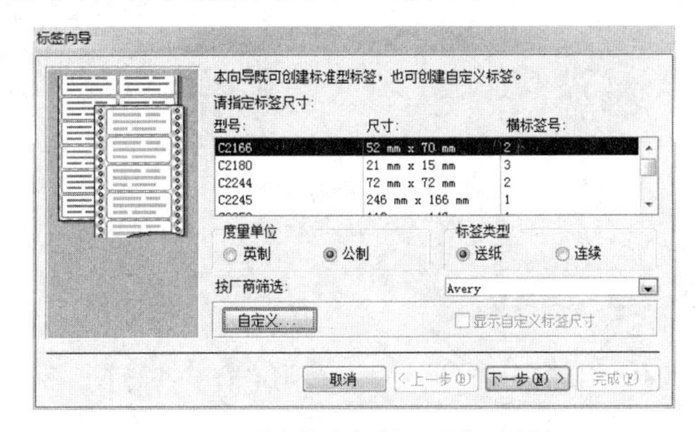

图 7.40 “请指定标签尺寸”对话框

第 3 步：在打开的“请选择文本的字体和颜色”对话框中，可以根据需要选择标签文本的字体、字号和颜色等。

第 4 步：在打开的“请确定邮件标签的显示内容”对话框中，在“可用字段”窗格中，双击“系部”、“班级”、“学号”、“姓名”、“性别”字段，发送到“原型标签”窗格中。为了让标签意义更明确，在每个字段前面输入所需要的文本，然后单击【下一步】按钮，如图 7.41 所示。

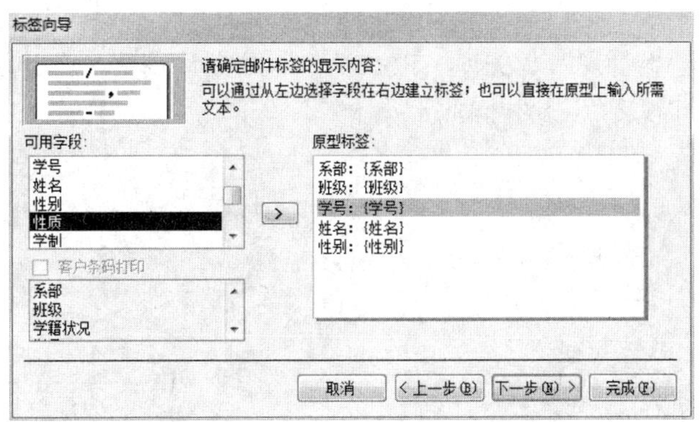

图 7.41 “标签显示内容”对话框

“原型标签”窗格是个微型文本编辑器，在该窗格中可以对文字和添加的字段进行修改和删除等操作，如果想要删除输入的文本和字段，用退格键删除掉即可。

第 5 步：在打开的“请确定按哪些字段排序”对话框中，在“可用字段”窗格中，双击“系部”、“班级”、“学号”字段，把它发送到“排序依据”窗格中，作为排序依据，单击【下一步】按钮。

第 6 步：在打开的“请指定报表的名称”对话框中，输入“学生信息”作为报表名称，单击【完成】按钮，如图 7.42 所示。

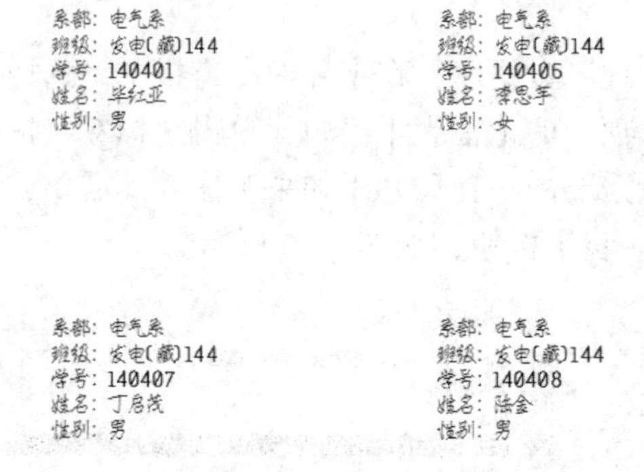

图 7.42　标签结果

7.5.2　报表的计算

在报表的实际应用中，经常需要对报表中的数据进行一些计算。例如，对记录的数值进行分类汇总；计算某个字段的总计或平均值；计算满足一定条件的某些记录占全部记录的百分比等。在 Access 中有 2 种方法实现上述汇总和计算：（1）在查询中进行计算汇总统计；（2）在报表输出时进行汇总统计。与查询相比，报表可以实现更为复杂的分组汇总。

1. 建立计算控件

在报表中对每个记录进行数值计算，首先要创建用于计算的控件。文本框是最常用的计算和显示数值的控件。下面介绍创建计算控件的方法。

【例 7.14】计算学生的年龄，并用计算结果替换“学生”报表中的“出生日期”字段。

操作步骤如下：

第 1 步：打开“学生管理”数据库，以“学生”数据源创建一个“学生”报表，然后打开“学生”报表的设计视图，如图 7.43 所示。

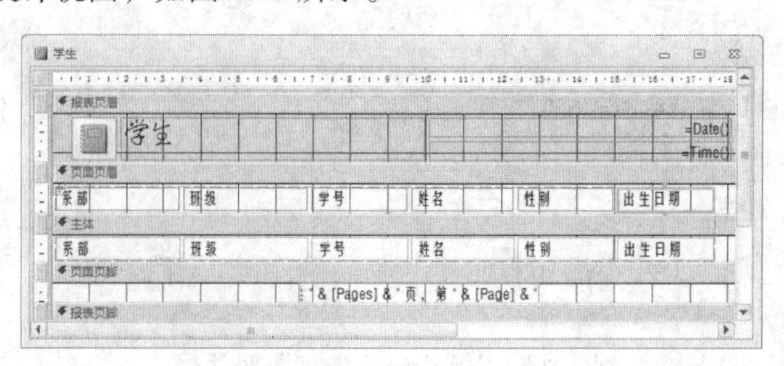

图 7.43　学生报表

第 2 步：将“页面页眉”节中的“出生日期”标签标题修改为“年龄”。

第 3 步：将“主体”节中的“出生日期”字段删除掉。

第 4 步：在【设计】选项卡的【控件】组中，单击“文本框”按钮，在主体节中添加一个文本框，把文本框放在原来“出生日期”字段的位置。并把文本框的附加标签删除掉。

第 5 步：双击文本框打开“属性表”对话框，在【数据】选项卡“控件来源”属性中，输入“=Year(Date())-Year([出生日期])”，如图 7.44 所示。

第 6 步：单击【设计】选项卡上的【视图】按钮，切换到“报表视图”，可以看到报表中计算控件的计算结果，如图 7.45 所示。保存修改结果。

属性表

所选内容的类型：文本框(T)

Text35

格式 数据 事件 其他 全部

控件来源	=Year(Date())-Year([出生
文本格式	纯文本
运行总和	不
输入掩码	
可用	是
智能标记	

图 7.44 “属性表”对话框

学生

2016年2月6日 16:13:06

系部	班级	学号	姓名	性别	年龄
电气系	发电131	110210	柴伟健	男	23
电气系	发电131	110221	何鸿川	男	24
动力系	机电131	111013	黄旭江	男	22
电气系	输电131	112035	陈超杰	男	23
电气系	继保131	120324	贾明琛	男	22
电气系	发电131	130101	张伦	男	22
电气系	发电131	130102	陈卓	男	21
电气系	发电131	130103	王靖源	男	25
电气系	发电131	130104	高明源	男	23

图 7.45 计算结果报表

注意：Year 函数计算某日期的年份；Date 函数返回当前日期。

2. 计算报表中记录的值

在 Access 中，用户可以使用内置函数，对报表中的数据进行各种统计计算。例如使用 Avg 函数计算字段的平均值，使用 Count 函数计算记录的个数，使用 Sum 函数总计等。基本的操作方法是在报表的适当位置添加计算控件，在控件内添加相应的计算表达式即可。

3. 在报表中添加分组

在实际工作中，经常需要对数据进行分组、统计。分组是将报表中具有共同特征的相关记录排列在一起，并且可以为同组记录进行汇总统计。使用 Access 提供的排序和分组功能，可以对报表中的记录进行分组和排序。对报表的记录进行排序和分组时，可以对一个字段进行也可以对多个字段分别进行。

【例 7.15】 对“学生”报表，按“系部”和“班级”进行排序和分组。

操作步骤如下：

第 1 步：打开“学生管理”数据库中“学生”报表，然后切换到设计视图。

第 2 步：在【设计】选项卡的【分组和汇总】组中，单击【分组】按钮，在报表下部出现了【添加组】和【添加排序】两个按钮 添加组 添加排序。

第 3 步：单击【添加组】按钮后，打开“字段列表”，在列表中可以选择分组所依据的字段，此外，可以依据表达式进行分组。

第 4 步：在字段列表中，单击“系部”字段，出现“添加组”按钮，继续单击“添加组”按钮，在打开的字段列表中选择“班级”，默认“升序”。

第 5 步：在工具栏上，单击“视图”按钮，即可看到设置后的结果。

7.6 宏及模块的使用

7.6.1 宏

宏是 Access 数据库的对象之一，它的主要功能就是进行自动操作，将查询、窗体等有机组合起来，形成性能完善、操作简单的系统。它是一种功能强大的工具，可以帮助用户更加方便、快捷地操作 Access 数据库系统。

1. 宏的结构

宏是由操作、参数、注释(Comment)、组(Group)、If(条件)、子宏等几部分组成的。Access 2010 对宏结构进行了重新设计，使得宏的结构与计算机程序结构在形式上十分相似。这样用户从对宏的学习，过渡到对 VBA 程序学习是十分方便的。宏的操作内容比程序代码更简洁，易于设计和理解。

（1）注　释

注释是对宏的整体或宏的一部分进行说明。注释虽然不是必须的，但是添加注释是个好习惯，它不仅方便他人对宏的理解，还有助于以后对宏的维护。在一个宏中可以有多条注释。

（2）组

随着 Access 的普及和发展，人们正在使用 Access 完成越来越复杂的数据库管理，因此宏的结构也越来越复杂。为了有效地管理宏，Access 2010 引入 Group 组。使用组可以把宏的若干操作，根据它们操作目的的相关性进行分块，一个块就是一个组。这样宏的结构显得十分清晰，阅读起来更方便。需要特别指出的是这个组与以前版本宏组，无论概念和目的是完全不同的。

（3）条　件

条件是指定在执行宏操作之前必须满足的某些标准或限制。可以使用计算结果等于 True/False 或“是/否”的任何表达式。表达式中包括算术、逻辑、常数、函数、控件、字段名以及属性的值。如果表达式计算结果为 False、“否”或 0（零），将不会执行此操作。如果表达式计算结果为其他任何值，将运行该操作。条件是一个可选项（既可以有也可以没有）。

2. 宏选项卡

在 Access 的【创建】选项卡的【宏与代码】组中，单击【宏】按钮，打开“宏工具设计”选项卡。该设计选项卡共有三个组，分别是“工具”、“折叠/展开”和“显示/隐藏”，如图 7.46 所示。

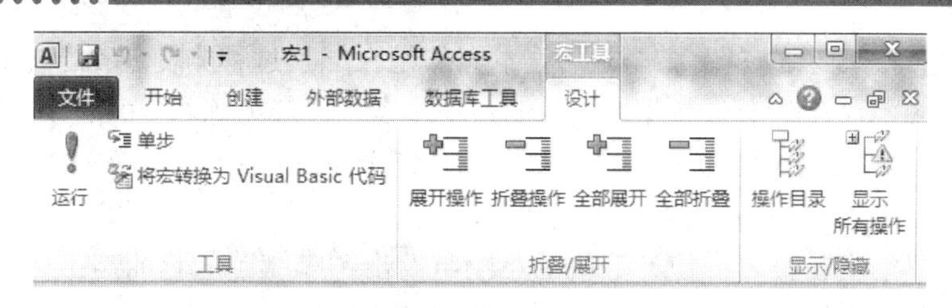

图 7.46　“宏工具设计”选项卡

“工具”组包括运行、调试宏以及将宏转变成 Visual Basic 代码 3 个按钮。

“折叠/展开”组提供浏览宏代码的几种方式：展开操作、折叠操作、全部展开和全部折叠。展开操作可以详细地阅读每个操作的细节，包括每个参数的具体内容。折叠操作可以把宏操作收缩起来，不显示操作的参数，只显示操作的名称。

“显示/隐藏”组主要是对操作目录隐藏和显示。

3. 创建宏

（1）创建独立宏

在 Access 中 AutoExec 是一个特殊的宏，它在启动数据库时会自动运行。这个自动运行的宏是一个典型独立宏。

【例 7.16】 创建一个自动运行宏，用来打开“学生管理”的“课程”窗体。

操作步骤如下：

第 1 步：在【创建】选项卡的【宏与代码】组中，单击“宏”按钮，打开“宏设计器”。

第 2 步：在“操作目录”窗格中，展开“操作→数据库对象”，如图 7.47 所示。把“OpenForm”操作拖到组合框中。单击“窗体名称”组合口右侧下拉箭头，在列表中选择“课程”窗体，其他参数默认，如图 7.48 所示。

图 7.47　操作目录

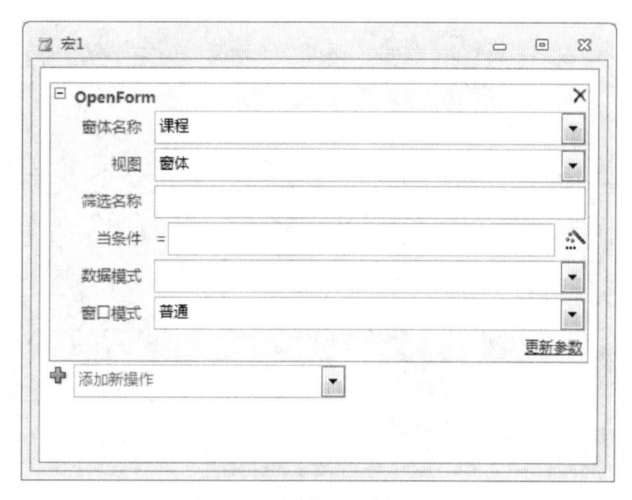

图 7.48　操作参数的设置

第 3 步：在“快速工具栏”中单击“保存”按钮，以“AutoExec”名称保存宏。这样以后启动“学生管理”数据库时，AutoExec 自动运行，打开“课程”窗体。

（2）创建子宏

在一个宏中可以包含多个子宏，每个子宏都必须定义自己的宏名，以便分别调用。创建含有子宏的方法与创建宏的方法基本相同。不同的是在创建过程中需要对于宏命名。

【例 7.17】在“学生管理”数据库中，创建一个名为“宏组练习”的宏组，该宏组由“宏1”、“宏 2”和“宏 3”三个宏组成，这三个宏的功能分别如下：

宏 1：打开“学生_交叉表”查询；错误处理。

宏 2：打开“学生”报表；使计算机的小喇叭发出“嘟嘟”的鸣叫声。

宏 3：保存所有的修改后；退出 Access 数据库系统。

操作步骤如下：

第 1 步：打开“学生管理”数据库，在【创建】选项卡的【宏与代码】组中，单击“宏”按钮，打开“宏设计器”。

第 2 步：在“操作目录”窗格中，把程序流中的“submacro 子宏”拖到“添加新操作”组合框中，在子宏名称文本框中，默认名称为 Subl，把该名称修改为“宏 1”。在添加新操作组合框中，选中“OpenQuery”，设置查询名称为“学生_交叉表”，数据模式为“只读”。

第 3 步：在下面的添加新操作组合框中打开列表，从中选中 OnError 操作，设置转至为“下一个”。

第 4 步：按照上面的方法依次设置宏 2 和宏 3。设置结果如图 7.49 所示。

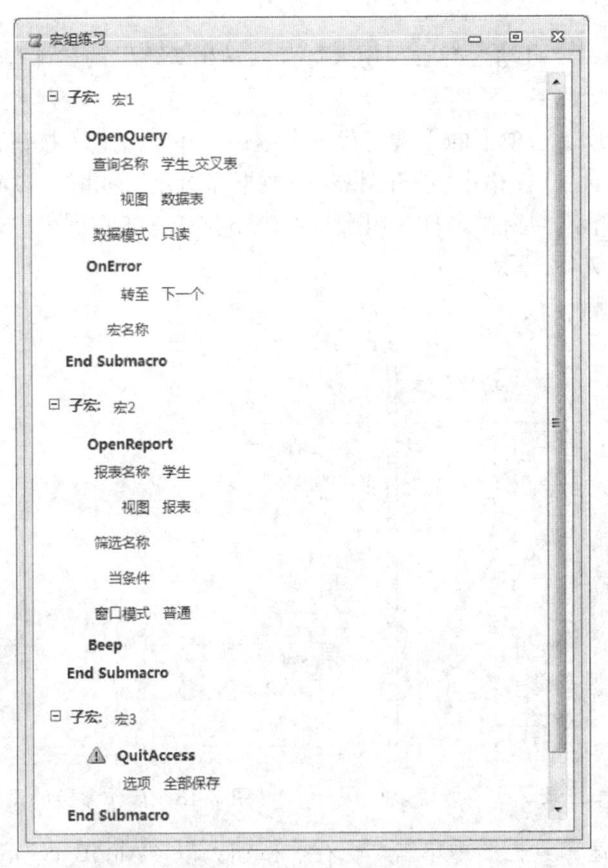

图 7.49 宏设计结果

第 5 步：单击“快速工具栏”上的【保存】按钮，弹出“另存为”对话框，输入宏名：“宏组练习”，然后单击【确定】按钮，保存所创建的子宏。

说明 OnError 是错误处理操作。它的参数有三个选项：“下一个”，“宏名”和“失败”。

·下一个：即跳过当前宏操作，执行下一个操作。

·宏名：跳转到指定宏名处继续执行。

·失败：调整运行宏。

（3）创建带条件的宏

通常，宏是按顺序从第一个宏操作依次往下执行。但在某些情况下，要求宏能按照给定的条件进行判断来决定是否执行某些操作。这就需要通过设置条件来控制宏的流程。使用 If 操作，使得宏具有了逻辑判断能力。

条件是一个计算结果为 True/False 或“是/否”的逻辑表达式。宏将根据条件结果的真或假而沿着不同的分支执行。具有条件表达式宏的示例如表 7.8 所示。

表 7.8 宏使用表达式示例

使用下列表达式	执行该操作的条件
[城市]="上海"	如果字段的值="上海"则宏操作将执行
DCount("[订单 ID]","订单")>35	“订单”表的“订单 ID”字段的项数超过 35
DCount("*","订单明细","订单 ID")=Forms![订单]![订单 ID]")>3	“订单明细”表中的“订单 ID”字段值与“订单’窗体的“订单 ID”字段值匹配，“订单明细”表中满足这一条件的记录超过 3 条
[发货日期] Between #2010 年 2 月 2 日# And #2010 年 3 月 12 日#	执行此宏的窗体上的“发货日期”字段值在 2010 年 2 月 2 日和 2010 年 3 月 2 日之间
Forms![产品]![库存量]<5	“产品”窗体的“库存量”字段的值小于 5
IsNull([名字])或[名字]Is Null	运行该宏的窗体上的“名字”字段值是空（没有值）

对于复杂的条件，宏设计器提供了使用表达式生成器来编辑条件。

7.6.2 模 块

模块是 Access 中的一个重要对象，它是以 VBA 声明、语句和过程作为一个独立单元的组合。每个模块独立保存并对应于其中的 VBA 代码。

模块分为两大类：类模块和标准模块。类模块是指包含新对象定义的模块。标准模块是指存放整个数据库可用的函数和过程的模块。

1. 创建模块

（1）在模块中加入过程

过程是模块的单元组成，由 VBA 代码编写而成，分为 Sub 子过程和 Funtion 函数过程。

进入窗体或报表的“设计视图”，单击工具栏【设计】选项卡下【工具】组中的 查看代码 按钮，即可进入类模块的设计和编辑窗口；单击数据库窗体中【创建】选项卡下【宏与代码】组中的 模块 标签，即可进入标准模块的设计和编辑窗口。

模块的声明区域用于声明模块使用的变量等项目，每个模块都包含一个声明区域，其中包含一个或几个 Sub 子过程或 Funtion 函数过程。

① Sub 子过程

Sub 子过程只执行一系列的操作，不返回任何值。

格式：

```
Sub 过程名
    [代码]
End Sub
```

② Funtion 函数过程

格式：

```
Funtion 过程名
    [代码]
End Funtion
```

提示：Sub 子过程可以用 Call 关键字调用，Funtion 函数过程则不能用 Call 关键字调用执行。

（2）在模块中执行宏

在模块中执行宏，可以使用 DoCmd 对象的 RunMacro 方法。

格式：

```
Docmd.RunMacro MacroName[,Repeatcount][,RepeatExpression]
```

说明：

MacroName 表示宏的有效名称。

Repeatcount 用于计算宏的运行次数。

RepeatExpression 为数值表达式，在结果不等于 False(0)时一直进行计算，在结果等于 False 时停止运行宏。

2. VBA 程序设计基础

VBA 是宏语言版本的 Microsoft Visual Basic，它在语言级别上等价于 Microsoft Visual Basic。

Visual Basic 是微软公司推出的可视化 Basic 语言，简称 VB，用它来编程非常简单。因为简单，而且功能强大，所以微软公司将它的一部分代码结合到 Office 中，形成今天的 VBA。它的很多语法继承了 VB，用户可以像编写 VB 语言那样来编写 VBA 程序，以实现某个功能。当这段程序编译通过以后，用户将其保存在 Access 的一个模块中，并通过类似在窗体中激发宏的操作来启动这个“模块”，从而实现相应的功能。

在运行机制上，VBA 是以伪代码（P-Code）的形式运行的。它的功能主要通过模块来实现，是一种面向对象的编程方法。

对象是指由描述该对象属性的数据，及可以对这些数据施加的所有操作封装在一起构成的统一体，可以看成是一个独立的单元。

一个对象就是一个实体，每个实体都有各自的属性，例如一辆汽车是一个实体，汽车的颜色、品牌就是它的属性。不同实体的属性是不同的，汽车和自行车是两个不同的实体，它们具有的属性显然是不同的。

集合表示的是某类对象所包含的实例构成。

属性是类中用于描述对象特征的数据，是对客观世界实体性质的抽象。

属性的引用方式为：对象.属性

方法是对象所能执行的操作，VBA 中的方法由过程或函数组成。

方法的引用方式为：对象.方法

Access 数据库提供了表、窗体、报表等 7 种对象，还提供了一个 Docmd 对象。其主要功能是通过调用内部方法来实现 VBA 对 Access 中的操作。

调用格式如下：

Docmd.openReport reportname[,view][,filtername][,wherecondition]

事件是指 Access 中的对象可以识别的动作，如单击鼠标、窗体等。

在 Access 中，用两种方式来处理窗体、报表或控件的事件响应，一种是使用宏对象来设置事件属性，另一种是事件过程，即为某个事件编写 VBA 代码过程。

事件过程是为某个事件编写 VBA 代码过程，完成指定动作。

主要对象事件如表 7.9 ~ 表 7.17 所示。

表 7.9　窗体的主要事件过程

事件动作	说　明
OnLoad	加载窗体时激发的事件
OnUnLoad	卸载窗体时激发的事件
OnOpen	打开窗体时激发的事件
OnClose	关闭窗体时激发的事件
OnClick	单击窗体时激发的事件
OnDbClick	双击窗体时激发的事件
OnMouseDown	鼠标按下时激发的事件
OnKeyPress	键盘按键时激发的事件
OnKeyDown	键盘按下时激发的事件

表 7.10　报表的主要事件过程

事件动作	说　明
OnOpen	打开报表时激发的事件
OnClose	关闭报表时激发的事件

表 7.11　命令按钮控件的主要事件过程

事件动作	说　明
OnClick	单击命令按钮控件时激发的事件
OnDbClick	双击命令按钮控件时激发的事件
OnMouseDown	鼠标按下时激发的事件
OnKeyPress	键盘按键时激发的事件
OnKeyDown	键盘按下时激发的事件
OnEnter	命令按钮控件获得输入焦点前激发的事件
OnGetFocus	命令按钮控件获得输入焦点时激发的事件

表 7.12　标签控件的主要事件过程

事件动作	说　明
OnClick	单击标签控件时激发的事件
OnDbClick	双击标签控件时激发的事件
OnMouseDown	鼠标按下时激发的事件

表 7.13　文本框控件的主要事件过程

事件动作	说　明
BeforeUpdate	文本框内容更新前激发的事件
AfterUpdate	文本框内容更新后激发的事件
OnEnter	文本框获得焦点前激发的事件
OnGetFocus	文本框获得焦点时激发的事件
OnLostFocus	文本框失去焦点时激发的事件
OnChange	文本框内容更新时激发的事件
OnKeyPress	键盘按键时激发的事件
OnMouseDown	鼠标按下时激发的事件

表 7.14　组合框控件的主要事件过程

事件动作	说　明
BeforeUpdate	组合框内容更新前激发的事件
AfterUpdate	组合框内容更新后激发的事件
OnEnter	组合框获得焦点前激发的事件
OnGetFocus	组合框获得焦点时激发的事件
OnLostFocus	组合框失去焦点时激发的事件
OnClick	单击组合框控件时激发的事件
OnDbClick	双击组合框控件时激发的事件
OnMouseDown	鼠标按下时激发的事件

表 7.15　选项组控件的主要事件过程

事件动作	说　明
BeforeUpdate	选项组控件内容更新前激发的事件
AfterUpdate	选项组控件内容更新后激发的事件
OnEnter	选项组控件获得焦点前激发的事件
OnClick	单击选项组控件时激发的事件
OnDbClick	双击选项组控件时激发的事件

表 7.16 单选按钮的主要事件过程

事件动作	说 明
OnGetFocus	单选按钮获得焦点时激发的事件
OnLostFocus	单选按钮失去焦点时激发的事件
OnKeyPress	键盘按键时激发的事件

表 7.17 复选框控件的主要事件过程

事件动作	说 明
BeforeUpdate	复选框控件内容更新前激发的事件
AfterUpdate	复选框控件内容更新后激发的事件
OnEnter	复选框控件获得焦点前激发的事件
OnClick	单击复选框控件时激发的事件
OnDbClick	双击复选框控件时激发的事件
OnGetFocus	复选框控件获得焦点时激发的事件

参考文献

[1] 陈建莉，等. 计算机应用基础[M]. 成都：西南交通大学出版社，2014.
[2] 谢希仁. 计算机网络（附光盘）[M]. 5 版. 北京：电子工业出版社，2012.
[3] 刘振亚. 全球能源互联网[M]. 北京：中国电力出版社，2015.
[4] 陈爱民. 互联网+：人人都能看懂的互联网+转型攻略[M]. 北京：北京工业大学出版社，2015.
[5] 朱银端.网络道德教育[M]. 北京：社会科学文献出版社，2007.
[6] 教育部考试中心.全国计算机等级考试一级教程——计算机基础及 MS Office 应用（2015 年版）[M]. 北京：高等教育出版社，2014.
[7] Excel Home. Excel 2010 应用大全[M]. 北京：人民邮电出版社，2011.